图灵程序设计丛书

图解TCP/IP（第6版）

【日】井上直也　竹下隆史　村山公保　荒井透　苅田幸雄　著
乌尼日其其格　胡屹　译

人民邮电出版社
北京

图书在版编目（CIP）数据

图解TCP/IP ：第6版 /（日）竹下隆史等著 ；乌尼日其其格，胡屹译. -- 北京 ：人民邮电出版社，2024.1

（图灵程序设计丛书）

ISBN 978-7-115-63183-1

Ⅰ. ①图… Ⅱ. ①竹… ②乌… ③胡… Ⅲ. ①计算机网络—通信协议 Ⅳ. ①TN915.04

中国国家版本馆CIP数据核字(2023)第224352号

内 容 提 要

这是一本图文并茂的网络管理技术书，旨在让广大读者理解 TCP/IP 的基础知识，掌握 TCP/IP 的基本技能。

书中讲解了网络基础知识、TCP/IP 基础知识、数据链路、IP、IP 相关技术、TCP 与 UDP、路由协议、应用层协议、网络安全等内容，引导读者了解和掌握 TCP/IP，营造一个安全的、使用放心的网络环境。

本书适合计算机网络开发、管理人员阅读，也可作为大专院校相关专业的教学参考书。

◆ 著　　[日] 井上直也　竹下隆史　村山公保　荒井透　苅田幸雄

译　　乌尼日其其格　胡　屹

责任编辑　魏勇俊

责任印制　胡　南

◆ 人民邮电出版社出版发行　北京市丰台区成寿寺路 11 号

邮编　100164　电子邮件　315@ptpress.com.cn

网址　https://www.ptpress.com.cn

固安县铭成印刷有限公司印刷

◆ 开本：787×1092　1/16

印张：22　　2024 年 1 月第 1 版

字数：545千字　　2024 年 11月河北第 5 次印刷

著作权合同登记号　图字：01-2021-2065 号

定价：79.80元

读者服务热线：(010)84084456-6009　印装质量热线：(010)81055316

反盗版热线：(010)81055315

广告经营许可证：京东市监广登字 20170147 号

序

信息社会这个词俨然已经是现代社会的一个代名词。人们可以使用手机等信息终端随时随地进行交流，而这种环境要依赖于网络才得以实现。在这些网络中，目前使用最广泛的通信手段（协议）就是 TCP/IP。

在 TCP/IP 出现之前，计算机网络以连接特定的计算机进行信息交互为目的，只能在有限的设备之间进行通信。由于可连接的设备有限，因此对网络的使用方法也有很大程度的限制，显然不能与现代网络的便捷性相提并论。正是在这个背景之下，为了能够自由、简单地连接更多的设备，构筑更容易使用的网络，研究人员开发了 TCP/IP。

现在，基于 TCP/IP 的网络已经不再局限于仅连接计算机了，还可以连接汽车、数码相机、家用电器等不同的设备。目前广泛倡导的计算机系统虚拟化和云计算也都在使用以 TCP/IP 为核心的网络技术。因此，随着 IoT（Internet of Things）的普及，以 TCP/IP 为基础的现代网络技术，已渗透到对各种设备的控制和它们之间的信息传输当中，俨然演变为重要的社会基础设施。

然而，随着网络的发展和普及，也出现了很多新的挑战。面对使用者数量的激增、使用方法的多样化，为了能够在瞬间高效地传送大量数据，有必要研究如何构造一个更复杂的网络。甚至，还需要考虑在这样复杂的网络上如何进行严格的路由控制和带宽控制。为了应对这些挑战，人们正致力于提高构建网络的性价比，审时度势地根据市场要求更新网络设备，并为复杂的网络能够稳定运转而开发更便捷的运维工具。与此同时，还在为尽早培养一批有能力的网络技术人员而不断努力。

除此之外，在网络的使用层面上也出现了新的问题。现代网络中，不论是有意还是无意，有时会因为某些错误的操作或行为对其他网络使用者产生巨大的影响。以窃取信息或诈骗为目的的网站频频出现，蓄意篡改数据及信息泄露等犯罪行为也在与日俱增。早期的网络只需面对数量有限的用户，且基于使用者都有较高的道德观念这一假设，降低了对网络犯罪的设防。而现在需要提高网络使用者的安全意识，例如，不打开可疑的电子邮件、不浏览可疑的网站、不使用可疑的应用程序。

在网络服务提供层面上，所面临的挑战包括实施最新的安全措施，防止故障的发生，并消除或尽量减少故障对用户的影响，以及预防网络犯罪。

因此，为了构造和运营一个安全的、使用户安心的网络环境，理解 TCP/IP 刻不容缓。本书旨在让广大读者理解 TCP/IP 的基本知识，掌握 TCP/IP 的基本技能。

关于第 6 版

自 1994 年 6 月《图解 TCP/IP》出版以来，本书相继在 1998 年 5 月出版了第 2 版，在 2002 年 2 月出版了第 3 版，在 2007 年 2 月出版了第 4 版，在 2012 年 2 月出版了第 5 版。本书是第 6 版。

在 1994 年本书第一次出版时，计算机网络、互联网及 TCP/IP 还未普及。在随后的普及阶段中，人们主要考虑的是“如何能够不受限制地、更方便地进行连接”的问题。然而，在计算机网络、互联网已经得到广泛普及的今天，它们的重要性日益提高，人们已不再满足于简单地连接，而是更注重如何安全地连接、安全地使用网络。

计算机网络、互联网领域的发展依然在继续，新的需求和新的服务不断涌现，今后势必会朝着多样化、复杂化的方向继续发展。而作为支持计算机网络、互联网的 TCP/IP 技术也是如此，它也会随着用户的需求不断进步。

因此，秉承前几版的风格和方向，结合互联网成为社会基础设施的过程及随之而来的社会状况的变迁，我们更新了其中部分内容，第 6 版才得以问世。

目　录

第 1 章　网络基础知识　1

附录 325

第1章 网络基础知识

本章总结了深入理解 TCP/IP 所必备的基础知识，其中包括计算机与网络发展的历史及其标准化过程、OSI 参考模型、网络概念的本质、网络构建所需的设备等。

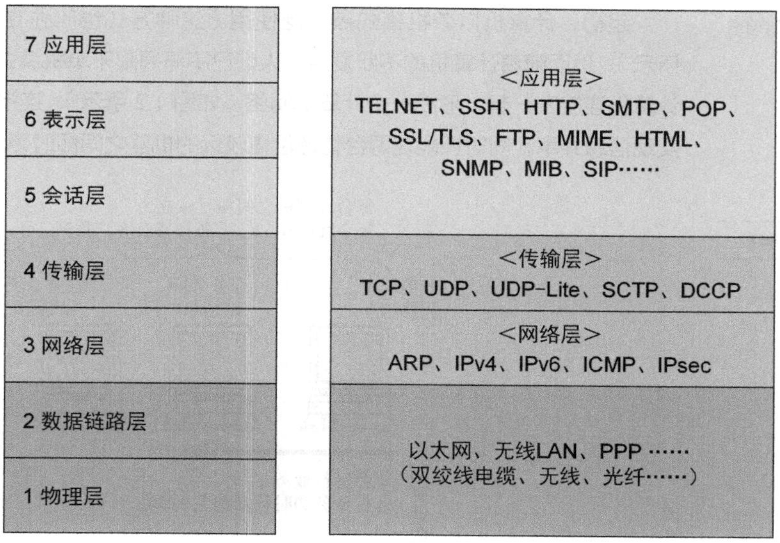

<table>
<tr><td>7 应用层</td><td rowspan="3">＜应用层＞
TELNET、SSH、HTTP、SMTP、POP、SSL/TLS、FTP、MIME、HTML、SNMP、MIB、SIP……</td></tr>
<tr><td>6 表示层</td></tr>
<tr><td>5 会话层</td></tr>
<tr><td>4 传输层</td><td>＜传输层＞
TCP、UDP、UDP-Lite、SCTP、DCCP</td></tr>
<tr><td>3 网络层</td><td>＜网络层＞
ARP、IPv4、IPv6、ICMP、IPsec</td></tr>
<tr><td>2 数据链路层</td><td rowspan="2">以太网、无线LAN、PPP ……
（双绞线电缆、无线、光纤……）</td></tr>
<tr><td>1 物理层</td></tr>
</table>

1.1 计算机网络出现的背景

1.1.1 计算机的普及与多样化

计算机正对我们的社会与生活产生着不可估量的影响。现如今，计算机已应用于各种各样的领域，以至于有人说“20世纪最伟大的发明就是计算机”。计算机不仅被广泛引入到办公室、工厂、学校、教育机关及实验室等场所，就连在家里使用个人计算机也已是普遍现象。同时，笔记本电脑、平板电脑、手机终端▼（智能手机）等便携设备的持有人群日益增多，甚至外观上一点儿都不像计算机的家用电器、音乐播放器、办公电器、汽车等设备中，一般也会内置一个小型的芯片，使这些设备具有相应的计算机控制功能。在不经意间，我们的工作和生活已与计算机紧密相连。而且我们所使用的计算机和带有内置计算机的设备当中，绝大多数具有联网功能。

▼指移动环境中的终端，包括智能手机和平板电脑等。

计算机自诞生伊始，经历了一系列演变与发展。大型通用计算机▼、超级计算机▼、小型机▼、个人计算机、工作站、便携式计算机及现如今的智能手机终端等都是这一过程的产物。它们的性能逐年增强，价格却逐年下降，机体规模也正在逐渐变小。

▼指通用机、大型机，有时也叫主机。此外，在TCP/IP中，能够设定IP地址的计算机（即使它是笔记本电脑或平板电脑）也叫主机。特此注明，以免混淆。

▼计算能力极强的一种计算机，常用于复杂的科学计算。

▼与大型机相比，体积较“小”的一种计算机。虽说是“小型机”，但实际大小其实足有五斗柜那么大。

1.1.2 从独立模式到网络互连模式

起初，计算机以单机模式被广泛使用（这种方式也叫独立模式▼，如图1.1所示）。然而随着计算机的不断发展，人们已不再局限于单机模式，而是将一台台计算机连接在一起，形成一个计算机网络（如图1.2所示）。连接多台计算机可以实现信息共享，同时还能在两台物理位置较远的机器之间即时传递信息。

▼指计算机未连接到网络，各自独立使用的方式。

图1.1 以独立模式使用计算机

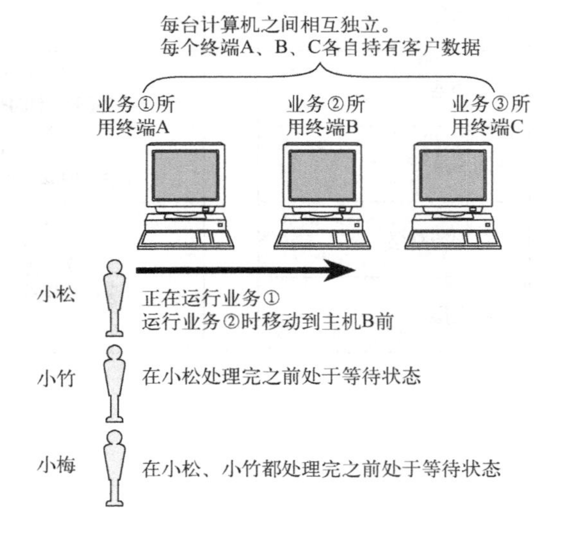
每台计算机之间相互独立。
每个终端A、B、C各自持有客户数据
业务①所用终端A
业务②所用终端B
业务③所用终端C
小松
正在运行业务①
运行业务②时移动到主机B前
小竹
在小松处理完之前处于等待状态
小梅
在小松、小竹都处理完之前处于等待状态

图 1.2
以网络互连方式使用计算机

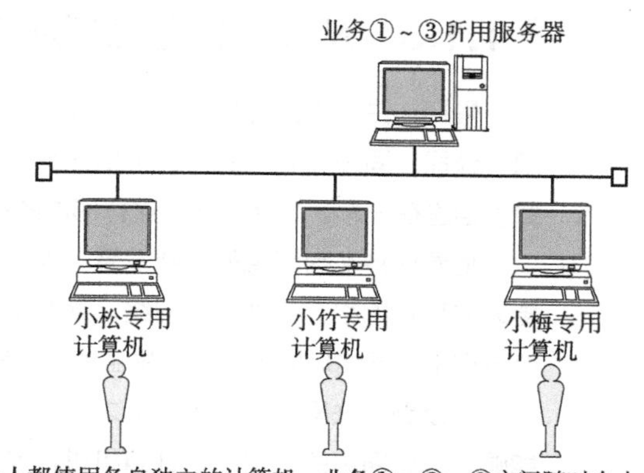

每个人都使用各自独立的计算机，业务①、②、③之间随时自由切换。
共享数据由服务器集中管理

计算机网络，根据其规模可分为 LAN（Local Area Network，局域网，如图 1.3 所示）▼和 WAN（Wide Area Network，广域网，如图 1.4 所示）▼。

▼指一个楼层、一栋楼或一个校园等相对较小的区域内的网络。

▼指覆盖多个远距离区域的远程网络。比广域网再小一级的、连接整个城市的网络叫城域网（MAN，Metropolitan Area Network）。

图 1.3
LAN

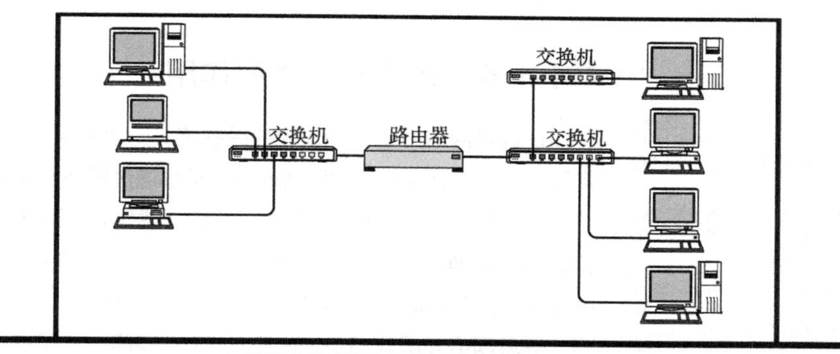

一栋楼或校园中有限的、狭小的区域内网络

图 1.4
WAN

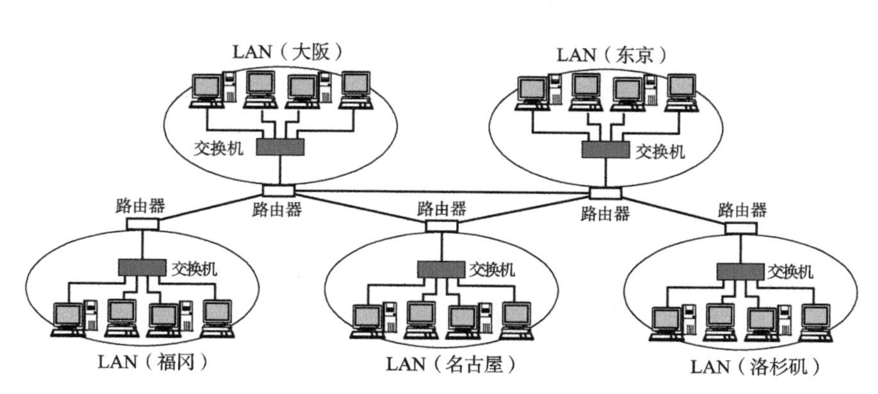

跨接相距较远的计算机或LAN的网络

1.1.3 从计算机通信到通信环境

最初，由管理员将特定的几台计算机相连在一起形成计算机网络。例如，将同一公司、同一实验室的计算机相连在一起，或是将有业务往来的企业之间的计算机相连在一起。总而言之，这样形成的是一种私有网络。

随着这种私有网络的不断发展，人们开始尝试将多个私有网络相互连接形成更大的私有网络。这种私有网络又逐渐发展演变，使互联网为公众所使用。在这个过程中，网络环境俨然已发生了戏剧性的变化。

连接到互联网以后，计算机之间的通信已不再局限于公司或部门内部，而是能够与互联网中的任何一台计算机进行通信。互联网作为一门新兴技术，极大地丰富了当时以电话、邮政及传真为主的通信手段，逐渐被人们所接受。

此后，人们不断研发各种互联网接入技术，使得各种通信终端都能够连接到互联网，使互联网成为一个世界级规模的计算机网络，形成了现在这种综合通信环境。

1.1.4 计算机网络的作用

计算机网络好比一个人的神经系统。一个人身体上的所有感觉都经由神经传递到大脑。与之类似，世界各地的信息也通过网络传递到每个人的计算机当中。

随着互联网爆发性的发展与普及，信息网络已随处可见。社团成员、学校同窗之间可以通过邮件组▼、主页、BBS 论坛相互联系，甚至可以通过网络日志▼、聊天室、即时通信及 SNS▼实现互联与信息互换。

信息网络如同我们身边的空气，触手可及。然而，就在不久之前，岂止是网络，对一般人来说就是使用一台计算机都不是那么容易的事。

▼使用电子邮件实现公告板的功能。所有订阅该邮件组的成员都可以收到发送给该组的邮件。

▼以文本为中心的主页或服务。用户可以像写日记一样很方便地更新内容。

▼社交网络。指由个人或团体在互联网上组成的关系网络。通过 SNS，人们可以发布自己近期的活动、生活感想及最新作品，让圈内成员实时掌握个人动态。

1.2 计算机与网络发展的 7 个阶段

迄今为止，计算机与网络具体经历了一个怎样的发展过程呢？谈到 TCP/IP 就不免让人想到这个话题。如果能够了解计算机与网络发展的历史与现状，也就能够理解 TCP/IP 的重要性了。

本节旨在介绍计算机的发展与网络发展的历史。计算机从 20 世纪 50 年代开始普及，到现在为止，在使用模式上发生了诸多变化。计算机与网络的发展大致可以分为 7 个阶段。

1.2.1 批处理系统

为了能让更多的人使用计算机，出现了批处理（Batch Processing）系统（如图 1.5 所示）。所谓批处理，是指事先将用户程序和数据装入卡带或磁带，并由计算机按照一定的顺序读取，使用户所要执行的这些程序和数据能够一并批量得到处理的方式。

当时这种计算机价格昂贵、体积巨大，无法在一般的办公场所中使用。因此，它通常放置于专门进行计算机管理与运维的计算机中心。而用户除了事先将程序和数据装入卡带或磁带送到这样的中心处理之外别无选择。

图 1.5
批处理系统

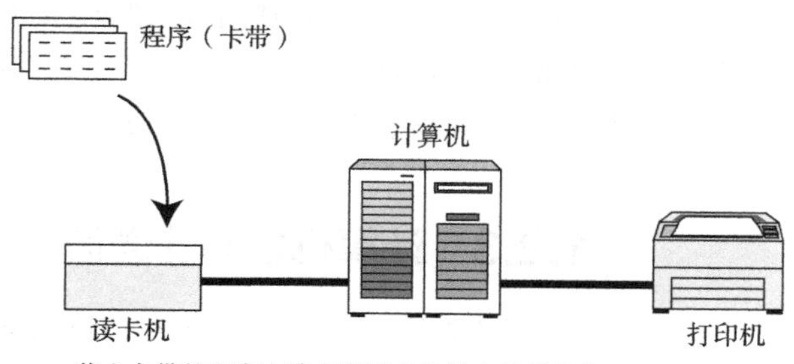
程序（卡带）
计算机
读卡机
打印机
装入卡带的程序由读卡机读入并输入给计算机。
计算机处理数小时之后由打印机打印出最终结果

当时的计算机操作起来相当复杂，不是所有人都能够轻松自如地使用。因此在实际运行程序时，通常会交给专门的操作员去处理。有时程序处理时间较长，在用户较多的情况下，用户程序可能无法立即得到运行。这时用户只能将程序留给操作员，过些时日再来计算机中心取结果。

由于批处理时代的计算机主要用于大规模计算或处理，因此那时的计算机尚不是一个便于普通人使用的工具。

1.2.2 分时系统

▼ Time Sharing System。

▼ 由键盘、显示器等输入输出设备组成。最初还包括打字机。

继批处理系统之后，20 世纪 60 年代出现了分时系统（TSS▼，如图 1.6 所示）。它是指多个终端▼与同一台计算机连接，允许多个用户同时使用一台计算机的系统。当时计算机造价非常昂贵，一人一台专用计算机对一般人来说可望而不可即。然而分时系统的产生则实现了“一人一机”的目标，让用户感觉就好像“完全是自己在使用一台计算机一样”。这也体现了分时系统的一个重要特性——独占性①。

图 1.6
分时系统

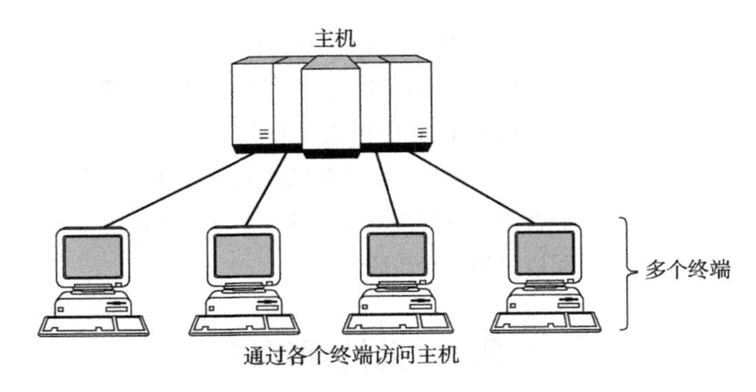

分时系统出现以来，计算机的可用性得到了极大的改善，尤其是在交互式（对话式）操作▼上。从此，计算机变得更人性化，逐渐贴近我们的生活。

▼指计算机依据用户给出的指令完成处理并将结果返回给用户。这种操作方法在现代计算机中极其普遍，然而在分时系统诞生之前，这种方式是不可能实现的。

此外，分时系统还促进了像 BASIC▼这样能够与计算机实现交互的编程语言的发展。而在此之前的 COBOL 和 FORTRAN 等计算机编程语言，都必须以批处理系统为基础才能开发和运行。其实 BASIC 语言的发明是为了让更多的人学习如何编程，因此也可以说它是关注分时系统的初学者必学的一门开发语言。

▼1964 年由美国达特茅斯学院 John G . Kemeny 与 Thomas E. Kurtz 两位教授为分时系统初学者设计的一种编程语言。由于该语言的简单、易学等特性，因此它也成为众多 PC 出厂设置中既有的标准安装语言。

分时系统的独占性使得装备一套用户可直接操作的计算机环境变得比以前简单。分时系统中用于连接终端与计算机之间的通信线路呈现星形▼结构。正是从这一时期开始，网络（通信）与计算机之间的关系逐渐浮出水面。小型机也随即产生，办公场所与工厂也逐渐引入计算机。

▼中心有一台计算机，周围连接着众多终端，形似星形（*）。

1.2.3 计算机之间的通信

如图 1.7 所示，在分时系统中，计算机与每个终端之间用通信线路连接，这并不意味着计算机与计算机之间也已相互连接。

图 1.7
计算机之间的通信

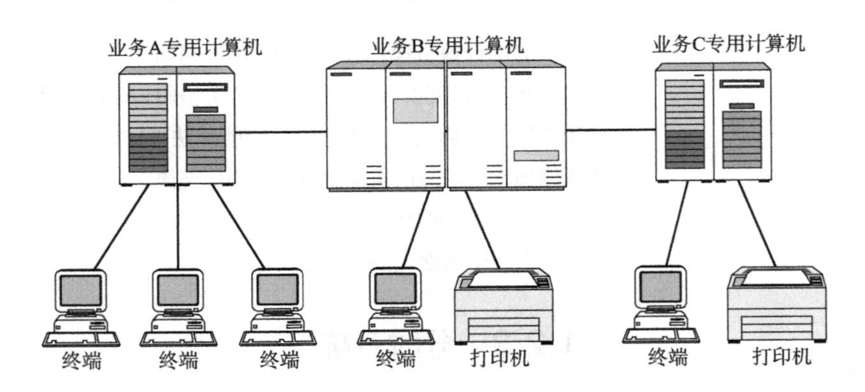

① 分时系统的重要特性包括多路性、独占性、交互性和及时性。———译者注

到了 20 世纪 70 年代，计算机性能有了飞速发展，体积也趋于小型化，同时价格急剧下降。于是计算机不再仅仅局限于在研究机关使用，一般的企业也逐渐开始使用计算机。企业内部对使用计算机处理日常事务的呼声越来越高。为了提高工作效率，人们开始研究计算机与计算机之间的通信技术。

在计算机间的通信技术诞生之前，想将一台计算机中的数据转移到另一台计算机中是相当烦琐的。那时，得将数据保存到磁带、软盘等外部存储介质中▼，再将这些介质送到目标计算机才能实现数据转储。然而有了计算机间的通信技术（计算机与计算机之间由通信线路连接），人们能够轻松地即时读取另一台计算机中的数据，从而极大地缩短了传送数据的时间，并降低了成本。

▼可插拔的存储计算机信息的设备。最初只有磁盘与软盘，现在用得比较多的是 USB 存储等电子存储介质。

计算机间的通信显著地提高了计算机的可用性。人们不再局限于仅使用一台计算机进行处理，而是逐渐使用多台计算机分布式处理，再将各台计算机上的处理结果汇总起来一并得到返回结果。这一趋势打破了一家公司仅购入一台计算机进行业务处理的局面，使每家公司内部能够以部门为单位引入计算机，来处理部门内部的数据。每个部门处理完本部门内的数据以后，经由通信线路传送到总部的计算机，再由总部计算机处理并得出最终的数据结果。

从此，计算机的发展又进入了一个崭新的历史阶段。在这一阶段，计算机更侧重于满足使用者的需求、架构更灵活的系统，且操作比以往更人性化。

1.2.4 计算机网络的产生

20 世纪 70 年代初期，人们开始实验基于分组交换技术的计算机网络，并着手研究不同厂商的计算机之间相互通信的技术。到了 80 年代，能够互连多种计算机的网络随之诞生（如图 1.8 所示）。它能够让各式各样的计算机相互连接，从大型的超级计算机或主机到小型的个人计算机。

图 1.8

计算机网络（20 世纪 80 年代）

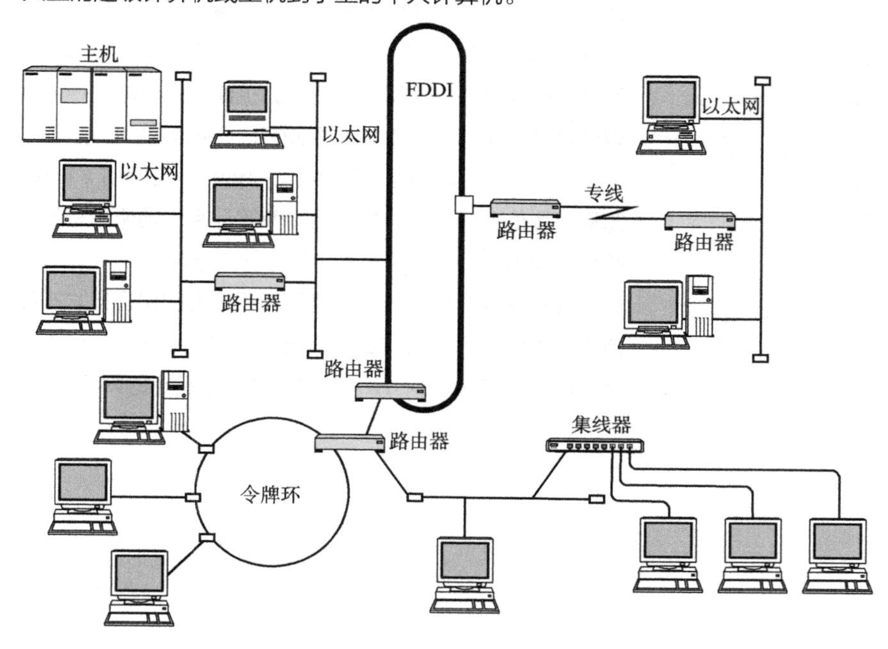

计算机的发展与普及使人们对网络不再陌生。窗口系统▼的发明，更是拉近了人们与网络之间的距离，使用户更加体会到了网络的便捷之处。有了窗口系统，用户不仅可以同时执行多个程序，还能在这些程序之间自由地切换作业。例如，在工作站上创建一个文档的同时，可以登录到主机执行其他程序，也可以从数据库服务器下载必要的数据，还可以通过电子邮件联系朋友。随着窗口系统与网络的紧密结合，我们已经可以在自己的计算机上自由地进行网上冲浪，享受网上的丰富资源了，如图 1.9 所示。

▼在计算机中可以打开多个图形窗口进行处理的系统。代表产品有常用于 UNIX 上的 X Window System、微软公司的 Windows、苹果公司的 macOS。这些系统允许将多个程序分配在多个窗口中运行，还可以在这些程序之间进行切换。

图 1.9
窗口系统的产生与计算机网络

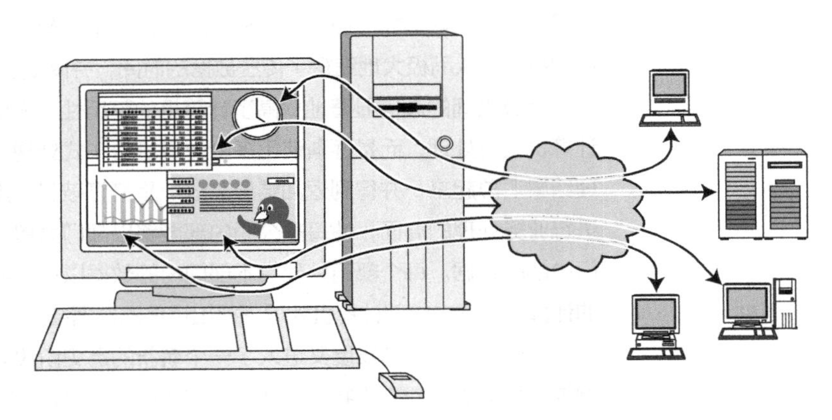

窗口系统的诞生使人们可以通过一台计算机尽享网上各种丰富的资源

1.2.5　互联网的普及

进入 20 世纪 90 年代，那些专注于信息处理的公司和大学已为每一位员工或研究人员分配了一台计算机，形成了“一人一机”的环境。然而这种环境的搭建不仅成本不菲，在使用过程中也会遇到很多新的问题。这也是后来人们打响了“瘦身”与“多供应商▼连接”（异构型计算机之间的连接）这两个口号的原因，其目的在于通过连接不同厂商的计算机建立一个成本更低的网络环境。而连接异构型计算机的通信网络技术就是现在我们所看到的互联网技术▼。

与此同时，诸如电子邮件（E-mail）、万维网（WWW，World Wide Web 的简称）等信息传播方式如雨后春笋般迎来了前所未有的发展，使得互联网从大到整个公司小到每个家庭内部，都得以广泛普及。

面对这样一种趋势，各家厂商不仅力图保证自家产品的互联性，还着力于让自己的网络技术不断与互联网技术兼容。这些厂商也不再只着眼于大企业，而是针对每一个家庭或 SOHO▼也陆续推出了特定的网络服务及网络产品。

▼这里指计算机硬件或软件的供应商。相比单供应商（硬件和软件都使用同一家厂商的产品所搭建的网络）而言，多供应商是指将各家软硬件供应商的产品组合起来搭建网络。

▼1990 年个人计算机连接局域网通常采用 Novell 公司的 NetWare 系统。然而，想连接所有类型的计算机（如大型主机、小型机、UNIX 工作站及个人计算机），TCP/IP 技术则更受人关注。

▼以较小办公室或者家庭办公室为从业地点的企业。

■ 瘦身

20 世纪 90 年代上半叶，个人计算机与 UNIX 工作站从性能上已不亚于一台主机。再加上个人计算机与 UNIX 工作站本身的网络功能不断提高，利用这些设备搭建一个网络要比使用大型主机构建网络更有优势，主要体现在两个方面：操作简单，价格低廉。由此也引发了一个旨在降低网络架构成本的新趋势。这一趋势被人们称为“瘦身”。之所以叫“瘦身”，是因为这一趋势使得那些曾经在大型主机上才能运行的公司核心业务系统逐渐被转移到“轻量型”的个人计算机或 UNIX 工作站上去运行。不论是从机体规模上还是从成本上都有些“瘦身减负”之意。

现在，像互联网、E-mail、Web、主页等已成为人们再熟悉不过的名词。这也足以说明信息网络、互联网已经渗透到我们的生活中。个人计算机在诞生之初可以说主要是一种单机模式的工具，现在它则被更广泛地应用于互联网的访问。而且，无论相距多远，世界各地的人们只要接入互联网，就可以通过个人计算机实现即时沟通和交流，如图 1.10 所示。

图 1.10
公司或家庭接入互联网

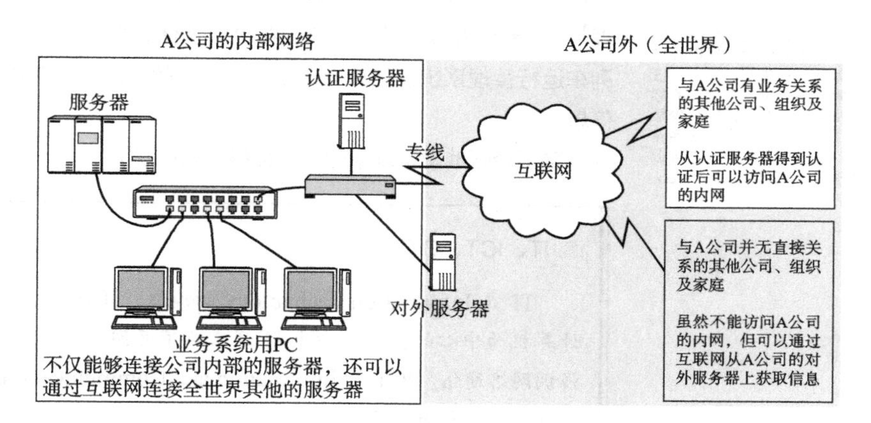

1.2.6 以互联网技术为中心的时代

互联网的普及和发展着实对通信领域产生了巨大的影响。

许多发展道路各不相同的网络技术正在向互联网靠拢。例如，曾经一直作为通信基础设施、支撑通信网络的电话网，随着互联网的快速发展，其地位也随着时间的推移被 IP（Internet Protocol）网所取代，而“IP 网”本身就是互联网技术的产物。通过“IP 网”，人们不仅可以实现电话通信、电视播放，还能实现计算机之间的通信，建立互联网，如图 1.11 所示。并且，能够联网的设备也不仅限于单纯的计算机，而是扩展到了手机、家用电器、游戏机等其他产品。

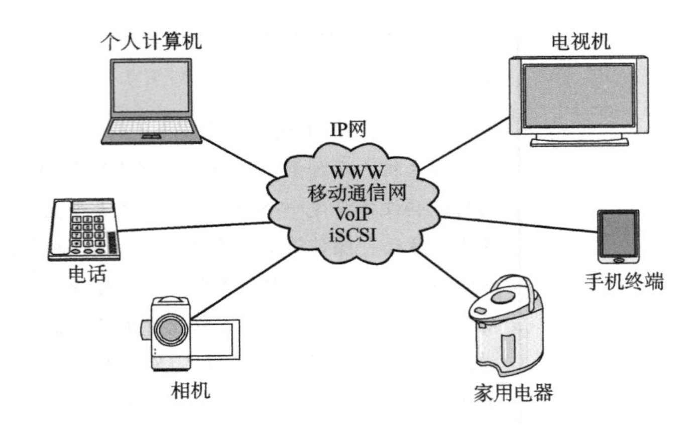

图 1.11
通过“IP 网”实现通信、播放的统一

原本不需要接入互联网的控制系统现在也已开始使用“IP 网”。例如，火力发电厂的锅炉、工厂的机器人、办公楼的空调 / 照明灯、自来水公司的水泵 / 阀门、铁路上列车的位置信息采集和信号等控制系统一直以来使用的都是专用的协议。但随着互联网技术的发展和普及，许多设施和设备已开始改用“IP 网”。过去出于安全考虑，控制系统网络往往是不与外部连接的封闭网络（closed network），但现在越来越多的控制系统网络开始接入互联网。工厂为了实现有效的供应链管理▼，逐步开始通过互联网与业务合作伙伴共享需求和库存信息。此外，通过将列车运行管理系统的信息上传至互联网，就可以实现在智能手机上获知列车位置信息。

▼旨在通过与业务合作伙伴共享需求和库存信息提升物流效率。在生产过程中，往往需要将多家工厂制造的零件拼装在一起。如果缺少某家工厂的零件，生产就会停滞，造成损失。引入供应链管理可以有效防止这类问题。

毫不夸张地说，未来的一切都将接入互联网。

■ IT、ICT、OT

IT 是 Information Technology 的缩写，译作“信息技术”，泛指所有以计算机为中心的技术。由于 IT 通常离不开网络，因此有时使用术语 ICT 来强调网络通信。ICT 是 Information and Communication Technology 的缩写，译作“信息和通信技术”。

OT 是 Operational Technology 的缩写，译作“运营技术”。在发电厂和工厂使用的控制系统中，会用到该术语。OT 的演进与 IT 不同，而作为互联网技术的 TCP/IP 现在无论是在 IT 中还是在 OT 中都扮演着重要的角色。

详细内容请参考 8.7.5 节。

或许在未来，可能还会增加更多各式各样的现在无法想象的设备。

1.2.7　从“单纯建立连接”到“安全建立连接”

互联网让世界各地的人们通过计算机跨越国界连接在了一起，计算机使用模式的演变如表 1.1 所示。通过互联网，人们可以搜索信息、沟通交流、共享信息、查看新闻报道及实现远程控制设备。然而，这么便利的功能，对于几十年前的人们来说望尘莫及。互联网正呈现给现代人一个高度便捷的信息网络环境。因此，它也正成为一个国家基础设施建设中最基本的要素之一。

正如事物具有两面性，互联网的便捷性也给人们的生活带来了负面影响。传播计算机病毒、窃取信息、网络欺诈等利用互联网的犯罪行为日益增多。在现实生活中，人们可以通过远离险境避开一些危险，然而对于连接到互联网的计算机而言，即使是在办公室或在自己的家里也有可能会受到网络所带来的诸多侵害。此外，设备故障导致无法联网可能会直接影响公司的业务开展或个人的日常生活。这些负面影响所带来的巨大损失不容忽视。

在互联网普及的初期，人们更关注单纯的连接性，以不受任何限制建立互联网连接为最终目的。然而现在，人们已不再满足于“单纯建立连接”，而是追求“安全建立连接”的目标。

公司和社会团体在建立互联网连接前，应理解通信网络的机制、充分考虑联网后的日常运维流程及基本的“自我防卫”手段。这些已经成为安全生产不可或缺的一部分。

表 1.1
计算机使用模式的演变

年　代	内　容
20 世纪 50 年代	批处理时代
20 世纪 60 年代	分时系统时代
20 世纪 70 年代	计算机间通信时代
20 世纪 80 年代	计算机网络时代
20 世纪 90 年代	互联网普及时代
2000 年	以互联网为中心的时代
2010 年	无论何时何地一切皆 TCP/IP 的网络时代
2020 年	各种机制通过网络互联的时代

1.2.8 人人互联，万物互联，处处互联

计算机网络最初的目的是连接一台台独立的计算机，使它们组成一个更强有力的计算环境。简而言之，计算机网络的目的就是提高生产力。从批处理时代到计算机网络时代，毋庸置疑，都体现了这一目的。然而今天，计算机网络的目的似乎有了微妙的变化。

互联网的出现使置身于世界各地的人们可以通过网络建立联系、相互沟通、交流思想。然而这些在计算机网络初期是无法实现的。今天我们甚至还可以远程控制家里的空调、电灯和浴室。此外，人们还在积极尝试利用互联网来加工车载计算机获取的各种信息，用加工后的信息来评估车辆是否需要点检，或是将加工后的信息用于交通信息。

现在就连与信息通信关系不大的传统行业也逐渐开始使用互联网技术了。例如，医院、制造工厂和农场等都在积极利用互联网技术收集并处理信息。信息

技术是以互联网技术为中心发展起来的，随着对互联网的进一步利用，我们正步入万物互联的时代。已经出现很多创新机制，这类机制统称为物联网（IoT，Internet of Things）。而将 IoT 的机制引入制造工厂，就形成了 IIoT（Industrial IoT，工业物联网）或工业 4.0。

互联网给我们的日常生活、学校教育、研究活动和企业发展等均带来了重大变化，因此也被称为第四次工业革命。

1.2.9　手握金刚钻的 TCP/IP

如前所述，互联网由许多独立发展的网络通信技术融合而成。能够使它们之间不断融合并实现统一的正是 TCP/IP 技术。TCP/IP 的机制究竟是什么呢？

TCP/IP 是通信协议的统称。在学习 TCP/IP 核心机制之前，有必要先厘清“协议”的概念。

1.3 协议

1.3.1 随处可见的协议

在计算机网络与信息通信领域中，人们经常提及“协议”一词。互联网中常用的具有代表性的协议有 IP、TCP、HTTP 等。LAN（局域网）中常用的协议有 IPX/SPX▼等。

▼Novell 公司开发的 NetWare 系统的协议。

“计算机网络体系结构”将这些协议进行了系统的归纳，如表 1.2 所示。TCP/IP 就是 IP、TCP、HTTP 等协议的集合。现在，很多设备支持 TCP/IP。除此之外，还有很多其他类型的网络体系结构。例如，Novell 公司的 IPX/SPX、苹果公司的 AppleTalk（仅限苹果公司的计算机使用）、IBM 公司开发的用于构建大规模网络的 SNA▼，以及前 DEC 公司▼开发的 DECnet 等。

▼Systems Network Architecture。

▼ 1998 年被收购。

表 1.2 各种网络体系结构及其协议和主要用途

网络体系结构	协 议	主要用途
TCP/IP	IP、ICMP、TCP、UDP、HTTP、TELNET、SNMP、SMTP……	互联网、局域网
IPX/SPX（NetWare）	IPX、SPX、NPC……	个人计算机局域网
AppleTalk	DDP、RTMP、AEP、ATP、ZIP……	苹果公司现有产品的局域网
DECnet	DPR、NSP、SCP……	前 DEC 小型机
OSI	FTAM、MOTIS、VT、CMIS/CMIP、CLNP、CONP……	—
XNS▼	IDP、SPP、PEP……	施乐公司网络

▼Xerox Network Services。

1.3.2 协议的必要性

通常，我们在发送一封电子邮件或访问某个主页获取信息时，察觉不到协议的存在，在我们重新配置计算机的网络连接、修改网络设置时，可能会涉及协议。当网络设置完成、联网成功时，人们通常会忘记协议之类的事情。只要应用程序了解如何利用相关协议，就足以让人们顺利使用所构建的网络连接。通常也不会有人因为不懂某些协议导致不能上网的情况。然而在通过网络实现通信的过程背后，协议起到了至关重要的作用。

简单来说，协议就是计算机与计算机之间通过网络实现通信时事先达成的一种“约定”。这种“约定”使那些由不同厂商的设备、不同的 CPU 及不同的操作系统组成的计算机，只要遵循相同的协议就能够实现通信。反之，如果所使用的协议不同，就无法实现通信。这就好比两个人使用不同国家的语言说话，怎么也无法相互理解。协议分为很多种，每一种协议都明确地界定了它的行为规范。两台计算机之间必须能够支持相同的协议，并遵循相同协议进行处理，这样才能实现相互通信。

■ CPU 与 OS

CPU（Central Processing Unit）译作中央处理器。它如同一台计算机的“心脏”，每个程序实际上都是由它执行的。CPU 的性能很大程度上决定着一台计算机的处理性能。因此人们常说计算机的发展史实际上是 CPU 的发展史。

目前人们常用的 CPU 有 Intel Core、Intel Atom 及 ARM Cortex 等。

OS（Operating System）译作操作系统，是一种基础软件。它集合了 CPU 管理、内存管理、计算机外围设备管理及程序运行管理等重要功能。本书所要介绍的 TCP/IP 的处理，很多情况下其实已经内嵌到具体的操作系统中了。如今在个人计算机中普遍使用的操作系统有 Windows、macOS、Linux 等。

一台计算机中可运行的指令，因其 CPU、操作系统的不同而有所差异。因此，如果将针对某些特定的 CPU 或操作系统设计的程序直接复制到具有其他类型 CPU 或操作系统的计算机中，就不一定能够直接运行。计算机能够处理的数据格式也因 CPU 和操作系统的差异而有所不同。因此，若在 CPU 和操作系统不同的计算机之间实现通信，则需要一个各方支持的协议，并遵循这个协议进行数据读取。

此外，一个 CPU 通常在同一时间只能运行一个程序。为了让多个程序同时运行，操作系统采用 CPU 时间片轮转机制，在多个程序之间进行切换，合理调度。这种方式叫作多任务调度。支持多核 CPU 或多 CPU 的操作系统及 1.2.2 节中提到的分时系统的实现，实际上就是采用了这种方式。

1.3.3　协议如同人与人的对话

在此举一个简单的例子。有三个人 A、B、C，A 只会说汉语、B 只会说英语、C 既会说汉语又会说英语。现在 A 与 B 要聊天，他们之间该如何沟通呢？若 A 与 C 要聊天，又会怎样？这时如果我们：

- 将汉语和英语当作“协议”
- 将聊天当作“通信”
- 将说话的内容当作“数据”

那么 A 与 B 之间由于各持一种语言，恐怕说多久也无法交流。因为他们之间的谈话所用的协议（语言）不同，双方都无法将数据（所说的话）传递给对方▼。

▼若两人之间有个同声翻译，就能够顺利沟通了。在网络环境中，1.9.7 节所要介绍的网关就起着这种翻译作用。

接下来，我们分析 A 与 C 之间聊天的情况。两人都用汉语这个“协议”就能理解对方所要表达的具体含义，也就是说，A 与 C 为了顺利沟通，采用同一种协议，使得他们之间能够传递所期望的数据（想说给对方的话）。

如此看来，协议如同人们平常说话所用的语言（如图 1.12 所示）。虽然语言是人类特有的，但计算机与计算机之间通过网络进行通信时，也可以认为是依据类似于人类“语言”实现了相互通信▼。

▼与之相似，我们在日常生活中理所当然的一些行为，很多情况下与“协议”这一概念不谋而合。

图 1.12
协议如同人与人的对话

1.3.4 计算机中的协议

人类具有掌握知识的能力，对所学知识也有一定的应用能力和理解能力。因此在某种程度上，人与人的沟通并不受限于太多规则。即使有规则，人们也可以通过自己的应变能力很自然地去适应规则。

然而这一切在计算机通信当中，显然无法实现，因为计算机的智能水平还没有达到人类的高度。其实，计算机从物理连接层面到应用程序的软件层面，各个组件都必须严格遵循事先达成的约定才能实现真正的通信。此外，每台计算机还必须装有实现基本通信功能的程序。如果将前面例子中提到的 A、B 与 C 替换成计算机，就不难理解为什么需要明确定义协议，为什么要遵循既定的协议来设计软件和制造计算机硬件了。

人们平常说话时根本不需要特别注意就能顺其自然地吐字、发音。并且在很多场合，人们能够根据对方的语义、声音或表情，合理地调整自己的表达方式和所要传达的内容，从而避免给对方造成误解。甚至有时在谈话过程中如果不小心漏掉几个词，也能从谈话的语境和上下文中猜出对方所要表达的大体意思，不至于影响自己的理解。然而计算机做不到这一点。因此，在设计计算机程序与硬件时，要充分考虑通信过程中可能会遇到的各种异常及对异常的处理。在实际遇到问题时，正在通信的计算机之间也必须具备相应的设备和程序以应对异常。

在计算机通信中，事先达成详细的约定，并遵循这一约定进行处理尤为重要，如图 1.13 所示。这一约定其实就是“协议”。

图 1.13
计算机通信协议

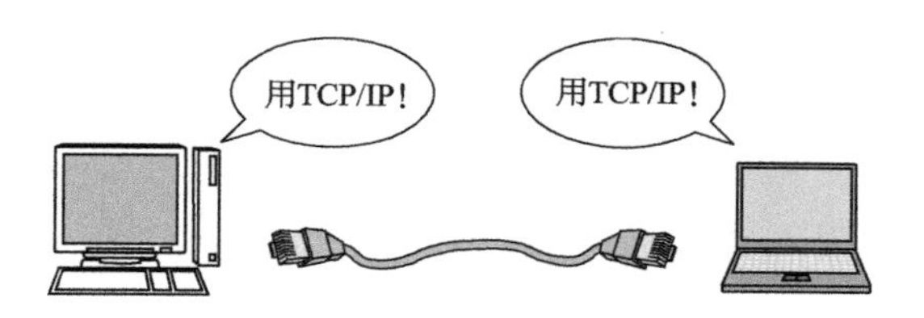

计算机之间，事先达成详细的约定，并遵循这一约定进行处理方可建立通信

1.3.5　分组交换协议

分组交换是指将大数据分割为一个个叫作包（Packet）的较小单位进行传输的方法。这里所说的包，如同我们平常在邮局里见到的邮包。分组交换就是将大块数据分装为一个个这样的邮包交给对方，如图 1.14 所示。

图 1.14
分组交换

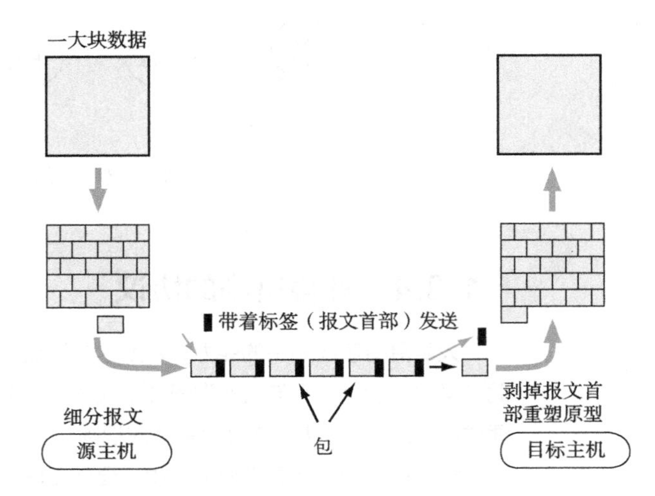

当人们邮寄包裹时，通常会填写寄件单并贴到包裹上再交给邮局。寄件单上一般会有寄件人和收件人的详细地址。类似地，计算机通信也会在每一个分组中附加上源主机地址和目标主机地址并发送给通信线路。这些发送端地址、接收端地址及分组序号写入的部分称为“报文首部”。

当一块较大的数据被分为多个分组时，为了标明是原始数据中的哪一部分，就有必要将分组的序号写入“报文首部”。接收端会根据这个序号，再将每个分组按照序号重新装配为原始数据。

通信协议通常会规定报文首部应该写入哪些信息、应该如何处理这些信息。相互通信的每台计算机则根据协议构造报文首部、读取首部内容等。为了双方能正确通信，分组的发送方和接收方有必要对报文首部和内容保持一致的定义和解释。

通信协议到底由谁来规定呢？为了能够让不同厂商生产的计算机相互通信，有这么一个组织，它制定通信协议的规范，定义国际通用的标准。在下一节，我们将详细说明协议的标准化过程。

1.4 协议由谁规定

1.4.1 计算机通信的诞生及其标准化

在计算机通信诞生之初，系统化与标准化并未得到足够的重视。每家计算机厂商都生产各自的网络产品来实现计算机通信。对于协议的系统化、分层化等事宜没有特别强烈的意识。

1974 年，IBM 公司发布了 SNA，将本公司的计算机通信技术作为系统化网络体系结构公之于众。从此，计算机厂商也纷纷发布各自的网络体系结构，引发了众多协议的系统化进程。然而，各家厂商的各种网络体系结构、各种协议之间并不相互兼容。即使是从物理层面上连接了两台异构的计算机，由于它们之间采用的网络体系结构不同，支持的协议不同，因此仍然无法实现正常的通信，如图 1.15 所示。

这对用户来说极其不便，因为这意味着起初采用了哪家厂商的产品就只能一直使用同一厂商的产品。若相应的厂商破产或产品超过服务期限，就得将整套网络设备全部换掉。此外，因为不同部门之间使用的网络产品互不相同，所以就算将它们从物理层面上相互连接起来，也无法实现通信，这种情况亦不在少数。灵活性和可扩展性的缺乏使得当时的用户对计算机通信难以应用自如。

图 1.15
协议中的方言与普通话

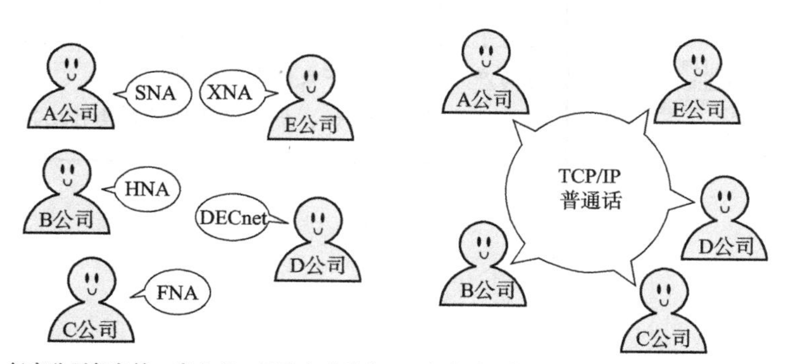

随着计算机重要性的不断提高，很多公司逐渐意识到兼容的重要性。人们开始着手研究使不同厂商生产的异构产品也能够互相通信的技术。这促进了网络的开放性和多供性。

1.4.2 协议的标准化

为了解决上述问题，ISO▼制定了一个国际标准 OSI▼，对通信系统进行了标准化。现在，OSI 所定义的协议虽然并没有得到普及，但是在 OSI 协议设计之初，作为其指导方针的 OSI 参考模型常被用于网络协议的制定当中。

▼ International Organization for Standardization，国际标准化组织。

▼ Open Systems Interconnection，开放系统互联，这是一种开放式通信系统互联参考模型。

本书将要说明的 TCP/IP 并非 ISO 所制定的某种国际标准，而是由 IETF▼所建议的、致力于推进其标准化作业的一种协议。在当时，大学等研究机构和计算机行业作为中坚力量，推动了 TCP/IP 的标准化进程。TCP/IP 作为互联网之上的一种标准，也作为业界标准▼，俨然已成为全世界广泛应用的通信协议。那些支持互联网的设备及软件，也正着力遵循由 IETF 标准化的 TCP/IP 。

▼ Internet Engineering Task Force。

▼非国家或国际机构等公共机构所制定的标准，但属于业界公认的标准。

协议得以标准化，也使所有遵循标准协议的设备，不再因计算机硬件或操作系统的差异而无法通信。因此，协议的标准化也推动了计算机网络的普及。

■ 标准化

所谓标准化是指使不同厂商所生产的异构产品之间具有兼容性，便于使用的规范化。

除了计算机通信领域，“标准”一词在日常生活用品中，如铅笔、厕纸、电源插座、音频、录音带等也屡见不鲜。如果这些产品的大小、形状总是各不相同，那将会给消费者带来巨大的麻烦。

标准化组织大致分为三类：国际级标准化机构、国家级标准化机构及民间团体。目前国际级标准化机构有 ISO、ITU-T▼等，国家级标准化机构有日本的 JISC（制定了日本 JIS）和美国的 ANSI▼。民间团体则包括促进互联网协议标准化的 IETF 等组织。

▼International Telecommunication Union-Telecommunication Standardization Sector，制定远程通信相关国际规范的委员会，是 ITU（International Telecommunication Union：国际电信联盟）旗下的一个远程通信标准化组织。前身是国际电报电话咨询委员会（CCITT: Consultative Committee on International Telegraph and Telephone）。

▼American National Standards Institute，美国国家标准学会，属于美国国内的标准化组织。

在现实世界中，有很多优秀的技术，由于其开发公司没有公开相应的开发规范导致这些技术没有得到广泛的普及。如果企业能够将自己的开发规范公之于众，让更多业界同行及时使用并成为行业标准，那么一定会有更多更好的产品可以存活下来供我们使用。

从某种程度上说，标准化是对世界具有极其重要影响的一项工作。

1.5 协议分层与 OSI 参考模型

1.5.1 协议的分层

ISO 在制定 OSI 之前，对网络体系结构相关的问题进行了充分的讨论，最终提出了作为通信协议设计指标的 OSI 参考模型。这一模型将通信协议中必要的功能分成了 7 层。通过这些分层，使得那些比较复杂的网络协议更简单化。

在这一模型中，每一层都接受由下一层所提供的特定服务，并且负责为自己的上一层提供特定的服务。上下层之间进行交互时所遵循的约定叫作“接口”。通信双方同一层之间的交互所遵循的约定叫作“协议”，如图 1.16 所示。

▼模块是执行某个功能的代码块，相当于软件中的零部件。

协议分层就如同计算机软件中的模块化▼开发。OSI 参考模型的建议是比较理想化的。它希望实现从第 1 层到第 7 层的所有模块，并将它们组合起来实现网络通信。分层可以将每一层独立使用，即使系统中某些分层发生变化，也不会波及整个系统。因此，可以构造一个可扩展性和灵活性都较强的系统。此外，通过分层能够细分通信功能，更易于单独实现每一层的协议，并界定各层的具体责任和义务。这些都属于分层的优点。

而分层的缺点，可能就在于过分模块化、处理速率减慢及每个模块都不得不实现相似的处理逻辑等问题。

图 1.16
协议的分层

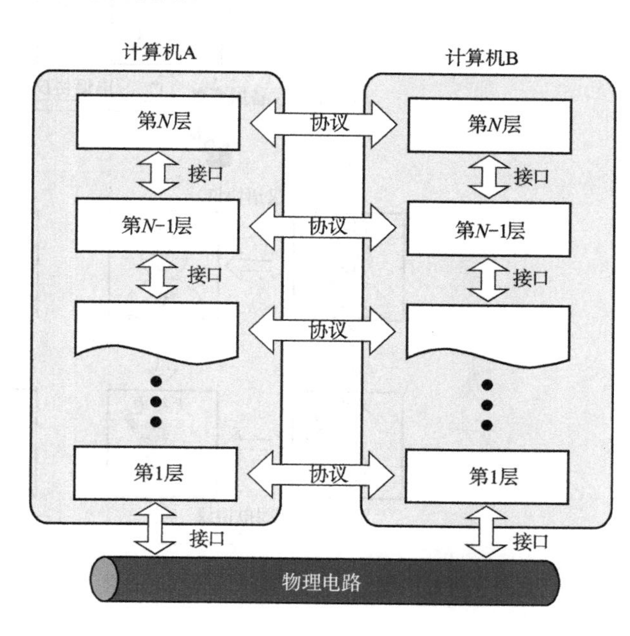

1.5.2 通过对话理解分层

关于协议的分层，我们再以 A 与 C 的对话为例简单说明一下。在此，我们只考虑语言层和通信设备层这两层的情况。

以电话聊天为例，图 1.17 上半部分中的 A 与 C 两个人正在通过电话（通信设备）用汉语（语言协议）聊天。我们详细分析一下这张图。

表面上看 A 与 C 是在用汉语直接对话，但实际上 A 与 C 都是在通过电话的听筒听取声音，都在对着麦克风说话。想象一下，如果有一个素未见过电话的人见到这个场景会怎么想？恐怕他会以为 A 和 C 在跟电话聊天吧。

其实在这张图中，他们所用的语言协议作为麦克风的音频输入，在通信设备层被转换为电波信号传送出去了。传送到对方的电话后，又被通信设备层转换为音频输出，传递给了对方。因此，A 与 C 其实是利用电话之间通过音频传递信息的接口实现了对话。

图 1.17
语言层与通信设备层两层模型

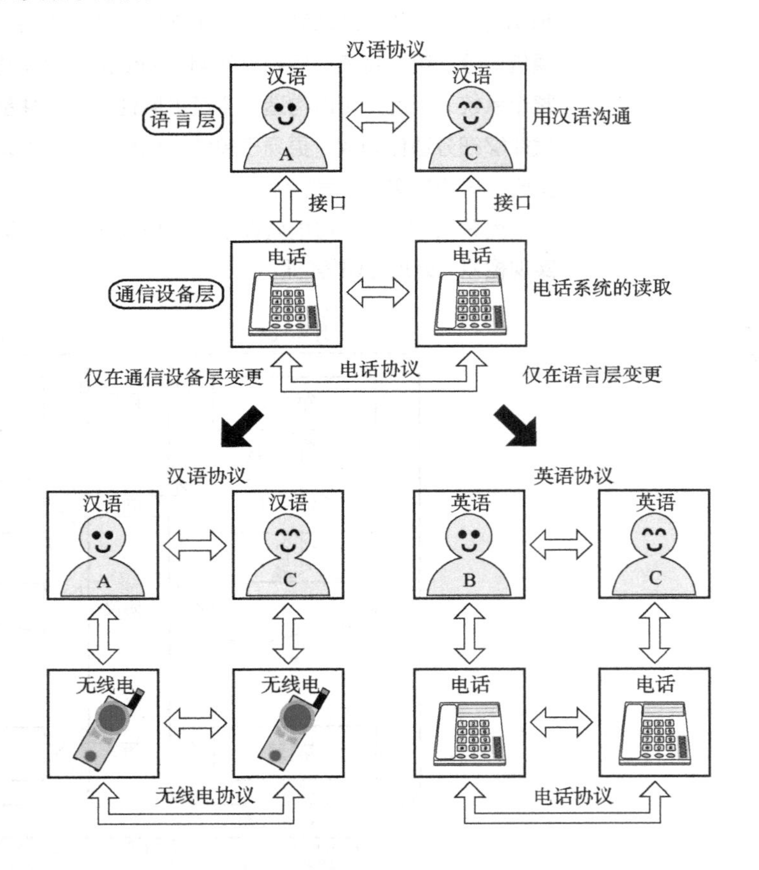

通常人们会觉得拿起电话与人通话，其实就好像是直接在跟对方对话。如果仔细分析，在整个过程中实际上是电话在做中介，这是不可否认的。如果 A 的电话所传出的电子信号并未能转换成 C 的电话上频率与电子信号对应的声波，那会如何？这就如同 A 的电话与 C 的电话的协议互不相同。C 听到声音后可能会觉得自己不是在跟 A 而是在跟其他人说话。频率若是相去甚远，C 更有可能会觉得自己听到的不是汉语。

如果我们假定语言层相同而改变了通信设备层，情况会如何呢？例如，将电话改为无线电。通信设备层如果改用无线电，那么就得学会使用无线电的方法（语言层与通信设备层之间的接口）。由于语言层仍然在使用汉语协议，因此使用者可以完全和以往打电话时一样正常通话（图 1.17 左下部分）。

如果通信设备层使用电话，而语言层改用英语的话情况又会如何呢？很显然，电话本身不会受限于使用者使用的语言。因此，这种情况与使用汉语通话时完全一样，依然可以实现通话（图 1.17 右下部分）。

到此为止，读者可能会觉得这些都是再简单不过的、理所当然的事。在此仅举出简单的例子，权作对协议分层及其便利性的一个解释，以加深对分层协议的理解。

1.5.3 OSI 参考模型

前面只是将协议简单地分成两层进行了举例说明。然而，实际的协议会相当复杂。OSI 参考模型将这样一个复杂的协议整理并分为了易于理解的 7 层，如图 1.18 所示。

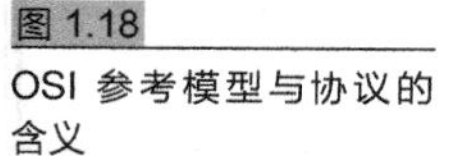
图 1.18
OSI 参考模型与协议的含义

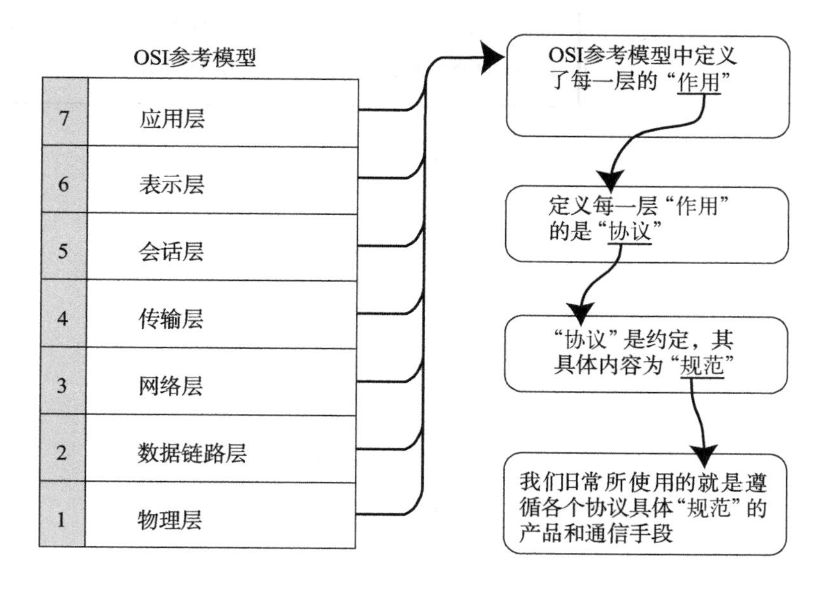

OSI 参考模型对通信中必要的功能做了很好的归纳。网络工程师在讨论协议相关问题时也经常以 OSI 参考模型的分层为原型。对于计算机网络的初学者，学习 OSI 参考模型可以说是通往成功的第一步。

不过，OSI 参考模型终究是一个“模型”，它也只是对各层的作用做了一系列粗略的界定，并没有对协议和接口进行详细的定义。它对学习和设计协议只能起到引导作用。因此，若想了解协议的更多细节，还是有必要参考每个协议本身的具体规范。

许多通信协议或多或少参考了这个模型。通过这一点，可以大致了解该协议在整个通信功能中的位置和作用。

虽然要仔细阅读相应的规范说明书才能了解协议的具体内容，但是对于其大致的作用可以通过其所对应的 OSI 参考模型层来找到方向。这也是为什么在学习每一个协议之前，首先要学习 OSI 参考模型。

■ OSI 协议与 OSI 参考模型

本章所介绍的是 OSI 参考模型。然而人们也时常会听到 OSI 协议这个词。OSI 协议是为了让异构的计算机之间能够相互通信、由 ISO 和 ITU-T 推进其标准化的一种网络体系结构。

OSI（参考模型）将通信功能划分为 7 层，称作 OSI 参考模型。OSI 协议以 OSI 参考模型为基础界定了每一层的协议和各层之间接口相关的标准。遵循 OSI 协议的产品叫 OSI 产品，它们所遵循的通信则被称为 OSI 通信。“OSI 参考模型”与“OSI 协议”指代意义不同，请勿混淆。

通过对照 OSI 参考模型中通信功能的分类和 TCP/IP 的功能，本书逐层深入展开每个话题。虽然实际的 TCP/IP 分层模型与 OSI 还有着若干区别，但借助 OSI 参考模型可以加深对 TCP/IP 的理解。

1.5.4 OSI 参考模型中各层的作用

在此，以表 1.3 为例简单说明 OSI 参考模型中各层的主要作用。

表 1.3
OSI 参考模型各层分工

	分层名称	作　用	每层功能概览
7	应用层	针对特定应用的协议	针对每个应用的协议 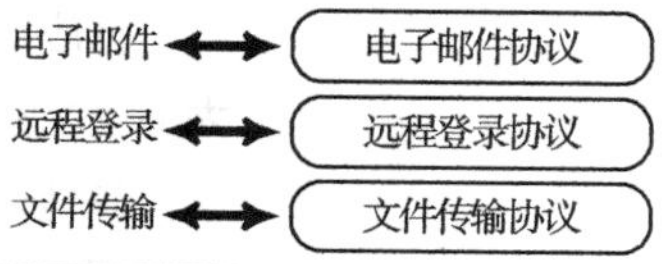 电子邮件 ↔ 电子邮件协议 远程登录 ↔ 远程登录协议 文件传输 ↔ 文件传输协议
6	表示层	设备固有数据格式和网络标准数据格式的转换	 → 网络标准数据格式 → 接收不同表现形式的信息，如文字流、图像、声音等
5	会话层	通信管理。负责建立和断开通信连接（数据流动的逻辑通路） 管理传输层以下的层	何时建立连接，何时断开连接及保持多久的连接 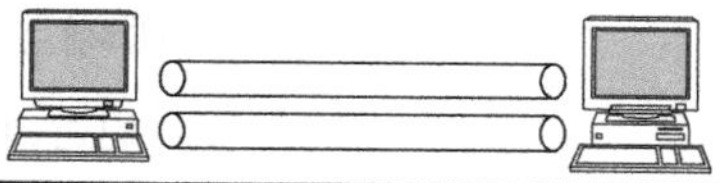
4	传输层	管理两个节点▼之间的数据传输。负责可靠传输（确保数据被可靠地传送到目标地址）	是否有数据丢失 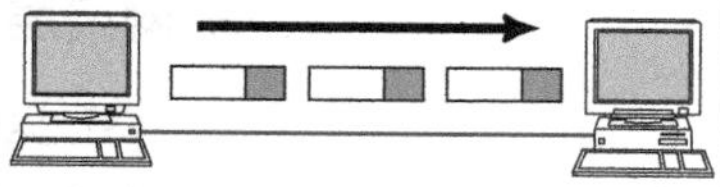
3	网络层	地址管理与路由选择	经过哪个路由传递到目标地址 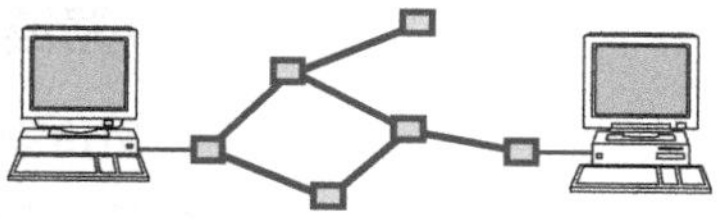
2	数据链路层	互连设备之间传送和识别数据帧	 → 0101 → 数据帧与比特流之间的转换 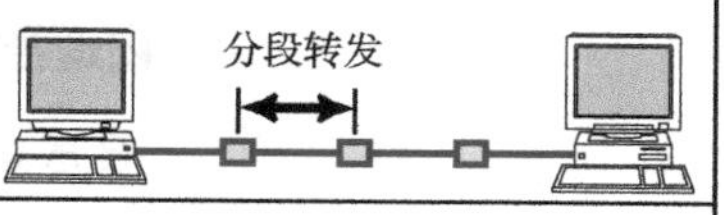 分段转发
1	物理层	“0”“1”代表电压的高低、灯光的闪灭 界定连接器和网线的规格	 0101 → → 0101 比特流与电子信号之间的切换 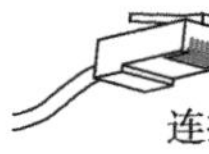 连接器与网线的规格

▼ 互连的网络终端，如计算机等设备。

■ 应用层

为特定应用提供服务并规定应用中通信相关的细节，包括文件传输、电子邮件、远程登录（虚拟终端）等协议。

■ 表示层

将应用处理的信息转换为适合网络传输的格式，或将来自下一层的数据转换为上层能够处理的格式。因此它主要负责数据格式的转换。

具体来说，就是将设备固有的数据格式转换为网络标准数据格式。不同设备对同一比特流解释的结果可能会不同。因此，使它们保持一致是这一层的主要作用。

■ 会话层

负责建立和断开通信连接（数据流动的逻辑通路），以及数据的分割等数据传输相关的管理。

■ 传输层

起着可靠传输的作用。只在通信双方节点上进行处理，而无须在路由器上处理。

■ 网络层

将数据传输到目标节点。有时甚至需要跨越多个通过路由器相连的网络才能传输到目标节点。因此这一层主要负责寻址和路由选择。

■ 数据链路层

负责物理层面上互连的、节点之间的通信传输。例如，接入同一以太网的 2 个节点之间的通信。

将 0、1 序列划分为具有意义的数据帧并传送给对端（数据帧的生成与接收）。

■ 物理层

负责 0、1 比特流（0、1 序列）与电压的高低、灯光的闪灭之间的互换。

1.6 OSI 参考模型通信处理举例

▼这里的主机是指连接到网络上的计算机。按照 OSI 的惯例，进行通信的计算机称为节点，然而在 TCP/IP 中则被叫作主机。本书以 TCP/IP 为主，因此凡是进行通信的计算机，大多数称为主机。也可参考 4.1.1 节的专栏。

下面举例说明 7 层网络模型的功能。假设使用主机▼ A 的用户 A 要给使用主机 B 的用户 B 发送一封电子邮件。

不过，严格来讲 OSI 与互联网的电子邮件的实际运行机制并非图 1.18 所示那么简单。此图只是为了便于读者理解 OSI 参考模型而设计的。

1.6.1 7 层通信

在 7 层 OSI 参考模型中，如何模块化通信传输？

分析方法可以借鉴图 1.17 所示的两层模型。发送端从第 7 层、第 6 层到第 1 层由上至下按照顺序传输数据，接收端则从第 1 层、第 2 层到第 7 层由下至上传输数据。每一层都会将本层协议处理所需的信息以“首部”的形式附加到由上一层传过来的数据上。然后接收端对收到的数据进行数据“首部”与“内容”的分离，再将“数据”部分转发给上一层，如此反复地分离转发，最终将发送端的数据恢复为原状，如图 1.19 所示。

图 1.19
7 层通信

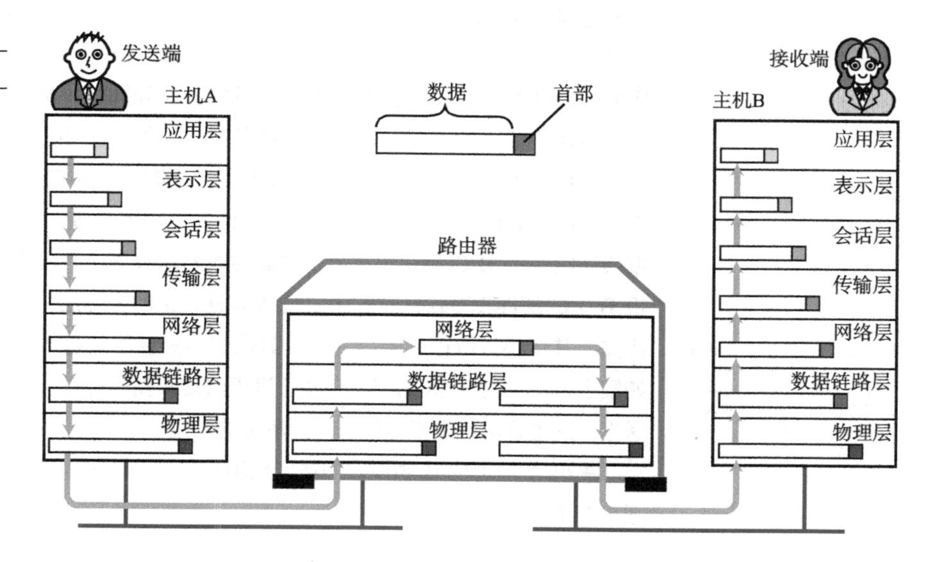

1.6.2　会话层以上的处理

假定用户 A 要给用户 B 发送一封内容为“早上好”的电子邮件。OSI 参考模型究竟会进行哪些处理呢？我们由上至下进行分析，如图 1.20 所示。

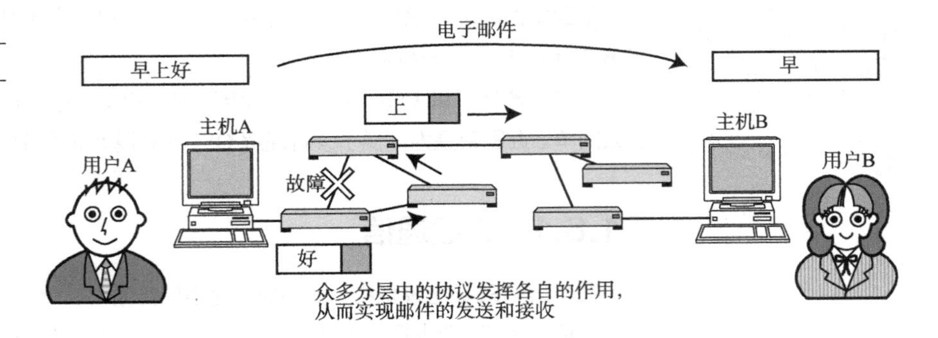

图 1.20
以电子邮件为例

■ 应用层

用户 A 在主机 A 上新建一封电子邮件，指定收件人为用户 B，并输入电子邮件内容为“早上好”。

收发邮件的这款软件从功能上可以分为两大类：一类是与通信相关的，另一类是与通信无关的。例如，用户 A 在键盘上输入“早上好”的这一部分就属于与通信无关的功能，而将“早上好”的内容发送给用户 B 是其与通信相关的功能。因此，此处的“输入电子邮件内容后发送给目标地址”也归应用层处理。

从用户输入完所要发送的内容并点击“发送”按钮的那一刻开始，就进入了应用层协议的处理。该协议会在所要传送数据的前端附加首部（标签）信息。该首部标明了邮件内容为“早上好”和收件人为“用户 B”。这一附有首部信息的数据传送给主机 B 以后由该主机上的邮件收发软件通过“收信”功能获取内容。主机 B 上的邮件收发软件收到由主机 A 发送过来的数据后，分析其数据首部与数据正文，并将邮件保存到硬盘上或是其他非易失性存储器▼中以备进行相应的处理。如果主机 B 上收件人的邮箱空间已满无法接收新的邮件，则会返回一个错误给发送方。这类异常也属于应用层需要解决的问题。

▼数据不会因为断电而丢失的一种存储设备[①]。此外，SSD（Solid State Disk）是可以像硬盘一样存取数据的设备，其中的数据也不会因为断电而丢失。

主机 A 与主机 B 通过它们各自应用层之间的通信，最终实现邮件的存储，如图 1.21 所示。

■ 表示层

表示层的“表示”有“表现”“演示”的意思，因此更关注数据的具体表现形式▼，同一份数据在不同计算机系统上的表现形式可能有所差异。此外，所使用的应用软件本身的不同也会导致数据的表现形式截然不同，例如，有的字处理软件创建的文件只能由该字处理软件厂商所提供的特定版本的软件读取。

▼最有名的就是计算机内部会采用不同的方式将数据存储到内存中。最典型的是大端存储和小端存储。

① 闪存是目前使用最广泛的非易失性存储器。——译者注

图 1.21
应用层的工作

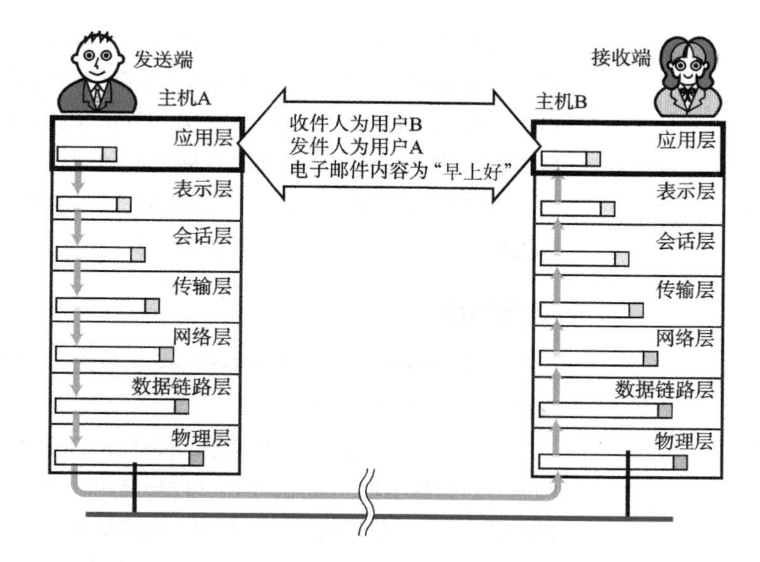

电子邮件中如果遇到此类问题该如何解决呢？如果用户 A 与用户 B 所使用的邮件客户端软件完全一致，就能够顺利收取和阅读邮件，不会遇到类似的问题。但是这在现实生活中是不大可能的。让所有用户千篇一律地使用同一款客户端软件对使用者来说也是极不方便的一件事情▼。

▼ 现在，除了个人计算机，还有其他设备，如智能手机也都能够连接到网络。如何让它们之间能够相互读取通信数据已变得越来越重要。

利用表示层，将数据从“某台计算机特定的数据格式”转换为“网络通用的标准数据格式”后再发送出去，如图 1.22 所示。接收端主机收到数据以后将这些网络通用的标准数据格式的数据恢复为“该计算机特定的数据格式”，然后再进行相应处理。

图 1.22
表示层的工作

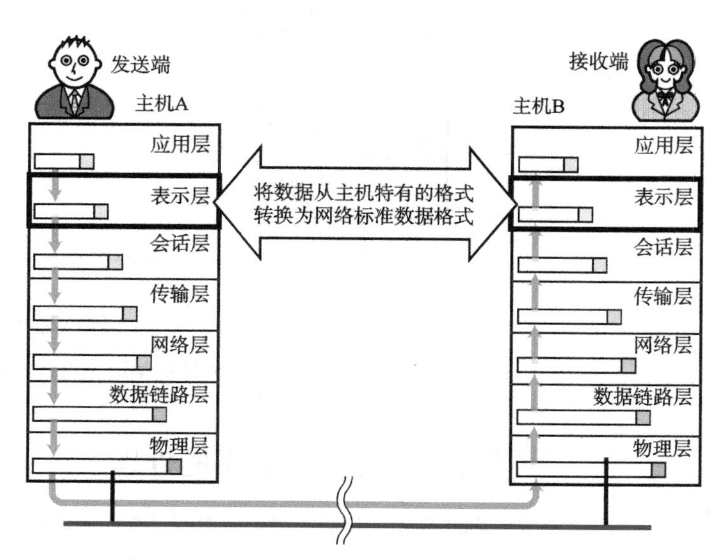

在前面这个例子中，数据被转换为通用标准的格式后再进行处理，使得异构机型之间也能保持数据的一致性。这也正是表示层的作用所在，即表示层是进行“统一的网络数据格式”与“某台计算机或某款软件特有的数据格式”之间相互转换的层。

此例中的“早上好”根据编码格式被转换成“统一的网络数据格式”。即便是一段简单的文字流，也可以有众多复杂的编码格式。就拿日语文字来说，有 EUC-JP、Shift_JIS、ISO-2022-JP、UTF-8 及 UTF-16 等很多编码格式[①]。如果未能按照特定格式编码，那么在接收端就算收到邮件也可能会有乱码▼。

▼在实际生活中，收发邮件成为乱码的情况并不罕见。这通常是在表示层未能按照预期的格式编码或编码格式设置有误而导致的。

通信双方的表示层之间为了识别编码格式也会附加首部信息，从而将实际传输的数据转交给下面的会话层等层去处理。

■ 会话层

下面，我们来分析在两端主机的会话层之间是如何高效地进行数据交互，以及采用何种方法传输数据。

假定用户 A 新建了 5 封电子邮件并准备发送给用户 B。这 5 封邮件的发送顺序可以有很多种。例如，可以每发一封邮件建立一次连接▼，随后断开连接，还可以一经建立好连接就将 5 封邮件连续发送给对方。甚至可以同时建立好 5 个连接，将 5 封邮件同时发送给对方。决定采用何种连接方法是会话层的主要责任，如图 1.23 所示。

▼指通信连接。

图 1.23
会话层的工作

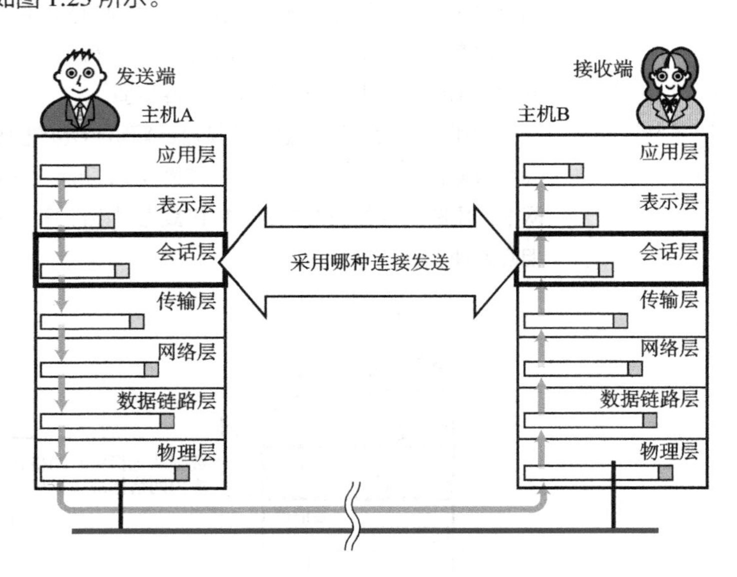

会话层也像应用层或表示层那样，在其收到的数据前端附加首部或标签信息后再转发给下一层。这些首部或标签中记录着数据传送顺序的信息。

1.6.3　会话层以下的处理

到此为止，我们通过例子说明了在应用层写入的数据会经由表示层格式化编码，再由会话层标记发送的顺序后才被发送出去的大致过程。然而，会话层只对何时建立连接、何时发送数据等问题进行管理，并不具有实际传输数据的功能。真正负责在网络上传输具体数据的是会话层以下的“无名英雄”。

① 最典型的汉字编码格式有 GB2312、BIGS、IS08859-I 等。——译者注

传输层

确保主机 A 与主机 B 之间的通信连接并准备发送数据，这一过程叫作“建立连接”。有了这个通信连接就可以使主机 A 发送的电子邮件到达主机 B，并由主机 B 的邮件处理程序获取最终数据。此外，当通信传输结束后，有必要将连接断开。

如上，进行建立连接或断开连接的处理▼，在两台主机之间创建逻辑上的通信连接即是传输层的主要作用。此外，传输层为确保所传输的数据到达目标地址，会在通信两端的计算机之间进行确认，如果数据没有到达，它会负责重发，如图 1.24 所示。

▼此处请注意，会话层负责决定建立连接和断开连接的时机，而传输层进行实际的建立和断开处理。

图 1.24
传输层的工作

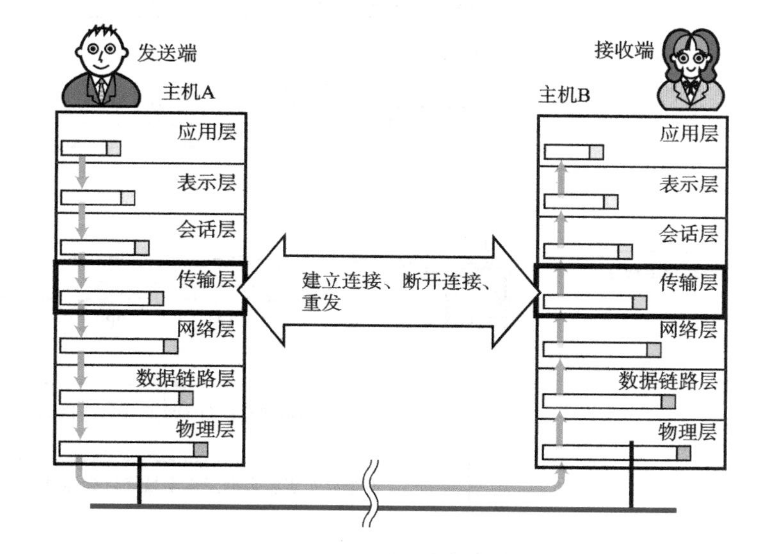

例如，主机 A 将“早上好”这一数据发送给主机 B。在此期间，可能会因为某些原因导致数据被破坏，或由于发生某种网络异常致使只有一部分数据到达目标地址。假设主机 B 只收到了“早上”这一部分数据，那么它会在收到数据后将自己没有收到“早上”之后那部分数据的事实告知主机 A。主机 A 得知这种情况后就会将后面的“好”重发给主机 B，并再次确认对端是否收到。

这就好比人们日常会话中的确认语句：“对了，你刚才说什么来着？”计算机通信协议其实并没有我们想象中那么晦涩难懂，其基本原理是与我们的日常生活紧密相关的。

由此可见，保证数据传输的可靠性是传输层的一个重要作用。为了确保可靠性，这一层也会为所要传输的数据附加首部以识别这一层的数据。然而，实际上将数据传输给对端的处理是由网络层来完成的。

网络层

网络层的作用是在网络与网络相互连接的环境中，将数据从发送端主机发送到接收端主机（如图 1.25 所示）。如图 1.26 所示，两端主机之间虽然有众多数据链路，但能够将数据从主机 A 发送到主机 B 都是网络层的功劳。

图 1.25
网络层的工作

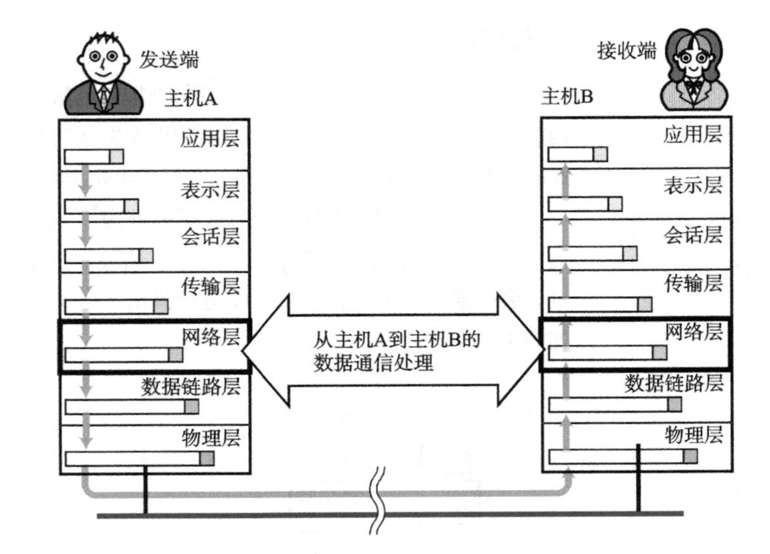

图 1.26
网络层与数据链路层各尽其责

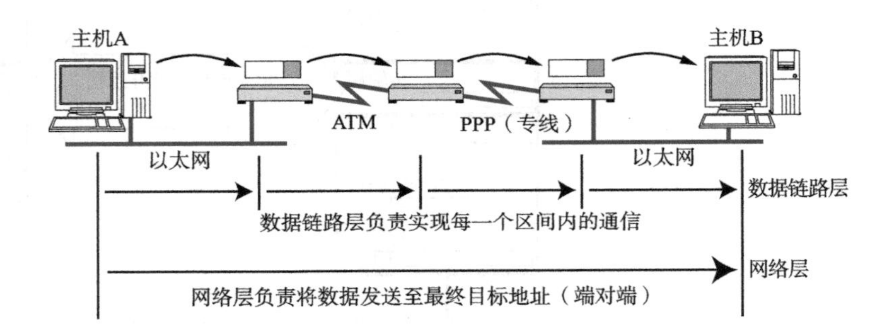

▼关于地址，请参考 1.8 节。

在实际发送数据时，目标地址▼至关重要。这个地址是进行通信的网络中唯一指定的序号。可以把它想象成我们日常生活中使用的电话号码。只要这个目标地址确定了，就可以在众多计算机中选出该目标地址所对应的计算机发送数据。基于这个地址，就可以在网络层进行数据的发送处理。而有了地址和网络层的数据发送处理，就可以将数据发送给世界上任何一台互连设备。网络层也会将其从上层收到的数据和地址信息等一起发送给下面的数据链路层，以便进行后续的处理。

■ 传输层与网络层的关系

在不同的网络体系结构中，网络层有时不能保证数据的可达性。例如，在相当于 TCP/IP 网络层的 IP 中，就不能保证数据一定会发送到对端地址。因此，数据传送过程中出现数据丢失、顺序混乱或是重复问题的可能性会大大增加。像这样客观上无法提供可靠传输的网络层中，可以由传输层负责提供“正确传输数据的处理”。在 TCP/IP 中，网络层与传输层相互协作以确保数据包能够传送到世界各地，实现可靠传输。

每一层的作用与功能越清晰，规范协议的具体内容就越简单，实现▼这些具体协议的工作也将会更轻松。

▼是指通过软件编码实现具体的协议，使其能够在计算机上运行。

■ 数据链路层、物理层

通信传输实际上是通过物理层的传输介质实现的。数据链路层的作用就是在这些通过传输介质互连的设备之间进行数据处理，如图 1.27 所示。

图 1.27
数据链路层与物理层的工作

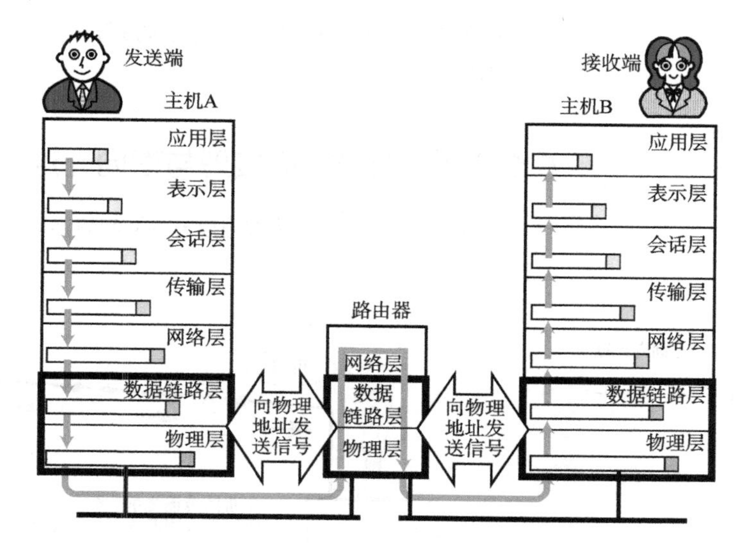

物理层中，将数据的 0、1 转换为电压和脉冲信号传输给物理层的传输介质，而相互直连的设备之间通过地址实现传输。这种地址被称为 MAC▼地址，也可称为物理地址或硬件地址。采用 MAC 地址，目的是识别连接到同一个传输介质上的设备。因此，在这一层中，将包含 MAC 地址信息的首部附加到从网络层转发过来的数据上，将其发送到网络中。

网络层与数据链路层都基于目标地址将数据发送给接收端，但是网络层负责将整份数据发送给目标地址，而数据链路层只负责发送一个网段内的数据。关于这一点的更多细节可以参考 4.1.2 节。

■ 接收端主机 B 的处理

接收端主机 B 上的处理流程正好与主机 A 相反，它从物理层开始将接收到的数据逐层发给上一层进行处理，从而使用户 B 最终在主机 B 上使用邮件客户端软件接收用户 A 发送过来的邮件，并可以读取相应内容。

如上所述，读者可以将通信网络的功能分层来思考。每一层的协议规定了该层中的数据格式及首部与数据的处理顺序。

1.7　传输方式的分类

网络通信可以根据其数据传输方式进行分类。分类方法有很多种，以下我们介绍其中的几种。

1.7.1　面向有连接型与面向无连接型

▼面向无连接型包括以太网、IP、UDP 等协议。面向有连接型包括 ATM、帧中继、TCP 等协议。

通过网络发送数据，大致可以分为面向有连接与面向无连接两种类型▼，如图 1.28 所示。

图 1.28
面向有连接型与面向无连接型

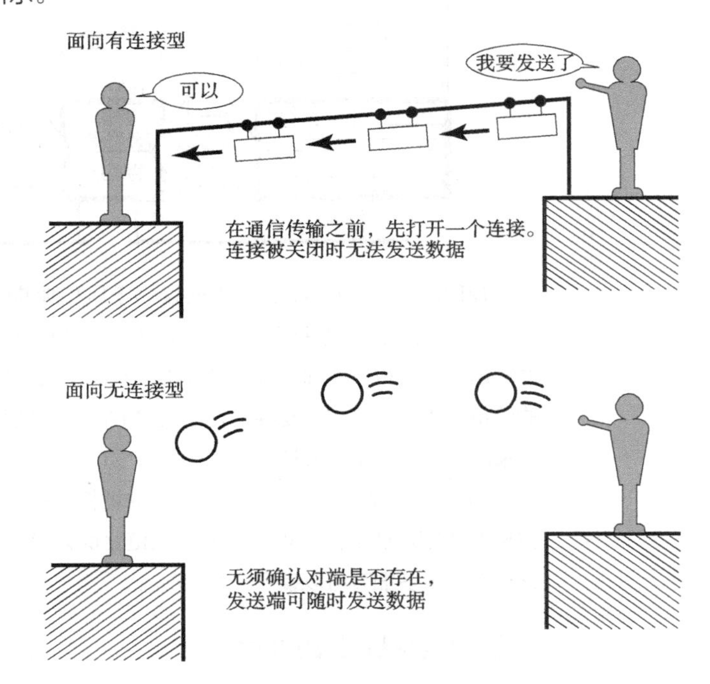
面向有连接型
我要发送了
可以
在通信传输之前，先打开一个连接。
连接被关闭时无法发送数据
面向无连接型
无须确认对端是否存在，
发送端可随时发送数据

面向有连接型

▼在面向有连接的情况下，发送端的数据不一定要分组发送。第 6 章将介绍的 TCP 是以面向有连接的方式分组发送数据的，然而 1.7.2 节中所要介绍的电路交换虽然也属于面向有连接的一种方式，但是数据并不仅限于分组发送。

▼在不同的分层协议中，连接的具体含义可能有所不同。在数据链路层中的连接，就是指物理的、通信线路的连接。而传输层负责创建与管理逻辑上的连接。

面向有连接型在发送数据▼之前，需要在收发主机之间连接一条通信线路▼。

面向有连接型就好比人们平常打电话，输入完对方的电话号码并拨出之后，只有对方拿起电话才能真正通话，通话结束后将电话挂掉就如同切断电源。因此在面向有连接的情况下，必须在通信传输前后，专门进行建立连接和断开连接的处理。如果与对端之间无法通信，就可以避免发送无谓的数据。

面向无连接型

▼面向无连接型采用分组交换（1.7.2 节）的情况要多一些。此时，可以直接将数据理解为分组数据。

面向无连接型则不要求建立连接和断开连接。发送端可在任何时候自由发送数据▼。接收端永远不知道自己会在何时从哪里收到数据。因此，在面向无连接的情况下，接收端需要时常检查是否收到了数据。

这就如同人们去邮局寄包裹一样。负责处理邮递业务的营业员，不需要确认收件人的详细地址是否真的存在，也不需要确认收件人能否收到包裹，只要发件人有一个寄件地址就可以办理邮寄包裹的业务。面向无连接型通信与电话通信不同，它不需要拨打电话、挂掉电话之类的处理，而是全凭发送端自由地发送自己想传递出去的数据。

因此，在面向无连接的通信中，不需要检查对端是否存在。即使接收端不存在或无法接收数据，发送端也能将数据发送出去。

■ 面向有连接与面向无连接

“连接”这个词在人类社会当中，相当于“人脉”的意思。此时，它指熟人或有一定关系的人之间的联系。而面向无连接，其实就是没有任何关系的意思。

在棒球和高尔夫比赛中，人们可能经常会听到“要到哪儿去得问球”。这其实就是一个典型的面向无连接的通信的发送端处理方式。或许有些读者会认为面向无连接的通信有点儿不靠谱。但是对于某些特殊设备，它是一种非常有效的方法。这种方法可以省略某些既定的、繁杂的手续，使处理变得简单，易于制作一些低成本的产品，减轻处理负担。

有时，也可以根据具体的通信内容来决定采用哪种方式——面向有连接或面向无连接。

1.7.2 电路交换与分组交换

目前，网络通信方式大致分为两种——电路交换和分组交换。电路交换技术的历史相对久远，主要用于电话网。分组交换技术则是一种较新的通信方式，从20世纪60年代后半叶才开始逐渐被人们认可。本书着力介绍的TCP/IP，正是采用了分组交换技术。

在电路交换中，交换机主要负责数据的中转处理。计算机首先被连接到交换机上，交换机与交换机之间则由众多通信线路再继续连接。因此计算机之间在发送数据时，需要通过交换机与目标主机建立通信线路。我们将连接电路称为建立连接。建立好连接以后，用户就可以一直使用这条电路，直到该连接被断开为止。

如果某条电路只是用来连接两台计算机的通信线路，就意味着只需在这两台计算机之间实现通信，因此这两台计算机是可以通过独占线路进行数据传输的。但是，如果一条电路上连接了多台计算机，而这些计算机之间需要相互传递数据，就会出现新的问题。鉴于一台计算机在收发信息时会独占整条电路，其他计算机只能等待这台计算机处理结束以后才有机会使用这条电路收发数据。并且在此过程中，谁也无法预测某一台计算机的数据传输从何时开始又在何时结束。如果并发用户数超过交换机之间的通信线路数，就意味着通信根本无法实现。

为此，人们想到了一个新的方法，即让连接到通信线路的计算机将所要发送的数据分成多个数据包，按照一定的顺序排列接入通信线路的计算机，之后排队等待发送数据包的时机。这就是分组交换，如图 1.29 所示。有了分组交换，数据被细分后，所有的计算机就可以一齐收发数据，这样就提高了通信线路的利用率。由于在分组的过程中，已经在每个分组的首部写入了发送端和接收端的地址，因此即使同一条线路同时为多个用户提供服务，也可以明确区分每个分组数据发往的目的地，以及它是与哪台计算机进行的通信。

图 1.29
分组交换

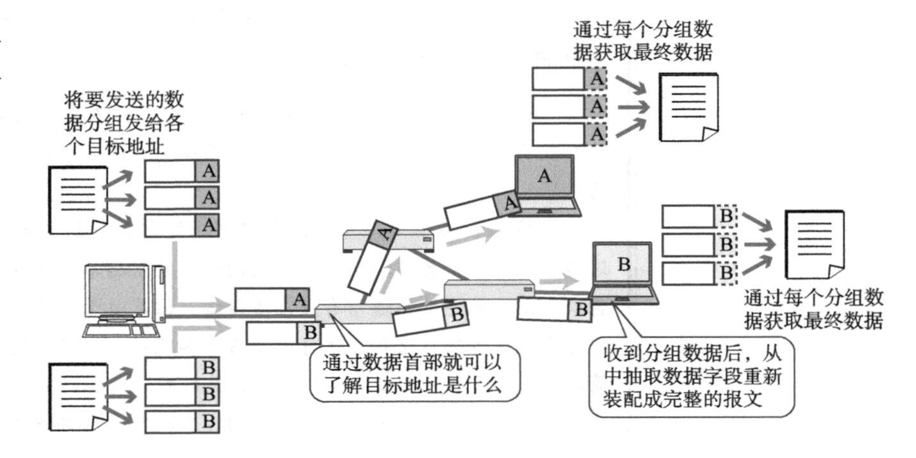

在分组交换中，由分组交换机（路由器）连接通信线路。分组交换的大致处理过程是：发送端计算机将数据分组发送给路由器，路由器收到这些分组数据以后，缓存到自己的缓冲区，然后再转发给目标计算机。因此，分组交换也有另一个名称：蓄积交换。

路由器接收到数据以后会按照顺序缓存到相应的队列当中，再以先进先出的顺序将它们逐一发送出去▼。

▼ 有时，也会优先向特定的目标计算机发送数据。

在分组交换中，计算机与路由器之间及路由器与路由器之间通常只有一条通信线路。因此，这条线路其实是一条共享线路，如图 1.30 所示。在电路交换中，计算机之间的传输速率不变。然而在分组交换中，通信线路的速率可能会有所不同。根据网络拥堵的情况，数据到达目标地址的时间有长有短。另外，路由器的缓存饱和或溢出时，甚至可能会发生分组数据丢失、无法发送到对端的情况。

图 1.30
电路交换与分组交换的特点

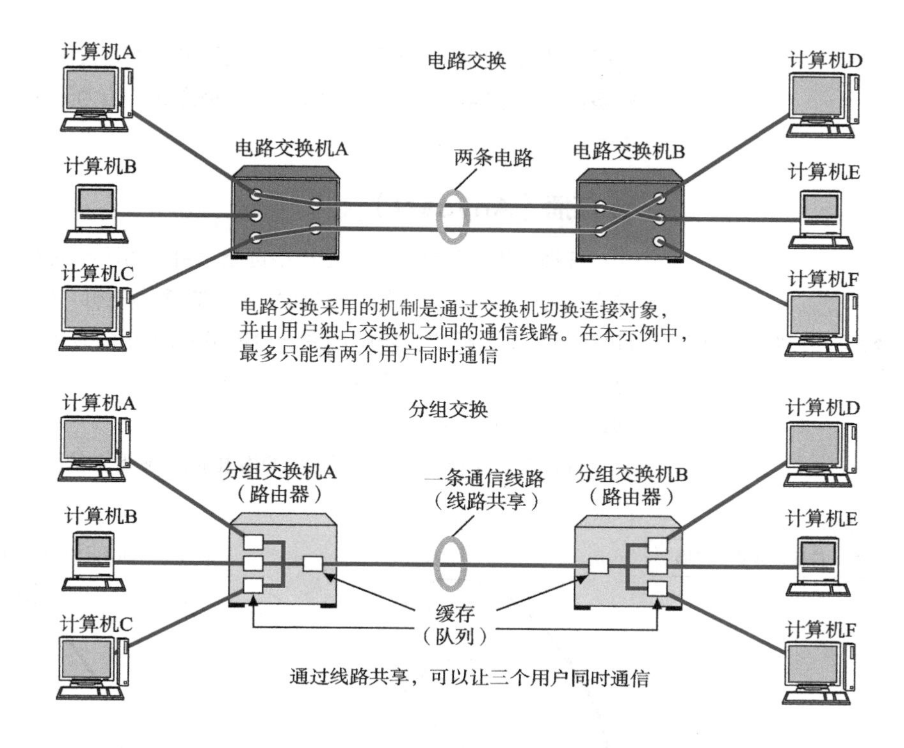

1.7.3 根据接收端数量分类

在网络通信中，可以根据目标地址的个数及其后续的行为对通信进行分类，如单播、广播、多播等就是这种分类的产物，如图 1.31 所示。

单播（Unicast）

字面上，“Uni”表示“1”，“cast”表示“投掷”。组合起来就是指一对一通信。早先的固定电话就是单播通信的一个典型例子。

广播（Broadcast）

字面上具有“播放”之意。因此它指将消息从一台主机发送给与之相连的所有其他主机。广播通信▼的一个典型例子就是电视播放，它将电视信号一齐发送给非特定的多个接收对象。

▼关于 TCP/IP 中的广播通信，请参考 4.3.4 节。

此外，我们知道电视信号一般都有自己的频段。只有在相应频段的可接收范围内才能收到电视信号。与之类似，进行广播通信的计算机也有它们的广播范围。只有在这个范围之内的计算机才能收到相应的广播消息。这个范围叫作广播域。

多播（Multicast）

多播与广播类似，也是将消息发送给多台接收主机。不同之处在于多播要限定某一组主机作为接收端。多播通信▼最典型的例子就是电视会议，这是由多人在

▼关于 TCP/IP 中的多播通信，请参考 4.3.5 节。

不同的地方参加的一种远程会议。在这种形式下，会由一台主机发送消息给特定的多台主机。电视会议通常不能使用广播方式，因为无法掌握是谁在哪儿参与电视会议。

■ 任播（Anycast）

任播是指在特定的多台主机中选出一台作为接收端的一种通信方式。虽然这种方式与多播有相似之处，都是面向特定的多台主机，但是它的行为与多播不同。任播通信▼从目标主机群中选择一台最符合网络条件的主机作为目标主机发送消息。通常，所被选中的那台特定主机将返回一个单播信号，随后发送端主机会只跟这台主机进行通信。

▼关于 TCP/IP 中的任播通信，请参考 5.8.3 节。

任播在实际网络中的应用有 DNS 根域名解析服务器（将在 5.2 节中介绍）。

图 1.31 单播、广播、多播、任播

单播
一对一通信

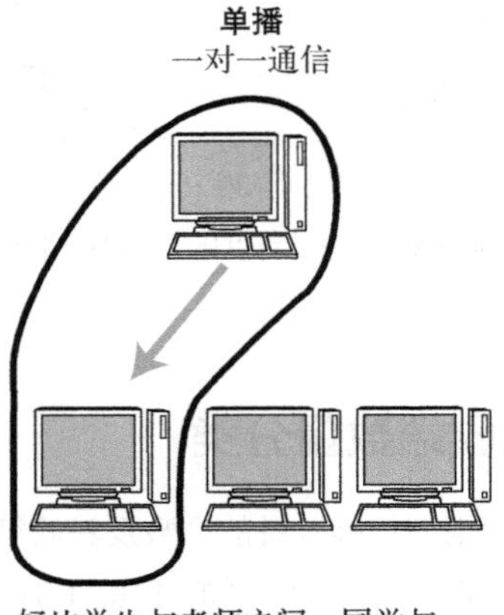

好比学生与老师之间、同学与同学之间一对一对话

广播
所有计算机（限同一个数据链路内）

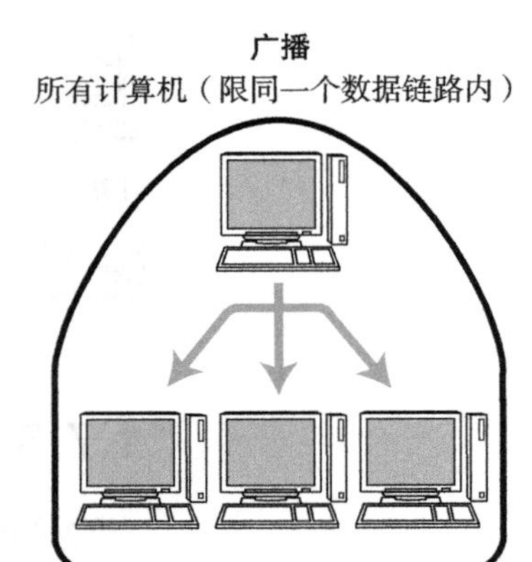

好比全校早会上校长面向全体师生讲话

多播
特定组内的通信

好比一个学校只针对一年级一班的同学下达通知或对各委员会下发文件

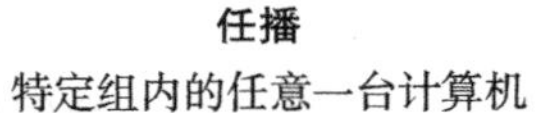

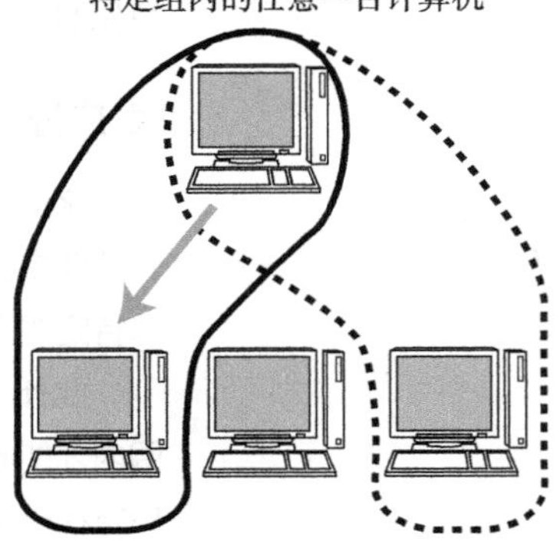

好比老师想在一年级一班找一个同学发一下学习材料，而某个学生就过来帮忙了

1.8 地址

在通信传输中，发送端和接收端被视为通信主体。它们都能由一个所谓“地址”的信息加以标识出来。当人们使用电话时，电话号码就相当于“地址”。当人们选择写信时，通信地址加上姓名就相当于“地址”。

现实生活当中的“地址”比较容易理解，然而在计算机通信中，这种地址的概念要复杂一些。这是因为在实际的网络通信中，每一层的协议所使用的地址都不尽相同。例如，TCP/IP 通信中使用 MAC 地址（3.2.1 节）、IP 地址（4.2.1 节）、端口号（6.2 节）等信息作为地址标识。甚至在应用层中，可以将电子邮件地址（8.4.2 节）作为网络通信的地址。

1.8.1 地址的唯一性

如果想让地址在通信中发挥作用，首先需要标识通信的主体。一个地址必须明确地表示一个主体对象。在同一个通信网络中，不允许有两个相同地址的通信主体存在。这就是地址的唯一性，如图 1.32 所示。

图 1.32
地址的唯一性

小张
小李！
哎！
小李
小高
小张找小李有些业务上的事要商量。
到了小李所在的办公室，他喊了一声“小李”
（由此小张找到了他要找的人）
小张
小李！
小李
小李
此时若办公室里有两位李姓同事，当小张喊“小李”时，
人们并不知道他要找的究竟是哪个“小李”。将“小李”
作为“地址”无法唯一地标识小张想找的那个人。
因此，在这种情况下，将“小李”作为地址是不合适的

到此为止，读者可能会有一个疑问。前面提到，在同一个通信网络中，不允许有两个相同地址的通信主体存在。这在单播通信中还好理解，因为通信两端都是单一的主机。那么对于广播、多播、任播通信该如何理解呢？岂不是通信接收端都被赋予了同一个地址？其实，在某种程度上，这样理解有一定的合理性。在上述这些通信方式中，接收端设备可能不止一个。为此，可以对这些由多个设备组成的一组

通信赋予同一个具有唯一特性的地址，从而避免产生歧义，明确接收对象。

举个简单的多播例子，如图 1.33 所示。某位老师说：“一年级一班的同学请起立！”“一年级一班”实际上就明确地指代了目标对象。此时，“一年级一班”就是这一次“多播”的目标地址，具有唯一性。

再举一个任播的例子，如图 1.33 所示。老师又说：“一年级一班的哪位同学过来把你们班的学习资料取走！”此时“一年级一班的哪位同学”（任意一位同学）就成为了此次“任播”的目标地址，具有唯一性▼。

▼再例如，航班飞行途中有一位乘客突然发病，此时空姐会询问“有哪一位乘客是医生，我们需要您的帮助”。这里的“有哪一位乘客是医生”，其实就是在向所有是医生的乘客发出消息，希望哪怕只有一位乘客是医生也帮得上忙。这是任播的另一个例子。

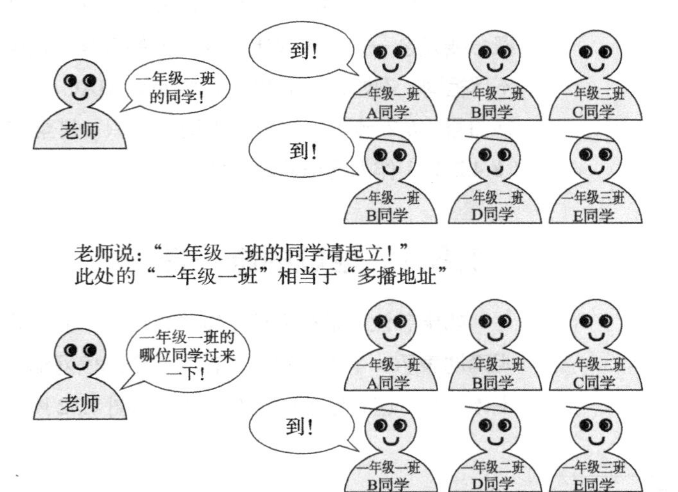

图 1.33
多播地址与任播地址的唯一性

1.8.2　地址的层次性

在地址总数并不是很多的情况下，有了唯一地址就可以标识相互通信的主体。然而，当地址的总数越来越多时，如何高效地从中找出通信的目标地址将成为一个重要的问题。为此人们发现，地址除了具有唯一性还需要具有层次性，如图 1.34 所示。其实，在使用电话和信件通信的过程中，早已有了地址分层这种概念。例如，电话号码包含国家区号和国内区号，通信地址包含国名、省名、市名和区名等。正是有了这种分层才能更快速地标识某一个地址。

MAC 地址▼和 IP 地址在标识一个通信主体时虽然都具有唯一性，但是它们当中只有 IP 地址具有层次性。

▼请参考 1.6.3 节的“数据链路层、物理层”。

MAC 地址由设备的制造厂商针对每个网卡▼分别进行指定。人们可以通过制造商识别号、制造商内部产品编号及产品的序列号确保 MAC 地址的唯一性▼。然而，人们无法确定哪家厂商的哪个网卡被用到了哪个地方。虽然 MAC 地址中的制造商识别号、产品编号及产品的序列号等信息在某种程度上也具有一定的层次性，但是对于寻找地址并没有起到任何作用，所以不能算作有层次的地址。正因如此，虽然 MAC 地址是真正负责最终通信的地址，但是在实际寻址过程中，IP 地址必不可少。

▼NIC（Network Interface Card），也叫网卡，是计算机联网时所使用的部件。更多细节请参考 1.9.2 节。

▼MAC 地址必须是唯一的，但也有办法通过软件修改生产时设置的 MAC 地址。详细内容请参考 3.2.1 节的专栏。

图 1.34
地址的层次性

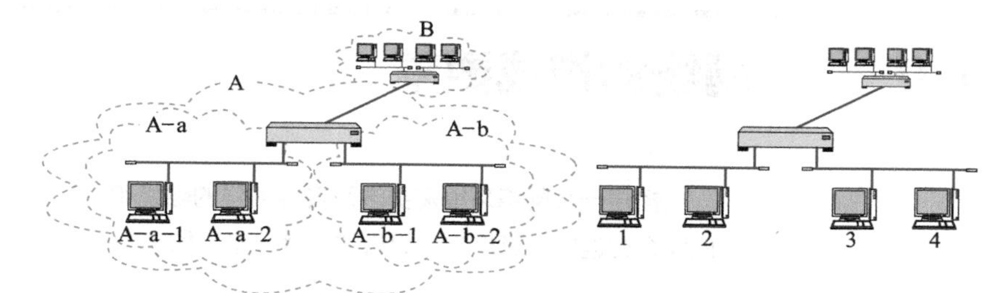

有分层地址的例子
假设想找“A-b-1”所在的地址，就可以按照“A”→“A-b”→“A-b-1”的顺序寻找。IP地址与之类似

无分层地址的例子
虽然没有相同地址的设备，但是由于没有分层，因此从每个设备的地址上无法区分它们所在的具体位置或分组。MAC地址就是这种地址

IP 地址又是怎样实现分层的呢？一方面，IP 地址由网络地址和主机地址两部分组成。即使通信主体的 IP 地址不同，若主机地址不同，网络地址相同，也能说明它们处于同一个网段。通常，同处一个网段的主机都属于同一个部门或组织。另一方面，网络地址相同的主机在组织结构、提供商类型和地域分布上都比较聚合，也为 IP 寻址带来了极大的方便▼。这也是为什么说 IP 地址具有层次性。

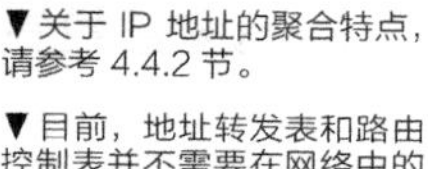
▼关于 IP 地址的聚合特点，请参考 4.4.2 节。

▼目前，地址转发表和路由控制表并不需要在网络中的各个节点上手动设置，而由这些节点自动生成。地址转发表根据自学（3.2.4 节）自动生成。路由控制表则根据路由协议（第 7 章）自动生成。

▼确切地说，是网络号与子网掩码。更多细节请参考 4.3.6 节。

在网络传输中，每个节点会根据分组数据、报文的地址信息，来判断该分组数据、报文应该由哪个网络接口发送出去。为此，各个地址会参考一个发出接口列表，如图 1.35 所示。在这一点上 MAC 寻址与 IP 寻址是一样的。只不过 MAC 寻址中所参考的这张表叫作地址转发表，而 IP 寻址中所参考的这张表叫作路由控制表▼。MAC 地址转发表中所记录的是实际的 MAC 地址本身，而路由控制表中记录的 IP 地址是路由集中的网络号▼。

图 1.35
根据地址转发表与路由控制表定位报文、分组数据发送的目标设备

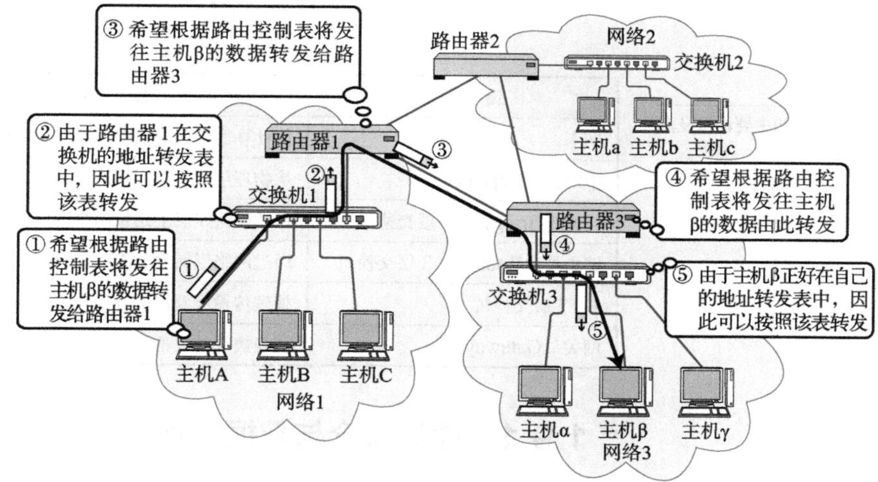

① 主机A先查看自己的路由控制表，再根据此表将发往主机β的数据先发给路由器1。
② 接收到该数据的交换机1根据自己的地址转发表将数据发给路由器1。
③ 接收到该数据的路由器1根据自己的路由控制表将数据发给路由器3。
④ 接收到该数据的路由器3根据自己的路由控制表将数据发给交换机3。
⑤ 接收到该数据的交换机3再根据自己的地址转发表将数据发给主机β。
*实际的地址转发表与路由控制表中能获取的信息并不是具体的目标地址，而是该数据应该被发送出去的接口信息。

1.9 网络的构成要素

搭建一套网络环境需要涉及各种各样的电缆和网络设备，如图 1.36 所示。在此仅介绍连接计算机与计算机的硬件设备，如表 1.4 所示。

图 1.36

网络的构成要素

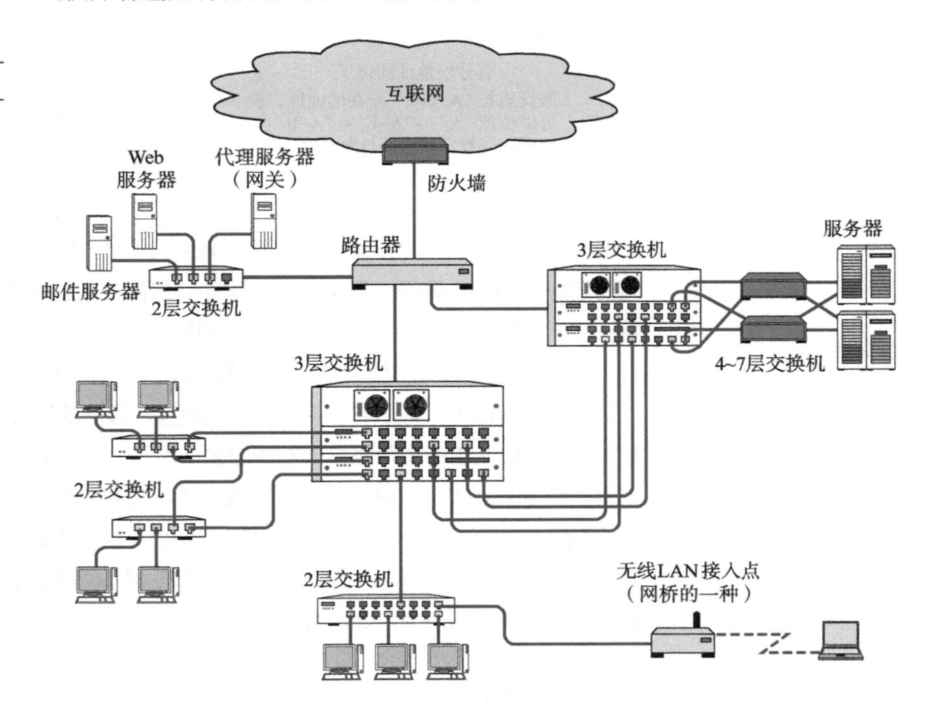

表 1.4

搭建网络的主要设备及其作用

设　备	作　用	介绍章节
网卡	使计算机联网的设备（Network Interface）	1.9.2
中继器（Repeater）	从物理层上延长网络的设备	1.9.3
网桥（Bridge）/ 2 层交换机	从数据链路层上延长网络的设备	1.9.4
路由器（Router）/ 3 层交换机	通过网络层转发分组数据的设备	1.9.5
4 ~ 7 层交换机	处理传输层及以上各层网络传输的设备	1.9.6
网关（Gateway）	转换协议的设备	1.9.7

1.9.1 通信媒介与数据链路

计算机网络是指计算机与计算机相连而组成的网络。现实当中，计算机之间又是怎样连接的呢？

计算机之间通过电缆相互连接。电缆可以分为很多种，包括双绞线电缆、光纤电缆、同轴电缆、串行电缆等。根据数据链路▼的不同选用的电缆类型也不尽相

▼Datalink，意指相互直连的设备之间进行通信所涉及的协议及其网络。为此，有众多传输介质与之对应。具体细节可参考第 3 章。

同。媒介本身也可以被划分为电波、微波等不同类型的电磁波。表 1.5 总结了各种数据链路、通信媒介及其标准传输速率。

表 1.5
各种数据链路一览表

数据链路名	通信媒介	传输速率	主要用途
以太网	同轴电缆	10Mbit/s	LAN
	双绞线电缆	10Mbit/s ~ 10Gbit/s	LAN
	光纤电缆	10Mbit/s ~ 400Gbit/s	LAN
无线	电磁波	数个 Mbit/s ~	LAN~WAN
ATM	双绞线电缆 光纤电缆	25Mbit/s、155Mbit/s、622Mbit/s	LAN~WAN
FDDI	光纤电缆 双绞线电缆	100Mbit/s	LAN~MAN
帧中继	双绞线电缆 光纤电缆	64k ~ 1.5Mbit/s	WAN
ISDN	双绞线电缆 光纤电缆	64k ~ 1.5Mbit/s	WAN

■ 传输速率与吞吐量

在数据传输过程中，两个设备之间数据流动的物理速率称为传输速率，单位为 bit/s（Bits Per Second，每秒比特数）。从严格意义上讲，各种传输媒介中信号的流动速率是恒定的。因此，即使数据链路的传输速率不相同，也不会出现传输的速率忽快忽慢的情况▼。传输速率高也不是指单位数据流动的速率有多快，而是指单位时间内传输的数据量有多少。

▼ 因为光和电流的传输速率是恒定的。

以我们生活中的道路交通为例，低速数据链路就如同车道较少无法让很多车同时通过。与之相反，高速数据链路就相当于有多条车道，一次允许更多车辆行驶的道路。传输速率又称作带宽（Bandwidth）。带宽越大，网络传输能力就越强。

此外，主机之间实际的传输速率被称作吞吐量，其单位与带宽相同，都是 bit/s（Bits Per Second）。吞吐量这个词不仅可以衡量数据链路的带宽，还可以综合主机的 CPU 处理能力、网络的拥堵程度、报文中数据字段的占比（不含报文首部，只计算数据字段本身）等因素后，得到实际的传输速率。

■ 网络设备之间的连接

网络设备之间的相互连接需要遵循类似于某种“法律”的规范和业界标准。这对搭建网络环境至关重要。如果每家厂商在生产各种网络设备时都使用各自独有的传输媒介和协议，那么这些设备就无法与其他厂商的设备或网络进行连接。为此，人们制定了统一的协议和规格。每家生产厂家都必须严格按照规格生产相应的网络设备，否则会导致自身的产品无法与其他网络设备兼容，或易出故障等问题。

然而，制定规范往往是一个长期的过程，在这一过程的技术过渡期间，人们难免会遇到“兼容性”问题。特别是在 ATM、千兆以太网（Gigabit Ethernet）、无线 LAN 等新技术诞生初期，这一点尤为突出。不同厂商的网络设备之间相互连接时经常会发生一些问题。随着时间的推移，这一点虽然已经有所改善，但是仍然无法达到 100% 兼容。

因此，在实际搭建网络时，不仅应该关注每款产品的规格参数，还应该了解它们的兼容性，并且更应该参考这些产品在实际长期使用过程当中所呈现的性能指标▼。如果没有做充分调查就抢先使用了运行性能不高的新产品，那么后果将不堪设想。

▼性能指标好的技术也被称作“成熟的技术”。它是指经过市场和使用者一段时间的考验，积累了相当多实战经验的技术。

1.9.2 网卡

近年来，许多个人计算机出厂时就内置了无线 LAN（Wi-Fi）接口（如图 1.37 所示），不过也有部分机型需要通过 USB 端口联网。总之，计算机需要一个称为网络接口的专用接口来接入网络。早期个人计算机主要采用有线 LAN 连接，由附加外设提供网络接口，这样的外设称为网卡、网络适配器或局域网卡。实际联网时，选购的硬件必须支持要接入的网络所采用的协议。接入无线 LAN 时还需要考虑硬件与协议的兼容性，但由于最新的协议往往兼容早期的协议，因此除少数限制，只要 Wi-Fi 环境就绪且网络接口能正常工作，就能接入无线 LAN。

图 1.37 网络接口

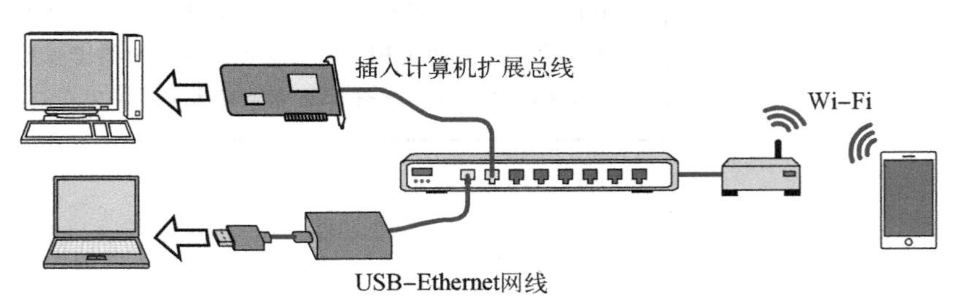

许多个人计算机出厂时就内置了网络接口

1.9.3 中继器

中继器（Repeater）是在 OSI 参考模型的第 1 层——物理层上——延长网络的设备。由电缆传过来的电信号或光信号经由中继器的波形调整和放大，将已衰减的信号还原后再发送给其他设备，如图 1.38 所示。

图 1.38
中继器

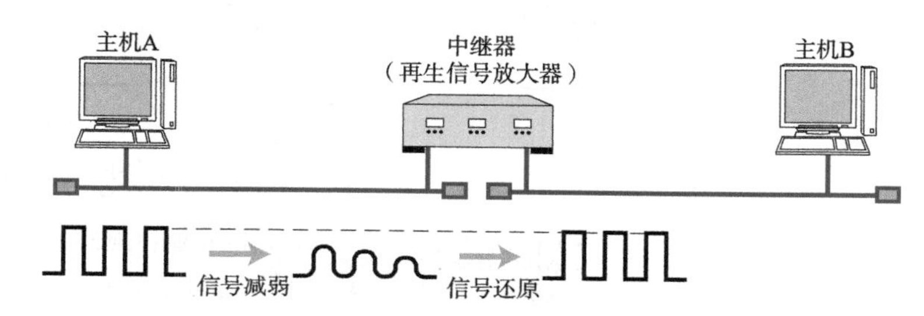
主机A
中继器
（再生信号放大器）
主机B
信号减弱
信号还原
• 中继器是对减弱的信号进行放大和发送的设备。
• 中继器通过物理层的连接延长网络。
• 即使在数据链路层出现某些错误，中继器仍能转发数据。
• 中继器无法改变传输速率。

一般情况下，中继器的两端连接的是相同的通信媒介，但有的中继器也可以完成不同媒介之间的转接工作。例如，可以在同轴电缆与光缆之间调整信号。然而，在这种情况下，中继器只是单纯负责信号在 0、1 比特流之间的替换，并不负责判断数据是否有错误。同时，它只负责将电信号转换为光信号，因此不能在传输速率不同的媒介之间转发▼。

▼ 用中继器无法连接一个 100Mbit/s 的以太网和另一个 10Mbit/s 的以太网。连接两个速率不同的网络需要的是网桥或路由器这样的设备。

通过中继器进行的网络延长，其距离并非可以无限扩大。例如，一个 10Mbit/s 的以太网最多可以用 4 个中继器分段连接，而一个 100Mbit/s 的以太网最多只能连接两个中继器。

有些中继器可以提供多个端口服务。这种中继器被称作中继集线器或集线器。因此，集线器▼也可以看作多口中继器，每个端口都可以成为一个中继器，如图 1.39 所示。

▼ 中继集线器也可以简称为集线器或 Hub。但现在人们常说的 Hub，更多是指 1.9.4 节所要介绍的交换集线器。

图 1.39
集线器

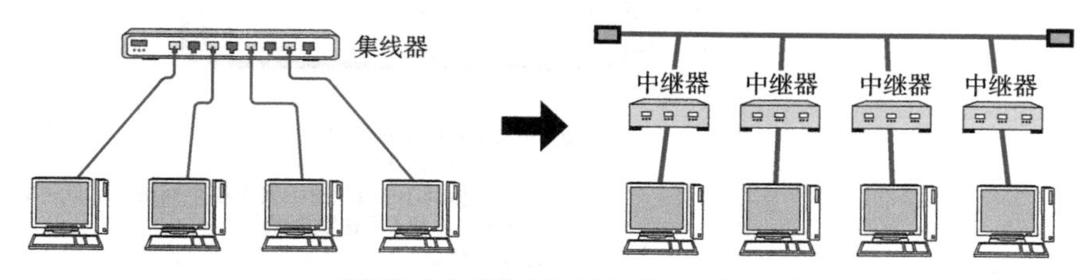
集线器
中继器
中继器
中继器
中继器
可以认为集线器的每个端口都是一个中继器

1.9.4 网桥 / 2 层交换机

网桥是在 OSI 参考模型的第 2 层——数据链路层上——连接网络的设备。它能够识别数据链路层中的数据帧▼，并将这些数据帧临时存储于内存，再重新生成信号作为一个全新的帧转发给相连的另一个网段▼，如图 1.40 所示。由于能够存

▼ 与分组数据意思大致相同，但是在数据链路层中，通常习惯称为帧。具体可参考 2.5.1 节。

▼ 具有分割、划分网络之意，详细内容可参考 3.1 节的专栏。此外，在 TCP 中也可以表示数据。具体可参考 2.5.1 节的专栏。

储这些数据帧，因此网桥能够连接 10BASE-T 与 100BASE-TX 等传输速率完全不同的数据链路，并且不限制连接网段的个数。

图 1.40
网桥

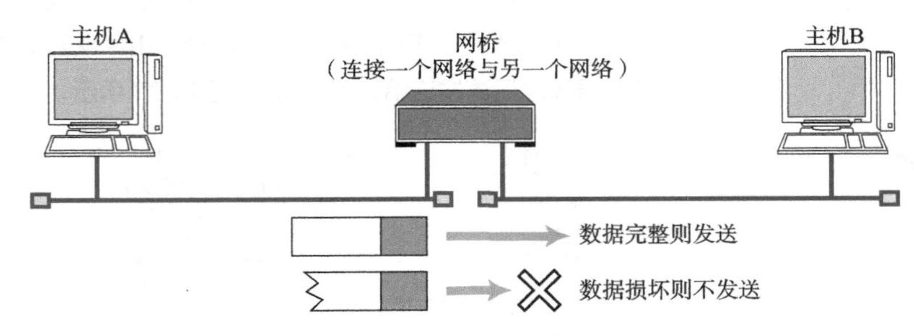

- 网桥根据数据帧的内容转发数据给相邻的其他网络。
- 网桥没有连接网段个数的限制。
- 网桥基本上只用于连接相同类型的网络，但是有时也可以连接传输速率不同的网络。

数据链路的数据帧中有一个数据位叫作 FCS▼，用以校验数据是否正确送达目的地。网桥通过检查这个数据位中的值，将那些损坏的数据帧丢弃，从而避免发送给其他的网段。此外，网桥还能通过地址自学机制和过滤功能控制网络流量▼。

▼用 CRC（Cyclic Redundancy Check，循环冗余校验码）方式校验数据帧中的位。有时由于噪声导致通信传输当中数据信号越来越弱，FCS 字段正是用来检查数据帧是否因此而受到破坏的。

▼网络上传输的数据分组的数量。

这里所说的地址是指 MAC 地址、硬件地址、物理地址及适配器地址，也就是网络上针对 NIC 分配的具体地址。如图 1.41 所示，主机 A 与主机 B 之间进行通信时，只针对主机 A 发送数据帧即可。网桥会根据地址自学机制来判断是否需要转发数据帧。

图 1.41
自学式网桥

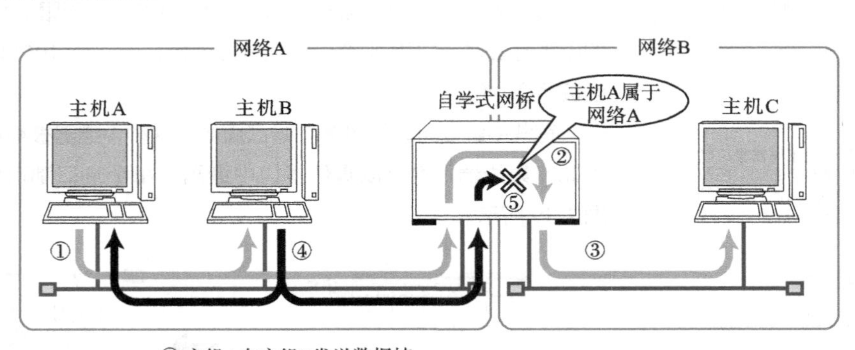

① 主机A向主机B发送数据帧。
② 网桥学习到主机A属于网络A。
③ 由于网桥尚不知道主机B属于哪个网络，因此暂时将数据帧转发给网络B。
④ 主机B向主机A发送数据帧。
⑤ 由于网桥此时已经知道主机A属于网络A，因此不再将应发往主机A的数据帧转发给网络B。并且它也学习到主机B属于网络A。

此后，当主机A再发送数据帧给主机B时，只在网络A中传送。

有些网桥能够判断是否将数据分组转发给相邻的网段，这种网桥被称作自学式网桥。这种网桥会记住曾经通过自己转发的所有数据帧的 MAC 地址，并保存到自己的内存表中。由此，网桥可以判断哪个网段中包含持有哪种 MAC 地址的设备。

这类功能是 OSI 参考模型的第 2 层（数据链路层）所具有的功能。为此，有时也把网桥称作 2 层交换机（L2 交换机）。

▼具有网桥功能的 Hub 叫作交换集线器。只有中继器功能的 Hub 叫作集线器。

以太网等网络中经常使用的交换集线器（Hub▼），现在基本也属于网桥。交换集线器中连接电缆的每个端口都能提供类似网桥的功能，如图 1.42 所示。

图 1.42
交换集线器是一种网桥

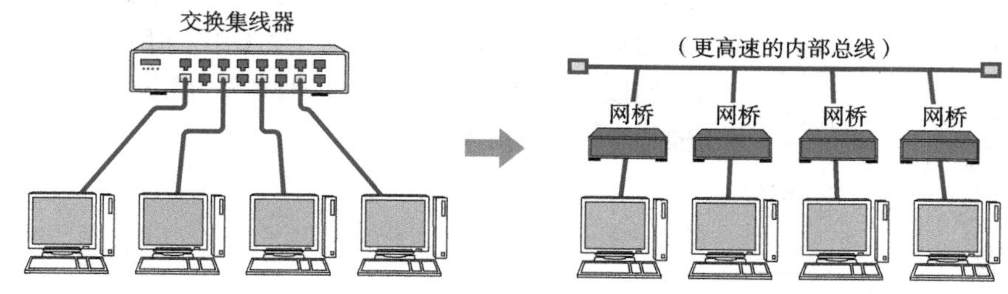
交换集线器
（更高速的内部总线）
网桥
网桥
网桥
网桥
可以认为交换机的每个端口实际上提供网桥的功能

1.9.5 路由器 / 3 层交换机

路由器是在 OSI 参考模型的第 3 层——网络层上——连接网络，并对分组报文进行转发的设备，如图 1.43 所示。网桥根据物理地址（MAC 地址）进行处理，路由器 / 3 层交换机则是根据 IP 地址进行处理的。由此，TCP/IP 中网络层的地址就成为了 IP 地址。

图 1.43
路由器

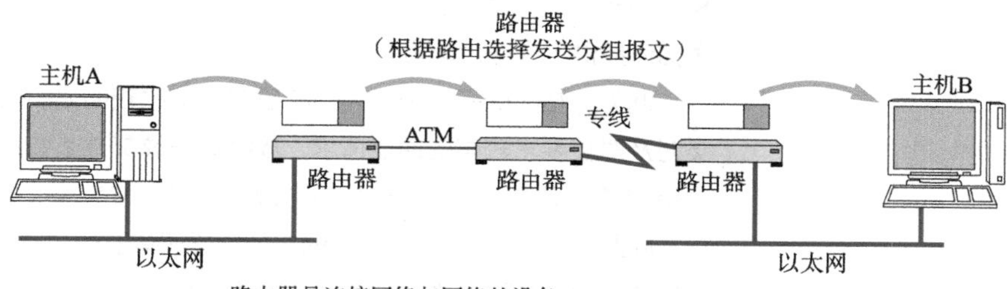
路由器
（根据路由选择发送分组报文）
主机A
主机B
ATM
专线
路由器
路由器
路由器
以太网
以太网
• 路由器是连接网络与网络的设备。
• 可以将分组报文发送给另一个目标路由器地址。
• 基本上可以连接任意两条数据链路。

路由器可以连接不同的数据链路，例如连接两个以太网，或者连接一个以太网与一个无线 LAN。现在，家庭或办公室需要接入互联网时，运营商的工作人员会上门安装上网用的小盒子，并告诉用户上网时不要关闭它的电源。这个小盒子就是一种被称为宽带路由器或 CPE（用户驻地设备）的路由器。

▼由于路由器会分割数据链路，因此数据链路层的广播消息将无法继续传播。关于广播的细节，请参考 1.7.3 节。

路由器还有分担网络负荷的作用▼，甚至有些路由器具备一定的网络安全功能。因此，在连接网络与网络的设备中，路由器起着极为重要的作用。

1.9.6 4 ~ 7 层交换机

4 ~ 7 层交换机负责将 OSI 参考模型中从传输层至应用层的信息进行数据转发。如果用 TCP/IP 分层模型来表述▼，那么 4 ~ 7 层交换机就是以 TCP 等协议的传输层及其上面的应用层为基础，分析收发数据，并对其进行特定的处理。

▼有关 TCP/IP 分层模型的更多细节，请参考 2.4.1 节。

▼由 URL（参考 8.5.3 节）指定的连接到互联网的一台或多台服务器。目前根据信息内容可分为游戏站点、资源下载站点及 Web 站点等多种类型。

▼此外还可以通过 DNS（参考 5.2 节）实现负载均衡。通过对多个 IP 地址配置同一个名字，每次查询到这个名字的客户得到其中的某一个地址，从而使不同客户访问不同的服务器。该方法也称作轮转调度 DNS 技术。

例如，对于并发访问量非常大的企业级 Web 站点▼，使用一台服务器不足以满足前端的访问需求，这时通常会架设多台服务器来分担。这些服务器用户访问的入口地址通常只有一个（企业为了使用者的方便，只会向最终用户开放一个统一的访问 URL）。为了能通过同一个 URL 将用户访问分发到后台的多台服务器上，可以在这些服务器的前端加一种负载均衡器。这种负载均衡器就是一种 4 ~ 7 层交换机▼，如图 1.44 所示。

图 1.44
4 ~7 层交换机

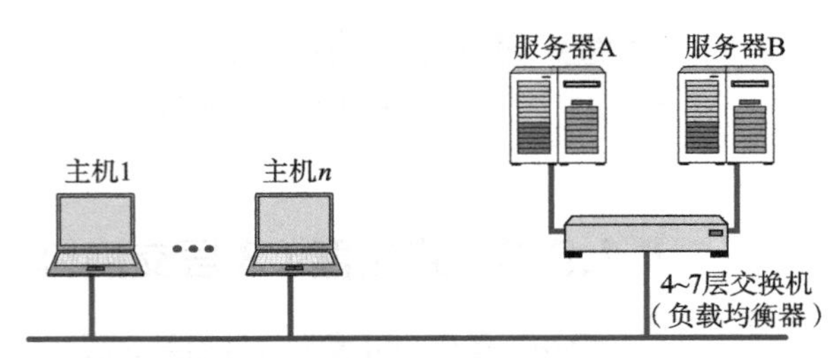

• 负载均衡器是向多台服务器分散压力的一种4~7层交换机。

我们可以在负载均衡器中为网页设置一个虚拟 URL，并将这个 URL 发送给用户。当用户访问这个虚拟 URL 时，负载均衡器会将用户的请求分发到不同的真实服务器上。为了使用户能够继续使用同一台实际提供信息的服务器，负载均衡器还提供了会话管理功能。

此外，在实际通信中，人们希望在网络比较拥堵的时候，优先处理像语音这类对及时性要求较高的通信请求，放缓处理像邮件或数据转发等稍有延迟也并无大碍的通信请求。这种处理被称为带宽控制，也是 4 ~ 7 层交换机的重要功能之一。除此之外，4 ~ 7 层交换机的应用场景还有很多，例如，广域网加速器、特殊应用访问加速及防火墙（可以防止互联网上的非法访问）等。

1.9.7　网关

▼人们也习惯将路由器称作网关。但是本书所指的“网关”仅限于 OSI 参考模型中传输层以上各层中进行协议转换的设备或部件。

网关是 OSI 参考模型中负责将从传输层到应用层的数据进行转换和转发的设备▼。它与 4 ~ 7 层交换机一样都是处理传输层以上的数据，但是网关不仅转发数据，还负责对数据进行转换，它通常会使用一个表示层或应用层网关（如图 1.45 所示），在两个不能直接进行通信的协议之间进行翻译，最终实现两者之间的通信。

图 1.45
网关

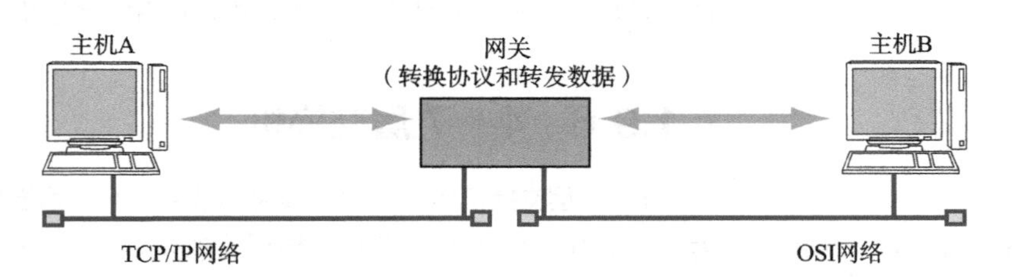

• 网关负责协议的转换与数据的转发。
• 在同一种类型的协议之间转发数据叫作应用网关。

为了便于理解，我们以智能手机上的翻译软件为例。应该有不少人用过这类软件，如果我们想把中文翻译成英文，那么只需对着智能手机说中文，按下按钮后，软件就能翻译出英文。而当按下回复按钮时，对方说的英文又会被自动翻译成中文。正因为网关能够在不同语言（协议）之间进行翻译并将翻译结果传递（中继）给对方，才能提供如此便利的服务。

网关一词广泛用于计算机网络中，既可以充当连接各种应用程序的角色，又可以表示转换协议的机制，如图 1.46 所示。

图 1.46
网卡的示意图

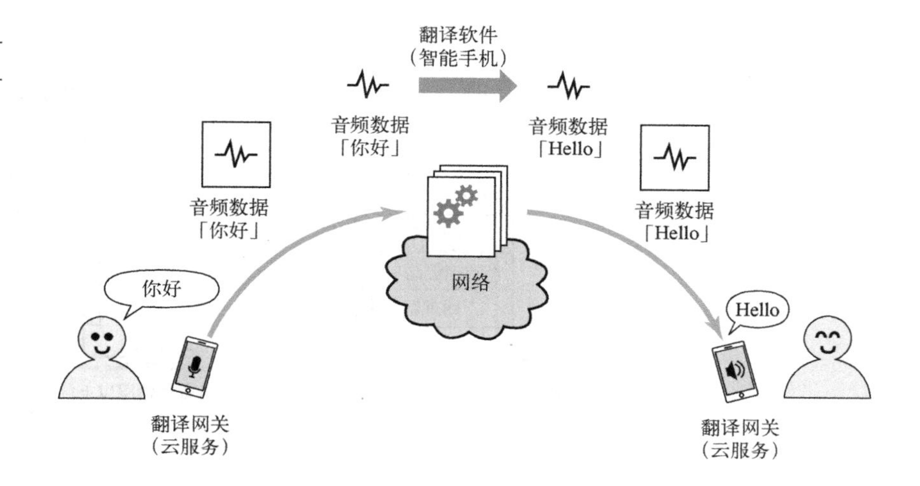

此外，在使用 WWW（World Wide Web，万维网）时，为了控制网络流量及出于安全的考虑，有时会使用代理服务器（Proxy Server）。这种代理服务器也是网关的一种，称为应用网关▼。有了代理服务器，客户端与服务器之间无须在网络层上直接通信，而是从传输层到应用层对数据和访问进行各种控制和处理，如图 1.47 所示。有些防火墙产品为了提高安全性，会让所有应用程序都通过网关来通信。

▼使用代理服务器时，客户端不会与互联网上的服务器直接建立连接，而是客户端先与代理服务器建立连接，代理服务器再与互联网上的服务器建立连接。

图 1.47
代理服务器

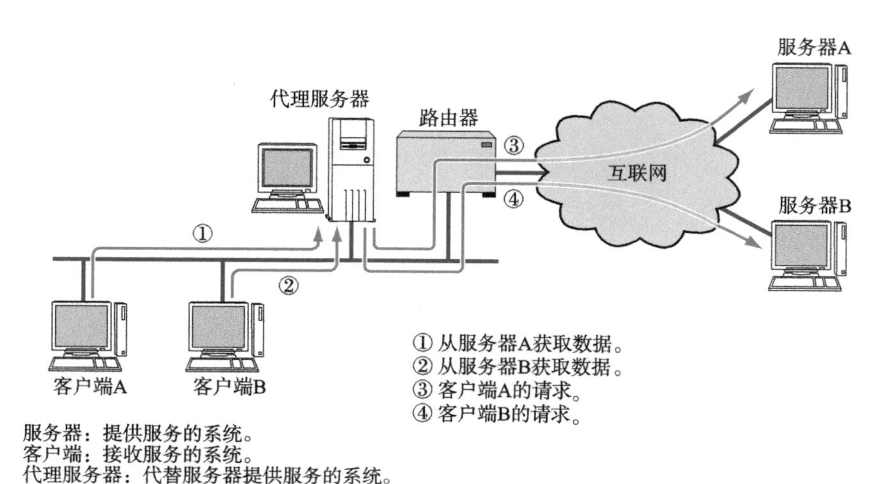

各种设备对应的网络分层如图 1.48 所示。

图 1.48

各种设备及其对应网络分层概览

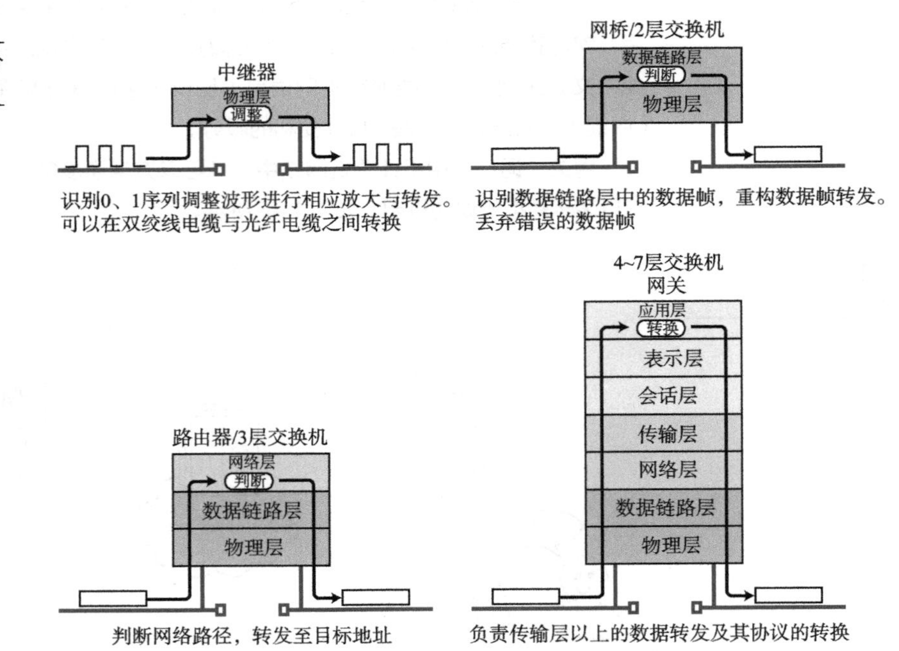

1.10 现代网络实态

本节主要介绍现实当中的网络实态。

1.10.1 网络的构成

首先，我们以交通道路为例说明现实当中的网络配置（如图 1.49 所示）。

图 1.49
网络整体组成

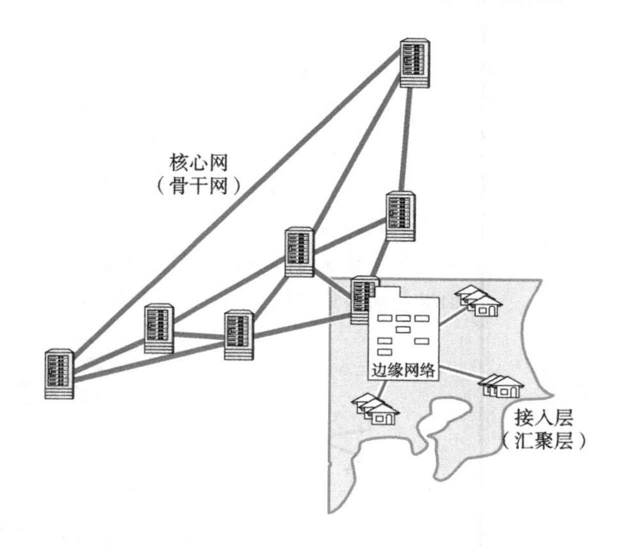

每座大型城市的道路交通网中，或多或少都分布着高速公路。在计算机网络中有类似高速公路的部分，人们称为 " 骨干”或“核心”。正如其名，它们是计算机网络的中心。人们通常会选用高速路由器相互连接使之快速传输大量数据。

网络中对应于高速公路出入口的部分被称作“边缘网络”①。常用的设备有多功能路由器▼和 3 层交换机。

▼在路由器最基本的功能之上增加了按顺序 / 种类发送数据的功能，可以根据 TCP/IP 层的协议变换处理方法。除了正常的路由处理，为了减少进入骨干网的流量，减轻负载，多功能路由器还提供了根据信息的类型和优先级控制发送和接收的功能，以及从特定的设备收集数据，处理后再定期转发出去的功能。

高速公路的出入口通常连接国道、省道，从而可以通往市区街道。计算机网络中连接“边缘网络”的部分叫作“接入层”或“汇聚层”。这样，骨干网可以专注于如何提高业务传输性能和网络的生存性，而将具有业务智能化的高速路由器和交换机移到网络的边缘。边缘网络（“接入层”或“汇聚层”）的常用设备多为 2 层交换机或 3 层交换机。

① 边缘网络：所谓边缘网络是一个极其松散的概念，目前还没有统一的说法，可以理解为涉及接入层和汇聚层的网络。
——译者注

■ 网络的物理组成与逻辑组成

在道路交通中，由于季节、时间等原因经常发生堵车、限行等事件。计算机网络中也是如此，同样会发生网络拥堵、传输时慢时快的现象。

在实际道路交通中，为了解决堵车的问题，通常可以采用增建新的路段或由交警指挥绕行等方法。把这种方法代入到计算机网络中，就相当于增加通信电缆扩充物理层的功能。

然而计算机的网络通信不仅仅在物理线路上进行，还会在其上层的逻辑信道上进行。正因为如此，如果在搭建网络的时候事先做好准备，就可以根据逻辑信道，按需调整宽度。

假设要从名古屋出发驾车到东京，在东名高速途中遇到严重堵车时，可以改道走中央高速或北陆道与关越路避免堵车。这时如果将“东名高速”想象为“从名古屋出发到达东京的高速公路”，那么不论是真的走了东名高速还是改道走中央高速都可以认为走了“东名高速”（如图1.50所示）。在现代计算机网络中，高速光纤通信与高性能通信设备之间的延迟已经越来越小。就拿日本的网络来说，不管选用哪个信道都不会有明显的延迟。甚至人们根本就感觉不到邮件或文件传输的延迟▼。

▼在连接国外网络或者连接跨域较广的网络时，有时可能会感觉“慢”，其原因包括线路传输速率慢、多网段连接或长距离连接等。

图 1.50 物理线路与逻辑信道

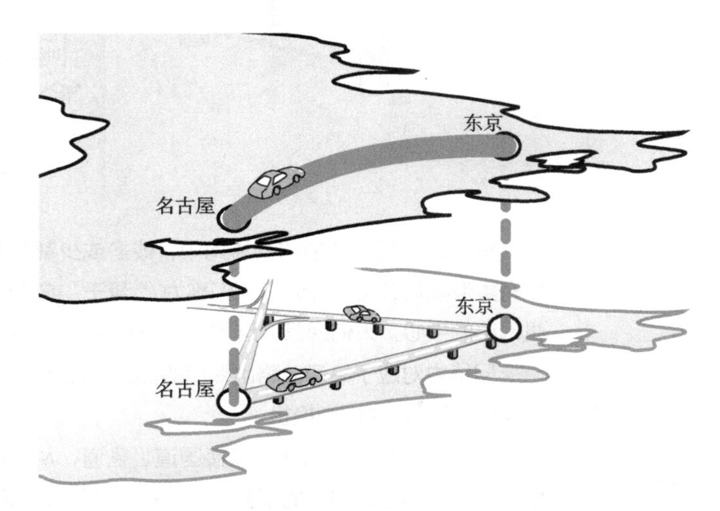

物理线路虽然不同，但可以认为逻辑信道是相同的

1.10.2 互联网通信

让我们再详细解读一下实际的网络是如何构成的。

人们在家里或公司连接互联网时，一般会使用互联网接入服务。联网之后，汇集到无线 LAN 路由器和最近交换机的通信会再次被连接到前面所提到的“接入层”▼。甚至还有可能通过“边缘网络”或“主干网”实现与目标地址之间的通信，如图 1.51 所示。

▼在公司的数据规模较大、网络使用者较多，或者外部有大量的访问进入的情况下，有时可以直接连接到“边缘网络”。

图 1.51

互联网接入服务

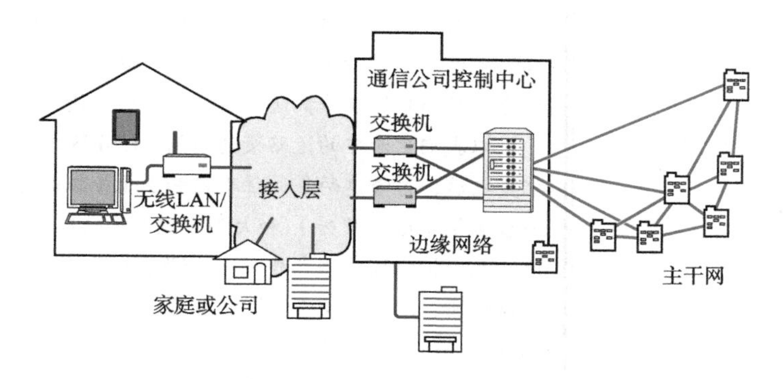

1.10.3 移动通信

手机一开机，就会自动与距离最近的基站发生无线通信▼。基站上设有特定手机基站天线，基站本身也相当于网络的“接入层”。

▼漫游是指当终端移动时，基站之间自动交换信息并由新基站接管通信连接的功能。

由一部手机终端发送信号给另一个终端时，它所发出的信号会一直传送到注册对端手机号码的基站，如果对方接听了电话，就等于在这两部手机之间建立了通信连接。

基站收集的通信请求被汇集到控制中心（“边缘网络”），之后会再被接入到通信控制中心的主干网，如图 1.52 所示。这种手机网络的构成与互联网接入服务非常相似。

图 1.52

移动通信

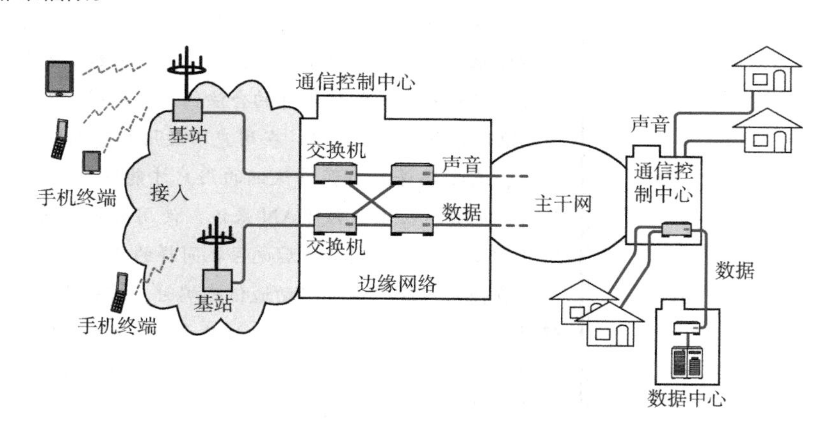

■ LTE与语音呼叫

第3代和第3.5代移动通信网络的设计初衷，是用来传输最高64Kbit/s的语音呼叫及其他少量的数据通信。LTE▼被视作从3G向4G演变的过渡型技术，是3GPP▼制定的一种移动通信规范。根据情况不同，它最大可实现下行300Mbit/s、上行75Mbit/s的无线通信。

▼长期演进技术。

▼由各国标准化制定团体组成的制定第3代移动通信标准的组织。

在LTE的标准中，由于声音也被当作IP包进行传输▼，因此就有必要在整个网络上应用TCP/IP。然而，现实当中往往不可能一下子对网络中所有的硬件设备进行更换。对于这种情况，可采用CSFB▼技术。这种技术让语音呼叫部分仅在手机通信网络中传输，使之保持与原来的语音呼叫一致。

▼现在，语音通信也基本被数字化，都使用TCP/ IP技术进行传输。

▼CSFB（Circuit Switched Fallback）。

以我们生活中的道路交通为例，CSFB就相当于将自家门口的道路改造拓宽之后，再修建两条通往市内和主干枢纽的道路，并让两条路分别适用于一般车辆（语音呼叫）和大型车辆（视频数据或通信量较大的应用）。类似地，在手机终端的语音呼叫中，CSFB保证了通话语音保持与原来一样的高品质传输，让使用者感觉像在自己家里或公司中上网一样，丝毫没有对网络环境有任何不适应的感觉。

由于目前通信服务的多样性及消费者所使用的手机终端日趋高速和高性能化，人们开始研发更多类似LTE这种旨在改善网络环境的技术。

符合5G▼标准的通信方式逐渐普及。该标准旨在确保更多设备能够以更快的速率更稳定地接入互联网。随着互联网的发展，互联网已经融合了电话网，未来移动电话网和互联网将合二为一，不仅是移动终端，万事万物都能随时随地以所需的速率使用互联网。到那时，互联网必将成为更重要的社会基础设施。

▼5G，第5代移动通信系统。LTE也叫3.5G，LTE-Advance也叫4G。

■ 公共无线LAN对手机终端的认证

在家里或公司的无线LAN中，其线路连接部分往往是固定的，使用者通常仅限于特定的人群。然而，对于公共无线LAN来说，由于运营商不同，因此为了识别每一位使用者的合法性，就有必要对使用者进行验证，以检查他（她）是否为合法用户。在用户所使用的终端设备真正被连接到“接入层”之前，需要确保只有获得认证的用户才能连接该公共无线LAN。而对于随处可见的免费公共无线LAN来说，使用者只需同意使用条款并输入邮箱地址就可以连接，当然这背后也存在同样的认证机制。

在使用智能手机等移动通信终端时，首先要确认自己的手机要签约哪个移动通信运营商，从而可以让公共无线LAN的提供商从手机终端获取信息以识别是否为网内用户。当然，对于公共无线LAN来说，除此之外一般没有其他特殊的认证要求。

1.10.4 从信息发布者的角度看网络

提到网络信息传播，以往比较主流的做法是，个人和企业自己制作网站（主页）并将其部署到服务器上，从而将所要发布的信息公之于众。而现在，通过博客、SNS（社会性网络服务，多指社交网站）的案例日渐增多。这种方式的一大优点是不需要做服务器和网络运维的管理工作，只需要关注自己所要发布信息的特定网站即可。此外，在 SNS 中通常会有即时传播信息的机制。

以视频发布网站（一种替投稿者发布其视频作品的网站）为例，投稿者可能来自世界各地，网站会负责将他（她）们的作品上传到服务器进行发布。对于那些人气较高的视频作品，其访问量可能会达到每天几十万次。面对这么高的并发访问量，比如社会性网络服务，为了减少访问延迟，会集合多个存储于一起，通过连接高速网络，以期提高响应速率。这种方式被人们称作数据中心，如图 1.53 所示。

图 1.53
数据中心

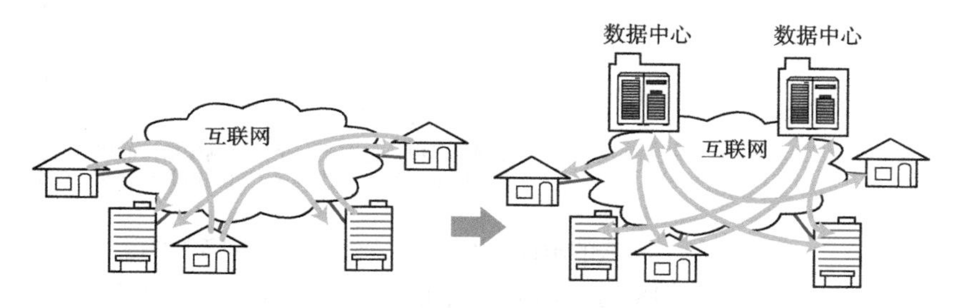

以前，访问由个人或企业自行管理的服务器的情况居多，而现在这种利用数据中心发布信息的情况日益增多

数据中心由大型服务器、存储及计算机网络构成。有些大型的数据中心甚至直接连接“主干网”。即使是小规模的数据中心，大多数情况下也会连接到“边缘网络”。

数据中心内部的网络中分布着 3 层交换机和高速路由器。为了减少网络延迟，也有人正在研究高性能 2 层交换机的使用。

1.10.5 虚拟化和云

以几个比较有特点的网站为背景介绍一下虚拟化与云。读者可能或多或少访问过抽奖、网游、内容▼下载等网站。这些网站有一个共同的特点，那就是具有明显的访问高峰点。以提供抽奖的站点为例，在抽奖活动期间，白天或周末访问量都非常高，而在抽奖活动结束后基本无人问津。而且，在访问高峰期，网站又必须保证每个用户都能正常访问，否则极可能会被投诉。

▼内容（content）在此处是指集动画、文章、音乐、应用及游戏软件于一体，提供阅览及上传/下载服务的一种信息集中体的统称。

类似于这种抽奖网站，有些站点所提供内容的种类和性质，决定了它们实际上对网络资源的需求时刻都在发生变化。尤其在像数据中心一样配置大量的服务器提供对外服务的环境中，为每个网站和内容提供商分配固定的网络资源显然是低效的。

基于这样一个背景，出现了虚拟化技术。它是指当一个网站（也可以是其他系统）需要调整运营所使用的资源时，并不增减服务器、存储设备、网络等实际的物理设备，而是利用软件将这些物理设备虚拟化，在有必要增减资源的时候，通过软件按量增减的一种机制。通过此机制实现按需分配、按比例分配，对外提供可靠的服务。

利用虚拟化技术，根据使用者的情况调整必要资源的机制被人们称作“云”。而且，将虚拟化系统需要自动进行动态管理的部分称作“智能协调层”，如图 1.54 所示。它能够将服务器、存储、网络看作一个整体进行管理。有了“云”，网络的使用者只要利用云提供的功能，就可以随时随地尽情地获取或提供所需的信息。

图 1.54
云和智能协调

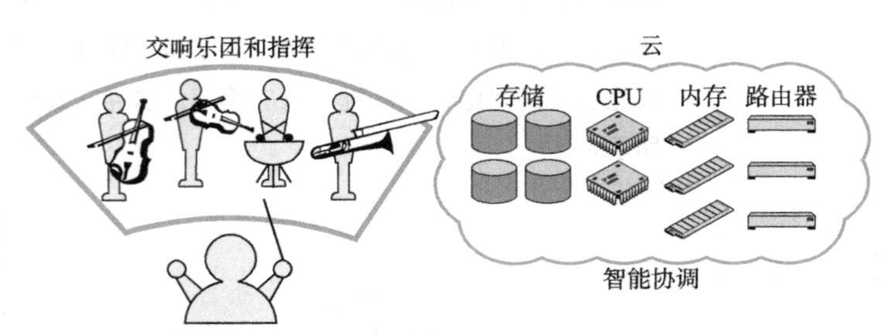

在网络云中，也需要一个像交响乐指挥的协调者。
它可以根据使用者的需求，自动地调整存储、CPU、内存等资源

云的出现产生了从“采购”到“租用”的重大转变，人们正在从亲自“采购”设备自行运维管理的时代，步入随时按需“租用”云服务的时代。例如，物联网中的各种联网设备一年 365 天每时每刻都在产生数据，将海量数据临时存储到云上，再利用云服务加以处理的模式现在越来越流行。此外，云服务的种类也日渐丰富，还以物联网为例，有的云服务集成了各种工具以便用户能够在云上轻松搭建环境，而有的云服务通过将若干个云服务按顺序串联起来形成了定制服务。

1.10.6 云服务的分类和应用

随着各种云服务的普及，人们使用软件的方式也发生了变化。过去人们需要在个人计算机上安装 Microsoft Office，并使用 Outlook 来管理电子邮件和日程，而现在使用名为 Office 365 的云服务办公渐渐流行起来。这种在云上使用应用程序的方式称为 SaaS（Software as a Service，软件即服务）。

对于想在云上进行开发的工程师来说，他们需要的是可以自行安装应用程序并执行计算的环境。能够提供这种环境的云服务称为 PaaS（Platform as a Service，平台即服务）。

此外，若希望自行决定各种配置（如 CPU 的速率，或内存和存储器的容量等）及使用方法，可以使用称为 IaaS（Infrastructure as a Service，基础设施即服务▼）的云服务。无论是哪种类型的云服务，都会对服务器、存储和网络进行虚拟化，通过全自动的智能协调按需配置每台主机，迅速向用户提供符合要求的环境。

▼也称为硬件即服务。

云服务的实现机制利用了大量技术，也融合了众多奇思妙想。例如，在涉及网络部分时，经常会遇到 SDN 这个词。SDN 是 Software Defined Network（软件定义网络）的缩写，它是一种通过软件来控制网络的机制，可借助 OpenFlow 等技术实现。此外，现在还出现了一些通过虚拟化的方法来控制 L2 网络的机制。

云服务在使用方面也取得了进展。相对于云上的系统，由公司和个人搭建、运维的早期系统统称为本地部署（on premises）系统。近年来，将本地部署系统迁移到云上的趋势越来越显著。

此外，人们对于混合云（同时使用本地部署系统和云上的系统）和多云（同时使用多个云供应商提供的云服务）的探索也在不断推进。在架构和连接形态日趋复杂的同时，为了简化云的架构和开发环境，提升速率，又产生了容器技术，并很快引起了人们的关注。

现在，这些日新月异的技术应用广泛，提供了全新的解决方案。而且，这些技术都离不开网络，都要通过网络来部署、使用和运维。

本章围绕网络的基础知识与 TCP/IP 之间的关系展开了介绍。现在，不仅是互联网，就连电视和电话等日常极为普遍的信息传播方式也离不开 TCP/IP 技术，更不要说是五花八门的云服务了。从第 2 章开始，我们将详细说明 TCP/IP 及其相关技术。本书虽然以初级入门为主，但对于网络技术人员来说是必须要牢牢掌握的基础知识，还望大家仔细阅读。

第2章 TCP/IP 基础知识

TCP（Transmission Control Protocol）和 IP（Internet Protocol）是互联网的众多通信协议中最为著名的。本章旨在介绍 TCP/IP 的发展历程及其协议的概况。

OSI参考模型	TCP/IP
7 应用层	＜应用层＞ TELNET、SSH、HTTP、SMTP、POP、SSL/TLS、FTP、MIME、HTML、SNMP、MIB、SIP……
6 表示层	
5 会话层	
4 传输层	＜传输层＞ TCP、UDP、UDP-Lite、SCTP、DCCP
3 网络层	＜网络层＞ ARP、IPv4、IPv6、ICMP、IPsec
2 数据链路层	以太网、无线LAN、PPP …… （双绞线电缆、无线、光纤……）
1 物理层	

2.1 TCP/IP 出现的背景及其历史

目前，在计算机网络领域中，TCP/IP 可谓名气最大、使用范围最广。TCP/IP 是如何在短时间内获得如此广泛普及的呢？有人认为是个人计算机的操作系统如 Windows 和 macOS 支持了 TCP/IP 所致。虽然这么说有一定的道理，但还不能算作 TCP/IP 普及的根本原因。其实，在当时围绕整个计算机产业，全社会形成了一股支持 TCP/IP 的潮流，使得各家计算机厂商不得不适应这种变化，不断生产支持 TCP/IP 的产品。现在，你在市面上几乎找不到一款不支持 TCP/IP 的操作系统。

当时的计算机厂商又为何跟随潮流支持 TCP/IP 呢？要弄清这个问题，我们不妨追溯一下互联网的发展历史。

2.1.1 从军用技术的应用谈起

20 世纪 60 年代，很多大学和研究机构开始着力于新的通信技术，其中有一家以美国国防部（DoD，The Department of Defense）为中心的组织也开展了类似的研究。

DoD 认为研发新的通信技术对国防军事有着举足轻重的作用。该组织希望在通信过程中，即使遭到了敌方的攻击和破坏，也可以经过迂回路线实现最终通信，保证通信不中断。如图 2.1 所示，倘若中心节点遇到攻击，就会影响整个网络的通信传输。然而，图 2.2 中的网络是由众多迂回路线组成的分布式网络，使其即便在某一处受到通信攻击，也能在迂回路线的极限范围内保持通信无阻▼。为了进一步优化这种类型的网络，分组交换技术便应运而生。

▼分布式网络的概念于 20 世纪 60 年代由 Paul Baran 提出。

图 2.1
容灾性较弱的中央集中式网络

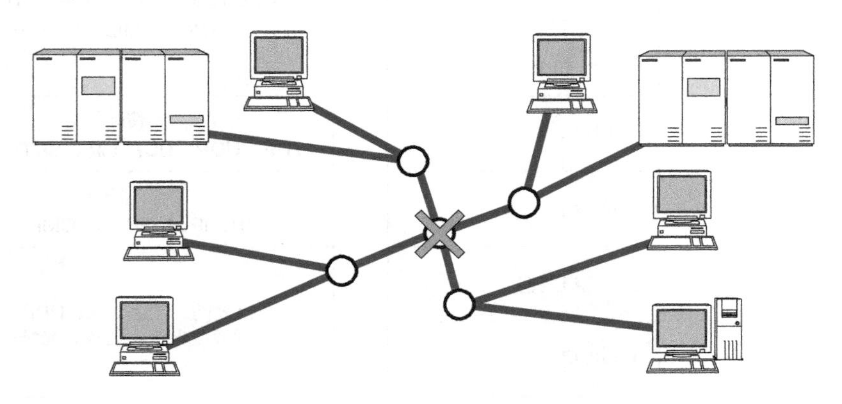

当中心节点发生故障时，绝大多数通信会受到影响

图 2.2
容灾性较强的分组网络

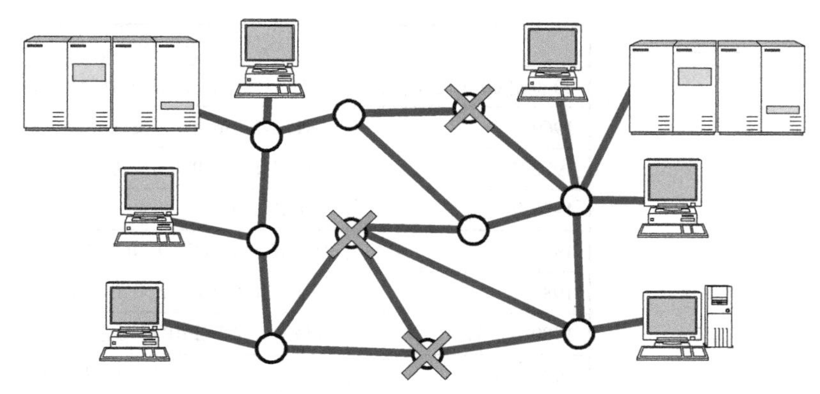

即使在几个节点上发生故障，通过迂回路线仍然能保持分组数据的传输

人们之所以开始关注分组交换技术，不仅在于它在军工防卫方面的应用，还在于这种技术本身的一些特征。它可以使多个用户同一时间共享一条通信线路进行通信，从而提高线路的使用效率，也降低了搭建线路的成本▼。

▼通过分组交换技术实现的分组通信，是在 1965 年由 Donald Davies 提出的。

20 世纪 60 年代后半叶，大量研究人员投身于分组交换技术和分组通信的研究。

2.1.2 ARPANET 的诞生

1969 年，为了验证分组交换技术的实用性，研究人员搭建了一套网络。起初，该网络只连接美国西海岸的大学和研究所等 4 个节点▼。之后，随着美国国防部的重点开发和相关技术的飞速发展，普通用户也逐渐加入其中。这使得它发展成为后来规模巨大的网络。

▼这 4 个节点分别是 UCLA（加州大学洛杉矶分校）、UCSB（加州大学圣巴巴拉分校）、SRI（斯坦福研究所）和犹他州大学。

该网络被人们称作 ARPANET▼，是全球互联网的鼻祖。在短短 3 年内，ARPANET 从曾经的 4 个节点迅速发展成为 30 多个节点的超大网络。研究人员的实验也获得了前所未有的成功▼，并以此充分证明了基于分组交换技术的通信方法的可行性。

▼Advanced Research Project Agency Network，阿帕网。

▼阿帕网的实验及其协议的开发，是由美国一个叫作 DARPA（Defense Advanced Research Project Agency：国防部高级研究计划署）的政府机构资助的。

2.1.3 TCP/IP 的诞生

ARPANET 的实验，不仅仅是利用几所大学与研究所组成的主干网络进行分组交换的实验，还是在互连计算机之间提供可靠传输的综合性通信协议的实验。20 世纪 70 年代前半叶，ARPANET 中的一个研究所研发出了 TCP/IP。然而，直到 1982 年，TCP/IP 的具体规范才被最终定下来，并于 1983 年成为 ARPANET 唯一指定的协议，TCP/IP 的发展历程如表 2.1 所示。

表 2.1
TCP/IP 的发展历程

年　份	事　件
20 世纪 60 年代后半叶	应 DoD 要求，美国开始进行与通信技术相关的研发
1969 年	ARPANET 诞生。开发分组交换技术
1972 年	ARPANET 取得初步成功。扩展到 30 多个节点
1975 年	TCP/IP 诞生
1982 年	TCP/IP 规范出炉。UNIX 是最早开始实现 TCP/IP 的操作系统
1983 年	ARPANET 决定正式启用 TCP/IP 为通信协议
1989 年前后	局域网上的 TCP/IP 应用迅速扩大
1990 年前后	不论是局域网还是广域网，都开始倾向于使用 TCP/IP
1995 年前后	互联网开始商用，互联网服务供应商的数量剧增
1996 年	IPv6 规范出炉，载入 RFC（后于 1998 年修订）

2.1.4 UNIX 操作系统的普及与互联网的扩张

TCP/IP 的产生，ARPANET 起到了举足轻重的作用。然而，ARPANET 组成之初，由于其节点个数的限制，TCP/IP 的应用范围受到一定的限制。TCP/IP 后来又是如何在计算机网络中得到如此广泛的普及的呢？

1980 年前后，很多大学与研究所开始使用一种叫作 BSD UNIX 的操作系统。由于 BSD UNIX▼实现了 TCP/IP，因此很快在 1983 年，TCP/IP 便被 ARPANET 正式采用。同年，SUN 公司也开始向一般用户提供实现了 TCP/IP 的产品。

▼BSD UNIX：由美国加州大学伯克利分校开发的免费的 UNIX 操作系统。

20 世纪 80 年代不仅是局域网快速发展的时代，还是 UNIX 工作站迅速普及的时代，同时是通过 TCP/IP 构建网络开始盛行的时代。基于这些趋势，大学和研究所也逐渐开始将 ARPANET 连接到 NSFnet 网络（美国国家科学基金会组建的一种三级层次结构的广域网）。此后，基于 TCP/IP 形成的世界性的网络——互联网（Internet）——便诞生了。

终端节点间 UNIX 主机的相互连接使得互联网得到了迅速普及。而作为计算机网络主流协议的 TCP/IP，它的发展也与 UNIX 密不可分。到了 20 世纪 80 年代后半叶，那些“各自为政”开发自己通信协议的网络设备供应商，也陆续开始“顺从”于 TCP/IP 的规范，制造兼容性更好的产品以便用户使用。

2.1.5 商用互联网服务的启蒙

研发互联网最初的目的是用于实验和研究，到了 1990 年，互联网逐渐被引入公司、企业及一般家庭。也出现了专门提供互联网接入服务的公司（称作 ISP▼），这些使互联网得到了更广泛的普及。同时，基于互联网技术的新型应用，如在线游戏、SNS、在线视频等商用服务也如雨后春笋般不断涌现出来。

▼Internet Service Provider，为个人、公司或教育机构等提供互联网接入服务的供应商。

于是，人们对拨号（当时个人计算机通信▼通过拨号实现）上网的要求越来越高，希望每两个人之间能够通过计算机实现通信。然而，个人计算机通信只能为

▼当时广为普及的一种网络服务。在这种通信中，个人计算机通过电话线和调制解调器（Modem）与主机连接，可以使用电子邮件、公告板等服务。

有限的用户提供服务，而且多台计算机加入通信时又各有各的操作方法，这给人们带来了一定的不便。

▼ NSFnet 不允许出于商用目的的接入。

于是，面向公司、企业和一般家庭专门提供互联网接入服务的具有商用许可▼的提供商（ISP）便出现了。这时，由于 TCP/IP 已长期应用于研究领域，使人们积累了丰富的经验，因此面对这样一种成熟的技术，人们对于它的商用价值充满期待。

连接互联网，人们可以从 WWW 获取世界各地的信息，可以通过电子邮件进行交流，还可以向全世界发布自己的消息。互联网没有所谓会员的限制，它是一个连接全世界的公共网络。互联网使人们的生活变得更加多姿多彩，人们不仅可以享受多样化的服务，还可以通过互联网开创新的服务。

互联网作为一种商用服务迅速发展起来。这使得到 20 世纪 90 年代为止，一直占据主导地位的个人计算机通信也开始加入到互联网的行列中来。自由、开放的互联网就这样以极快的速率被大众所认可，得到更广泛的普及。

2.2 TCP/IP 的标准化

20 世纪 90 年代，ISO 开展了 OSI 这一国际标准协议的标准化工作。然而，OSI 并没有得到普及，真正被广泛使用的是 TCP/IP。

究其原因，是由 TCP/IP 的标准化所致。TCP/IP 的标准化中有其他协议的标准化没有的要求。这一点就是让 TCP/IP 更迅速地实现和普及的原动力。本节将介绍 TCP/IP 的标准化过程。

2.2.1 TCP/IP 的具体含义

从字面意义上讲，有人可能会认为 TCP/IP 是指 TCP 与 IP 两种协议。实际生活中有时也确实就是指这两种协议。然而在很多情况下，它并不限于这两种协议，而是利用 IP 进行通信时所必须用到的协议族的统称。具体来说，IP 或 ICMP、TCP 或 UDP、TELNET 或 FTP，以及 HTTP 等都属于 TCP/IP。它们与 TCP 或 IP 的关系紧密，是互联网必不可少的一部分。TCP/IP 一词泛指这些协议，因此，有时也称 TCP/IP 为网际协议族▼，如图 2.3 所示。

▼网际协议族（Internet Protocol Suite）：组成网际协议的一组协议。

图 2.3
TCP/IP 协议族

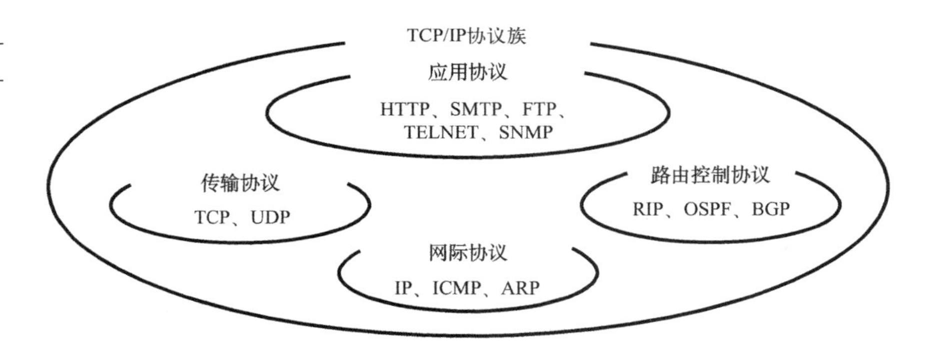

2.2.2 TCP/IP 标准化精髓

TCP/IP 的标准化过程与其他的标准化过程有所不同，具有两大特点：一是具有开放性，二是注重实用性，即被标准化的协议能否被实际运用。

首先，开放性体现在 TCP/IP 是由 IETF▼讨论制定的，而 IETF 本身就是一个允许任何人加入进行讨论的组织。在这里人们通常采用电子邮件组的形式进行日常讨论，而电子邮件组可以由任何人随时订阅。

▼IETF（Internet Engineering Task Force）：因特网工程任务组。

其次，在 TCP/IP 的标准化过程中，制定某一协议的规范本身已不再那么重要，而首要任务是实现真正能够通信的技术。难怪有人打趣说“TCP/IP 简直就是先开发程序，后写规格标准”。

▼实现：指开发那些能够让计算机设备按照协议预期产生某些动作或行为的程序和硬件。

虽然这么说有些夸张，但在制定 TCP/IP 某个协议规范的过程中，确实会考虑到这个协议实现▼的可行性。而且在某个协议的最终详细规范出炉的同时，该协议已在某些设备中存在，就算有一定的局限性，也能够进行实际通信。

为此，TCP/IP 中只要某个协议的大致规范确定下来，人们就会在多个已实现该协议的设备之间进行通信实验，一旦发现有什么问题，可以继续在 IETF 中讨论，及时修改程序、协议或相应的文档。经过一次又一次的讨论、实验和研究，一款协议的规范才会最终诞生。因此，TCP/IP 始终具有很强的实用性。

对于那些由于实验环境的限制没有发现问题的协议，将会在后期继续进行改进。相比 TCP/IP，OSI 之所以未能普及，一是由于未能尽早地制定出可行性较强的协议，二是由于缺乏制定、改良协议的机制，以应对技术的快速创新。

2.2.3 TCP/IP 规范——RFC

▼RFC 从字面意义上看指征求意见表，属于一种征求协议相关意见的文档。

▼协议实现或运用相关的信息叫作 FYI（For Your Information）。

▼尚未考虑标准化的协议称作实验。

TCP/IP 由 IETF 讨论制定。那些需要标准化的协议，被人们列入 RFC（Request For Comment）▼文档并在互联网上公布。RFC 不仅记录了协议规范内容，还包含了协议实现和运用的相关信息▼及实验方面的信息▼。

RFC 文档通过编号制定每个协议的规范。例如，IP 的规范由 RFC791 制定，TCP 的规范由 RFC793 制定。RFC 的编号是按标准化的先后顺序分配的，一旦成为某一 RFC 的内容，就不能再进行随意修改。若要扩展已有某个协议的规范内容，一定要有一个全新编号的 RFC 文档对其进行记录。若要修改已有某个协议的规范的内容，则需要重新发布一个新的 RFC 文档，同时，旧的那个 RFC 文档作废。新的 RFC 文档会明确规定是扩展了哪个已有的 RFC，以及要作废哪个已有 RFC。

▼例如，STD5 表示包含 ICMP 的 IP 标准。因此，STD5 由 RFC791、RFC919、RFC922、RFC792、RFC950 及 RFC1112，这 6 个 RFC 组成。

此时，有人提出，每当对 RFC 进行修改时都要产生新的 RFC 编号太麻烦。为此，对于主要的协议和标准，人们采用 STD▼（Standard）方式管理编号（如表 2.2 所示）。STD 用来记载哪个编号制定哪个协议。因此，同一个协议的规范内容即便发生了变化也不会导致 STD 编号发生变化。

今后，即使协议的规范内容改变也不会改变 STD 编号，但是有可能导致某个 STD 下的 RFC 编号视情况有所增减。

此外，为了向互联网用户和管理者提供更有益的信息，与 STD 类似，FYI（For Your Information）也开始管理编号。FYI 为了方便人们检索，在每个编号里涵盖了所涉及的 RFC 编号。即使更新内容，编号也不会发生变化。

表 2.2 具有代表性的 RFC（2019 年 10 月为止）

协 议	STD	RFC	状 态
IP（v4）	STD5	RFC791、RFC919、RFC922	标准
IP（v6）	STD86	RFC8200	标准
ICMP	STD5	RFC792、RFC950、RFC6918	标准
ICMPv6	-	RFC4443、RFC4884	标准
ARP	STD37	RFC826、RFC5227、RFC5494	标准
RARP	STD38	RFC903	标准

（续）

协　议	STD	RFC	状　态
TCP	STD7	RFC793、RFC3168	标准
UDP	STD6	RFC768	标准
IGMP（v3）	–	RFC3376、RFC4604	提议标准
DNS	STD13	RFC1034、RFC1035、RFC4343	标准
DHCP	–	RFC2131、RFC2132	草案标准
HTTP（v1.1）	–	RFC2616、RFC7230	提议标准
SMTP	–	RFC821、RFC2821、RFC5321	草案标准
POP（v3）	STD53	RFC1939	标准
FTP	STD9	RFC959、RFC2228	标准
TELNET	STD8	RFC854、RFC855	标准
SSH	–	RFC4253	提议标准
SNMP	STD15	RFC1157	作废
SNMP（v3）	STD62	RFC3411、RFC3418	标准
MIB-II	STD17	RFC1213	标准
RMON	STD59	RFC2819	标准
RIP	STD34	RFC1058	作废
RIP（v2）	STD56	RFC2453	标准
OSPF（v2）	STD54	RFC2328	标准
EGP	STD18	RFC904	作废
BGP（v4）	–	RFC4271	草案标准
PPP	STD51	RFC1661、RFC1662	标准
PPPoE	–	RFC2516	信息性
MPLS	–	RFC3031	提议标准
RTP	STD64	RFC3550	标准
主机实现要求	STD3	RFC1122、RFC1123	标准
路由器实现要求	–	RFC1812、RFC2644	提议标准

※ 本表仅列举了一些常见协议的 RFC 编号，并没有包含对现有协议进行全面升级或部分更新的 RFC 编号。详细内容可参考 URL。

■ 新的 RFC 与旧的 RFC

以第 4 章将要介绍的 ICMP 为例来介绍 RFC 的变迁过程。

ICMP 是由 RFC792 定义、由 RFC950 扩展的，也就是说，ICMP 是由这两个 RFC 文档组合起来构成其详细的规范内容。RFC792 作废了以前的 RFC777。RFC1256 虽然还未正式成为标准，但目前已处于提议标准阶段。

主机和路由器处理 ICMP 所涉及的细节要求也写入了 RFC，分别为 RFC1122 和 RFC1812▼。

▼RFC1122 与 RFC1812 中不仅记载了对 ICMP 的处理要求，还记载了主机和路由器对 TCP/IP 及 ARP 等众多协议在实现上的要求。

2.2.4 TCP/IP 的标准化流程

一个协议的标准化一定要经过 IETF 讨论。IETF 虽然每年只组织 3 次会议，但是日常都会通过邮件组的形式进行讨论，并且该邮件组不限制订阅。

TCP/IP 的标准化流程也定义在 RFC 中。下面大致介绍一下 RFC2026 中定义的标准化流程。首先是互联网草案阶段；其次，如果可以进行标准化，就记入 RFC 并进入提议标准阶段；然后是草案标准阶段；最后，进入真正的标准阶段。

仔细分析这些阶段，不难发现在协议真正被标准化之前会有一个提议标准阶段。正是在这一阶段，那些想对协议提出建议和意见的个人或组织会撰写文档，将内容作为草案发布到互联网上，而讨论将基于这些文档内容通过邮件进行，从而可以进行相应的设备实现、模拟及应用实验。

互联网草案的有效期通常为 6 个月，也就是说，只要进入讨论阶段，就必须在 6 个月内将所讨论的结果反映到草案，否则将以长时间无任何进展为由自动消除。这也是为了防止一些没有实质意义和实际讨论内容的草案出现。在这个信息泛滥的时代，TCP/IP 的草案也是漫天横飞。因此，去伪存真是非常重要的。

经过充分的讨论，如果得到 IESG（IETF Engineering Steering Group，由 IETF 的主要成员组成）的批准，就能被编入 RFC 文档。这个文档叫作提议标准（Proposed Standard）。

在大量设备上实现提议标准中所提出的协议，扩大该协议的应用范围后，如果能够得到 IESG 的认可，就可以成为草案标准（Draft Standard）。如果在实际应用当中遇到问题，则可在成为草案标准前进行修订。当然，这种修订也是在该阶段进行的。

要从草案标准达到真正的标准，还需要更多的设备实现并应用这个特定的协议。若大多数参与该协议制定的人觉得它“实用性强，没有什么问题”，并得到 IESG 的最终批准，那么这个草案标准就可以成为标准。

可见，标准化的过程是漫长且艰辛的。如果未在互联网上被广泛使用，就无法最终成为一个提议标准。

以上便是 RFC2026 的大致内容。于 2011 年 10 月发布的 RFC6410 对 RFC2026 的内容进行了更新。如图 2.4 所示，RFC6410 基本沿用了 RFC2026 中的标准化流程。二者的不同点在于，RFC6410 将 RFC2026 定义的草案标准和标准这两个标准等级合并为互联网标准，将三个标准等级▼精简为两个。此外，考虑到目前的标准化进展，RFC6410 还规定，正在讨论的 RFC 依然沿用 RFC2026 中的标准名称。

▼在 RFC6410 中也称为阶梯（ladder）。

TCP/IP 的标准化过程与一般的标准化过程不同。它不是由标准化组织制定为标准以后才开始投入应用，而是到其成为标准的那一刻为止，已经被较为充分地实验并得到了较广的普及▼。那些已经成为标准的 TCP/IP 其实早已被人们广泛应用，因此具有很强的实用性。

▼有些协议不是以标准化为目的，而只是实验性质的。这种协议被称作实验性协议（Experimental）。

图 2.4

协议的标准化流程

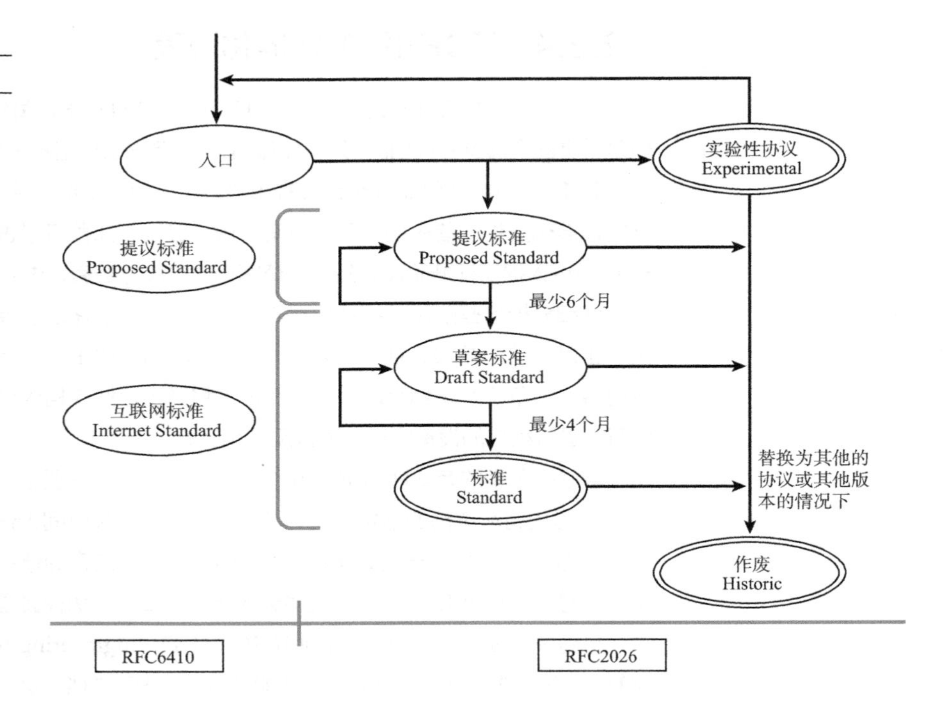

■ 提议标准与草案标准的实现

在很多情况下，向市场推广一些只实现了 RFC 中标准协议的产品显然不够，因为这些产品很容易过时，所以只有被广泛使用之后才能成为标准。

从前瞻性考虑，应该实现那些草案协议甚至是提议协议，这样才可能有机会抢先市场。并且，当规范经过修订以后，设备厂商也应该提供升级等方式，将其迅速反映到产品当中。

2.2.5　RFC 的获取方法

IETF 的任务是推进互联网技术的标准化，所有 RFC 都保管在 IETF 的 RFC Editor 中。我们可以通过多种方法获取 RFC。最直接的方法是利用互联网查询 “RFC Editor”。

RFC Editor 网站除了发布 RFC 的相关信息，还提供 RFC 检索功能。我们可以通过匿名 FTP 服务器▼下载 RFC 文档。

▼任何人都可以使用的 FTP 服务器，互联网上有很多这样的服务器。

2.3 互联网基础知识

“互联网”一词家喻户晓，本书曾多次提到。互联网究竟是什么呢？它与TCP/IP之间又有什么关系呢？本节就互联网及互联网与TCP/IP之间不可分割的关系做一些简单介绍。

2.3.1 互联网的定义

“互联网”的英文单词为“Internet”。从字面上理解，Internet指的是将多个网络连接从而构成一个更大的网络，所以Internet一词本意为网际网。将两个以太网网段用路由器相连是互联网，将企业内部各部门的网络或公司的内网与其他企业相连，并实现相互通信的网络也是互联网，区域间的网络互联，乃至世界范围内的网络互联也都可以构成互联网。然而，现在“互联网”这个词的意思有所变化。当专门指网络之间的连接时，可以使用“网际网”这个词。

“互联网”是指由ARPANET发展而来，互连全世界的计算机网络。现在，“互联网”是一个专有名词，其对应的英文单词“Internet”也早已成为专有名词▼。

▼与Internet对应的另一种网络叫作Intranet。该网络是指使用Internet技术将企业内部的组织、机构连接起来形成一个企业范围内的封闭网络，提供面向企业内部的通信服务。

2.3.2 互联网与TCP/IP的关系

在进行互联网通信时，需要相应的网络协议，TCP/IP原本就是为使用互联网而开发制定的协议。因此，互联网的协议就是TCP/IP，TCP/IP就是互联网的协议。

2.3.3 互联网的结构

如2.3.1节中提到的，互联网一词原意是网际网，意指连接一个又一个网络。连接全世界的互联网也是如此。较小范围内的网络之间相连形成机构内部的网络，机构内部的网络之间相连形成区域网络，各个区域网络之间再相连，最终形成了连接全世界的互联网。互联网就是按照这样的形式构成了一个有层次的网络。

互联网中的每个网络都是由骨干网（BackBone）和末端网（Stub）组成的。每个网络之间通过NOC▼相连。如果网络的运营商不同，那么它的连接方式和使用方法也会不同。连接这种异构网络需要IX▼的支持。总之，互联网就是众多异构网络通过IX相连的一个巨型网络，如图2.5所示。

▼Network Operation Center，网络运行中心。

▼Internet Exchange，互联网交换中心。

图 2.5

互联网的结构

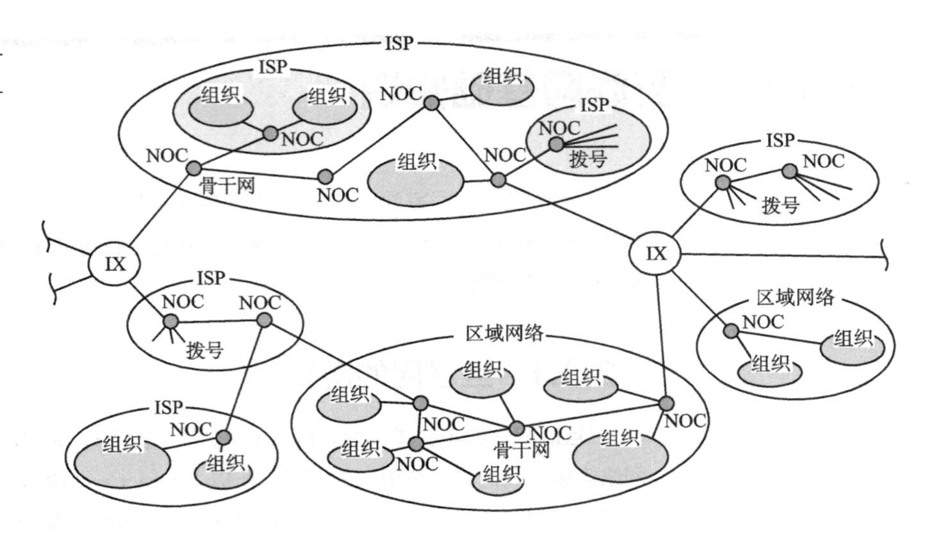

2.3.4　ISP 和区域网

连接互联网需要向 ISP 或区域网提出申请。公司、企业或一般家庭申请接入互联网只要联系 ISP 签约即可。

不同的 ISP 所提供的互联网接入服务的项目不同，例如，不限流量包月、限定上网时限及有线 / 无线网络连接等各种各样的服务。

区域网指的是在特定区域内由团体或志愿者所运营的网络。这种方式通常价格比较便宜，但是有时可能会出现连接方式复杂或使用上有限制等情况。

在实际申请接入互联网前，最好先确认一下 ISP 或区域网所对应的具体服务条目、所提供服务的细则（如接入方式、条件、费用）等，然后再结合自己的使用目的做决定。

■ 互联网内外

当公司的局域网与家里的个人计算机都能联网时，一方面可以认为它们都是互联网的一部分（如图 2.6 所示），另一方面，从公司的局域网或家里个人计算机的角度出发，可以认为它们连接的目标网络都是互联网。这种方法其实是将提供网络的 ISP 看作一种明确划分内外网的方法（如图 2.7 所示）▼。

▼实际上，有些公司会将互联网看作外在网络，并对与其连接的设备进行限制。

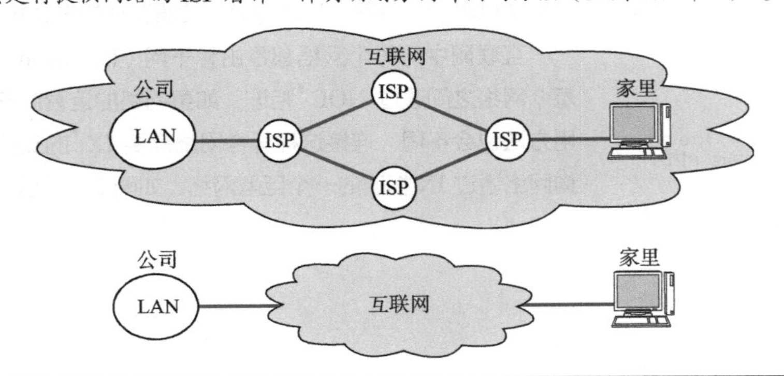

图 2.6

将公司局域网与家里个人计算机看作互联网的一部分

图 2.7

将互连的对端看作互联网

2.4 TCP/IP 分层模型

TCP/IP 是当今计算机网络界使用最广泛的协议。TCP/IP 的知识对于那些想构筑网络、搭建网络、管理网络、设计和制造网络设备，甚至是做网络设备编程的人来说是至关重要的。TCP/IP 究竟是什么呢？本节就 TCP/IP 做简单的介绍。

2.4.1 TCP/IP 与 OSI 参考模型

第 1 章介绍了 OSI 参考模型中各层的作用。TCP/IP 诞生以来的各种协议其实也能对应到 OSI 参考模型当中。如果了解了这些协议分属 OSI 参考模型的哪一层，就能对该协议的目的有所了解。对于每个协议的具体技术要求可以参考相应的规范。在此，暂时略过协议本身的细节（第 4 章以后详解），先介绍一下各个协议与 OSI 参考模型中各层之间的对应关系。

图 2.8 列出了 TCP/IP 与 OSI 参考模型之间的大致关系。不难看出，TCP/IP 与 OSI 参考模型在分层模块上稍有区别。OSI 参考模型注重"通信协议必要的功能是什么"，TCP/IP 则更强调"在计算机上实现协议应该开发哪种程序"。

图 2.8 OSI 参考模型与 TCP/IP 的关系

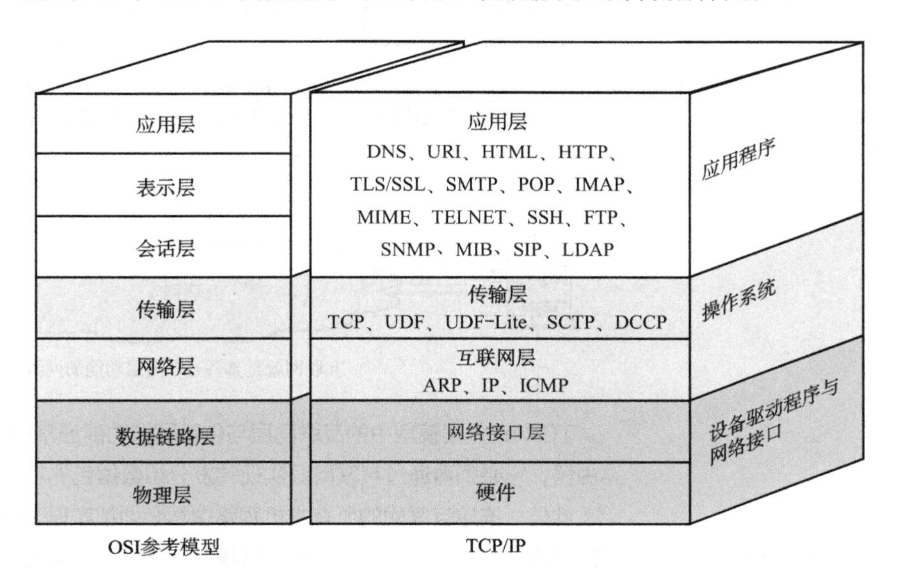

2.4.2 硬件（物理层）

TCP/IP 的最底层是负责数据传输的硬件。这种硬件相当于以太网或电话线路等物理层的设备。关于它的内容一直无法统一定义，因为只要人们在物理层上所使用的传输媒介不同（如使用网线或无线），网络的带宽、可靠性、安全性、延迟等都会有所不同，而在这些方面又没有一个既定的指标。总之，TCP/IP 是在网络互连的设备之间能够通信的前提下才被提出的协议。

2.4.3　网络接口层（数据链路层）

▼有时人们也将网络接口层与硬件合并起来称作网络通信层。

网络接口层▼利用以太网中的数据链路层进行通信，属于接口层。也就是说，把它当作让 NIC 起作用的“驱动程序”也无妨。驱动程序是在操作系统与硬件之间起桥梁作用的软件。计算机的外围附加设备或扩展卡，不是直接插到计算机上或计算机的扩展槽上就能马上使用，还需要有相应驱动程序的支持，先让操作系统识别出它们，然后才能使用。例如，换了新的 NIC 网卡，不仅需要硬件，还需要软件（驱动程序）才能真正投入使用。因此，人们常常还需要在操作系统的基础上安装一些驱动程序以便使用这些附加硬件▼。

▼现在也有很多即插即拔的设备，因为计算机的操作系统中早已内置安装好了对应网卡的驱动程序，而并非不需要驱动程序。

2.4.4　互联网层（网络层）

互联网层使用 IP，它相当于 OSI 参考模型中的网络层。IP 基于 IP 地址转发分组数据包，如图 2.9 所示。

图 2.9
互联网层

IP 的作用是将分组数据包发送到目标主机

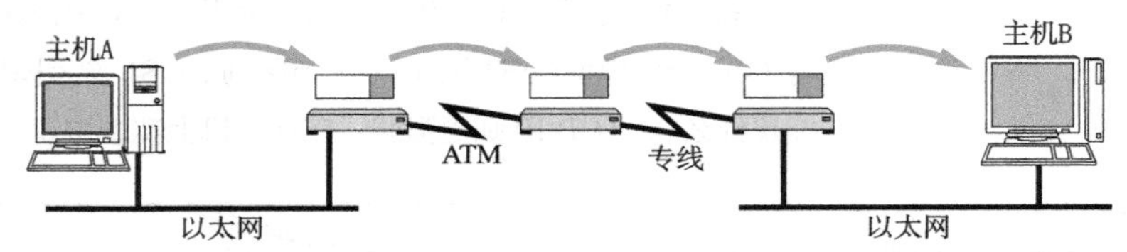

通过互联网层，可以抽象甚至忽略网络结构的细节。从相互通信的主机角度看，对端主机就如同在巨大云层的对面，其（通信双方的主机）间的网络结构都藏在云层之下

互联网就是具备互联网层功能的网络

TCP/IP 分层模型中的互联网层与传输层的功能通常由操作系统实现。尤其是路由器，它必须得通过互联网层实现转发分组数据包的功能。

此外，连接互联网的所有主机跟路由器必须都实现 IP 的功能。其他连接互联网的网络设备（如网桥、中继器或集线器）就没必要实现 IP 或 TCP 的功能▼了。

▼有时为了监控和管理网桥、中继器、集线器等设备，需要让它们具备 IP、TCP 的功能。

■ IP

IP 是跨越网络传送数据包，能够将数据包传递到互联网的每个角落的协议。IP 使数据包能够发送到地球的另一端，这期间使用 IP 地址作为主机的标识▼。

▼连接 IP 网络的所有设备必须有自己的 IP 地址，以便识别具体的设备。分组数据包在 IP 地址的基础上被发送到对端。

IP 还能够抹平不同数据链路的差异。通过 IP，相互通信的主机之间不论经过怎样的底层数据链路都能够实现通信。

虽然 IP 是一种分组交换协议，但是它不具有重发机制。即使分组数据包未能到达对端主机也不会重发。因此，IP 属于不可靠的分组交换协议。

■ ICMP

IP 包在发送途中一旦发生异常导致无法到达对端目标地址时，需要给发送端发送一个发生异常的通知。ICMP 就是为了实现这一功能而制定的。它有时也被用来诊断网络的健康状况。

■ ARP

从数据包的 IP 地址中解析出接收端地址（MAC 地址）的一种协议。

2.4.5 传输层

TCP/IP 的传输层有两个具有代表性的协议。该层的功能与 OSI 参考模型中的传输层的功能类似。

传输层最主要的功能是能够让应用程序之间实现通信。如图 2.10 所示，无论是客户端还是服务端，通常都会同时运行多个程序。为此，必须分清是客户端的哪个程序与服务端的哪个程序在进行通信。识别这些程序的是端口号。

图 2.10
传输层

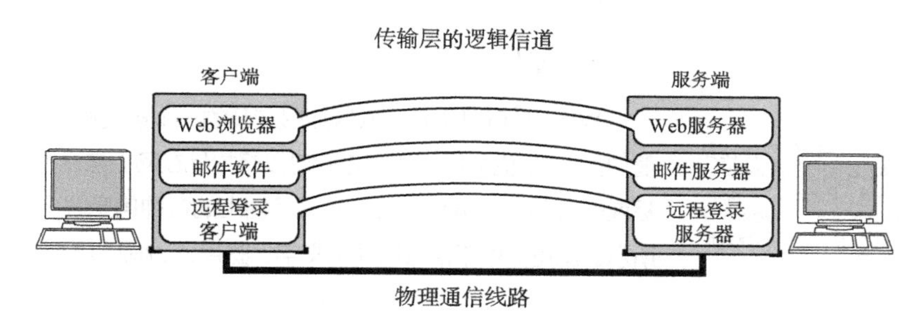

■ TCP

TCP 是一种面向有连接的可靠的传输层协议。它可以保证两端通信主机之间的通信可达。TCP 能够正确处理传输过程中丢包、传输顺序混乱等异常情况。此外，TCP 还能够有效利用带宽，缓解网络拥堵。

然而，为了建立连接与断开连接，通常它需要至少 7 次的发包和收包，特别是当传输的数据总量较少时，会导致网络流量的浪费。为了提高网络的利用率，TCP 定义了各种各样复杂的规范，因此不利于视频会议（音频、视频的数据量既定）等场合使用。

■ UDP

UDP 有别于 TCP，它是一种面向无连接的不可靠的传输层协议。UDP 不会关注对端是否收到了传送过去的数据，如果需要检查对端是否收到数据，或者对端是否连接到网络，则需要在程序中实现。

UDP 常用于多播通信、广播通信及视频通信等多媒体领域。

2.4.6　应用层（会话层及以上的层）

TCP/IP 的分层中，将 OSI 参考模型中的会话层、表示层和应用层的功能都集中到了应用程序中去实现。这些功能有时由单一的应用程序实现，有时由多个应用程序实现。细看 TCP/IP 的应用程序功能会发现，它不仅要实现 OSI 参考模型中应用层的功能，还要实现会话层与表示层的功能。

TCP/IP 应用程序的架构绝大多数属于客户端 / 服务端模型，如图 2.11 所示。提供服务的程序叫服务端，接收服务的程序叫客户端。在这种通信模式中，提供服务的程序会预先被部署到主机上，等待接收任何时刻客户端可能发送的请求。

图 2.11
客户端 / 服务端模型

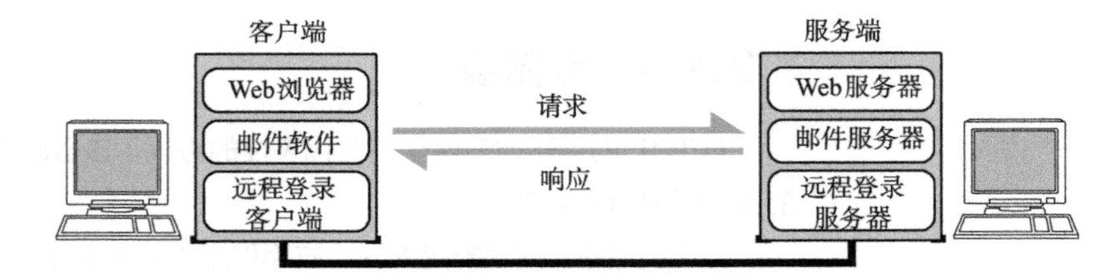

客户端可以随时发送请求给服务端。有时服务端可能会有处理异常[①]、超出负载等情况，这时客户端可以在等待片刻后重新发送请求。

WWW

▼ 中文叫万维网，是一种互联网上存取数据的规范，有时也叫作 Web、WWW 或 W3。

▼ 通常可以简化称作浏览器。微软公司的 Internet Explorer、Edge 及 Mozilla Foundation 的 Firefox 等都属于浏览器。它们已被人们广泛使用。

WWW▼可以说是互联网能够普及的一个重要原动力。用户在一种叫 Web 浏览器▼的软件上借助鼠标和键盘就可以轻松地在网上自由冲浪，也就是说，轻按一下鼠标或是触碰一下屏幕，在远端服务器上的各种信息就会呈现到浏览器中，如图 2.12 所示。浏览器中不仅可以显示文字、图片、动画等信息，还能播放声音及运行程序。

图 2.12
WWW

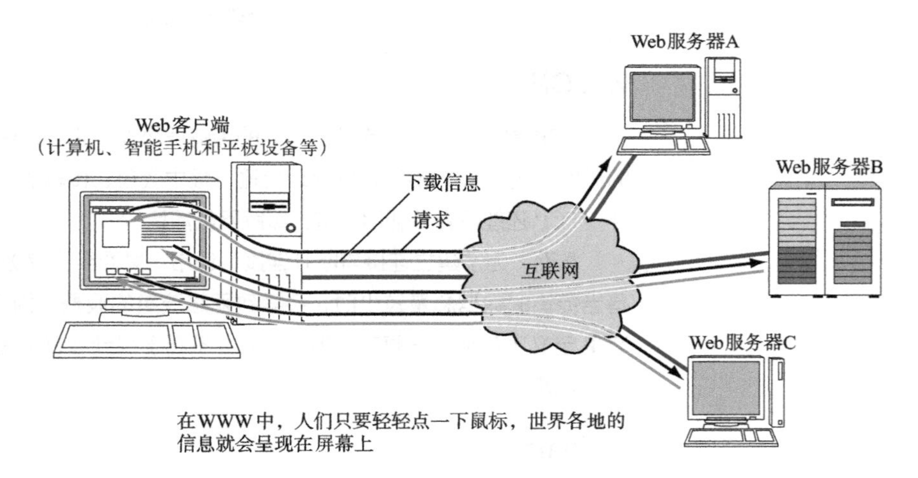

浏览器与服务端之间进行通信所用的协议是 HTTP（HyperText Transfer Protocol），传输数据的主要格式是 HTML（HyperText Markup Language）。WWW 中的 HTTP 属于 OSI 参考模型中应用层的协议，HTML 属于表示层的协议。

① 如果是整台服务器或者服务端容器出现故障，那就只能等充分恢复之后再继续处理客户端的请求。——译者注

■ 电子邮件（E-Mail）

电子邮件指在网络上发送信件。有了电子邮件，不管距离多远的人，只要连着网就可以相互发送电子邮件，如图 2.13 所示。发送电子邮件时用到的协议叫作 SMTP（Simple Mail Transfer Protocol）。

图 2.13
电子邮件

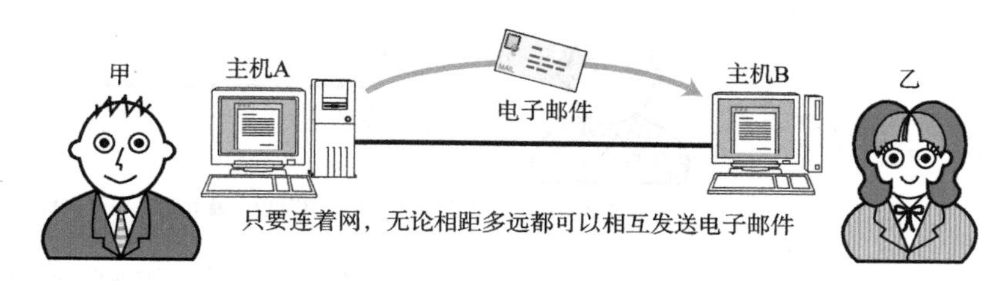
甲
主机A
电子邮件
主机B
乙
只要连着网，无论相距多远都可以相互发送电子邮件

最初，人们只能发送文本格式▼的电子邮件。现在，电子邮件的格式由 MIME▼协议扩展以后，可以发送声音、图像等各式各样的信息。甚至还可以修改电子邮件文字的大小、颜色▼。这里提到的 MIME 属于 OSI 参考模型的第 6 层——表示层。我们既可以使用智能手机收发电子邮件，也可以在个人计算机上完成同样的操作，而且无论是 Web 邮箱还是邮件应用程序，操作方法都是相同的。虽然界面样式和便捷程度不同，但它们采用的都是 TCP/IP。

▼只由文字组成的信息。日语最初只能发送 7bit JIS 编码的文字。

▼在互联网上广泛使用的，用来定义邮件数据格式的一种规范。在 WWW 与网络论坛中也可以使用。关于这一点的更多细节，请参考 8.4.3 节。

▼有时某些效果可能会因为电子邮件接收端软件的限制而不能充分展现。

■ 电子邮件与 TCP/IP 的发展

有人可能会说："TCP/IP 的发展离不开电子邮件。"这句话可能有两方面的含义。

一方面，电子邮件使用起来非常方便，便于讨论 TCP/IP 的进度和细节。另一方面，为了正常使用电子邮件，需要具备完善的网络环境并对某些协议进行改善。

总之，电子邮件与 TCP/IP 的发展相辅相成。电子邮件协助改善协议，更完善的协议又可以令电子邮件的形式多样化。

■ 文件传输（FTP）

文件传输是指将保存在其他计算机硬盘上的文件转移到本地硬盘上，或将本地硬盘上的文件传送到其他计算机硬盘上，如图 2.14 所示。

图 2.14
文件传输

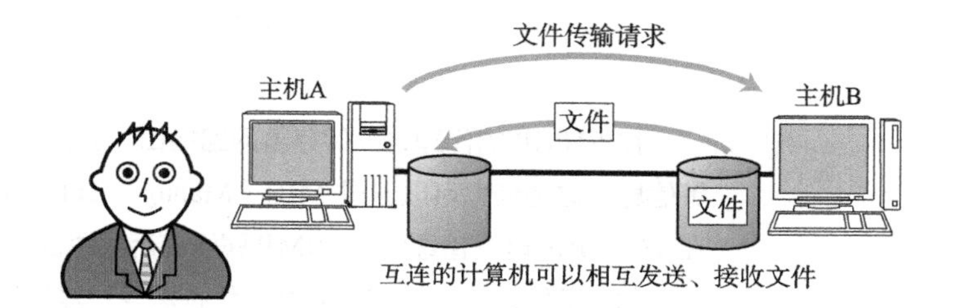
文件传输请求
主机A
主机B
文件
文件
互连的计算机可以相互发送、接收文件

该过程使用的协议叫作 FTP（File Transfer Protocol）。FTP 很早就开始投入使用▼，传输过程中可以选择用二进制方式或文本方式▼。

▼近年来，使用 Box、Dropbox 或 Google Drive 等应用程序传输文件的用户越来越多。一些操作系统也开始允许用户将 FTP 服务器的 URL 用作网络磁盘。

▼用文本方式在 Windows、macOS 或 UNIX 等系统之间进行文件传输时，会自动修改换行符，这也属于表示层的功能。

在 FTP 中进行文件传输时会建立两个 TCP 连接，分别是发出传输请求时所要用到的控制连接与实际传输数据时所要用到的数据连接▼。

▼这两种连接的控制管理属于会话层的功能。

■ 远程登录（TELNET 与 SSH）

图 2.15
远程登录

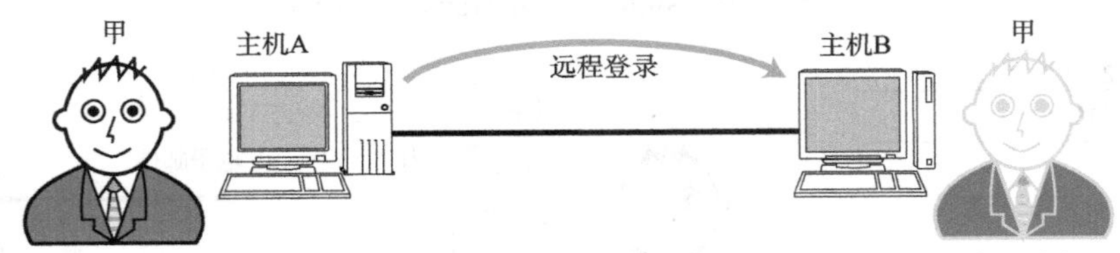

坐在主机A前的甲远程登录到主机B以后，就如同坐在了主机B前面，可以自由操作主机B

远程登录是指登录到远程的计算机上，使那台计算机上的程序能够运行的一种功能（如图 2.15 所示）。TCP/IP 网络中远程登录常用 TELNET▼和 SSH▼两种协议。其实还有很多其他可以实现远程登录的协议，如 BSD UNIX 系中 Rlogin▼的 r 命令协议及 X Window System 中的 X 协议▼。

▼TELetypewriter NETwork 的缩写。

▼SSH 是 Secure SHell 的缩写。

▼Rlogin RFC1283。

▼X 协议 RFC1198。

还有不少用户利用远程桌面登录远程计算机。远程登录使用的是 RDP，该协议并没有定义在任何 RFC 文档中。

■ 网络管理（SNMP）

在 TCP/IP 中进行网络管理时，采用 SNMP（Simple Network Management Protocol）。使用 SNMP 管理的主机、网桥、路由器等称作 SNMP 代理（Agent），而进行管理的那一端叫作 SNMP 管理器（Manager）。SNMP 正是 Manager 与 Agent 所要用到的协议，如图 2.16 所示。

图 2.16
网络管理

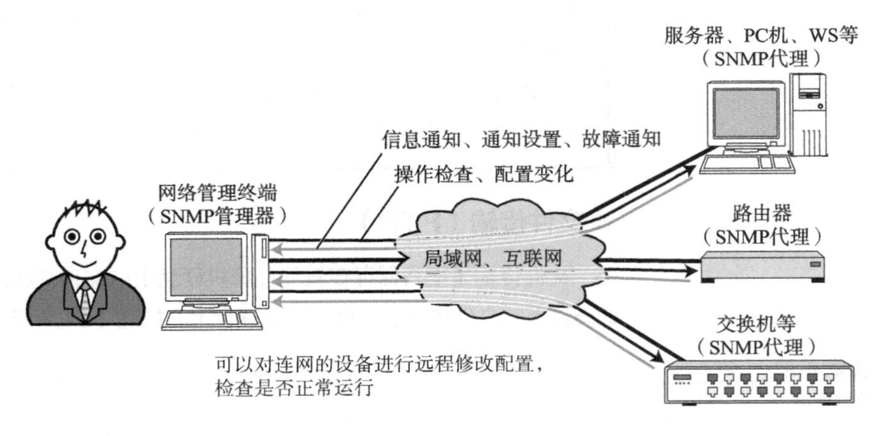

在 SNMP 的代理端，保存着网络接口、通信数据量、异常数据量及设备温度等信息。这些信息可以通过 MIB（Management Information Base）访问。因此，在 TCP/IP 的网络管理中，SNMP 属于应用层协议，MIB 属于表示层协议。

网络范围越大，结构越复杂，就越需要对其进行有效的管理。SNMP 和各种操作日志可以让管理员及时检查网络拥堵情况，及早发现故障，也可以为以后扩大网络收集必要的信息。

2.5 TCP/IP 分层模型与通信示例

在 TCP/IP 中，数据是如何在媒介上传输的呢？本节将介绍使用 TCP/IP 时，从应用层到物理层的数据处理流程。

2.5.1 以太网首部

每一层都会对所发送的数据附加一个首部，这个首部中包含了该层必要的信息，如发送的目标地址及协议相关信息。通常，为协议提供的信息为包首部，所要发送的内容为数据。如图 2.17 所示，从下一层的角度看，上一层收到的包全部被认为是本层的数据。

图 2.17
以太网首部的层次化

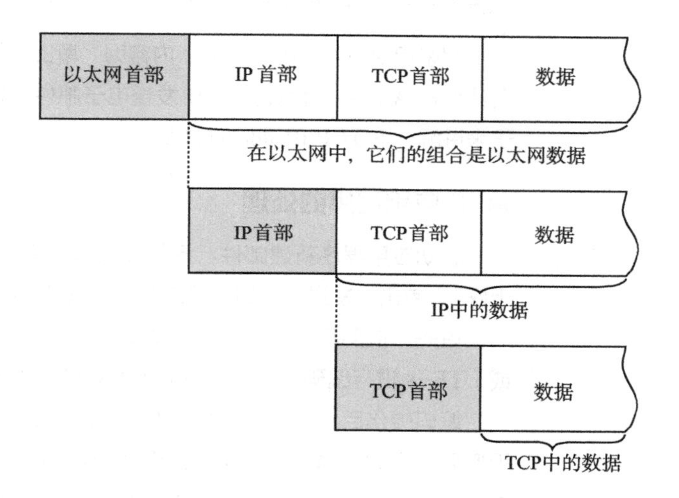

■ 包、帧、数据报、段、消息

以上五个术语都用来表示数据的单位，大致区分如下。

包可以说是全能性术语。帧用于表示数据链路层中包的单位。数据报是 IP、UDP 等网络层以上的分层中包的单位。段则表示 TCP 数据流中的信息。最后，消息是应用协议中数据的单位。

■ 包首部就像协议的脸

网络中传输的数据包由两部分组成：一部分是协议所要用到的首部，另一部分是上一层传过来的数据。首部的结构由协议的具体规范详细定义。例如，识别上一层协议的域应该从包的哪一位开始取多少位、如何计算校验和并插入包的哪一位等。相互通信的两台计算机，如果在识别协议的序号及校验和的计算方法上不一样，那么根本无法实现通信。

因此，数据包的首部标明了协议应该如何读取数据。反过来说，看到首部，就能够了解该协议必要的信息及所要处理的内容。因此，看到包首部就如同看到协议的规范。难怪有人说包首部就像协议的脸。

2.5.2 发送数据包

假设甲给乙发送电子邮件，内容为“早上好”。从 TCP/IP 通信上看，是从一台计算机 A 向另一台计算机 B 发送电子邮件。如图 2.18 所示，我们通过这个例子来讲解一下 TCP/IP 通信的过程。

■ ① 应用程序的处理

启动应用程序新建邮件，将收件人邮箱填好，再通过键盘输入邮件内容“早上好”，单击“发送”按钮就可以开始 TCP/IP 通信了。

首先，应用程序会进行编码处理。例如，日文电子邮件使用 ISO-2022-JP 或 UTF-8 进行编码。这些编码相当于 OSI 参考模型中表示层的功能。

编码转化后，实际电子邮件不一定会马上被发送出去，因为有些应用程序有积攒到一定数量再一并发送多封电子邮件的功能，也可能会有用户单击“收信”按钮以后才一并接收新电子邮件的功能。像这种何时建立通信连接、何时发送数据的管理功能，从某种宽泛意义上看属于 OSI 参考模型中会话层的功能。

应用程序在发送电子邮件的那一刻建立 TCP 连接，从而利用这个 TCP 连接发送数据。它的过程首先是将应用层的数据发送给下一层的 TCP，然后再做实际的转发处理。

■ ② TCP 模块的处理

TCP 根据应用层的指示▼，负责建立连接、发送数据及断开连接。TCP 提供将应用层发来的数据顺利发送至对端的可靠传输。

▼这种关于连接的指示相当于 OSI 参考模型中的会话层。

为了实现 TCP 的这一功能，需要在应用层数据的前端附加一个 TCP 首部。TCP 首部中包括源端口号、目标端口号（用以识别发送主机跟接收主机上的应用层）、序号（用以表示该包中数据是发送端整个数据中第几字节的序列号），以及校验和▼（用以判断数据是否被损坏）。随后将附加了 TCP 首部的包再发送给 IP。

▼Check Sum，检验数据的读取是否正常进行的方法。

图 2.18
TCP/IP 各层对电子邮件的收发处理

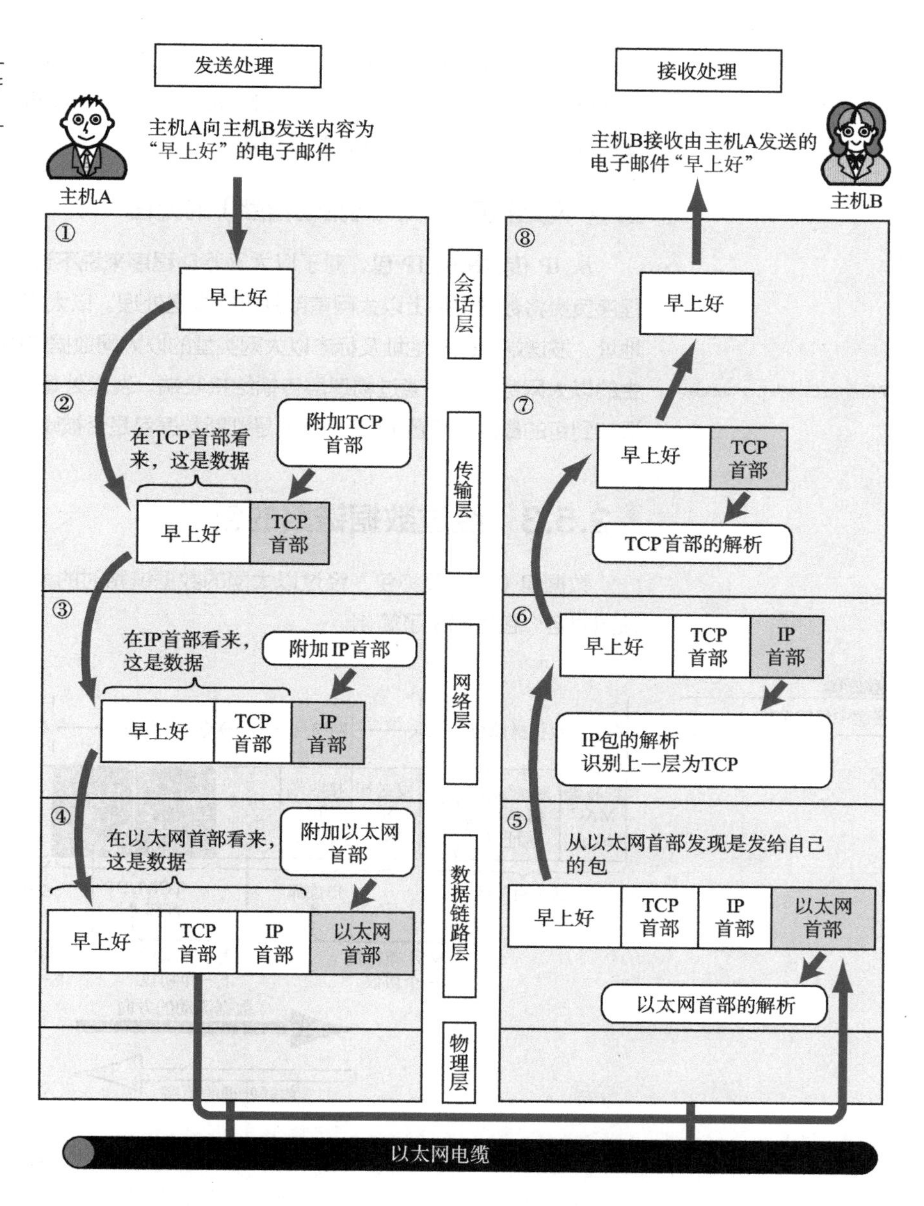

■ ③ IP 模块的处理

IP 将 TCP 传过来的 TCP 首部和 TCP 数据合起来当作自己的数据，并在 TCP 首部的前端再加上自己的 IP 首部。因此，IP 包中的 IP 首部后面紧跟着 TCP 首部，然后才是应用层的数据首部和数据本身。IP 首部中包含接收端 IP 地址、发送端 IP 地址，以及用来判断紧随其（IP 首部）后的是 TCP 的数据还是 UDP 的数据等信息。

主机会根据路由控制表决定接下来要让哪台路由器或主机接收生成的 IP 包，然后将该 IP 包发送给网络接口的驱动程序，最终由驱动程序发送数据。

如果尚不知道接收端的 MAC 地址，可以利用 ARP（Address Resolution Protocol）查找。只要知道了对端的 MAC 地址，就可以将 MAC 地址和 IP 地址交给以太网的驱动程序，实现数据传输。

■ ④ 网络接口（以太网驱动程序）的处理

从 IP 传过来的 IP 包，对于以太网驱动程序来说不过就是数据。以太网驱动程序负责将数据附加上以太网首部并进行发送处理。以太网首部包含接收端 MAC 地址、发送端 MAC 地址及标志以太网类型的以太网数据的协议。根据上述信息产生的以太网数据包将通过物理层传输给接收端。发送处理中的 FCS▼由硬件计算，添加到包的最后。设置 FCS 的目的是判断数据包是否被噪声破坏。

▼Frame Check Sequence。

2.5.3 经过数据链路的包

数据包（以下简称包）经过以太网的数据链路时的大致流程如图 2.19 所示。该图对各个包首部做了简化。

图 2.19
各层中包的结构

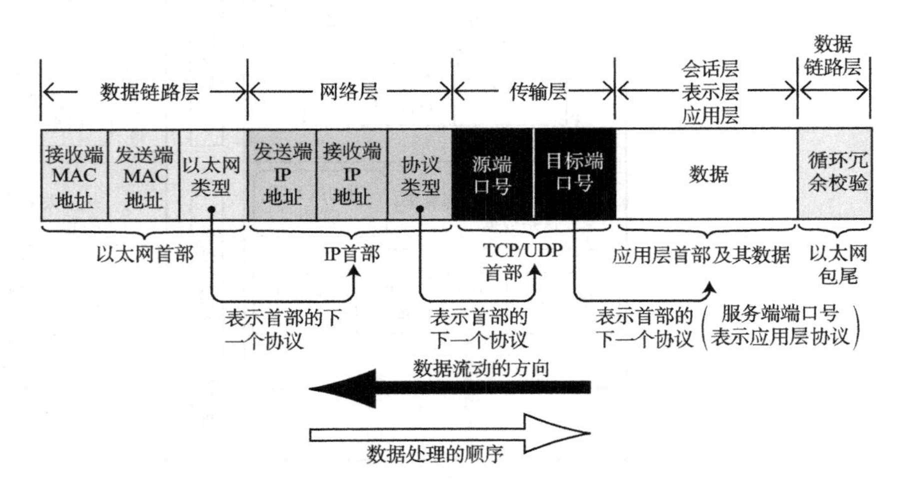

经过数据链路的包，从前往后依次被附加了以太网首部、IP 首部、TCP 首部（或 UDP 首部），这些首部之后是应用层的首部和数据。包的最后附加了以太网包尾▼（Ethernet Trailer）。

▼包首部附加于包的前端，包尾则指附加到包的后端的部分。

每个包首部中至少会包含两项信息：一项是发送端和接收端的地址，另一项是上一层的协议类型。

经过每个协议层时，都必须有识别包收发端或应用程序的信息。以太网会用 MAC 地址，IP 会用 IP 地址，TCP/UDP 则会用端口号。MAC 地址和 IP 地址可以作为识别两端主机的地址，端口号识别的是运行在两端主机上的应用程序。即使是在应用程序中，像电子邮件地址这样的信息也是一种地址标识。这些地址信息在每个包经由各层时，附加到该层协议对应的包首部中。

此外，每层的包首部中还包含一个识别位，它是用来识别协议类型的。例如，以太网的包首部中的以太网类型、IP 中的协议类型及 TCP/UDP 中两个端口号中的服务端端口号等都起着识别协议类型的作用。就是在应用层的首部信息中，有时也会包含一个用来识别其数据类型的标签。

2.5.4 数据包接收处理

数据包的接收流程是发送流程的逆序过程。

⑤ 网络接口（以太网驱动程序）的处理

主机收到以太网包以后，首先从以太网的包首部找到 MAC 地址，判断是否为发给自己的包。如果不是发给自己的包则丢弃这个包▼。

▼很多 NIC 产品可以设置为即使不是发给自己的包也不丢弃这个包。这可以用于监控网络流量。

如果接收到了恰好是发给自己的包，就查找以太网首部中的类型域，从而确定以太网协议所传送过来的数据类型。在这个例子中，数据类型显然是 IP 包，因此再将数据传给处理 IP 的例程▼，如果这时不是 IP 而是如 ARP 的协议，就把数据传给 ARP 处理。另外，如果以太网首部的类型域包含了一个无法识别的协议类型，则丢弃数据。

▼例程是一种执行预设处理的程序。

⑥ IP 模块的处理

IP 模块收到 IP 首部及后面的数据部分以后，也做类似的处理。如果判断得出包首部中的 IP 地址与自己的 IP 地址匹配，则可接收数据并从包首部中查找上一层的协议。如果上一层是 TCP，就将 IP 首部之后的部分传给 TCP 子程序处理；如果上一层是 UDP，则将 IP 首部之后的部分传给 UDP 子程序处理。对于路由器而言，接收端地址往往不是自己的地址，此时，需要借助路由控制表，在调查应该送达的主机或路由器以后再转发数据。

⑦ TCP 模块的处理

在 TCP 模块中，首先计算校验和，判断数据是否被破坏。然后检查是否在按照序号接收数据。最后检查端口号，确定具体的应用程序。

数据接收完毕后，接收端发送一个“确认回执”给发送端。如果回执信息未能到达发送端，那么发送端会认为接收端没有接收到数据而一直反复发送。

数据被完整地接收以后，会传给由端口号识别的应用程序。

⑧ 应用程序的处理

接收端应用程序会直接接收发送端发送的数据。通过解析数据可以获知电子邮件的收件人地址是乙的地址。如果主机 B 上没有乙的邮箱，那么主机 B 返回给发送端“无此收件地址”的信息。

但在这个例子中，主机 B 上恰好有乙的邮箱，所以主机 B 和收件人乙能够收到电子邮件的正文。电子邮件会被保存到主机的硬盘上。如果保存能正常进行，那么接收端会返回一个“处理正常”的回执给发送端。反之，一旦出现磁盘空间不足、电子邮件未能成功保存等问题，接收端就会发送一个“处理异常”的回执给发送端。

由此，用户乙可以利用主机 B 上的邮件客户端，接收并阅读由主机 A 上的用户甲所发送过来的电子邮件——“早上好”。

■ SNS 中的通信示例

SNS（Social Network Service），中文叫社交网络服务，是一种即时共享、即时发布消息给圈内特定联系人的服务。与前面电子邮件通信过程的描述一样，可以分析移动终端发送或接收 SNS 消息的过程。

由于移动电话、智能手机、平板电脑等在进行分组数据的通信，因此在它们装入电池开机的那一刻，已经由通信运营商设定了具体的 IP 地址。

启动移动电话中的应用程序时，会连接指定的服务器，经过用户名、密码验证以后，服务器上积累的信息就会发送到手机终端上，并由该终端显示具体内容，如图 2.20 所示。

图 2.20
社交网络中的 TCP/IP 分层

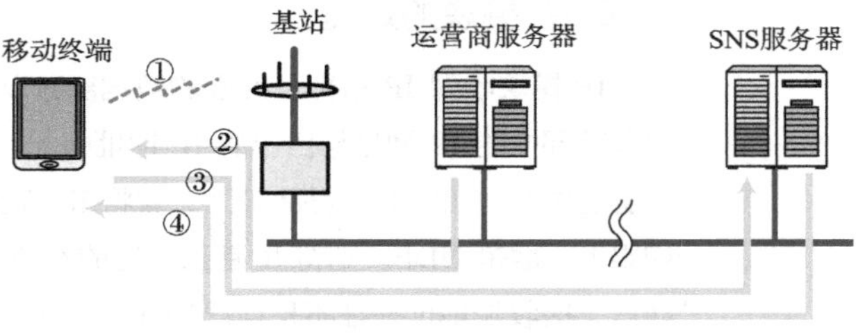

① 终端初始设置。
② 由运营商设定终端的IP地址。
③ 向SNS服务器发送信息进行用户认证。
④ SNS服务器转发数据给终端。

类似地，通过 SNS 轻轻一点就能够运行各种工具、发送文本动画等，这都基于互联网的 TCP/IP 应用。因此，在排查这些应用的问题时，TCP/IP 的知识是必不可少的。

第 3 章 数据链路

本章主要介绍计算机网络最基本的内容——数据链路层。如果没有数据链路层，基于 TCP/IP 的通信就无从谈起。因此，本章将着重介绍 TCP/IP 的数据链路，如以太网、无线 LAN、PPP 等。

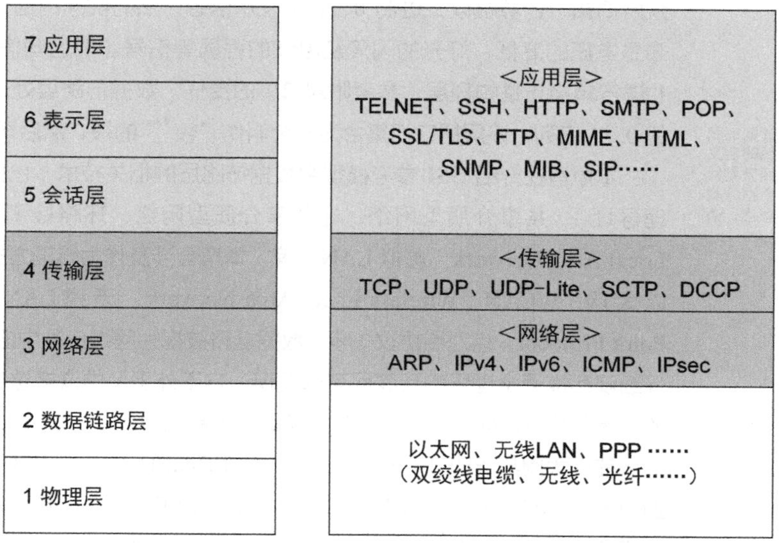

OSI 参考模型	TCP/IP
7 应用层	＜应用层＞ TELNET、SSH、HTTP、SMTP、POP、SSL/TLS、FTP、MIME、HTML、SNMP、MIB、SIP……
6 表示层	
5 会话层	
4 传输层	＜传输层＞ TCP、UDP、UDP-Lite、SCTP、DCCP
3 网络层	＜网络层＞ ARP、IPv4、IPv6、ICMP、IPsec
2 数据链路层	以太网、无线LAN、PPP …… （双绞线电缆、无线、光纤……）
1 物理层	

3.1 数据链路的作用

数据链路指 OSI 参考模型中的数据链路层，有时也指以太网、无线 LAN 等通信手段，如图 3.1 所示。

图 3.1
数据链路

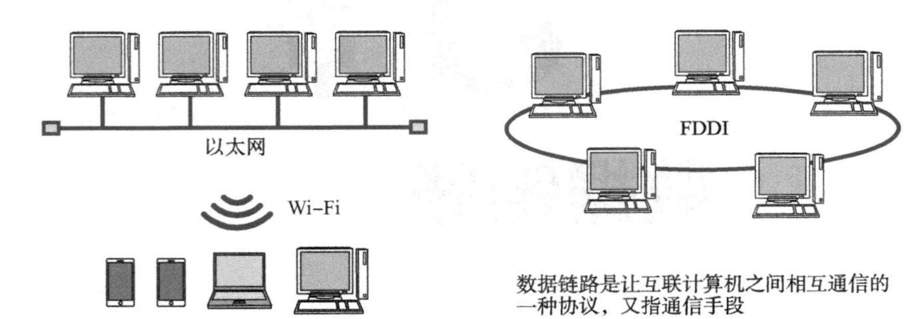
以太网
FDDI
Wi-Fi
数据链路是让互联计算机之间相互通信的一种协议，又指通信手段

TCP/IP 中对于 OSI 参考模型的数据链路层及物理层未作定义。TCP/IP 以这两层的功能是透明的为前提。然而，数据链路的知识对于深入理解 TCP/IP 与网络起着至关重要的作用。

数据链路层的协议定义了通过通信媒介互连的设备之间传输的规范。通信媒介包括双绞线电缆、同轴电缆、光纤、电波及红外线等介质。此外，各个设备之间有时会通过交换机、网桥、中继器等中转数据。

实际上，在各个设备之间传输数据时，数据链路层和物理层都是必不可少的。众所周知，计算机以二进制 0、1 来表示信息，然而实际的通信媒介之间交换的却是电压的高低、灯光的闪灭及电波的强弱等信号。把这些信号与二进制的 0、1 进行转换正是物理层（参考附录 2）的责任。数据链路层处理的数据不是单纯的 0、1 序列，该层把它们集合为一个叫作“帧▼”的块，然后再进行传输。

▼帧（Frame）是数据链路中的术语，与数据包的含义几乎相同。二者的细微差异在于，帧还有用一个框分割连续的比特序列的意思。请参考 2.5.1 节的专栏。

本章旨在介绍 OSI 参考模型中数据链路层的相关技术，包括 MAC 寻址（物理寻址）、共享介质型网络、非共享介质型网络、环路检测、VLAN（Virtual Local Area Network，虚拟 LAN）等。本章会涉及作为传输方式的数据链路，如以太网、WLAN（Wireless Local Area Network，无线 LAN）、PPP（Point to Point Protocol，点对点协议）等。数据链路被视为网络传输中的最小单位。其实，仔细观察连通全世界的互联网可以发现，它不外乎是由众多这样的数据链路组成的，因此又可以称互联网为“数据链路的集合”。

在以太网与 FDDI（Fiber Distributed Data Interface，光纤分布式数据接口）的规范中，不仅包含 OSI 参考模型的第 2 层数据链路层，也规定了第 1 层物理层的规范。而在 ATM（Asynchronous Transfer Mode，异步传输模式）的规范中，还包含了第 3 层网络层的一部分功能。

■ 数据链路的段

数据链路的段是指一个被分割的网络，使用者不同，其含义不尽相同。例如，引入中继器将两条网线相连组成一个网络。

这种情况下有两个数据链路，如图 3.2 所示。

- 从网络层的概念看，它是一个网络（逻辑上）→即，从网络层的观点出发，这两条网线组成一个段；
- 从物理层的概念看，两条网线分别是两个物体（物理上）→即，从物理层的观点出发，一条网线是一个段。

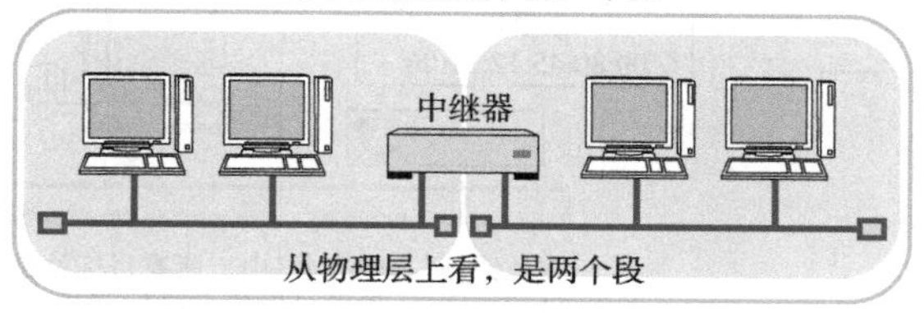

图 3.2
段的范围

■ 网络拓扑

网络的连接和构成的形态称为网络拓扑（Network Topology）。网络拓扑包括总线型、环形、星形、网状形等。拓扑一词不仅用于直观可见的布线方式上，也用于网络在逻辑上的组成结构。两者有时可能会不一致。图 3.3 展示了布线上的拓扑结构。目前，实际的网络是由这些简单的拓扑结构错综复杂地组合而成的。

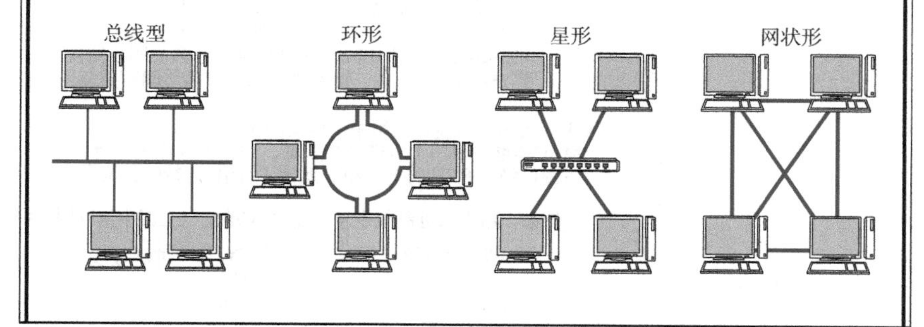

图 3.3
总线型、环形、星形、网状形

3.2 数据链路相关技术

3.2.1 MAC 地址

MAC 地址用于识别数据链路中互连的节点（如图 3.4 所示）。以太网或无线 LAN（IEEE802.11）中，根据 IEEE802.3▼使用 MAC 地址。其他如 FDDI、ATM、蓝牙等设备也用相同规范的 MAC 地址。

▼IEEE 指的是美国电气电子工程师学会，也叫“I triple E”。IEEE802 是制定局域网标准化相关规范的组织，其中 IEEE802.3 是关于以太网（CSMA/CD）的国际规范。

图 3.4 通过 MAC 地址判断目标节点

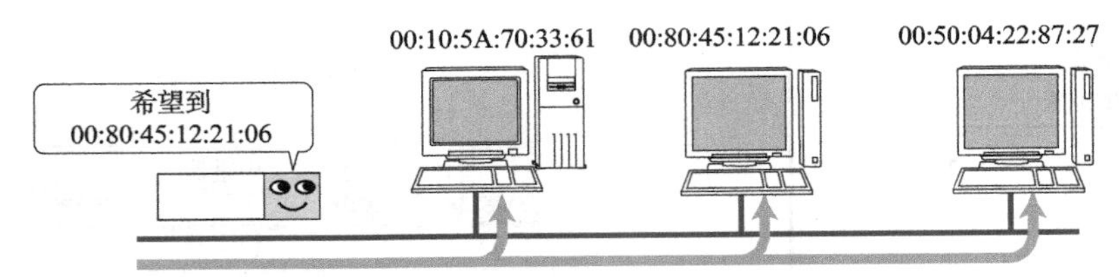

在总线型与环形网络中，所有目标站都会先暂时接收源站发出的帧，然后再通过MAC寻址。如果是发给自己的就接收，不是就丢弃（在令牌环的情况下，依次转发给下一个站）

MAC 地址长 48 比特，结构如图 3.5 所示。对于网卡（NIC）而言，MAC 地址一般会被烧入 ROM 中。因此，任何一个网卡的 MAC 地址都是唯一的，在全世界都不会有重复▼。

▼也有例外，具体请参考下一页第 1 个专栏。

图 3.5 IEEE802.3 的 MAC 地址格式

1 2 3 24 25 48

厂商识别码 厂商内部识别码

第1比特：单播地址（0）/多播地址（1）
第2比特：全局地址（0）/本地地址（1）
第3~24比特：由IEEE管理并保证各厂商之间不重复
第25~48比特：由厂商管理并保证产品之间不重复

* 下图表示比特流在网络中的传输顺序。
MAC地址一般用十六进制数表示，用二进制数表示时，注意各比特流中的位置。
下图已经按照8比特为一组，颠倒了每组8比特的位置▼。

例如，用十六进制数表示多播MAC地址（上图中第1比特为1）

01:00:××:××:××:×× 用二进制数表示

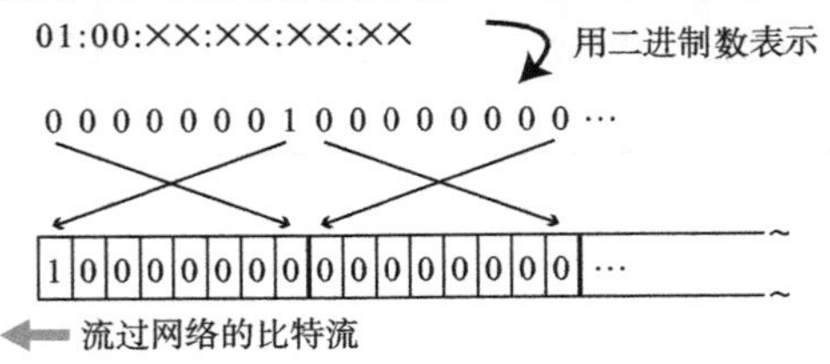

以太网以8位字节为单位读取数据，由于MAC地址是按照从最低位到最高位的顺序组装成比特流的，因此实际流过网络的是所有8位字节都前后颠倒的MAC地址的比特流。

▼以太网在传输/接收时，是先传输/接收“最低位”：每个 8 位字节的最低位在最右侧（图中 0 0 0 0 0 0 0 1 的 1 是最低位），而以太网要求先从最低位（最右侧）开始传输，即 0 <- 0 <- 0 <-0 <- 0 <- 0 <- 0 < -1，但在表示传输顺序时，人们默认传输顺序是从左往右，所以才要颠倒一下。

MAC 地址中 3 ~ 24 比特表示厂商识别码，每家网卡厂商都有唯一的识别码。25 ~ 48 比特是厂商内部为识别每个网卡而使用的。因此，可以保证全世界不会有相同 MAC 地址的网卡。

IEEE802.3 制定 MAC 地址规范时没有限定数据链路的类型，即不论哪种数据链路（以太网、FDDI、ATM、无线 LAN、蓝牙等），都不会有相同的 MAC 地址出现。

■ 例外情况——MAC 地址不一定是唯一的

在全世界，MAC 地址并不总是唯一的。实际上，即使 MAC 地址相同，只要不是同属一个数据链路就不会出现问题。

例如，人们可以在微机板上自由设置 MAC 地址。再例如，一台主机上如果启动多个虚拟机，由于虚拟机没有硬件的网卡，只能通过虚拟机软件为多个虚拟机生成并分配 MAC 地址。不同的虚拟机软件有不同的生成方法，我们需要留意所分配的 MAC 地址在虚拟环境中是否唯一。大多数虚拟机软件能够自动分配 MAC 地址以防止重复。而在虚拟机手动分配固定的 MAC 地址时，就需要我们来确保所指定的 MAC 地址是否唯一了。

但是，无论哪个协议通信设备，设计前提都是同一数据链路中 MAC 地址的唯一性。这也可以说是网络世界的基本准则。

■ 厂商识别码

有一种设备叫网络分析器。它可以分析出局域网中的包是由哪家厂商的网卡发出的。它通过读取数据帧中源 MAC 地址里的厂商识别码进行识别。由于能够迅速定位是哪家厂商的设备发送了异常包，因此这一功能在由多家厂商的设备构成的网络环境中，对于分析问题极为有效。

厂商识别码是由 IEEE 分配的编号，官方的叫法之前是 OUI（Organizationally Unique Identifier），现在改为 MA-L（MAC Address Black Large）。

3.2.2 共享介质型网络

从通信介质的使用方法上看，网络可分为共享介质型和非共享介质型。

共享介质型网络是指多个设备共享一个通信介质的网络。最早的以太网和 FDDI 就是共享介质型网络。在这种情况下，设备之间使用同一个载波信道进行发送和接收。为此，设备基本上采用半双工通信（参考 3.2.3 节后面的详解），并有必要对介质进行访问控制。

共享介质型网络中有两种介质访问控制方式：一种是争用方式，另一种是令牌传递方式。

■ 争用方式

▼某个节点在开始传输前，需要先通过载波监听来检测是否存在来自其他节点的载波信号，由此来判断当前是否有其他节点正在通信。只有当其他节点都没在通信时，该节点才可以开始通信。

▼数据链路中很多情况下称节点为“站”。

争用方式（Contention Mode）是指争夺获取数据传输的权力，也叫 CSMA▼（载波监听多路访问），争用方式的具体工作原理如图 3.6 所示。这种方式通常令网络中的各个站▼采用先到先得的方式占用信道并发送数据，如果多个站同时发送帧，则会产生冲突现象，从而导致网络拥堵与性能下降。

图 3.6
争用方式

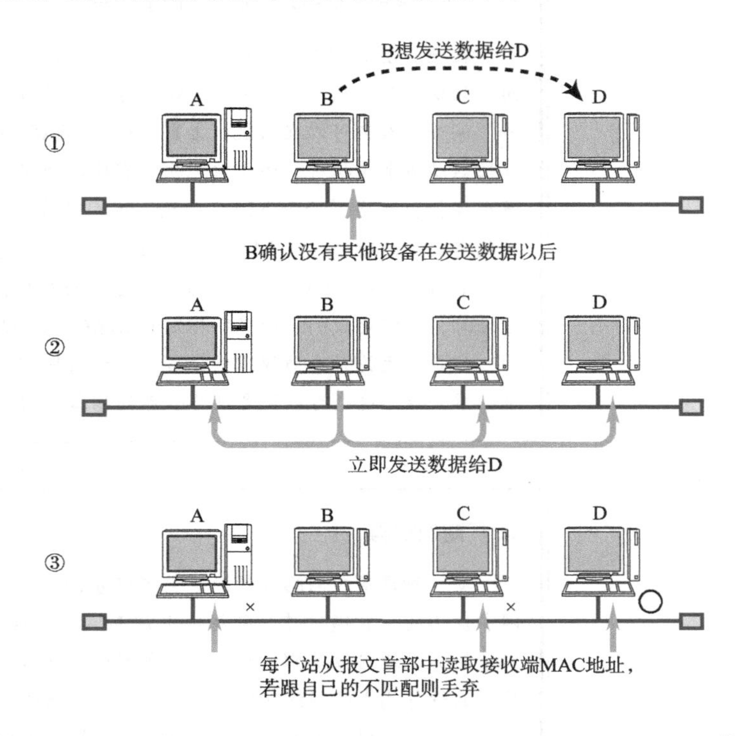

B想发送数据给D
A
B
C
D
①
B确认没有其他设备在发送数据以后
②
立即发送数据给D
③
×
×
每个站从报文首部中读取接收端MAC地址，
若跟自己的不匹配则丢弃

▼Carrier Sense Multiple Access with Collision Detection。

一部分以太网采用了改良 CSMA 的另一种方式——CSMA/CD▼方式。CSMA/CD 要求每个站提前检查是否会发生冲突，一旦发生冲突，则尽早释放信道。具体工作原理如下。

▼实际上会发送一个 32 比特的特别信号，在阻塞报文以后再停止发送。接收端通过发生冲突时帧的 FCS（参考 3.3.4 节），判断出该帧不正确，从而丢弃帧。

- 如果载波信道上没有数据流动，则任何站都可以发送数据。
- 检查是否会发生冲突。一旦发生冲突，放弃发送数据▼，同时立即释放载波信道。
- 放弃发送以后，随机延时一段时间，再重新争用介质，重新发送帧（为了避免因立即重新发送帧而再次引起冲突）。

CSMA/CD 方式的具体工作原理请参考图 3.7。

图 3.7
CSMA/CD 方式

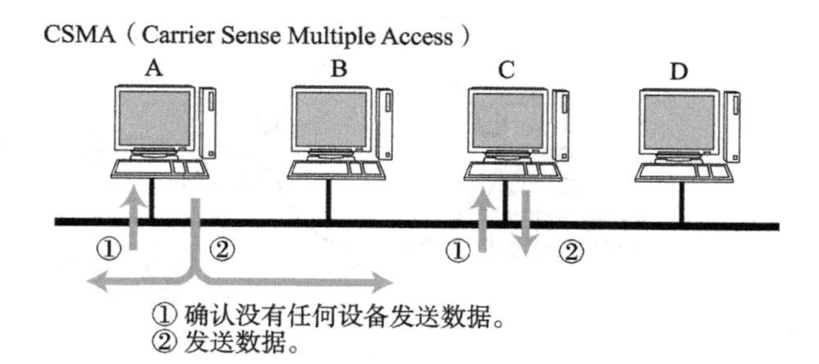

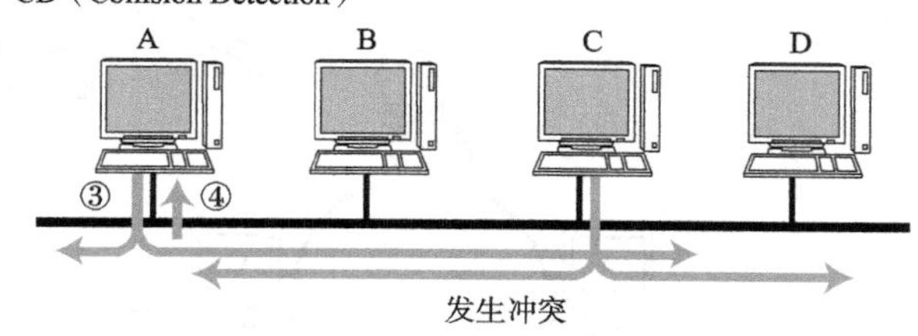

- 直到发送完数据，如果电压一直处于规定范围内，就认为数据已正常发送。
- 发送途中，电压一旦超出规定范围，就认为发生了冲突。
- 发生冲突时先发送一个阻塞报文，然后放弃发送数据帧，最后在随机延时一段时间后进行重发。

* 这种通过电压检查冲突的硬件属于同轴电缆。

■ 令牌传递方式

令牌传递方式是指沿着令牌环发送一种叫作“令牌”的特殊报文，它是控制传输的一种方式，只有获得令牌的站才能发送数据，如图 3.8 所示。这种方式有两个特点：一是不会有冲突，二是每个站都有平等获得令牌的机会。因此，即使网络拥堵也不会导致性能下降。

当然，在这种方式中，一个站在没有收到令牌前不能发送数据帧，因此在网络不太拥堵的情况下，数据链路的利用率达不到 100%。为此，衍生了多种令牌传递技术，例如早期令牌释放、令牌追加▼及多个令牌同时循环等方式。这些方式的目的都是尽可能地提高网络性能。

▼ 不确认接收方的数据是否到达就将令牌发送给下一个站。

图 3.8
令牌传递方式

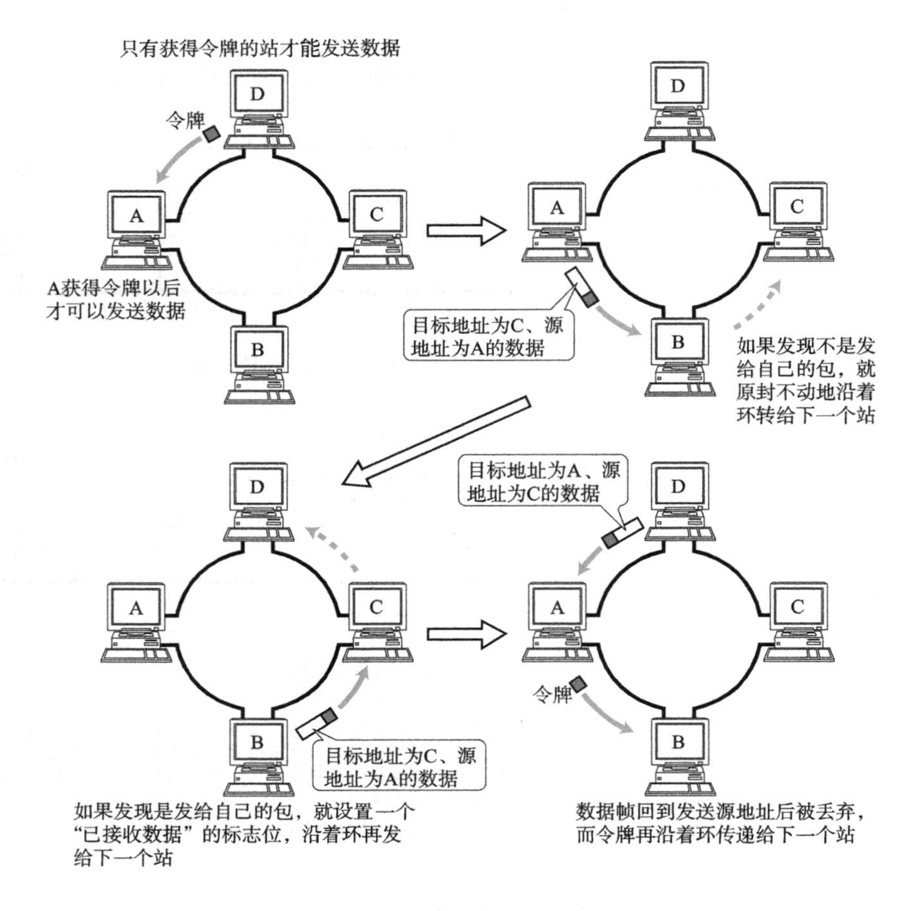
只有获得令牌的站才能发送数据
令牌
D
A
C
B
A获得令牌以后
才可以发送数据
目标地址为C、源
地址为A的数据
如果发现不是发
给自己的包，就
原封不动地沿着
环转给下一个站
目标地址为A、源
地址为C的数据
目标地址为C、源
地址为A的数据
如果发现是发给自己的包，就设置一个
“已接收数据”的标志位，沿着环再发
给下一个站
数据帧回到发送源地址后被丢弃，
而令牌再沿着环传递给下一个站

3.2.3　非共享介质型网络

非共享介质型网络是指不共享介质，对介质采取一种专用的传输控制方式。在这种方式下，网络中的每个站直连交换机，由交换机负责转发数据帧，如图 3.9 所示。在此方式下，网络中的每个站并不共享通信介质，因此很多情况下采用全双工通信方式（具体请参考本节最后的专栏）。

现在广泛使用的以太网普遍采用这种传输控制方式。通过以太网交换机构建网络，从而使计算机与交换机端口之间形成一对一的连接，即可实现全双工通信。在这种一对一连接全双工通信方式下，发送数据帧不会发生冲突，因此不需要 CSMA/CD 的机制就可以实现更高效的通信。

该方式还可以根据交换机的高级特性构建虚拟局域网（VLAN，Virtual LAN）▼、进行流量控制等。当然，这种方式有一个致命的弱点，那就是一旦交换机发生故障，与之相连的所有计算机之间都将无法通信。

▼关于 VLAN 的更多细节，请参考 3.2.6 节。

图 3.9
非共享介质型网络

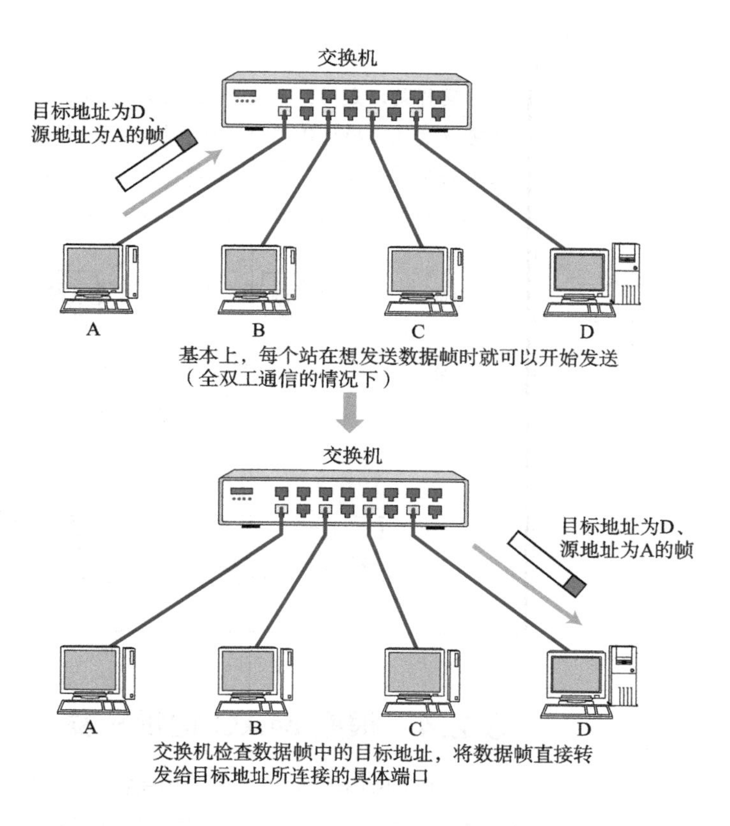
交换机
目标地址为D、
源地址为A的帧
A
B
C
D
基本上，每个站在想发送数据帧时就可以开始发送
（全双工通信的情况下）
交换机
目标地址为D、
源地址为A的帧
A
B
C
D
交换机检查数据帧中的目标地址，将数据帧直接转
发给目标地址所连接的具体端口

■ 半双工通信与全双工通信

半双工通信是指发送和接收不能同时进行的通信方式。它类似于无线电收发器，若双方同时说话，是听不见对方说的话的（如图 3.10 所示）。全双工通信则不同，它允许在同一时间既可以发送数据又可以接收数据。它类似于电话，接打双方可以同时说话（如图 3.11 所示）。

采用 CSMA/CD 方式的以太网，首先要判断是否可以通信，如果可以就独占通信介质并发送数据。它像无线电收发器一样，不能同时接收和发送数据。

图 3.10
半双工通信

无线电收发器
收发数据共享同
一个通信介质
半双工通信
10BASE5
10BASE2

同样是以太网，在使用交换机与双绞线电缆（抑或光纤电缆）的情况下，既可以通过交换机的端口与计算机之间进行一对一的连接，又可以通过相连电缆内部的收发线路▼分别接收数据和发送数据。因此，交换机的端口与计算机之间可以实现同时收发数据，属于全双工通信。

▼一般而言，一根双绞线包着8根（4对）芯线。

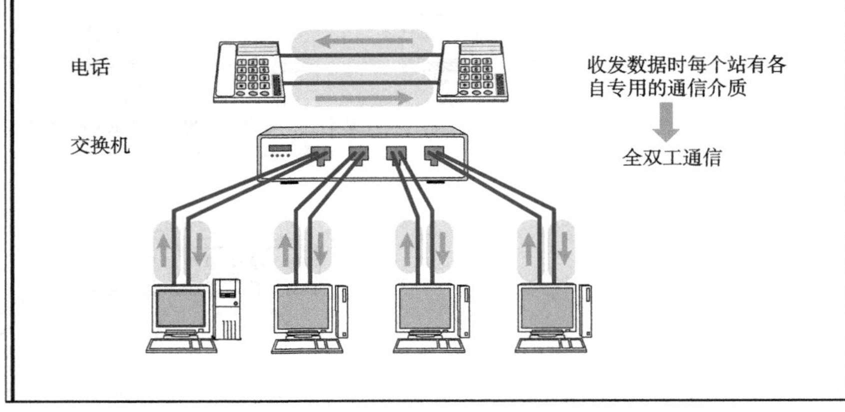
电话
交换机
收发数据时每个站有各自专用的通信介质
全双工通信

图 3.11
全双工通信

3.2.4 根据 MAC 地址转发

在使用同轴电缆的以太网（10BASE5、10BASE2）等共享介质型网络中，同一时间只能有一台主机发送数据。当联网的主机数量增加时，通信性能会明显下降。若将集线器或集中器等设备作为星形连接的中心，就出现了一款新的网络设备——交换集线器。这是一种将非共享介质型网络中所使用的交换机用在以太网中的技术，交换集线器也叫作以太网交换机。

以太网交换机是持有多个端口▼的网桥。数据链路层中的帧要经过以太网交换机才能到达目标主机，根据数据链路层中每个帧的目标 MAC 地址，决定从哪个网络接口发送数据。这时所参考的，用以记录发送接口的表叫作转发表（Forwarding Table）。

▼计算机设备的外部接口称作端口。TCP、UDP 等传输层协议中的“端口”另有其他含义。

这种转发表的内容不需要使用者在每个终端或交换机上手动设置，而是可以自动生成。数据链路层的每个点在接到数据包时，会将源 MAC 地址及接收了数据包的接口作为对应关系记录到转发表中。以某个 MAC 地址作为源地址的包由某一接口接收，实质上可以理解为该 MAC 地址就是该接口的目标。也可以说，以该 MAC 地址作为目标地址的包，经由该接口送出。这一过程也叫自学过程，如图 3.12 所示。

图 3.12
交换机的自学过程

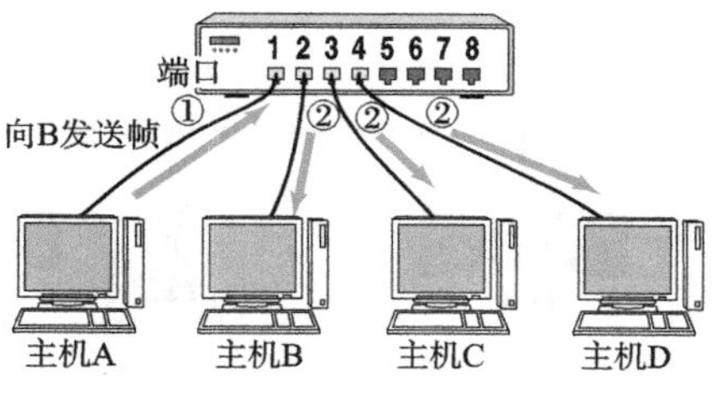

① 从源MAC地址可以获知主机A与端口1相连接。

② 复制那些以“未知”MAC地址为目标的帧给所有的端口。

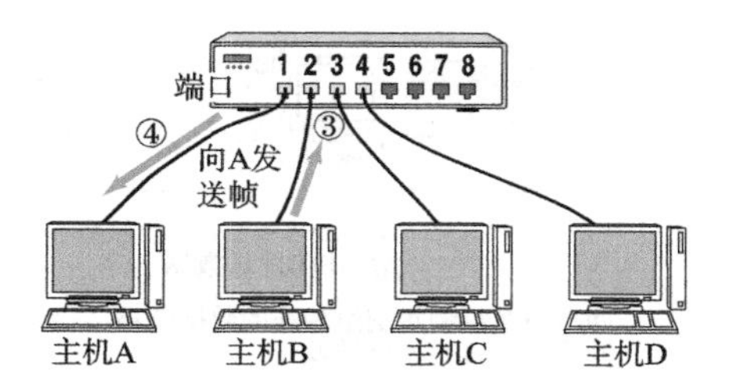

③ 从源MAC地址可以获知主机B与端口2相连接。

④ 由于已经知道主机A与端口1相连接，因此发给主机A的帧只复制给端口1。

以后，主机A与主机B的通信只在它们各自所连接的端口之间进行。

由于 MAC 地址没有层次性▼，因此转发表中的接口数与整个数据链路中所有网络设备的数量有关。当设备数量增加时，转发表会随之变大，检索转发表所用的时间越来越长。当连接多个终端时，有必要将网络分成多个数据链路，采用像网络层的 IP 地址一样对地址进行分层管理。

▼关于地址的层次性，请参考 1.8.2 节。

■ 交换机转发方式

交换机转发方式有两种：一种是存储转发方式，另一种是直通转发方式。

存储转发方式检查以太网数据帧末尾的 FCS▼字段后再进行转发。因此，可以避免发送由于冲突而被破坏的帧或噪声导致的错误帧。

直通转发方式不需要将整个帧全部接收下来以后再进行转发，而只需要得知目标地址即可开始转发。因此，它具有延迟较短的优势，但也不可避免地有发送错误帧的可能性。

▼关于 FCS 的更多细节，请参考 3.3.4 节。

3.2.5 环路检测技术

通过网桥连接网络时，一旦出现环路该如何处理呢？这与网络的拓扑结构和所使用的网桥种类有直接关系。在最坏情况下，数据帧在环路中被一而再再而三地持续转发，如图 3.13 所示。一旦这种数据帧越积越多将会导致网络瘫痪▼。

生成树协议是解决网络中环路问题的方法之一▼。如果使用具有这种功能的网桥，即使构建了一个带有环路的网络，也不会造成严重的问题。只要搭建合适的环路，就能分散网络流量，在某一处链路发生故障时选择绕行，可以提高容灾能力。

▼是指异常的数据帧遍布网络，造成无法正常通信的状态。很多情况下只有关掉网络设备的电源或断开网络才能恢复。

▼此外，人们还发明了源路由法来解决令牌环网络的环路问题。该方法要求计算机在发送数据时指定由哪个网桥来转发数据帧。这样既确保了数据帧能够发送到目标主机，又避免了数据帧被反复转发。不过，该方法现在已不太常用。

图 3.13

网桥搭建带有环路的网络

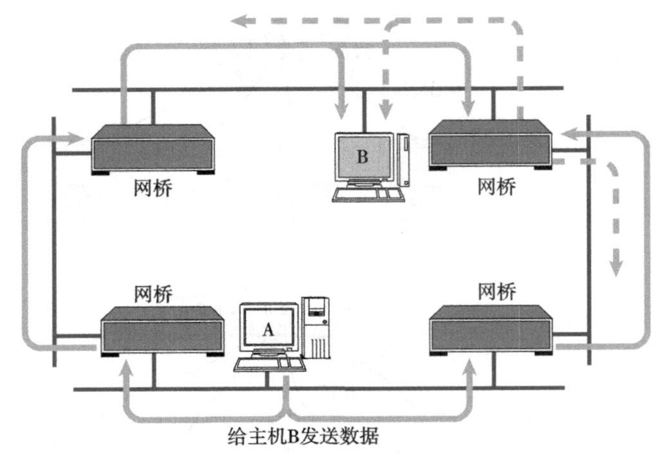

■ 生成树协议

该方法由 IEEE802.1D 定义。网桥必须在 10 秒内交换 BPDU（Bridge Protocol Data Unit）包，从而判断哪些端口使用、哪些端口不使用，以便消除环路。一旦发生故障，自动切换通信线路，利用那些没有被使用的端口继续进行传输，如图 3.14 所示。

该方法最终会创建出一个以某一网桥为树根（Root）的树形结构，并对每个端口设置权重。权重可以由网络管理员适当地设置，指定优先使用哪些端口及发生问题时该使用哪些端口。

生成树协议其实与计算机和路由器的功能没有关系，仅凭借网桥的生成树功能就足以消除环路。

图 3.14

生成树协议

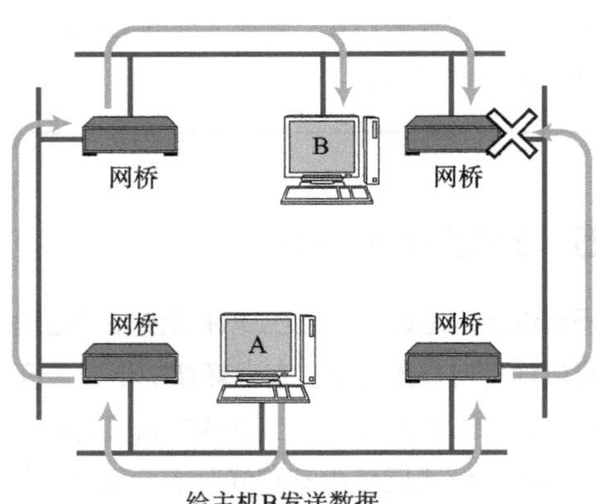

生成树协议通过检查网络的结构，禁止某些端口的使用，从而有效地消除环路。然而，这些端口可以作为发生问题时绕行的端口

IEEE802.1D 中所定义的生成树协议有一个弊端，那就是在发生故障和切换链路时需要几十秒的时间。为了解决用时过长的问题，IEEE802.1W 定义了一个叫 RSTP（Rapid Spanning Tree Protocol）的方法。该方法能将发生问题时的恢复时间缩短到几秒以内。

■ 链路聚合

链路聚合由 IEEE802.1AX 定义，是一种通过在局域网交换机之间建立多条链路来提高容错性和转发速率的机制。生成树协议需要先区分出可用于通信的端口和不可用于通信的端口，然后仅使用可用于通信的端口通信，而链路聚合可以同时使用多个端口通信。

■ LLDP

LLDP（Link Layer Discovery Protocol，链路层发现协议）由 IEEE802.1AB 定义，是一种收集网络设备信息的机制。网络设备通过 LLDP 报文定期向多播 MAC 地址（01:80:C2:00:00:0E）发送自己的主机名、设备信息及端口/接口信息，收集信息的设备通过接收 LLDP 报文即可收集信息。

使用 LLDP 可以轻松查看网络中的设备信息。

3.2.6 VLAN

进行网络管理时，时常会遇到分担网络负载、变换网络设备的位置等情况。有时管理员在做这些操作时，不得不修改网络的拓扑结构，这也就意味着必须进行硬件线路的改造。假设采用带有 VLAN 技术的网桥，就不用实际修改网络布线，只需修改网络的结构即可。VLAN 技术附加到网桥 / 2 层交换机（参考 1.9.4 节）上，就可以切断不同 VLAN 之间的所有通信。因此，相比一般的网桥 / 2 层交换机，VLAN 可以过滤多余的帧，提高网络的承载力。

VLAN 究竟是什么呢？如图 3.15 所示，该交换机按照端口区分了多个网段，从而区分了广播数据传播的范围，减少了网络负载并提高了网络的安全性。然而不同网段之间，需要利用具有路由功能的交换机（如 3 层交换机），或使用路由器连接各网段才能实现通信。

图 3.15
简单的 VLAN

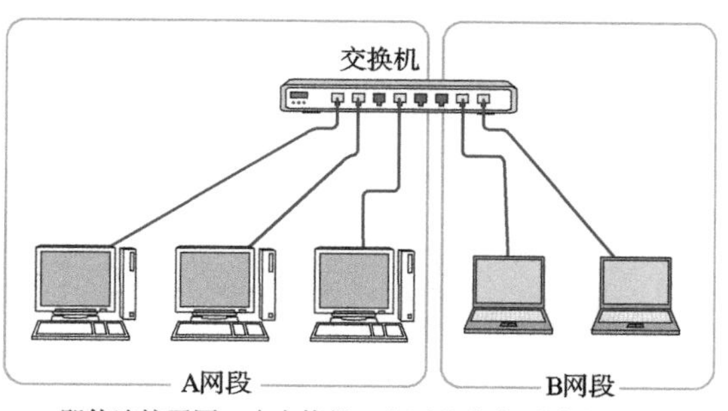

即使连接了同一个交换机，也可以分成不同的网段

定义在 IEEE802.1Q 中的 TAG VLAN 又对上述 VLAN 的功能进行了扩充，支持搭建跨交换机的网段，如图 3.16 所示。TAG VLAN 对每个网段都用一个 VLAN ID 标签进行唯一标识。在交换机之间传输帧时，在以太网首部加入这个 VLAN ID 标签，根据这个值决定将数据帧发送给哪个网段。各个交换机之间流动的数据帧的格式请参考图 3.21 中的帧格式。

图 3.16
跨交换机的 VLAN

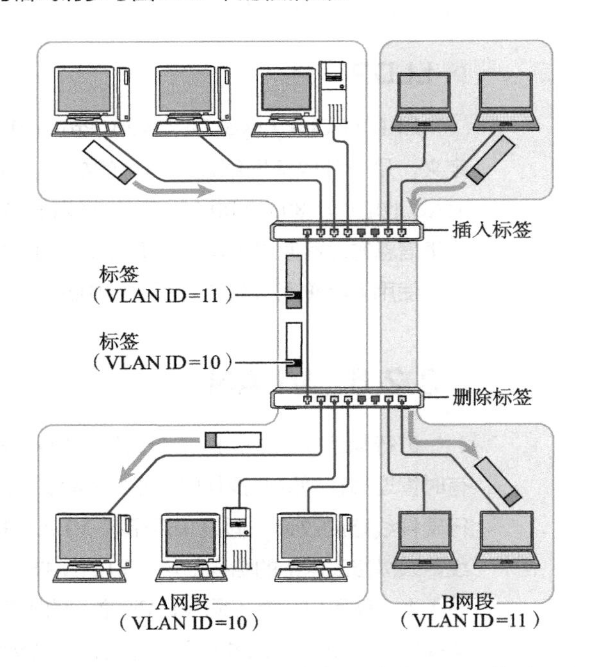

随着 VLAN 技术的应用，不必再重新修改布线，只要修改网段即可。当然，有时物理网络结构与逻辑网络结构可能会出现不一致的情况，导致不易管理。为此，应该加强对网段构成及网络运行等的管理。

3.3 以太网

▼以太网（Ethernet）一词源于 Ether（以太），译为介质。在爱因斯坦提出光量子论之前，人们认为宇宙空间充满以太，并以波的形式传送着光。

在众多数据链路中，最著名、使用最广泛的莫过于以太网（Ethernet）▼。它的规范简单，易于 NIC（网卡）及驱动程序实现。因此，在局域网普及初期，以太网网卡相对其他网卡，价格比较低廉。这促进了以太网自身的普及。从最初的 10Mbit/s、1Gbit/s、10Gbit/s 到后来的 100Gbit/s、400Gbit/s，以太网已经能够支持高速网络。现在，以太网已经成为最具兼容性与未来发展性的一种数据链路。

以太网最早是由美国的 Xerox 公司与前 DEC 公司设计的一种通信方式，当时命名为 Ethernet，之后由 IEEE802.3 委员会将其规范化。但是这两者之间对以太网帧格式的定义有所不同。因此，IEEE802. 3 所规范的以太网有时被称为 802.3 以太网▼。

▼反之，一般的以太网有时被叫作 DIX 以太网。DIX 由 DEC、Intel 和 Xerox 的首字母组成。

3.3.1 以太网连接形式

在以太网普及之初，一般采用多个终端使用同一根同轴电缆的共享介质型▼连接方式，如图 3.17 所示。

▼关于共享介质型的更多细节，请参考 3.2.2 节。

图 3.17 初期以太网结构举例

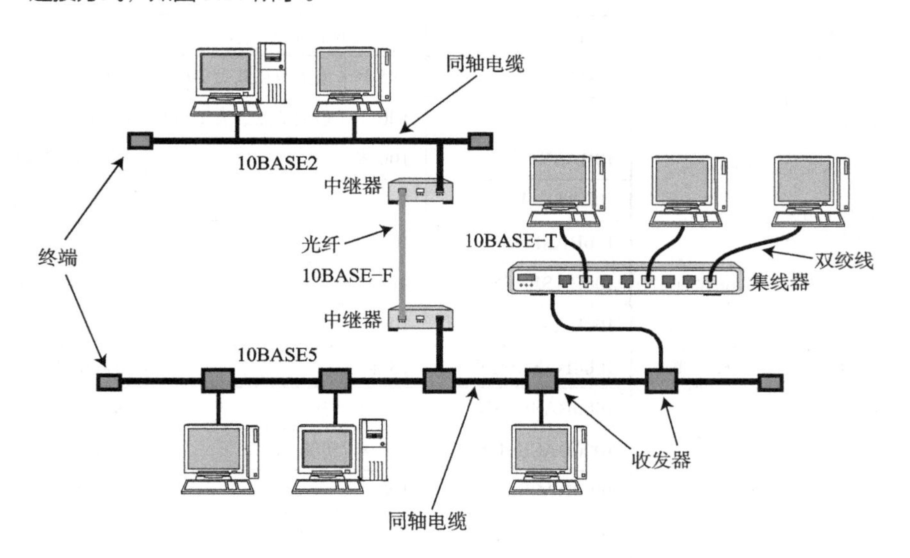

现在，随着互连设备的处理能力及传输速率的提高，一般采用终端与交换机之间独占电缆的方式实现以太网通信，如图 3.18 所示。

图 3.18

现代以太网结构举例

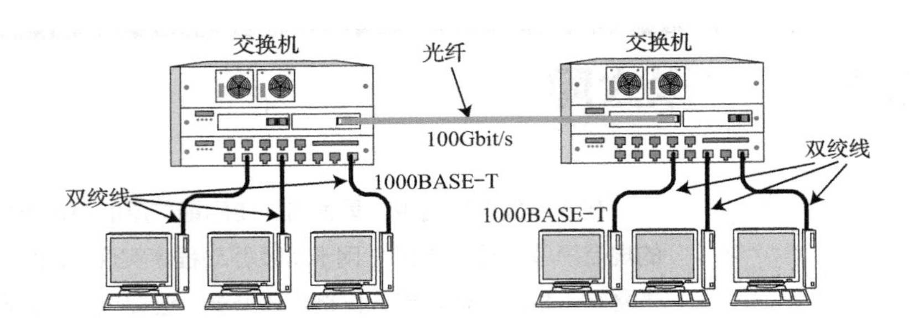

3.3.2 以太网的分类

以太网因通信线路及通信速率的差异，衍生出了众多类型，如表 3.1 所示。

10BASE 中的“10”、100BASE 中的“100”、1000BASE 中的“1000”及 10GBASE 中的“10G”分别指 10Mbit/s、100Mbit/s、1Gbit/s 及 10Gbit/s 的传输速率。附加于后面的“5”“2”“T”“F”等字符表示的是传输介质。传输速率相同而传输介质不同的电缆，可以利用能够转换传输介质的中继器或集线器相连。而在传输速率不同的情况下，则必须采用那些允许变更速率的设备，如网桥、交换集线器或路由器，来连接传输电缆。

表 3.1

以太网种类及其特点

以太网种类▼	电缆最大长度	电缆种类
10BASE2	185 米（最大节点数为 30）	同轴电缆
10BASE5	500 米（最大节点数为 100）	同轴电缆
10BASE-T	100 米	双绞线（UTP▼-CAT▼3-5）
10BASE-F	1000 米	多模光纤（MMF▼）
100BASE-TX	100 米	双绞线（UTP-CAT5/STP▼）
100BASE-FX	412 米	多模光纤（MMF）
100BASE-T4	100 米	双绞线（UTP-CAT3-5）
1000BASE-CX	25 米	屏蔽铜线
1000BASE-SX	220 米 /550 米	多模光纤（MMF）
1000BASE-LX	550 米 /5000 米	多模光纤 / 单模光纤（MMF/SMF▼）
1000BASE-T	100 米	双绞线（UTP-CAT5/5e）
10GBASE-SR	26 米 ~300 米	多模光纤（MMF）
10GBASE-LR	10 千米	单模光纤（SMF）
10GBASE-ER	30 千米 /40 千米	单模光纤（SMF）
10GBASE-T	100 米	双绞线（UTP/FTP▼CAT6a）
100GBASE-SR10	100 米	多模光纤（MMF）
100GBASE-LR4	10 千米	多模光纤（SMF）
100GBASE-ER4	40 千米	多模光纤（SMF）
100GBASE-SR4	100 米	多模光纤（MMF）

▼除了表中列出的若干种类型，可能还会用到 40GBASE、25GBASE、50GBASE 这几种类型的以太网。

▼Unshielded Twisted Pair，非屏蔽双绞线。

▼Category 的简写，TIA/EIA（Telecommunication Industry Association/Electronic Industries Alliance，美国电信工业协会 / 美国电子工业协会）制定的双绞线规格。CAT 值越大，表明传输速率越高。

▼Multi-Mode Fiber，多模光纤。

▼Shielded Twisted Pair，屏蔽双绞线。

▼Single-Mode Fiber，单模光纤。

▼Foil Twisted Pair，铝箔双绞线。

■ 单位词头在传输速率与计算机内部上的差异

计算机内部采用二进制，因此以 2^{10} 表示最接近于 1000，以此作为单词词头。于是有如下等式。

- 1K = 1024
- 1M = 1024K
- 1G = 1024M

在以太网中，时钟频率决定传输速率。请不要混淆以下等式与上面的等式。

- 1K = 1000
- 1M = 1000K
- 1G = 1000M

3.3.3 以太网的历史

最早出现的以太网规范是采用同轴电缆的总线型 10BASE5。之后，出现了使用细同轴电缆的 10BASE2（thin 以太网）、双绞线 10BASE-T（双绞线以太网）、高速 100BASE-TX（高速以太网）、1000BASE-T（千兆以太网）、万兆以太网，以及十万兆以太网等众多以太网。

起初以太网的访问控制一般采用 CSMA/CD▼方式。CSMA/CD 曾几乎作为以太网的代名词，主要用来解决冲突检查的问题。然而，这时的 CSMA/CD 也成为以太网高速化的主要瓶颈。即使出现了 100Mbit/s 的 FDDI，以太网仍然滞留在 10Mbit/s 的速率上，以至于人们一度认为要想获取更高速的网络，只能放弃以太网而另寻他路。

▼与 CSMA 或 CSMA/CD 相关的更多细节，请参考 3.2.2 节的争用方式。

这种状况并没有持续太久，随着 ATM 交换技术▼的进步和 CAT5 UTP▼电缆的普及很快就被打破。以太网的结构也发生了变化，逐渐采用像非共享介质型网络那样直接与交换机连接的方式。于是，冲突检查不再是必要措施，网络变得更高速。实际上，从不支持半双工通信方式的万兆以太网开始就没有采用 CSMA/CD 方式。另外，没有交换机的半双工通信方式及使用同轴电缆的总线型连接方式渐渐退出舞台，使用范围在逐渐减小。

▼ATM 将固定长度的信元通过交换机快速传送。具体请参考 3.6.1 节。

▼100BASE-TX 在满足快速通信的同时，采用价格低廉的 CAT5 非屏蔽双绞线（UTP）。

由于不会产生冲突，因此早先人们所认为的，那些在网络拥堵的情况下性能下降得都不如 FDDI 的观点逐渐淡化。而且在同等性能的情况下，以太网简单的结构与低廉的成本是 FDDI 所不能及的。难怪有人认为，随着以太网的迅速发展（从 100Mbit/s、1Gbit/s、10Gbit/s 到 100Gbit/s），可以说已经“没必要再研究其他有线 LAN 技术”了。

前面提及多种以太网类型。不论哪种类型的以太网，它们都有一个共性：由 IEEE802.3 的分会（Ethernet Working Group）进行标准化。

■ IEEE802

IEEE（The Institute of Electrical and Electronics Engineers，美国电气电子工程师学会）委员会对不同的工作小组制定了各种局域网技术标准。以下是 IEEE802 委员会的构成。因于 1980 年 2 月启动局域网国际标准化项目，所以命名为 802。

IEEE802.1	Higher Layer LAN Protocols Working Group
IEEE802.2	Logical Link Control Working Group
IEEE802.3	Ethernet Working Group（CSMA/CD） 10BASE5/10BASE2/10BASE-T/10Broad36 100BASE-TX/1000BASE-T/10Gbit/s Ethernet
IEEE802.4	Token Bus Working Group（MAP/TOP）
IEEE802.5	Token Ring Working Group（4Mbit/s/16Mbit/s）
IEEE802.6	Metropolitan Area Network Working Group（MAN）
IEEE802.7	Broadband TAG
IEEE802.8	Fiber Optic TAG
IEEE802.9	Isochronous LAN Working Group
IEEE802.10	Security Working Group
IEEE802.11	Wireless LAN Working Group
IEEE802.12	Demand Priority Working Group（100VG-AnyLAN）
IEEE802.14	Cable Modem Working Group
IEEE802.15	Wireless Personal Area Network（WPAN）Working Group
IEEE802.16	Broadband Wireless Access Working Group
IEEE802.17	Resilient Pactet Ring Working Group
IEEE802.18	Radio Regulatory TAG
IEEE802.19	Coexistence TAG
IEEE802.20	Mobile Broadband Wireless Access
IEEE802.21	Media Independent Handoff
IEEE802.22	Wireless Regional Area Networks

3.3.4 以太网帧格式

以太网帧前端有一个叫作前同步码（Preamble）的部分，它由 0、1 数字交替组合而成，表示一个以太网帧的开始，也是对端网卡能够确保与其同步的标志。如图 3.19 所示，前同步码末尾是一个叫作 SFD（Start Frame Delimiter）的字段，该字段的最后两比特是“11”。在这个字段之后就是以太网帧的本体（如图 3.20 所示）。前同步码占 8 字节▼。

▼ 8 位字节（octet）包含 8 比特，与人们平常说的字节（Byte）类似。关于它的更多细节，请参考后面的内容。

图 3.19
以太网帧的前同步码

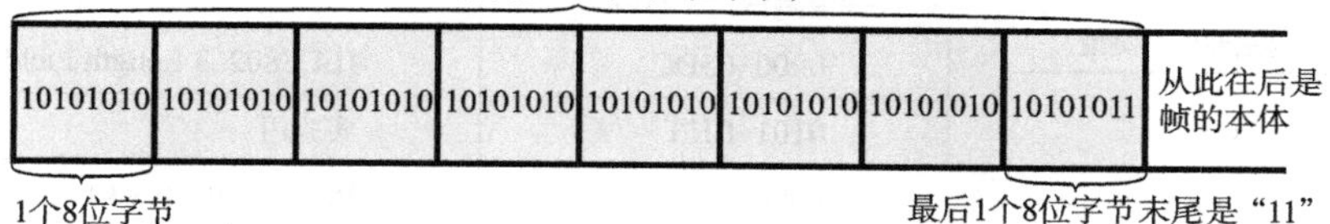

以太网帧本体的前端是以太网的首部。它总共占 14 字节，分别是 6 字节的目标 MAC 地址、6 字节的源 MAC 地址及 2 字节的上层协议类型。

> ■ 比特（位）、字节、8 位字节
>
> • 比特（位）
>
> 二进制中最小的单位。每比特（位）的值要么是 0，要么是 1。
>
> • 字节
>
> 通常 8 比特构成 1 字节。本书以 8 比特作为 1 字节来处理。然而在某些特殊的计算机中，1 字节有时包含 6 比特、7 比特或 9 比特。
>
> • 8 位字节
>
> 8 比特也被称为 8 位字节。只有强调 1 字节中包含 8 比特时才会使用这种叫法。

图 3.20
以太网帧的本体

以太网帧格式

目标MAC地址（6字节）	源MAC地址（6字节）	协议类型（2字节）	数据（46~1500字节）	FCS（4字节）

IEEE802.3以太网帧格式

目标MAC地址（6字节）	源MAC地址（6字节）	帧长度（2字节）	LLC（3字节）	SNAP（5字节）	数据（38~1492字节）	FCS（4字节）

紧随以太网首部后面的是数据。一个以太网帧所能容纳的数据范围是 46 ~ 1500 字节▼。帧尾是叫作 FCS（Frame Check Sequence，帧检验序列）的 4 字节的字段。

▼巨型帧（Jumbo Frame），标准以太网帧的最大长度为 1518 个 8 位字节，超过此大小的帧称为巨型帧。使用它时需要通信线路中的所有设备都支持大小相同的巨型帧。巨型帧适用于在高速线路中发送和接收大量数据，这是因为相较于标准以太网帧，在单次传输的数据量有所增加的同时，巨型帧减少了以太网首部的处理次数。使用时通常要将 MTU（最大传输单元）从 1500 字节调整为 9000 字节。

目标 MAC 地址中存放了目标站的物理地址。源 MAC 地址中存放构造以太网帧的发送端的物理地址。

协议类型字段中存放的是协议编号，该编号表示数据部分包含的是哪种协议的数据，即以太网的再上一层网络协议的类型。在这个字段的后面，则是该协议类型所标识的协议首部及其数据。关于主要的协议类型请参考表 3.2。

表 3.2
以太网主要协议类型

类型编号（十六进制）	协 议
0000-05DC	IEEE802 .3 Length Field（01500）
0101-01FF	实验用
0800	Internet IP（IPv4）▼
0806	Address Resolution Protocol（ARP）
8035	Reverse Address Resolution Protocol（RARP）
805B	VMTP（Versatile Message Transaction Protocol）
809B	AppleTalk（EtherTalk）
80F3	AppleTalk Address Resolution Protocol（AARP）
8100	IEEE802 .1Q Customer VLAN
8137	IPX（Novell NetWare）
814C	SNMP over Ethernet
8191	NetBIOS/NetBEUI
817D	XTP
86DD	IP version 6（IPv6）▼
8847-8848	MPLS（Multi-Protocol Label Switching）
8863	PPPoE Discovery Stage
8864	PPPoE Session Stage
8892	PROFINET
88A4	EtherCAT
8866	Link Layer Discovery Protocol（LLDP）
9000	Loopback（Configuration Test Protocol）

▼术语 IPoE（IP over Ethernet），特别是在涉及使用广域网线路搭建的网络时，指的是使用以太网传输 IP 包（IPv4 数据包或 IPv6 数据包）的技术。如果需要强调使用以太网来传输 IPv6 数据包，则可以使用术语 IPv6 IPoE（请参考 3.5.4 节的专栏）。IPoE 与 PPPoE 是经常对举出现的一对术语（请参考 3.5.4 节）。

本书中所涉及的协议类型有 IP 0800、ARP 0806、RARP 8035 及 IPv6 86DD。协议类型字段的列表可从 IEEE 的网站获取。

帧尾处的 FCS▼字段用于检查帧有没有损坏。在通信传输过程中，如果出现电子噪声的干扰，可能会导致乱码位的出现。因此，通过检查 FCS 字段的值，可以将那些受到噪声干扰的错误帧丢弃。

▼ Frame Check Sequence。

FCS 中保存着整个帧除以特定的比特序列的余数▼。在接收端用同样的方式计算，如果得到的 FCS 值相同，就判定所接收的帧没有差错▼。

▼在计算比特序列的余数时，可以用异或运算替代减法运算。

▼FCS 具有较强的检错能力，能够检测出大量突发错误。

IEEE802.3 以太网与一般的以太网在帧的首部上稍有区别。一般的以太网帧中表示协议类型的字段，在 IEEE802.3 以太网帧中却表示帧的长度。此外，数据部分的前端还有 LLC 字段和 SNAP 字段。标识上一层协议类型的字段就出现在 SNAP 中。SNAP 中指定的协议类型与一般以太网协议类型的意思基本相同。

在 3.2.6 节中介绍的 VLAN 中，帧的格式会有所变化，如图 3.21 所示。

图 3.21
VLAN 中的以太网帧格式

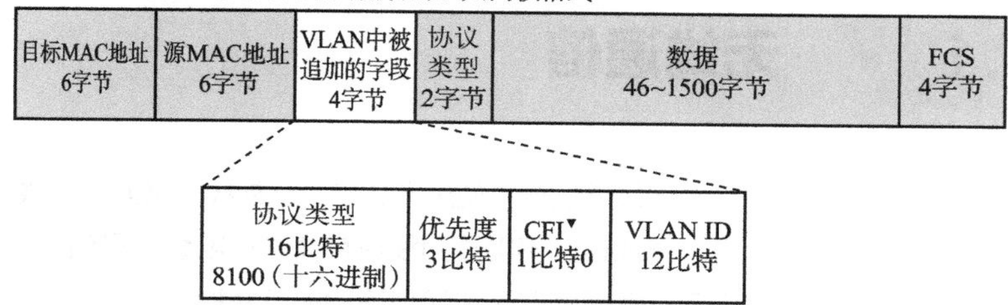

▼Canonical Form Indicator，标准格式指示位。当进行源路由时，它的值为 1。

■ 数据链路层分为两层

如果再进一步细分，可以将数据链路层分为介质访问控制层▼和逻辑链路控制层▼。

▼介质访问控制层简称 MAC（Media Access Control）层。

▼逻辑链路控制层简称 LLC（Logical Link Control）层。

介质访问控制层根据以太网、FDDI 等不同数据链路所特有的首部信息进行控制。与之相比，逻辑链路控制层则根据以太网、FDDI 等不同数据链路所共有的帧头信息进行控制。

IEEE802.3 以太网的帧格式中附加的 LLC 和 SNAP（由 IEEE802.2 制定）就是逻辑链路控制层的首部信息，LLC/SNAP 的格式如图 3.22 所示。从表 3.2 可以看出，当协议类型字段的值为 01500（05DC）时，表示 IEEE802.3 以太网的长度。此时，即使参考协议类型对照表也无法确定上层协议的类型。在 IEEE802.3 以太网中，紧随以太网首部的 LLC/SNAP 字段中包含了上层协议类型信息。因此只有找到 SNAP 以后才能判断上层协议的类型。

图 3.22
LLC/SNAP 格式

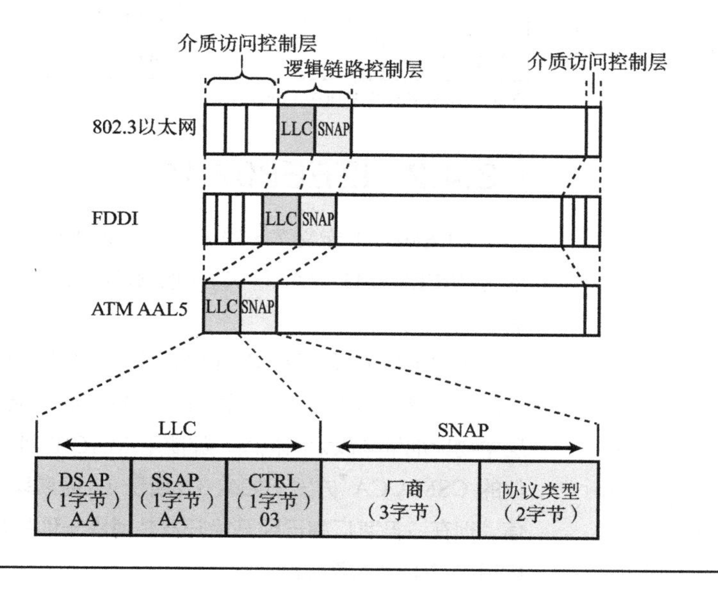

3.4 无线通信

无线通信通常使用电磁波、红外线、激光等方式进行数据传播。

无线通信不需要网线或其他可见电缆。早期无线通信主要用于轻量级的移动设备。然而随着无线通信速率的不断提升，以及无线通信本身能够降低布线成本的优势，它很快在办公室、家庭、店铺、车站及机场等环境中被广泛使用。

▼Personal Area Network。

▼Local Area Network，无线LAN的覆盖范围相当于有线LAN（如整个办公室）且拥有较快的数据传输速率。

▼Metropolitan Area Network。

▼Regional Area Network。

▼Wide Area Network。

3.4.1 无线通信的种类

依据通信距离，无线通信可分为表3.3所列出的类型。IEEE802委员会制定了无线PAN▼（802.15）、无线LAN▼（802.11）、无线MAN▼（802.16和802.20）及无线RAN▼（802. 22）等无线标准。无线WAN▼的典型代表是手机通信。手机通过基站能够实现长距离通信。

表3.3
无线通信分类及其性质

分　类	通信距离	标准化组织	相关技术
短距离无线	数米	个别组织	RF-ID
无线PAN	10米左右	IEEE802.15	蓝牙
无线LAN	100米左右	IEEE802.11	Wi-Fi
无线MAN	数千米~100千米	IEEE802.16、IEEE802.20	WiMAX
无线RAN	200千米~700千米	IEEE802.22	—
无线WAN	—	3GPP▼	3G、LTE、4G、5G

※通信距离因设备不同而有所不同。

▼3GPP是一个标准的项目，该项目定义了3G移动电话（3G）系统、LTE、4G和5G的规范。参与者包括美国的ATIS、欧洲的ETSI、日本的ARB和TTC、韩国的TTA、中国的CCSA及印度的TSDSI。

3.4.2 IEEE802.11

IEEE802.11定义了无线LAN协议中物理层与数据链路层的一部分（MAC层）。IEEE802.11这个编号有时指众多标准的统称，有时指无线LAN的一种通信方式。

IEEE802.11是所有IEEE802.11相关标准的基础，其中定义的数据链路层的一部分（MAC层）适用于IEEE802.11的所有其他标准（如表3.4所示）。MAC层中物理地址与以太网相同，都使用MAC地址，MAC层使用与CSMA/CD相似的CSMA/CA▼方式（如表3.5所示），通常采用无线基站并通过该基站实现通信。现在，各家厂商已经开始开发并销售一种具有网桥功能（能够连接以太网与IEEE802.11）的基站设备。

▼Carrier Sense Multiple Access with Collision Avoidance。

作为一种通信方式，IEEE802.11在物理层上使用电磁波或红外线，通信速率为1 Mbit/s或2Mbit/s。然而，通信速率在后续制定的IEEE802.11b/g/a/n等标准中逐渐被打破，以至于现在基本不再使用。

表 3.4
IEEE802.11

标准名称	概 要
802.11	IEEE Standard for Wireless LAN Medium Access Control（MAC）and Physical Layer（PHY）Specifications
802.11a	Higher Speed PHY Extension in the 5GHz Band
802.11b	Higher Speed PHY Extension in the 2.4GHz Band
802.11e	MAC Enhancements for Quality of Service
802.11g	Further Higher Data Rate Extension in the 2.4GHz Band
802.11i	MAC Security Enhancements
802.11j	4.9GHz-5GHz Operation in Japan
802.11k	Radio Resource Measurement of Wireless LANs
802.11n	High Throughput
802.11p	Wireless Access in the Vehicular Environment
802.11r	Fast Roaming Fast Handoff
802.11s	Mesh Networking
802.11t	Wireless Performance Prediction
802.11u	Wireless Interworking With External Networks
802.11v	Wireless Network Management
802.11w	Protected Management Frame
802.11ac	Very High Throughput < 6GHz
802.11ad	Very High Throughput 60GHz
802.11ah	Sub-1GHz license exempt operation（e.g., sensor network, smart metering）
802.11ai	Fast Initial Link Setup
802.11ax	High Efficiency WLAN
802.11ba	Wake Up Radio
802.11bb	Light Communications

表 3.5
IEEE802.11 比较

传输层		TCP/UDP 等					
网络层		IP 等					
数据链路层	LLC 层	802.2 逻辑链路控制					
	MAC 层	802.11 MAC CSMA/CA					
物理层	方式	802.11a	802.11b	802.11g	802.11n	802.11ac	802.11ax
	最大速率	54Mbit/s	11Mbit/s	54Mbit/s	600Mbit/s	1.3Gbit/s（波 1）6.9Gbit/s（波 1）	9.6Gbit/s
	频段	5GHz	2.4GHz	2.4GHz	2.4GHz/5GHz	5GHz	2.4GHz/5GHz
	带宽	20MHz	26MHz	20MHz	20MHz、40MHz	20MHz、40MHz、80MHz、160MHz	20MHz、40MHz、80MHz、160MHz

※ 802.11ax 的数据是 2019 年 9 月的推算值。

■ CSMA/CA

无线 LAN 只能使用有限的频段，这意味着无线 LAN 是一种共享介质型网络，网络中的多个终端需要共享相同的频段通信（如图 3.23 所示）。IEEE802.11 使用了一种叫作 CSMA/CA（Carrier Sense Multiple Access with Collision Avoidance，带冲突避免的载波感应多路访问）的访问控制机制来避免冲突。该方法类似于以太网中使用的 CSMA/CD，相同点在于也是通过载波来判断当前是否处于适合发送数据的状态（称为空闲状态），不同点在于 CSMA/CA 在每次开始发送数据前还要随机等待一段时间（称为退避）。

图 3.23
无线 LAN 的连接

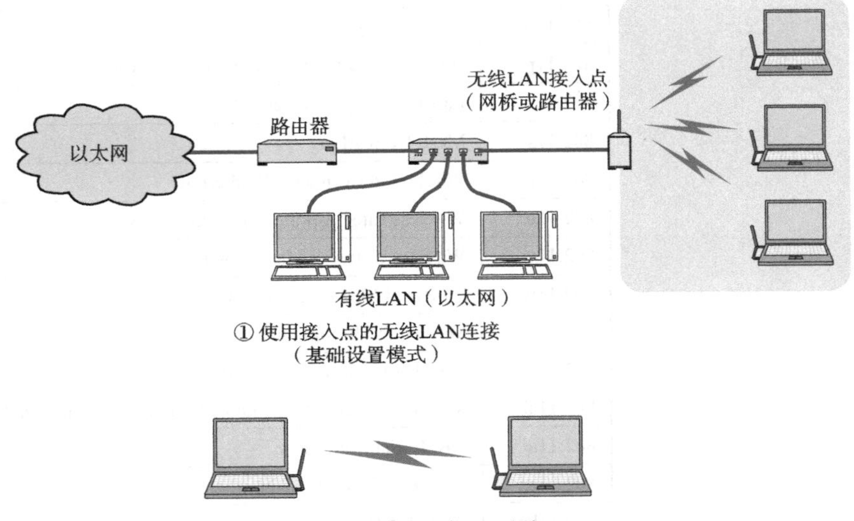

3.4.3 IEEE802.11b 和 IEEE802.11g

IEEE802.11b 和 IEEE802.11g 是 2.4GHz 频段▼中的无线 LAN 标准。它们的最大传输速率分别可以达到 11Mbit/s（IEEE802.11b）和 54Mbit/s（IEEE802.11g），通信距离可达到 30 ~ 50 米。它们与 IEEE802.11 相似，在介质访问控制层使用 CSMA/CA 方式，通常以基站作为中介进行通信。

▼2400~2497MHz。

3.4.4 IEEE802.11a

IEEE802.11a 是在物理层利用 5GHz 频段▼，最大传输速率可以达到 54Mbit/s 的一种无线通信标准。虽然它与 IEEE802.11b/g 存在一定的兼容性问题，但是市面上已经有支持这两方面的基站产品。再加上它不使用 2.4GHz 频段（微波炉使用的频段），因此不易受干扰。

▼5150~5250MHz。

3.4.5 IEEE802.11n

▼ Multiple-Input Multiple-Output，多输入多输出。

IEEE802.11n 是在 IEEE802.11g 和 IEEE802.11a 的基础上，采用 MIMO▼技术，实现高速无线通信的一种标准。在物理层使用 2.4GHz 频段或 5GHz 频段。

在使用 5GHz 频段的情况下，若能不受其他 2.4GHz 频段系统（802.11b/g 或蓝牙等）的干扰，该标准使用两倍于 IEEE802.11a/b/g 的带宽（40MHz）并捆绑 4 个流，可提供高达 600Mbit/s 的最大传输速率。

3.4.6 IEEE802.11ac

▼ Multi-User Multiple-Input Multiple-Output，多用户多输入多输出。

相较于 IEEE802.11n，IEEE802.11ac 大幅增加了所使用的带宽（强制 80MHz，也可选择 160MHz），实现了千兆吞吐量。在物理层上，IEEE802.11ac 使用的是 5GHz 频段，而不是 2.4GHz 频段。此外，该标准还分为 Wave1（第一代）和 Wave2（第二代），并借助 MU-MIMO▼技术（MIMO 技术的升级版）进一步提升了传输速率。

3.4.7 IEEE802.11ax（Wi-Fi 6）

IEEE802.11ax 标准由 IEEE802.11 委员会制定完成。Wi-Fi 联盟将该标准命名为 Wi-Fi 6。

以往的技术演进以提高传输速率为目标，而 IEEE802.11ax 的目标是在连接多终端的高密度环境中进一步提高频段的利用率，通过提升每个接入终端的平均吞吐量来提升整体性能。

▼QAM（Quadrature Amplitude Modulation），正交调幅。

该标准在物理层使用 2.4GHz 频段或 5GHz 频段，为了提升传输速率，调制方式可使用 1024 正交调幅▼。为了实现高效的频段分配，该标准支持用于移动电话（LTE）领域的 OFDMA（Orthogonal Frequency Division Multiple Access，正交频分多址）技术。

为了支持多终端同时连接，IEEE802.11ax 在 MU-MIMO 方面从 4 条数据流扩展到 8 条数据流，而且上行链路和下行链路都支持 MU-MIMO 传输。

通过这些技术，即使在高密度环境中，IEEE802.11ax 也可以实现高达 9.6Gbit/s 的传输速率和较高的平均吞吐量。

■ Wi-Fi

Wi-Fi 是 Wi-Fi 联盟（Wi-Fi Alliance）为普及 IEEE802.11 的各种标准而打造的一个品牌。

Wi-Fi 联盟向 Wi-Fi 设备厂商提供 IEEE802.11 产品的兼容性测试，并对合格的产品颁发 Wi-Fi Certified 认证。因此，带有 Wi-Fi 标志的无线 LAN 设备意味着该产品已经通过兼容性测试并通过认证。

与音响中 Hi-Fi（High Fidelity：高保真、高重现）这个词类似，Wi-Fi（Wireless Fidelity）指高质量的无线 LAN。

3.4.8 使用无线 LAN 时的注意事项

无线 LAN 允许使用者自由地移动位置、自由地放置设备，通过无线电波实现较广范围的通信。这也意味着，在其通信范围内，任何人都可以使用该无线 LAN，在其中传输的数据有被窃取或篡改的危险。

在无线 LAN 的标准中，为了防止数据被窃取或篡改，可以对传输数据进行加密处理。然而，对于某些规范标准来说，互联网上到处散布着解码的工具，导致其弱点暴露无遗。因此，目前正在普及 WPA2 安全标准，该标准采用了基于 AES 的加密协议。而安全功能进一步提升的 WPA3 安全标准预计会在未来得到普及。除了数据的加密，应该对使用无线 LAN 的设备进行访问控制，这样有利于构建更安全的网络环境。

此外，无线 LAN 可以无须牌照使用特定频段。因此，无线 LAN 的无线电波可能会受到其他通信设备的干扰，导致信号不稳定。例如，在一台微波炉附近使用一个 2.4GHz 频段的 IEEE802.11b/g 设备就需要注意。微波炉启动后放射出来的无线电波的频率与设备频率相近，产生的干扰可能会显著地降低设备的传输能力。

■ WPA2 和 WPA3

WPA2 标准扩展自作为 Wi-Fi 联盟的 WPA（Wi-Fi Protected Access，Wi-Fi 保护接入）标准，并实现了 IEEE802.11i 中的强制部分▼。该标准采用基于 AES 的加密协议，现已广泛普及。

▼IEEE802.11i 标准定义了 IEEE802.1X 的安全标准。WPA2 类似于 IEEE802.11i，虽然二者是完全不同的标准，但在一定条件下可以互换。

WPA3 标准进一步加强了 WPA2 的安全功能。面向家庭和小型企业的 WPA3-Personal 标准利用 SAE（Simultaneous Authentication of Equals）方法实现了牢靠的基于密码的认证机制。此外，WPA3-Enterprise 标准还为大型企业提供 192 位的安全模式，进一步增强了安全性。

3.4.9 WiMAX

WiMAX（Worldwide Interoperability for Microware Access）是使用微波在企业或家庭实现无线通信的一种方式。它与 DSL 或 FTTH 一样，是实现无线网

络关键步骤▼的一种方式。

▼也常被形容为"最后一千米"。表示家庭或企业接入互联网时连接运营商网络的最后一段。

WiMAX 属于无线 MAN，支持城域网范围内的无线通信。WiMAX 由 IEEE802.16 标准化。此外，移动终端由 IEEE802.16e（Mobile WiMAX）标准化。

WiMAX 由 WiMAX Forum（WiMAX 论坛）命名。该论坛除了标准化方面的工作，还对厂商设备之间的兼容性及服务连通性进行检查。

3.4.10 蓝牙

蓝牙与 IEEE802.11b/g 类似，是使用 2.4GHz 频段无线电波的一种标准▼。数据传输速率在 V2 中能达到 3Mbit/s（实际最大吞吐量为 2.1Mbit/s）。通信距离根据无线电波信号的强弱，有 1 米、10 米、100 米这 3 种类型。通信终端最多允许连接 8 台设备▼。

▼当 IEEE802.11b/g 等设备与蓝牙设备一起使用时，无线电波信号削减有可能导致通信性能的下降。

▼其中 1 台为主节点，其他 1~7 台为受管节点。这种网络也叫作 piconet，即微微网。

如果说 IEEE802.11 是针对笔记本计算机这样较大的计算机设备的标准，那么蓝牙则是为智能手机、键盘、鼠标等较小的设备而设计的标准。

Bluetooth 4.0 提出了蓝牙低功耗（BLE，Bluetooth Low Energy）技术，旨在降低蓝牙设备的功耗和成本，该技术已广泛用于 10T 设备。

3.4.11 ZigBee

ZigBee 主要应用于家电的远程控制[①]，是一种短距离、低功耗的无线通信技术。它最多允许 65 536 个终端之间互联通信。ZigBee 的传输速率随所使用的频率有所变化。但在日本，使用 2.4GHz 频段的设备最高可达 250Kbit/s[②]。

3.4.12 LPWA

LPWA（Low Power Wide Area）并没有明确的定义，通常将像物联网那样单次传输的数据量不大，但可以以较低的功耗实现远距离数据通信的通信网络称为 LPWA。

LPWA 有多种标准，这些标准大致可以分为两类：一类不需要无线许可，另一类需要无线许可。

■ LoRaWAN

LoRaWAN 是一个开放标准，其规范由标准化组织 LoRa 联盟发布。该标准使用 920MHz 频段，传输的数据长度为 11 字节，可实现长达 10 千米的远距离数据通信。该标准允许自行搭建网络，通过 LoRaWAN 网关与 LoRaWAN 设备通信。

① 实际上，工业控制、商业、公共场所、农业控制、医疗等领域的远程控制也在广泛使用 ZigBee。——译者注

② 在我国同样最高可达 250Kbit/s。——译者注

■ Sigfox

Sigfox 是由法国 Sigfox 公司开发的私有标准。该标准使用 920MHz 频段，传输的数据长度为 12 字节，可实现长达 10 千米的远距离数据通信。与 LoRaWAN 标准最大的不同在于，该标准不允许自行搭建网络，用户只有与 Sigfox 服务商签约，才能使用 Sigfox 网络。

■ NB-IoT

NB-IoT 是一种利用手机移动通信技术（LTE）实现的 LPWA。3GPP 在发布于 2016 年的 Release 13 中明确了 NB-IoT 的规范。NB-IoT 的通信速率为上行 62Kbit/s，下行 21Kbit/s，属于低速半双工通信。由于使用了 LTE，因此用户需要先与移动电话运营商签约，才能使用 NB-IoT 的服务。

3.5 PPP

3.5.1 PPP 的定义

PPP（Point-to-Point Protocol）是指点对点协议，即一对一连接计算机的协议，如图 3.24 所示。PPP 属于 OSI 参考模型的第 2 层，即数据链路层的协议。

PPP 不像以太网和 FDDI 等数据链路，后两者不仅与 OSI 参考模型的数据链路层有关，还与第 1 层的物理层有关。具体来讲，以太网使用同轴电缆或双绞线电缆，还定义了使用何种电子信号表示帧中的 0 和 1。与之相比，PPP 属于纯粹的数据链路层协议，与物理层没有任何关系。换句话说，仅有 PPP 无法实现通信，还需要有物理层的支持。

图 3.24
PPP

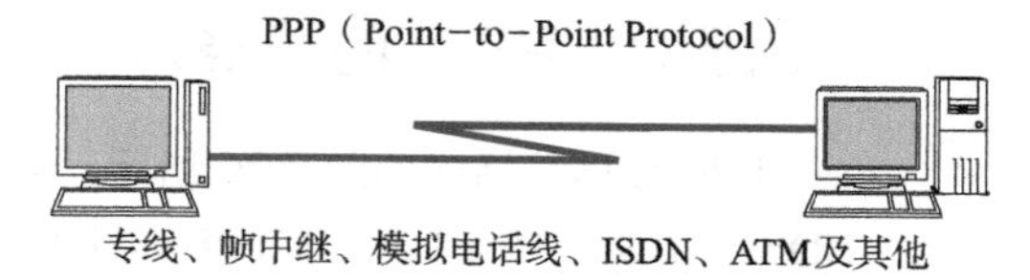

PPP 可以使用电话线、ISDN、专线、ATM 线路。此外，近些年人们更多使用 ADSL 或有线电视通过 PPPoE（PPP over Ethernet）实现互联网接入。PPPoE 是在以太网的数据中加入 PPP 帧进行传输的一种方式。

3.5.2 LCP 与 NCP

在开始进行数据传输前，要先建立一个 PPP 连接▼，如图 3.25 所示。当这个连接建立以后就可以进行身份认证、压缩与加密。

▼在使用电话线的情况下，首先要保证电话线物理层面的连接，然后才能在它之上建立 PPP 连接。

在 PPP 的主要功能中包括两个协议：一个是不依赖上层的 LCP（Link Control Protocol），另一个是依赖上层的 NCP（Network Control Protocol）。如果上层为 IP，此时的 NCP 也叫作 IPCP（IP Control Protocol）。

图 3.25
建立 PPP 连接

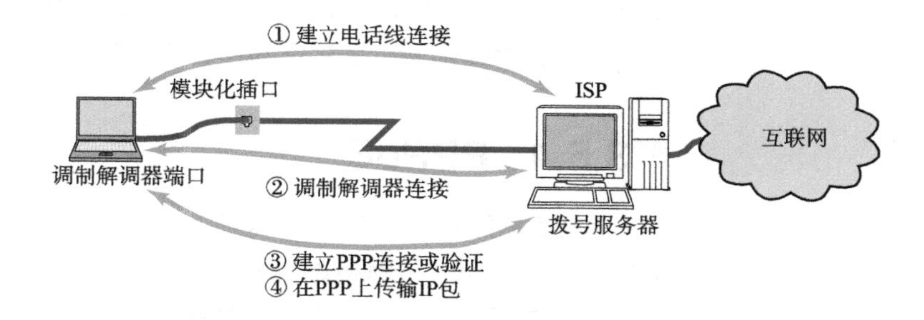

LCP 主要负责建立连接、断开连接、设置最大接收单元（MRU，Maximum Receive Unit）、设置验证协议（PAP 或 CHAP）及设置是否进行通信质量的监控。

▼设备之间的这种交换也叫协商（Negotiation）。

IPCP 则负责设置 IP 地址及在设备之间交换是否需要压缩 TCP/IP 首部等信息▼。

▼通过 ISP 接入互联网时，一般不验证 ISP 端。

通过 PPP 连接时，通常需要验证用户名和密码，并且对通信两端进行双方向的验证▼。验证协议有两种，分别为 PAP（Password Authentication Protocol）和 CHAP（Challenge Handshake Authentication Protocol）。

PAP 在 PPP 连接建立时，通过两次握手验证用户名和密码，其中密码以明文方式传输。因此，它一般用于安全要求并不是很高的环境，否则会有窃听或盗用连接的危险。

CHAP 使用 OTP（One Time Password，一次性密码），可以有效防止窃听。此外，在建立连接后还可以进行定期的密码交换，用来检验对端是否中途被替换。

3.5.3 PPP 的帧格式

▼High Level Data Link Control，高级数据链路控制。

PPP 数据帧格式如图 3.26 所示，其中标志码用来区分每个帧。这一点与 HDLC▼协议非常相似，因为 PPP 本身就是基于 HDLC 制定出来的一种协议。

HDLC 在每个帧的前端和后端附加一个 8 位字节“01111110”用来区分帧。这一个 8 位字节叫作标志码。在两个标志码中间的数据部分不允许出现连续 6 个以上的“1”。因此，发送端在发送帧时，当出现连续 5 个“1”时，后面必须插入一个 0。当接收端在接收帧时，如果收到连续 5 个“1”且后面跟着的是 0，就必须删除这个 0。由于最多出现 5 个连续的“1”，就比较容易通过标志码区分帧的起始与终止。PPP 标准帧格式与此完全相同。

图 3.26
PPP 数据帧格式

PPP数据帧格式（按照标准设定）

标志 1字节 (01111110)	地址 1字节 (11111111)	控制 1字节 (00000011)	类型 2字节	数据0～1500字节	FCS 4字节	标志 1字节 (01111110)

另外，在通过计算机进行拨号时，PPP 已经在软件中实现。因此，那些插入或删除“0”的操作及 FCS 计算都交由计算机的 CPU 去处理。这也是人们常说 PPP 这种方式会给计算机带来大量负荷的原因所在。

3.5.4 PPPoE

有些互联网接入服务商在以太网上利用 PPPoE（PPP over Ethernet）提供 PPP 功能，PPPoE 数据帧格式如图 3.27 所示。

在这种互联网接入服务中，通信线路由以太网模拟。由于以太网越来越普及，再加上它的网络设备与相应的 NIC 价格比较便宜，因此 ISP 能够提供一种单价更低的互联网接入服务。

单纯的以太网没有验证功能，也不能进行建立连接和断开连接的处理，因此无法按时计费。而如果采用 PPPoE 管理以太网连接，就可以利用 PPP 的验证等功能使各家 ISP 可以有效地管理终端用户。

图 3.27
PPPoE 数据帧格式

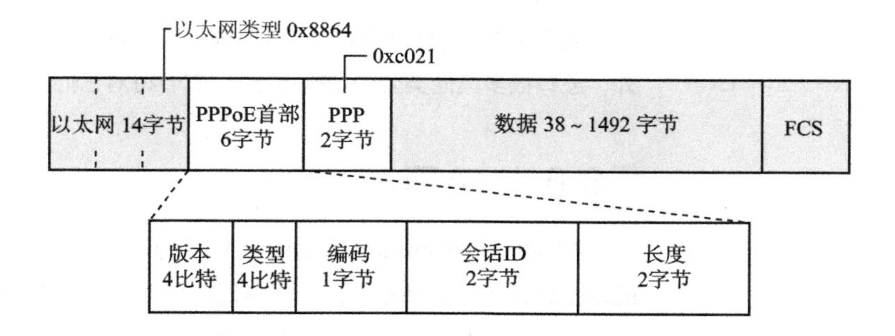

■ IPv6 IPoE

IPv6 IPoE 是利用 NTT 的 NGN 网络（以下简称 NGN 网络），提供 IPv6 互联网连接服务的一种机制。

NGN 网络是使用 IPv6 的封闭网络。在 NGN 网络中，由称为 VNE（Virtual Network Enabler）的运营商提供 IPv6 互联网接入服务，用户利用 IPv6 IPoE 通过 VNE 网络连接到 IPv6 互联网。

NGN 网络根据 VNE 为用户分配的 IPv6 前缀识别出作为通信源头的 VNE。

3.6 其他数据链路

到此为止，我们已经介绍过以太网、无线通信及 PPP 等数据链路。除此之外，还有很多其他类型的数据链路▼。本节将对它们做一些简单介绍。

▼其中很多类型可能已经不再使用。

3.6.1 ATM

ATM（Asynchronous Transfer Mode）是以信元（5 字节首部加 48 字节数据）的单位进行传输的数据链路，其线路占用时间短、能够高效传输大量数据，主要用于广域网的连接。ITU▼和 ATM 论坛负责对 ATM 进行标准化。

▼International Telecommunication Union，国际电信联盟。

■ ATM 的特点

ATM 是面向有连接的一种数据链路。因此在进行通信传输之前，一定要设置通信线路。这一点与传统电话相似。使用传统电话进行通话时，需要事先向交换机发出一个信令要求，建立交换机与通话对端的连接▼。而 ATM 又与传统电话不同，它允许同时与多个对端建立通信连接（如图 3.28 所示）。

▼ATM 中把它叫作 SVC（Switching Virtual Circuit，交换虚拟电路）。另外，也有使用固定线路的方式，叫作 PVC（Permanent Virtual Circuit，永久虚拟电路）。

ATM 中没有类似以太网和 FDDI 那种发送权限的限制。它允许在任何时候发送任何数据。因此，当大量计算机同时发送大量数据时，容易引发网络拥堵甚至使网络进入收敛状态▼。为了防止这一现象的发生，ATM 中增加了精细地调节带宽的功能。

▼收敛状态指当网络非常拥堵时，路由器或交换机无法完成包的处理，从而丢弃这些包的一种状态。

图 3.28
ATM 网络

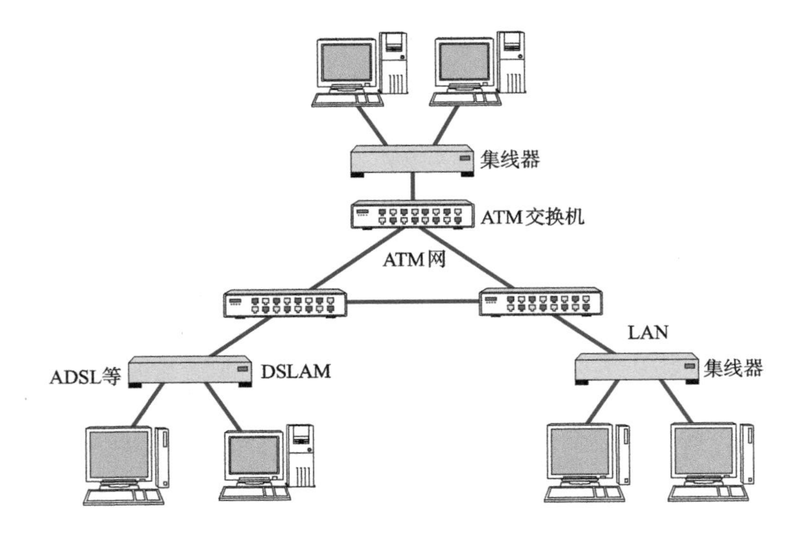

▼时分复用模式。

▼实际上它采用 TDM 方式的 SONET（Synchronous Optical Network）或 SDH（Synchronous Digital Hierarchy）的线路。

▼在 VPI 所标识的通信线路中，用 VCI 识别多条通信线路。

▼网络开销是指在通信传输中，除了发送实际要发送的数据，还需要附加一些控制信息所耗的带宽开销及处理这些信息所耗的时间开销。

■ 同步与异步

以多个通信设备通过一条电缆相连的情况为例（如图 3.29 所示）。这样连接的设备叫作 TDM▼。TDM 通常在两端 TDM 设备之间进行同步，按照特定的时间将每个帧分成若干个时隙，按照顺序发送给目标地址。这一过程与装配零件的车间作业非常相似。例如，在汽车零件装配工厂，传送带上传送着各种颜色的汽车。工人或自动化设备根据汽车的颜色将特定的零件附加到相应的车身上。在这里，每个颜色的汽车叫作插槽，相当于 TDM 中的时隙。即使某辆汽车的车身缺少某些零件，如果颜色不同就无法将零件安装上去。在 TDM 中也是如此，不论是否还有要发送的数据，时隙会一直被占用，从而可能会出现很多空闲的时隙。因此，这种方式的线路利用率比较低。

ATM 扩展了 TDM，有效地提高了线路的利用率▼。ATM 在 TDM 的时隙中放入数据，并非按照线路的顺序而是按照数据到达的顺序放入。然而，按照这样的顺序存放的数据在接收端并不易辨认通信类型。为此，发送端需要附加一个 5 字节的包首部，包含 VPI（Virtual Path Identifier）、VCI（Virtual Channel Identifier）等识别码▼，用来标识具体的通信类型。VPI 与 VCI 的值只在直连通信的两个 ATM 交换机之间设置，在其他交换机之间意思完全不同。

ATM 中信元传输所占用的时隙不固定，一个帧所占用的时隙数也不固定，而且时隙之间并不要求连续。这些特点可以有效减少空闲时隙，从而提高线路的利用率。只不过需要额外附加 5 字节的首部，增加了网络开销▼，因此在一定程度上降低了通信速率。也就是说，在 155Mbit/s 的线路上，由于 TDM 和 ATM 的网络开销，实际的网络吞吐只能到 135Mbit/s。

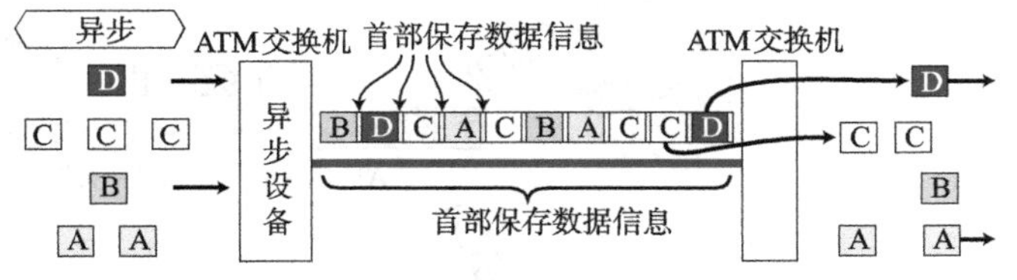

图 3.29
同步与异步

■ ATM 与上层协议

在以太网中，一个帧最大可传输 1500 字节，FDDI 最大可传输 4352 字节。而 ATM 的一个信元只能发送固定的 48 字节数据。这 48 字节数据若部分包含 IP 首部和 TCP 首部，则基本无法存放上层的数据。为此，一般不会单独使用 ATM，而是和上层的 AAL（ATM Adapter Layer）一起使用▼。在上层为 IP 的情况下，AAL 叫作 AAL5。如图 3.30 所示，每个 IP 包被附加各层的协议首部以后，最多被分为 192 个信元发送出去。

▼从 ATM 的角度来说，是上一层，但对 IP 来说是下一层。

图 3.30
数据包的 ATM 信元封装

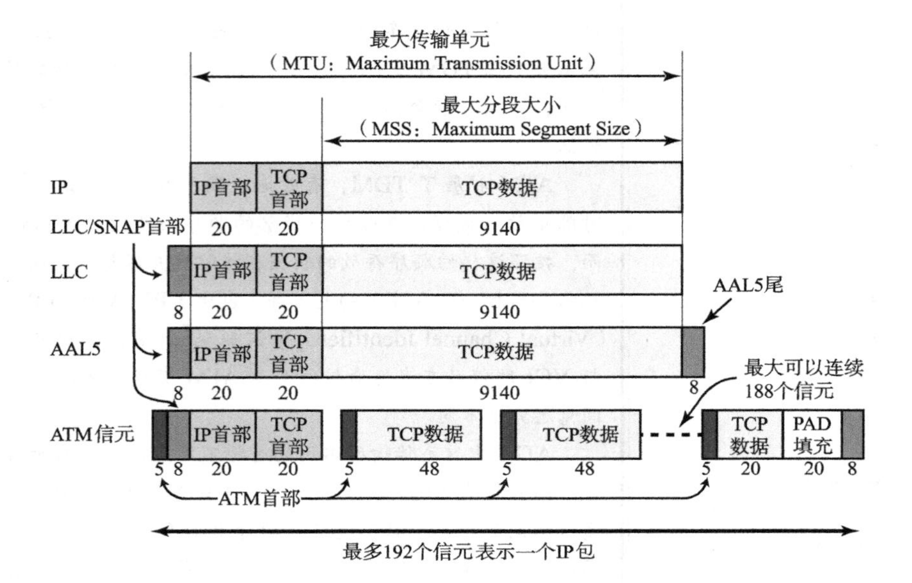

从图 3.30 中可以看出，在 192 个信元中只要有一个丢失，整个 IP 包就相当于被损坏。此时，AAL5 的帧检查位报错，导致接收端不得不丢弃所有的信元。ATM 中 IP 包的发送如图 3.31 所示。前面曾提到 TCP 在数据包发生异常时可以实现重发，因此在 ATM 网络中，即使只有一个信元丢失，也要重新发送 192 个信元。这也是 ATM 到目前为止的最大弊端。一旦在网络拥堵的情况下，只要丢掉

图 3.31
ATM 中 IP 包的发送

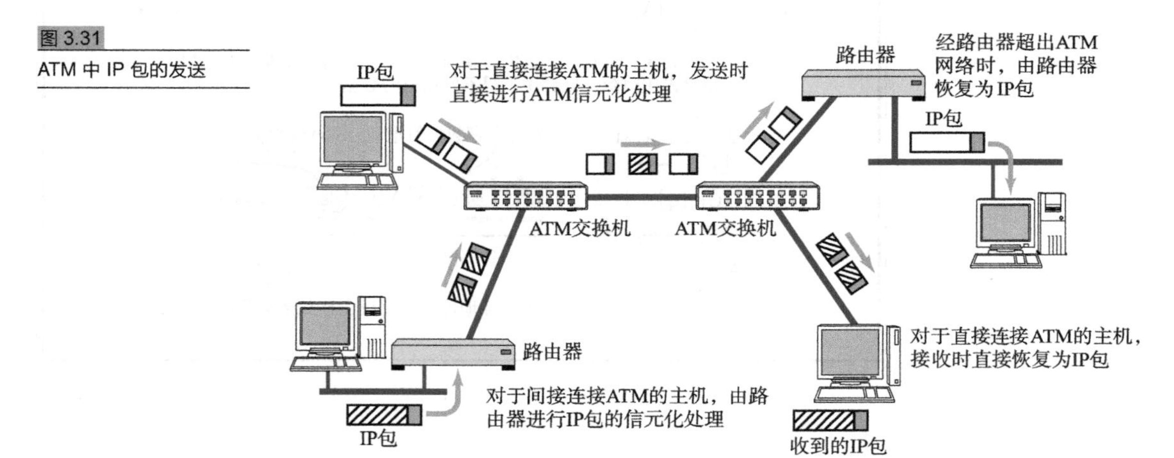

哪怕 1% 的信元也会导致整个数据包都无法接收。由于 ATM 没有发送权限上的控制，因此很容易导致网络收敛。所以，在构建 ATM 网络时，必须保证终端的带宽合计小于主干网的带宽，还要尽量保证信元不易丢失。目前人们已经开始研究在发生网络收敛时，动态调整 ATM 网络带宽的技术。

3.6.2 POS

▼Synchronous Digital Hierarchy，同步数字体系。

▼Synchronous Optical Network，同步光纤网。

POS（Packet over SDH/SONET）是一种在 SDH▼（SONET▼）上进行包通信的协议。SDH（SONET）是在光纤上传输数字信号的物理层规范。

SDH 作为利用电话线、专线等可靠性较高的方式进行光传输的网络，正被广泛应用。SDH 的传输速率以 51.84Mbit/s 为基准，一般为它的数倍。目前，已经有针对 40Gbit/s SDH 的 OC 768 产品[①]。

3.6.3 光纤通道

光纤通道（Fiber Channel）是实现高速数据通信的一种数据链路。与其说它是一种数据链路，不如说它与 SCSI 类似，是连接计算机周边设备的总线规范。光纤通道的数据传输速率为 133Mbit/s ~ 4Gbit/s。近些年，光纤通道被广泛用于搭建 SAN▼，成为其主要数据链路。

▼Storage Area Network，存储域网络。服务器与多台存储设备（硬盘、磁带备份）之间高速传输数据的网络系统。在企业中，它用于保存超大容量数据。

3.6.4 iSCSI

▼RFC3720、RFC3783。

它是将个人计算机连接硬盘的 SCSI 标准应用于 TCP/IP 网络上的一种标准▼。它把 SCSI 的命令和数据包含在 IP 包内，进行数据传输。由此，人们可以像使用个人计算机内嵌的 SCSI 硬盘一样使用网络上直连的大硬盘。

3.6.5 InfiniBand

▼如 4 链接或 12 链接。

InfiniBand 是针对高端服务器的一种超高速传输接口技术。它最大的特点是高速、高可靠性及低延迟性。它支持多并发链接，将多根线缆▼合并为一根线缆，可以实现从 2Gbit/s 至数百 Gbit/s 的传输速率，以后甚至还计划提供数千 Gbit/s 的高速传输速率。

3.6.6 IEEE1394

IEEE1394 也叫 FireWire 或 i.Link，是面向家庭的局域网，主要用于连接 AV 等计算机外围设备。它的数据传输速率为 100Mbit/s ~ 800Mbit/s。

① OC（光学载波）是 SONET 中的一组信号带宽，通常表示为 OC－n，其中，n 是一个倍数因子，表示基本速率 51.84Mbit/s 的倍数。——译者注

3.6.7 HDMI

HDMI 是 High Definition Multimedia Interface 的缩写，译为高清晰度多媒体接口。它可以通过一根线缆实现图像、声音等数字信号的高品质传输，曾主要用于 DVD/ 蓝光播放器、录像机、AV 功放等设备与电视机、投影仪的连接，现在逐渐用于计算机、平板电脑、数码相机与显示器的连接。从 2009 年发布的 1.4 版开始，它可以传输以太网帧，使得采用 HDMI 介质实现 TCP/IP 通信变为可能。关于它今后的发展，让我们拭目以待。

3.6.8 DOCSIS

DOCSIS 是有线电视（CATV）传输数据的行业标准，由 MCNS▼制定。该标准定义了有线电视的同轴电缆与 Cable Modem（电缆调制解调器）的连接，以及与以太网进行转换的具体规范。此外，有一个叫作 CableLabs（有线电视业界的研究开发机构）的组织对 Cable Modem 进行认证。

▼ Multimedia Cable Network System。

3.6.9 高速 PLC

高速 PLC▼是指在家里或办公室内利用电力线上数 MHz ~ 数十 MHz 频段范围，实现数十 Mbit/s ~ 200Mbit/s 传输速率的一种通信方式。使用电力线不用重新布线，也能进行家电设备或办公设备的控制。然而，本不是为通信目的而设计的电力线，在传输高频信号时，恐怕会因电波泄露而影响电子设备▼，一般仅限于室内（家里、办公室内）使用。

▼ Power Line Communication，电力线通信。

▼ 可能会影响短波广播、业余无线电、射电望远镜、防灾无线电等。

主要的数据链路如表 3.6 所示。

表 3.6 主要数据链路类型及其特点

数据链路名称	介质传输速率	用　途
以太网	10Mbit/s ~ 1000Gbit/s	LAN、MAN
802.11	5.5Mbit/s ~ 150Mbit/s	LAN
Bluetooth	上限 2.1Mbit/s，下限 177.1Kbit/s	LAN
ATM	25Mbit/s、155Mbit/s、622Mbit/s、2.4GHz	LAN、WAN
POS	51.84Mbit/s ~ 约 40Gbit/s	WAN
FDDI	100Mbit/s	LAN 、MAN
Token Ring	4Mbit/s、16Mbit/s	LAN
100VG-AnyLAN	100Mbit/s	LAN
光纤通道	133Mbit/s ~ 4Gbit/s	SAN
HIPPI	800Mbit/s、1.6Gbit/s	两台计算机之间的连接
IEEE1394	100Mbit/s ~ 800Mbit/s	面向家庭

3.7 公共网络

前面介绍了很多与局域网连接相关的知识。本节旨在介绍与连接公共通信服务相关的细节。所谓公共通信服务类似于电信运营商提供的电话网络。人们通过与运营商签约、付费租借通信线路，不仅可以实现联网，还可以与距离遥远的机构组织进行通信。

这里将分别介绍模拟电话线路、移动通信服务、ADSL、FTTH、有线电视、专线、VPN 及公共无线 LAN 等内容。

3.7.1 模拟电话线路

模拟电话线路其实是利用固定电话线路进行通信。电话线用于拨号上网（如图 3.32 所示）。该方法不需要特殊的通信线路，完全使用已经普及的电话网。

让计算机与电话线相连需要有一个将数字信号转换为模拟信号的调制解调器（俗称“猫”）。“猫”的传输速率一般只有 56Kbit/s 左右，所以现在已几乎被淘汰。

图 3.32
拨号连接

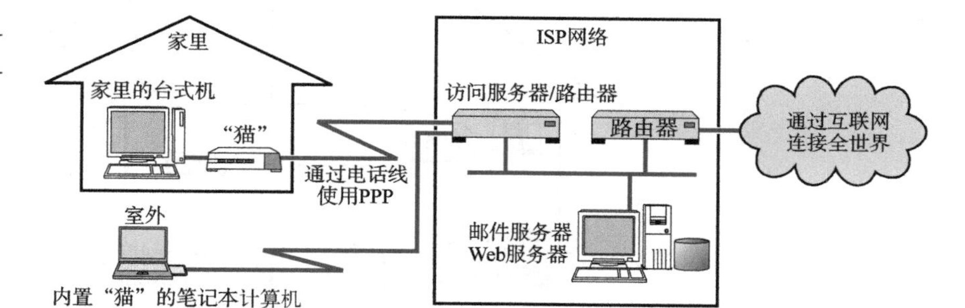

3.7.2 移动通信服务

随着时代的发展，移动通信服务的速率越来越快，提供的能力越来越强。移动通信服务的标准不断演进，先后经历了 1G、2G、PHS▼和 3G 几个阶段。这里的“G”是表示“第几代产品”的 Generation 的缩写，因此 1G、2G 和 3G 可以分别称为第一代、第二代和第三代。支持 4G-LTE 标准的智能手机等设备在上网方面丝毫不逊于个人计算机，实际通信速率可达到数 Mbit/s ~ 数十 Mbit/s。此外，LTE-Advanced 作为 LTE 的升级版，提供了比 LTE 更大的容量和更强的能力，现已被国际标准化组织 3GPP 标准化。各电信运营商在标准化的基础上利用 MIMO▼和载波聚合▼技术，提供了理论下行速率接近 1Gbit/s 的服务。5G 标准可以实现数 Gbit/s 的通信速率，达到与 Wi-Fi 的通信速率大致相同的水平，并提供相较其他通信方式延迟更低的环境。

▼ Personal Handy-phone System，个人手持式电话系统。PHS 的数字通信方式有以电路交换为基础的 PIAFS（最大 64Kbit/s）和分组交换（最大 800Kbit/s）两种方式。此外，目前已经发展出基于 PHS 技术使用 2.5GHz 频段的宽带移动无线接入系统（BWA），可提供从 20Mbit/s（XGP 方式）到最高 110Mbit/s（AXGP 方式）的传输速率。

▼ Multiple-Input and Multiple-Output，通过在收发设备上使用多根天线来提高通信质量的机制。

▼ Carrier Aggregation，将多个频段的无线电波聚集在一起进行数据通信。

3.7.3 ADSL

▼Asymmetric Digital Subscriber Line，非对称数字用户环路。

ADSL▼是对已有的模拟电话线路进行扩展的一种服务。模拟电话线路虽然能传输高频数字信号，但为了仅提升音频信号的传输速率，电信局的交换机会丢弃其他频率的信号。尤其是在近几年，随着电话网逐渐数字化，通过电话线路的信号经过电信局的交换机时会变成 64Kbit/s 左右的数字信号。因此，从理论上就无法以比 64Kbit/s 更快的速率传输数字信号。然而，每个话机到电信局交换机之间的这段线路，是可以实现高速传输的。

ADSL 正是利用话机到电信局交换机之间的这段线路，附加一个叫作分离器的装置，将音频信号（低频信号）和数字信号（高频信号）隔离，以免产生噪声干扰，如图 3.33 所示。

类似这种类型的通信方式除了 ADSL，还有诸如 VDSL、HDSL、SDSL 等。它们统称为 *x*DSL，ADSL 是其中最普及的一种通信方式。

ADSL 中的线路速率，根据通信方式或线路的质量及距离电信局的远近有所不同。从 ISP 到家里 / 办公室的速率在 1.5Mbit/s ~ 50Mbit/s，从家里 / 办公室到 ISP 的速率一般在 512Kbit/s ~ 2Mbit/s。

图 3.33

ADSL 连接

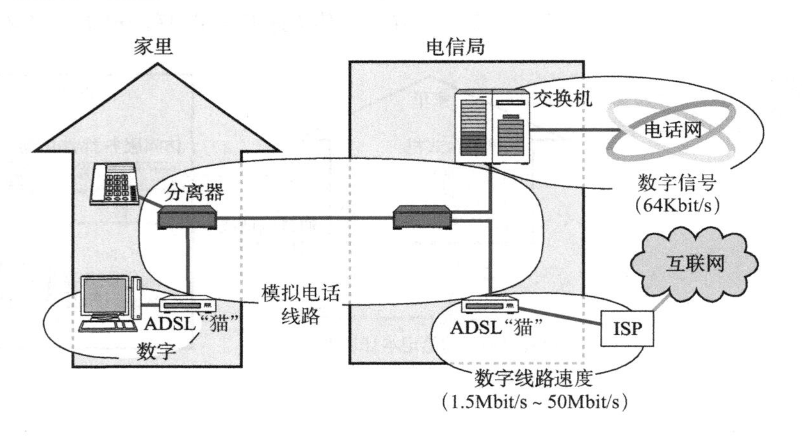

3.7.4 FTTH

▼Optical Network Unit，光网络单元，其局端光线路终端叫作 OLT（Optical Line Terminal）。

顾名思义，FTTH（Fiber To The Home）是指用一根高速光纤直接连到用户家里或公司建筑物处，如图 3.34 所示。它通过一个叫作 ONU▼ 的装置将计算机与之相连。该装置负责在光信号与电子信号之间进行转换。使用 FTTH 可以实现稳定的高速通信。不过，它的线路传输速率与具体的服务内容受个别运营商限制。

以上属于光纤到户。还有一种方式叫光纤到楼。它是指一根高速光纤直接连到某个大厦、公司或宾馆的大楼，随后在整座大楼内部通过布线实现联网。这种方式简称 FTTB（Fiber To The Building）。甚至还有一种方式是将光纤接入到某个家庭以后，再通过布线实现周围几个家庭共同联网。这种方式简称 FTTC（Fiber To The Curb▼）。

▼ Curb 意指住宅周边的小路。

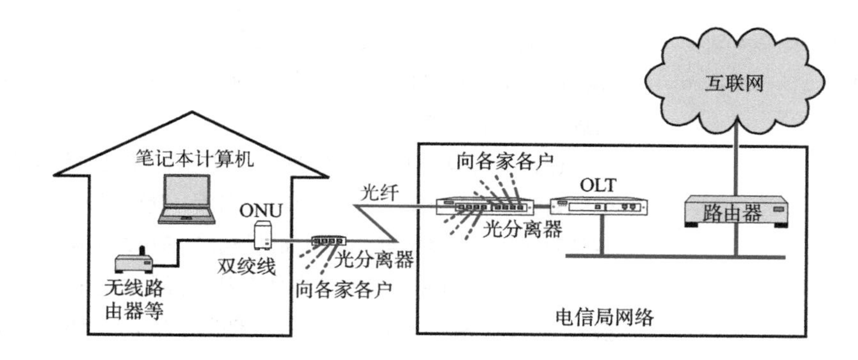

图 3.34
FTTH 连接

另外，光纤通常由一条用来发送数据和另一条用来接收数据的线对组成。然而在 FTTH 中使用的是 WDM▼，即发送端和接收端使用同一根线缆。接入每家每户的这些光纤电缆又通过 ONU 与 OLT 之间的光分离器相互隔离。

▼ 有关光纤电缆与 WDM 的更多细节，请参考附录 3.3 节。

■ 暗光纤

在电信运营商、电力运营商等与社会基础设施相关的通信公司铺设的光纤中，有部分光纤并未投入使用。这些运营商会向一般企业和组织提供这部分光纤的租借服务，而以这种方式租借的光纤称为暗光纤。

利用这种租借服务，通信双方只需将设备连接起来，就可以随时进行通信。由于通信双方可以独享租借的光纤，因此被第三方入侵的可能性极低。据说北美的一些大型云供应商正计划用暗光纤连接位于北美东部、中部和西部的多个数据中心。

3.7.5 有线电视

电视最初使用无线电波发送信号，后来发展为使用线缆的有线电视。使用无线电波时，电视信号经常会受天线的设置状况及周围其他建筑物的干扰。有线电视则很少受这种干扰，因此传送画质明显好于传统电视。

近几年，通过有线电视接入互联网的服务得到推广（如图 3.35 所示）。这种方式通过利用空闲的频道传输数据进而实现通信。

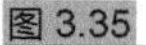

图 3.35
通过有线电视连接互联网

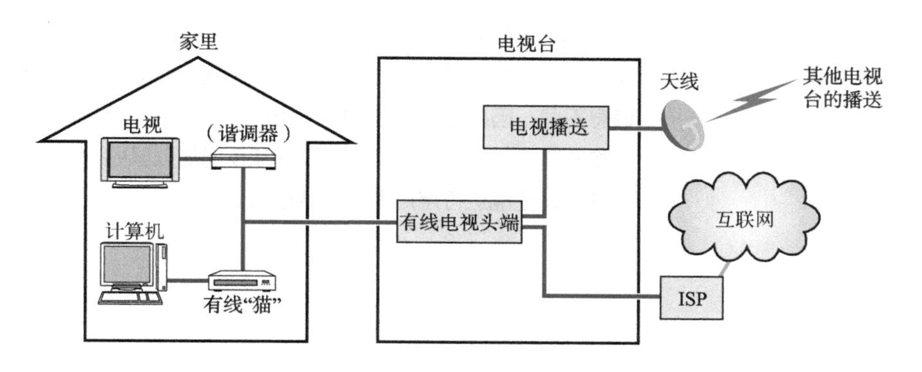

▼称为下行（DownStream）。

▼称为上行（UpStream）。

从电视台到用户住宅使用与电视播送相同的频段▼，从用户住宅到电视台则使用播送当中未使用的低频带宽▼。因此这种方式有一个特点，那就是数据传输的上行速率低于下行速率。

通过有线电视连接互联网时，需要到有线电视台申请该项服务。购置用来通信的有线调制解调器（有线“猫”）以后，就可以与局端的有线电视头端相连。头端负责将数字播送或部分模拟播送与数字信息之间通过一根线缆进行收发转换。

▼具体请参考 3.6.8 节。

连网时，用户发送的信息由有线“猫”进行转换，经由有线电视网以后再接入具体的 ISP。在有线电视网中使用一种叫作 DOCSIS▼的标准，最大可实现 160Mbit/s 的传输速率。

3.7.6 专线

随着互联网用户的急剧增加，专线服务向着价格更低、带宽更广及多样化的方向发展。现在市面上已经出现了各种“专线服务”。以 NTT Group 的服务为例，有 Mega Data Nets（用 ATM 接口提供 3Mbit/s ~ 42Mbit/s 的专线接入）、ATM Mega-Link、Giga Stream（用以太网或 SONET/SDH 接口提供 0.5Mbit/s ~ 135Mbit/s 的专线接入）等众多专线接入服务。

专线的连接一定是一对一的连接。虽然 ATM 的设计初衷允许有多个目的地，但对于提供专线服务的 ATM Mega-Link 只能指定一个目的地。因此它不可能像 ISDN 或帧中继那样，通过一条线缆就能连接众多目的地。

3.7.7 VPN

虚拟专用网络（VPN）用于连接距离较远的地域。这种服务包括 IP-VPN 和广域以太网。近年来，还出现了基于互联网技术的 SD-WAN 服务。

■ IP-VPN

IP-VPN 意指在“IP 网”（互联网）上建立 VPN。

▼有时也叫 Tag。

网络服务商提供一种在“IP 网”上使用 MPLS 技术构建 VPN 的服务，其中 MPLS（Multi-Protocol Label Switching，多协议标签交换）在 IP 包中附加叫作标签（Label▼）的信息进行传输控制，如图 3.36 所示。由于每个用户的标签信息不同，因此在通过 MPLS 网时，可以轻松地判断出目标地址。这样一来就可以将不同用户的 VPN 信息利用 MPLS 网加以区分，形成封闭的私有网络。此外，MPLS 网还能进行用户级的带宽控制。

图 3.36
IP-VPN（MPLS）

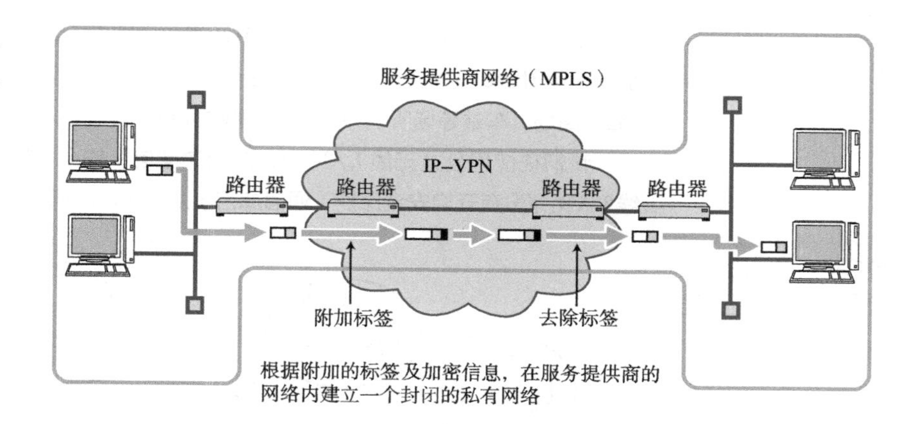

除了使用服务提供商的 IP-VPN 服务，有时企业还可以在互联网上建立自己的 VPN▼，一般采用的是 IPsec▼技术。该技术对 VPN 通信中的 IP 包进行验证和加密，在互联网上构造一个封闭的私有网络。虽然这种方式可以利用价格低廉的互联网通信线路，并且还可以根据自己的情况对数据进行不同级别的加密，但通信速率有时会受到网络拥堵的影响。

▼为了与 IP-VPN 相区别，这种方式的 VPN 叫作企业互联网 VPN。

▼关于 IPsec 的更多细节，请参考 9.4.1 节。

■ 广域以太网

服务提供商提供连接相距较远的地域的服务。IP-VPN 是在 IP 层面的连接，广域以太网则是在作为数据链路层的以太网上利用 VLAN（虚拟 LAN）实现 VPN。它不同于 IP-VPN，除了直接使用以太网，还可以使用 TCP/IP 的其他协议。

广域以太网以使用服务提供商构建的 VLAN 网络为主要形式。只要指定同一个 VLAN，无论从哪里都能接入同一个网络。由于广域以太网利用的是数据链路层技术，因此为了避免一些不必要的信息传输，使用者应谨慎操作。

■ SD-WAN 服务

SD-WAN（Software Defined Wide Area Network，软件定义广域网）服务融合了 MPLS、互联网和 4G-LTE 等广域网搭建技术，是一种搭建虚拟广域网链路的服务。该服务支持逻辑网络的搭建并提供了路由加密、逻辑网络上的应用可视化、使用云服务时的路由控制等服务。

3.7.8 公共无线 LAN

公共无线 LAN 是指公开的可以使用 Wi-Fi（IEEE802.11b 等）的服务。服务提供商可以在车站或餐饮店等人员相对比较集中的地方架设叫作热点（HotSpot）的无线电波接收器。使用者到达这些区域就可以使用带有无线 LAN 网卡的笔记本计算机或智能手机上网。

上网时，使用者通过热点建立互联网连接，如图 3.37 所示。连接以后，通过那些利用 IPsec 技术实现的 VPN 连接到自己公司的内网。这种接入服务有时免费（如在商场、车站等场所），有时可能是收费的。

我们在使用公共无线 LAN 时，需要注意信息安全，特别是要检查接入的无线 LAN 有没有开启安全保护（通信加密）及所访问的网站是否支持通信加密。

图 3.37
公共无线 LAN

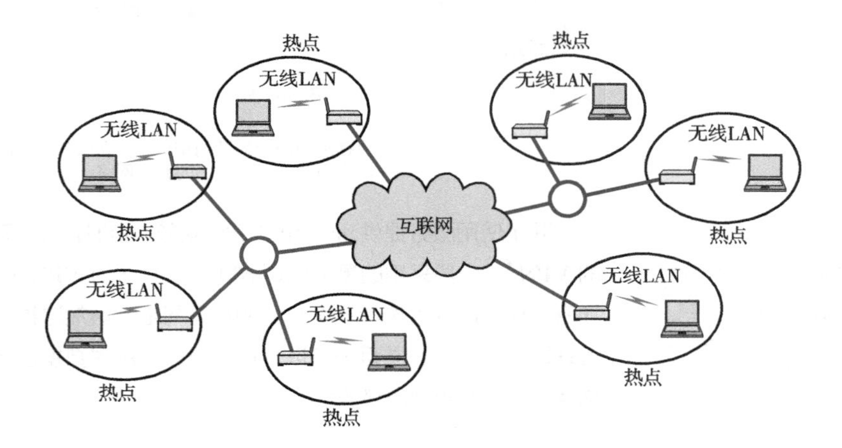

3.7.9 其他公共无线通信服务

其他公共无线通信服务包括 X.25、帧中继和 ISDN。

■ X.25

X.25 网是电话网的改良版。它允许一个端点连接多个站点，传输速率为 9.6Kbit/s 或 64Kbit/s。由于现在已经出现其他多种网络服务，因此 X.25 已经不再使用。

■ 帧中继

帧中继是 X.25 的“简洁版”。与 X.25 相似，它允许一对 *N* 的通信，一般提供 64Kbit/s ~ 1.5Mbit/s 的传输速率。目前由于以太网和 IP-VPN 的广泛应用，帧中继的用户在逐渐减少。

■ ISDN

ISDN 是 Integrated Services Digital Network（综合业务数字网）的缩写。它是一种集合了电话、FAX、数据通信等多种类型的综合公共网络。目前它的使用者在日趋减少。

第 4 章

IP

本章我们学习 IP（Internet Protocol，互联网协议）。IP 作为 TCP/IP 中至关重要的协议，主要负责将数据包发送给最终的目标计算机。因此，IP 能够让世界上任意两台计算机之间进行通信。本章旨在介绍 IP 的主要功能及其规范。

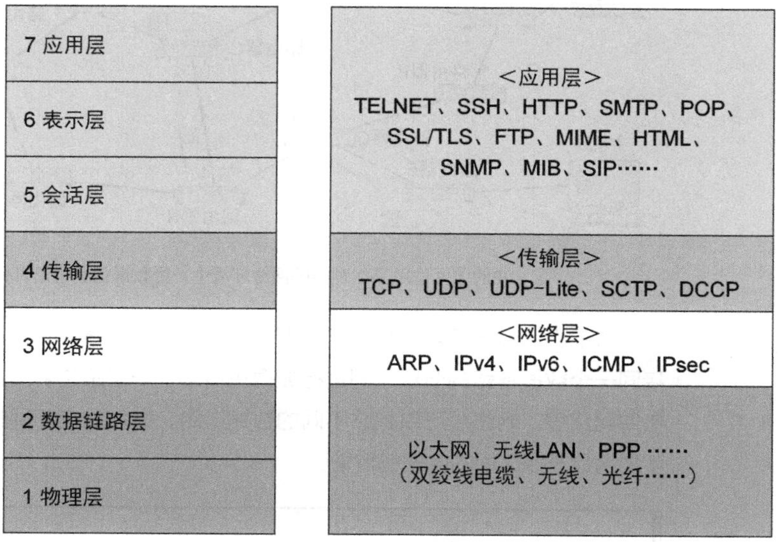

OSI 参考模型	TCP/IP
7 应用层	<应用层> TELNET、SSH、HTTP、SMTP、POP、SSL/TLS、FTP、MIME、HTML、SNMP、MIB、SIP……
6 表示层	
5 会话层	
4 传输层	<传输层> TCP、UDP、UDP-Lite、SCTP、DCCP
3 网络层	<网络层> ARP、IPv4、IPv6、ICMP、IPsec
2 数据链路层	以太网、无线LAN、PPP …… （双绞线电缆、无线、光纤……）
1 物理层	

4.1 IP 即互联网协议

TCP/IP 的心脏是网络层。这一层主要由 IP（Internet Protocol）和 ICMP（Internet Control Message Protocol）两个协议组成。本章仅对 IP 进行详细说明。关于 DNS、ARP、ICMP 等与 IP 相关的其他协议，将在第 5 章做详细介绍。

目前，IPv4 和 IPv6 这两种版本的 IP 都在使用。自互联网诞生以来，IPv4（Internet Protocol version 4，互联网协议第 4 版）使用得更广泛。而随着互联网在全球范围内的普及，IPv4 的地址即将枯竭，于是出现了 IPv6（Internet Protocol version 6，互联网协议第 6 版）的标准。在本章中，我们先介绍 IPv4，再介绍 IPv6。

4.1.1 IP 相当于 OSI 参考模型的第 3 层

IP（IPv4、IPv6）相当于 OSI 参考模型的第 3 层——网络层。

网络层的主要作用是"实现终端节点之间的通信"。这种终端节点▼之间的通信叫"点对点（point-to-point）通信"，是网络层最重要的功能。例如，图 4.1 中主机 B 和主机 C 之间的通信需要借助网络层实现。

▼终端节点是指接入网络末端以进行通信的设备，包括计算机、智能手机、终端等。

图 4.1
IP 的作用

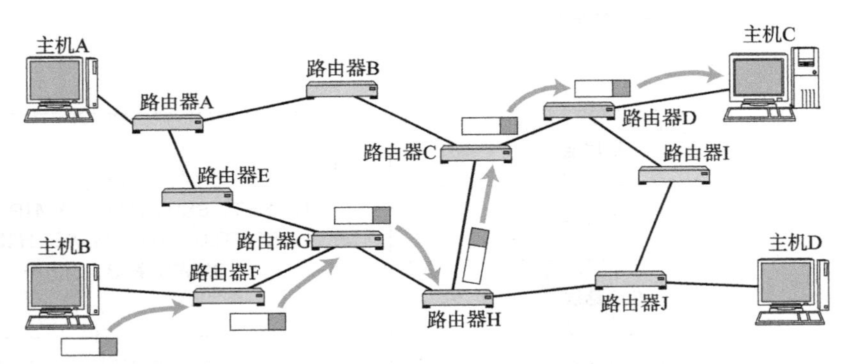

IP的主要作用是在复杂的网络环境中，将数据包发送给目标地址

从前面的章节可知，网络层的下一层——数据链路层——的主要作用是在连接同一个数据链路的节点之间进行数据包传递。一旦跨越多个数据链路，就需要借助网络层。网络层可以跨越不同的数据链路，即使是在不同的数据链路上也能实现两端节点之间的数据包传输。

■ 主机、路由器与节点

在互联网世界中，将配有 IP 地址的设备叫作"主机"。这里的主机如同 1.1 节所介绍的那样，既可以是超大型计算机，也可以是大型设备。这是因为互联网在刚发明时，只能连接这类大型设备。现在智能手机等小型设备

▼ 路由控制，英文叫作 Routing，是指中转分组数据包。更多细节请参考 4.2.2 节和第 7 章。

▼ 这些都是 IPv6 的规范 RFC8200 中所使用的名词术语。在 IPv4 的规范 RFC791 中，将具有路由控制功能的设备叫作“网关”，现在人们还在用网关 [如默认网关（请参考 4.4.1 节）] 指代路由器。

也能接入互联网，但习惯上仍称其为“主机”。在 IP 中，任何连接到互联网的设备都称为“主机”。所以习惯上将配有 IP 地址的设备称为“主机”。

然而，准确地说，主机的定义应该是指“配置有 IP 地址，但是不进行路由控制▼的设备”。既配有 IP 地址又具有路由控制功能的设备叫作“路由器”，跟主机有所区别。节点则是主机和路由器的统称▼。

4.1.2 网络层与数据链路层的关系

数据链路层提供直连设备之间的通信功能。与之相比，作为网络层的 IP 则负责在没有直连的网络之间进行通信。为什么一定需要这样的两个层次呢？它们之间的区别又是什么呢？

我们以旅行为例说明这个问题，如图 4.2 所示。有个人要去很远的地方旅行，并且计划先后乘坐飞机、火车、公交车到达目的地。为此，他决定先去旅行社购买机票和火车票。

旅行社不仅为他预订好了旅途中所需要的机票和火车票，甚至为他制订了详细的行程表，详细到几点几分需要乘坐飞机或火车都一目了然。

当然，机票和火车票只有在特定区间▼内有效，当你换乘不同公司的飞机或火车时，需要重新购票。

▼ 这里的“区间”与“段”（3.1 节）同义。

图 4.2

IP 的作用与数据链路的作用

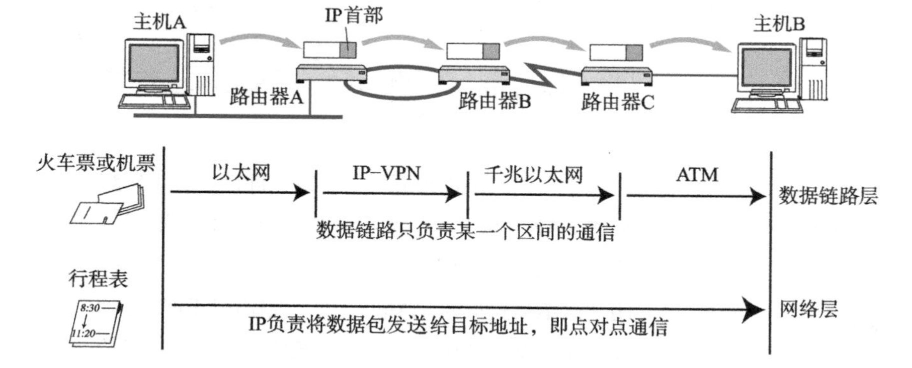

仔细分析一下机票和火车票，不难发现，每张票只能在某一限定区间内使用。此处的“区间内”如同通信网络中的数据链路。而这个区间内的出发地和目的地如同某一个数据链路的源地址和目标地址▼。行程表相当于网络层。

▼ 如果数据链路是以太网，那么出发地好比源 MAC 地址，目的地好比目标 MAC 地址。

如果我们只有行程表而没有车票，就无法搭乘交通工具到达目的地。反之，如果除了车票其他什么都没有，恐怕也很难到达目的地。这是因为我们不知道该坐什么车，也不知道该在哪里换乘。因此，只有两者兼备，既有某个区间内的车票又有行程表，才能保证到达目的地。与之类似，计算机网络中则需要数据链路层和网络层这两层的协作，才能实现向最终目标地址的通信。

4.2 IP 基础知识

IP 大致分为三大模块，它们是 IP 寻址、路由（将数据包转发至目标主机）及 IP 分包与组包。以下就这三个要点逐一介绍。

4.2.1 IP 地址属于网络层地址

在计算机通信中，为了识别通信终端，必须要有类似于地址的识别码进行标识。在第 3 章中，我们介绍过数据链路层的 MAC 地址。MAC 地址正是用来标识同一数据链路中不同计算机的一种识别码。

IP 也有这种地址信息，一般叫作 IP 地址，如图 4.3 所示。IP 地址用于标识"连接到网络的所有主机中进行通信的目标主机"。因此，在 TCP/IP 通信中，所有主机或路由器必须设置自己的 IP 地址▼。

▼严格来说，要针对每块网卡设置一个或一个以上的 IP 地址。

图 4.3
IP 地址

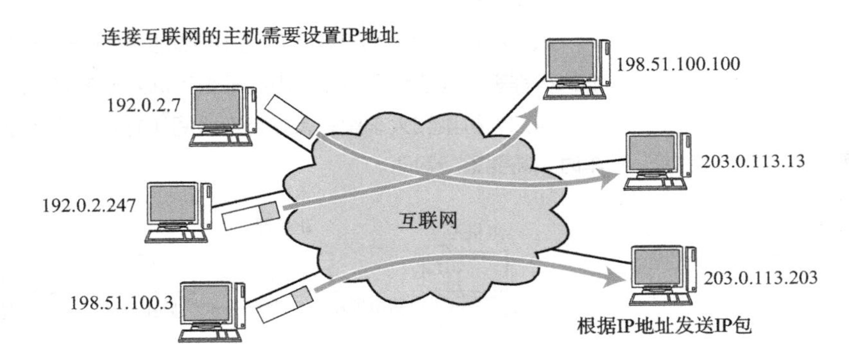

一台主机不论与哪种数据链路连接，其 IP 地址的形式都保持不变。以太网、无线 LAN、PPP 等，都不会改变 IP 地址的形式▼，更多细节请参考 4.2.3 节。网络层对数据链路层的某些特性进行了抽象。数据链路的类型对 IP 地址的形式透明，这本身是抽象化中的一点。数据链路可能会因技术升级、运维模式调整或成本变化而发生变化。但通过网络层的抽象化，无论数据链路如何变化，我们都可以使用相同的 IP 地址操作和管理网络。

▼数据链路的 MAC 地址的形式无须一致。

另外，在网桥或交换集线器等物理层或数据链路层数据包转发设备中，不需要设置 IP 地址▼。这些设备只负责将 IP 包转化为 0、1 比特流进行转发或对数据链路帧的数据部分进行转发，而不需要 IP▼。

▼在用 SNMP 进行网络管理，或是在使用支持远程状态查看和配置变更的设备时，有必要设置 IP 地址。不设置 IP 地址则无法利用 IP 进行网络管理。

▼反之，尽管 IP 地址的形式不同，但这些设备既可以在 IPv4 环境中使用，又可以在 IPv6 环境中使用。

4.2.2 路由控制

路由控制（Routing）是指将数据包发送到目标地址的功能，如图 4.4 所示。即使网络非常复杂，也可以通过路由控制确定到达目标地址的通路。一旦路由控制的运行出现异常，数据包极有可能“迷失”，无法到达目标地址。因此，数据包之所以能够成功地到达目标地址，全靠路由控制。

图 4.4
路由控制

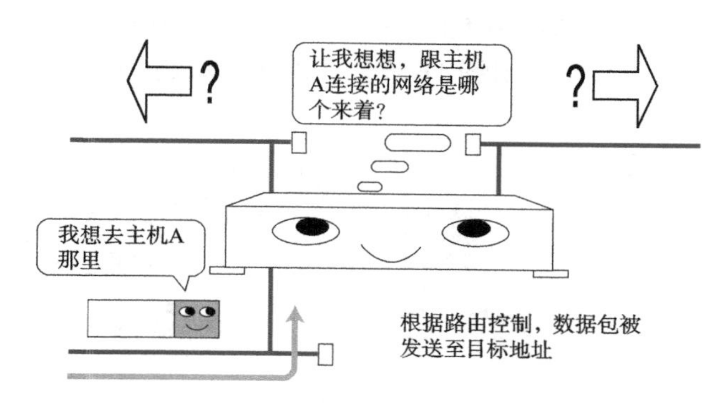

■ 发送数据包至目标地址

Hop 译为中文叫“跳”。它是指网络中的一个区间。IP 包正是在网络中的一个个跳间被转发，因此 IP 路由也叫作多跳路由，如图 4.5 所示。在每一个区间内，多跳路由决定数据包在下一跳被转发的路径。

图 4.5
多跳路由

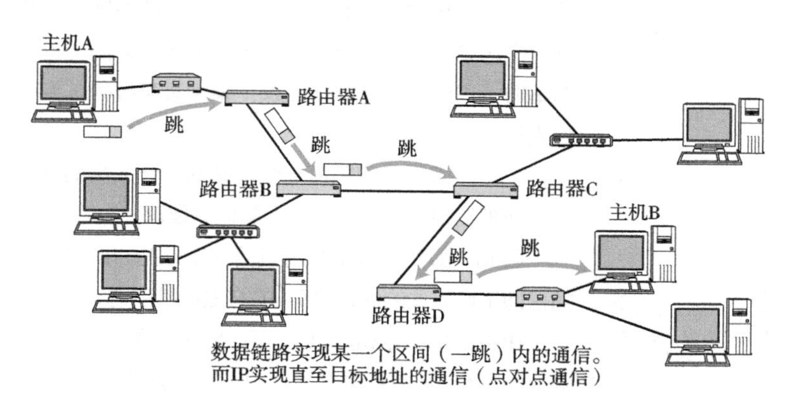

■一跳的范围

一跳是指利用数据链路层及物理层的功能传输数据帧的一个区间。

以太网等数据链路中使用 MAC 地址传输数据帧。此时的一跳是指从源 MAC 地址到目标 MAC 地址之间传输数据帧的一个区间。也就是说，它是主机或路由器网卡不经其他路由器就能直接到达相邻的主机或路由器网卡之间的一个区间。在一跳的这个区间内，电缆通过网桥或交换集线器相连，不会通过路由器或网关相连。

多跳路由是指路由器或主机在转发 IP 包时只指定▼下一台路由器或主机，而不是将到目标地址为止的所有路由器或主机全指定出来。每一个区间（一跳）在转发 IP 包时会分别指定下一跳的操作，直至数据包到达目标地址。

▼在位于 IP 首部之前的数据链路的首部中指定。例如，以太网要通过目标 MAC 地址来指定。

如图 4.6 所示，以乘坐火车旅游为例具体说明。

图 4.6

每到一站再咨询接下来该怎么走

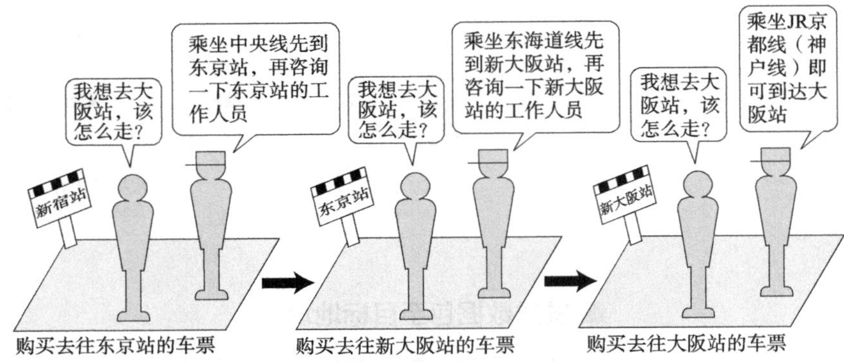

在前面的例子中，虽然已经确定了目标车站，但是一开始不知道如何换乘才能到达目标车站，因此，工作人员给出的方案是首先去往最近的一个车站，再咨询这个车站的工作人员。而到了这个车站以后再询问工作人员如何才能到达目标车站时，仍然得到同样的建议：乘坐某某线列车到某某车站以后再询问那里的工作人员。

于是，该乘客按照每一个车站的工作人员的指示，到达下一个车站以后再继续询问车站的工作人员，得到类似的建议。

因此，即使乘客不知道其目标车站的方向也没有关系。可以通过每到一个车站咨询工作人员的这种临时▼的方法继续前进，也可以到达目标车站。

▼英文叫作 Ad Hoc，是指具有偶然性的，在各跳之间无计划传输的意思。尤其在谈到 IP 时经常会用到该词。

IP 包的传输也是如此。可以将乘客看作 IP 包，将车站和工作人员看作路由器。当某个 IP 包到达路由器时，路由器首先查找其目标地址▼，再决定下一步应该将这个数据包发往哪个路由器，然后将数据包发送过去。当这个 IP 包到达指定路由器以后，会再次经历查找目标地址的过程，并由该路由器转发给下一个被找到的路由器。这个过程可能会反复多次，直到找到目标地址将数据包发送给这个节点。

▼IP 包被转发到途中的某个路由器时，实际上是装入数据链路层的数据帧以后再被送出。以以太网为例，目标 MAC 地址就是下一个路由器的 MAC 地址。关于 IP 地址与 MAC 地址相关的细节，请参考 5.3.3 节。

这里还可以用快递的送货方式来打比方。IP 包犹如包裹，送货车犹如数据链路。包裹不可能自己移动，必须有送货车承载转运。而一辆送货车只能将包裹送到某个区间范围内。包裹在不同区间将由对应的送货车承载、运输。IP 的工作原理也是如此，如图 4.7 所示。

图 4.7

IP 包的发送

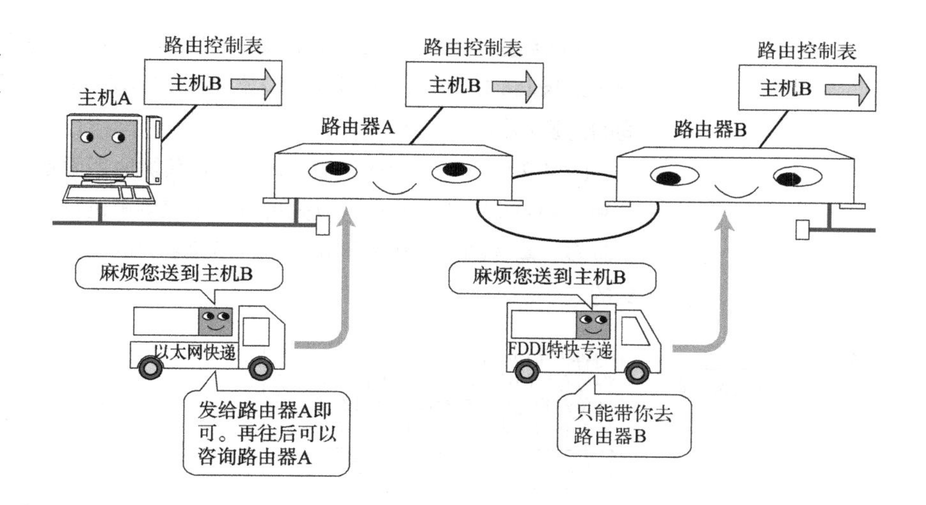

■ 路由控制表

为了将数据包发给目标主机，所有节点都维护一张路由控制表（Routing Table）。该表记录 IP 包在下一步应该发给哪个路由器。IP 包将根据路由控制表在各个数据链路上传输。

路由器 D 的路由控制表如图 4.8 所示。当有数据包到达以后，路由器 D 会将数据包的目标地址与路由控制表中的记录逐一进行比较，以此来决定接下来转发时应该将该数据包发送到哪个路由器。

图 4.8

路由控制表

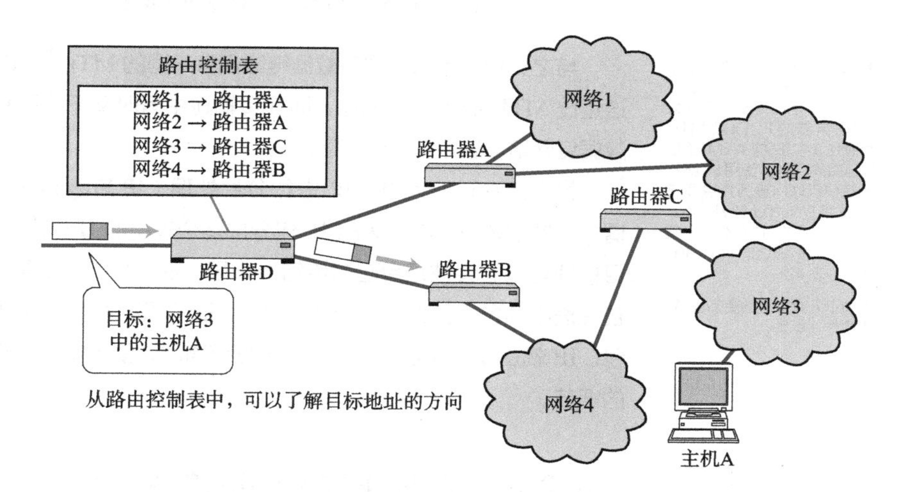

4.2.3 数据链路的抽象化

IP 是实现多个数据链路之间通信的协议。数据链路根据种类的不同各有特点。对不同数据链路的相异性进行抽象是 IP 的重要作用之一。4.2.1 节曾提到过，数据链路的地址可以被抽象为 IP 地址。因此，对 IP 的上一层来说，不论底层数据链路使用以太网还是无线 LAN，抑或是 PPP，都将被一视同仁。

不同数据链路最大的区别，就是它们各自的最大传输单元（MTU：Maximum Transmission Unit）不同。就好像人们在邮寄包裹或行李时不同的运输公司有不同的包裹大小限制一样。

图 4.9 中展示了很多运输公司在运送包裹时所限定的包裹大小。对于超过所限定的包裹大小，我们可以先拆分成小包裹再进行运输。虽然拆分出的小包裹越多，需要的货车和司机就越多，但只要目的地相同，大包裹总归是可以送达的。

图 4.9

不同数据链路的最大传输单元

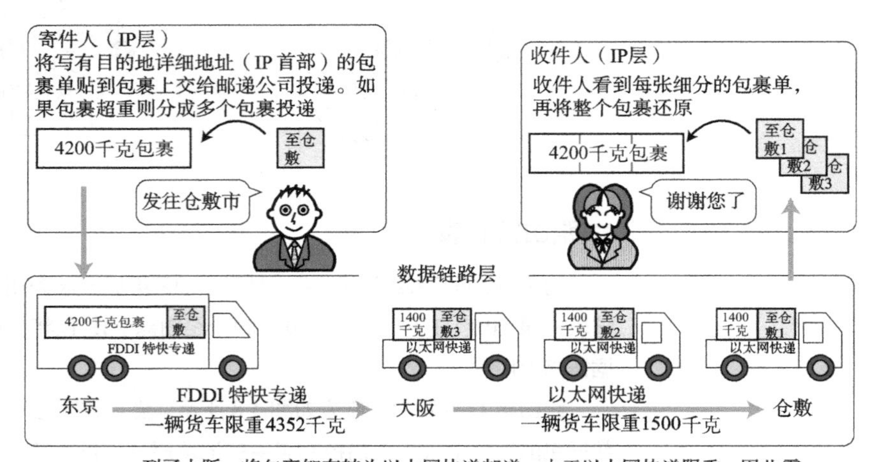

与之类似，不同类型的数据链路也有不同的 MTU▼。IP 的上一层有时要求发送远比 MTU 要大的数据包，而在传输途中有时又不得不利用远比 MTU 要小的数据包网络，这些都是无法避免的。

▼以太网和 Wi-Fi 的 MTU 都是 1500 字节，而 MTU 为 576 字节的 X.25、MTU 为 4352 字节的 FDDI 及 MTU 为 9180 字节的 ATM 等数据链路均已很少使用。此外，家庭和互联网服务提供商之间线路的 MTU 则从 1460 字节到 1492 字节不等。关于各种数据链路的 MTU 值，请参考表 4.2。

为了解决这个问题，IP 进行分片处理（IP Fragmentation）。顾名思义，所谓分片处理是指，将较大的 IP 包分成多个较小的 IP 包▼。分片的 IP 包到了对端目标地址以后会被组合起来传给上一层。从 IP 的上层看，它可以完全忽略数据包在途中的各个数据链路上的 MTU，而只需要按照源地址发送的长度接收数据包。IP 就是以这种方式抽象化了数据链路层，使得从上层无须关注底层网络构造的细节。

▼关于分片处理的更多细节，请参考 4.5 节。

4.2.4 IP 属于非面向连接型协议

IP 面向无连接，即在发包之前，不需要建立与对端目标地址之间的连接。上层如果需要发送 IP 数据，该数据会立即被装入 IP 包发送出去。

在面向有连接的情况下，需要事先建立连接。如果对端主机关机或不存在，也就不可能建立连接，无法建立连接自然也就无法发送数据包。反之，若还没有与另一台主机建立连接，也不可能收到这台主机发送过来的数据包。

面向无连接的情况则不同。即使对端主机关机或不存在，数据包还是会被发送出去。反之，对于一台主机来说，它会何时从哪里收到数据包也是不可预知的。通常应该进行网络监控，主机只接收发给自己的数据包。若没有做好准备，很有可能会错过一些该接收的数据包。因此，在面向无连接的情况下，可能会有很多冗余的通信。

为什么 IP 要采用面向无连接呢？主要有两点原因：一是为了简化，二是为了提速。面向有连接比面向无连接处理起来要相对复杂一些。甚至管理每个连接本身就是相当烦琐的事情。此外，每次通信之前都要事先建立连接，这样可能会降低处理速率。需要连接时，可以委托上一层提供此项服务。因此，IP 为了实现简单化与高速化采用面向无连接的方式。

■ 为了提高可靠性，上一层的 TCP 采用面向有连接型

IP 尽力提供服务（Best Effort）▼，意指“为了把数据包发送到目标地址，尽最大努力”。然而，它并不做“最终收到与否的验证”。IP 包在途中可能会发生丢包、错位及被重复发送等问题。如果发送端的数据未能真正发送到对端目标主机，有时会造成严重的问题。例如，发送一封电子邮件，如果邮件内容中很重要的一部分丢失，会让收件方无法及时获取信息。

▼“尽力提供服务”看似是件好事，但实际上带有“不保证送达”的消极含义

因此，提高通信的可靠性很重要。TCP 具有这种功能。如果说 IP 只负责将数据发送给目标主机，那么 TCP 则负责保证对端主机确实接收到数据。

有人可能会提出疑问：为什么不让 IP 具有可靠传输的功能，从而把这两种协议合并到一起呢？

这其中的缘由在于，如果要求一种协议规定所有的功能和作用，那么该协议的具体实施和编程会变得非常复杂，无法轻易实现。相比之下，按照网络分层，明确定义每层协议的作用和责任以后，针对每层具体的协议进行编程会更有利于该协议的实现。

网络通信中如果能进行有效分层，就可以明确 TCP 与 IP 各自的最终目的，也有利于后续对这些协议进行扩展和性能上的优化。分层简化了每个协议的具体实现。互联网能够发展到今天，与网络通信的分层密不可分。

4.3 IP 地址的基础知识

在用 TCP/IP 进行通信时，用 IP 地址识别主机和路由器。为了保证正常通信，有必要为每台设备设置正确的 IP 地址。在互联网通信中，全世界的设备都必须设置正确的 IP 地址。否则，根本无法实现正常的通信。

因此，IP 地址就像 TCP/IP 通信的一块基石。

4.3.1 IP 地址的定义

IP 地址（IPv4 地址）由 32 位正整数表示。TCP/IP 通信要求将这样的 IP 地址分配给每一台参与通信的主机。IP 地址在计算机内部以二进制▼方式被处理。然而，人类社会并不习惯采用二进制方式，需要采用一种特殊的标记方式，那就是将 32 位的 IP 地址以每 8 位为一组，分成 4 组，每组以“.”隔开，再将每组数转换为十进制数▼。下面举例说明这一方法。

▼二进制是指用 0、1 表示数的方法。

▼这种方法也叫作“点分十进制表示”（Dotted Decimal Notation）。

2^8	2^8	2^8	2^8	
10101100	00010100	00000001	00000001	（二进制）
10101100.	00010100.	00000001.	00000001	（二进制）
172.	20.	1.	1	（十进制）

将表示成 IP 地址的数整体计算，会得出如下数值。

$$2^{32} = 4\ 294\ 967\ 296$$

从这个计算结果可知，最多允许约 43 亿台计算机连接到网络▼。

实际上，IP 地址并不是根据主机台数来配置的，而是每一台主机上的每一块网卡（NIC）都得设置 IP 地址▼。通常一块网卡只设置一个 IP 地址，其实一块网卡也可以设置多个 IP 地址（如图 4.10 所示）。此外，一个路由器通常会配置两块以上的网卡，因此可以设置两个以上的 IP 地址。

因此，让 43 亿台计算机全部联网其实是不可能的。后面将详细介绍 IP 地址的组成部分（网络标识和主机标识）。了解了这两个组成部分后，你会发现实际能够连接到网络的计算机台数更是少了很多▼。

▼虽然 43 亿这个数听起来还算比较大，但是还不到地球上现有人口的总数。

▼Windows 或 UNIX 中查看 IP 地址的命令分别为 ipconfig/all 和 ifconfig -a。

▼根据一种可以更换 IP 地址的技术 NAT，可连接计算机数超过 43 亿台。关于 NAT 的更多细节，请参考 5.6 节。

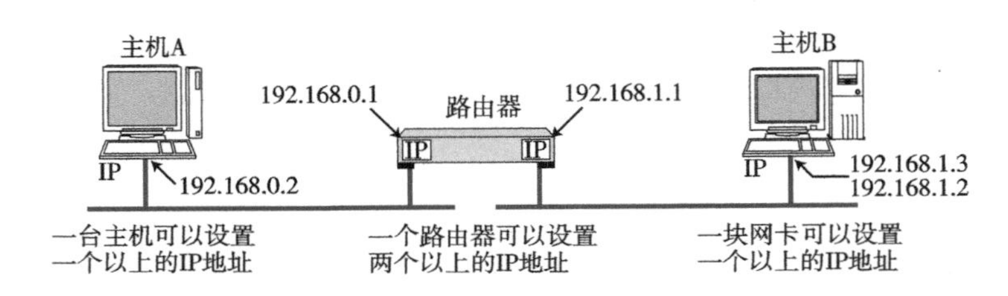

图 4.10 每块网卡可以设置一个以上的 IP 地址

4.3.2 IP 地址由网络标识和主机标识组成

▼192.168.128.10/24 中的"/24"表示从第 1 位开始到第多少位属于网络标识。在这个例子中，192. 168.128 之前的都是该 IP 的网络地址。更多细节请参考 4.3.6 节。

IP 地址由"网络标识（网络地址）"和"主机标识（主机地址）"两部分组成▼。

如图 4.11 所示，网络标识在数据链路的每个网段配置不同的值。网络标识必须保证相连的网段的地址不重复。而相同网段内相连的主机或路由器必须有相同的网络地址。IP 地址的"主机标识"则不允许在同一个网段内重复出现，但在不同网段内，主机标识可以重复。

图 4.11

IP 地址的主机标识

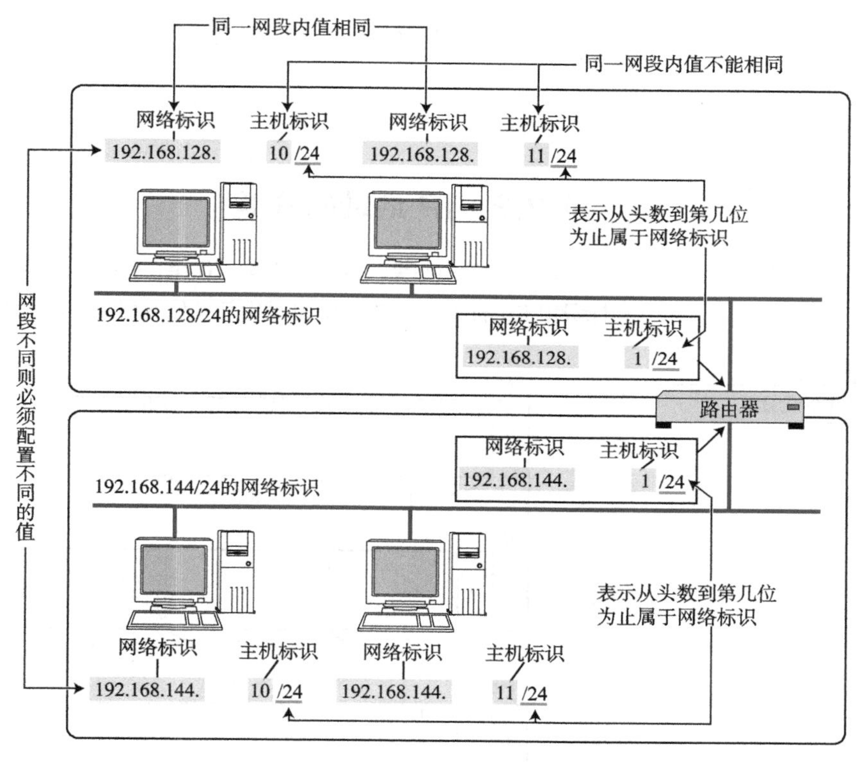

由此，可以通过设置网络地址和主机地址，在相互连接的整个网络中，保证每台主机的 IP 地址不会相互重叠。IP 地址具有唯一性▼。

▼唯一性是指在整个网络中，不会跟其他主机的 IP 地址发生冲突。关于唯一性的解释还可以参考 1.8.1 节。

如图 4.12 所示，路由器在转发 IP 包时，正是利用目标 IP 地址的网络标识进行路由。即使不看主机标识，只要一见到网络标识就能判断出是哪个网段内的主机。

究竟从第几位开始到第几位算网络标识，又从第几位开始到第几位算主机标识呢？关于这一点，有约定俗成的两种区分方法。最初二者以分类进行区分。现在基本以子网掩码（网络前缀）区分。不过，请读者注意，在有些情况下依据部分功能、系统和协议的需求，前一种方法依然存在。

图 4.12
IP 地址的网络标识

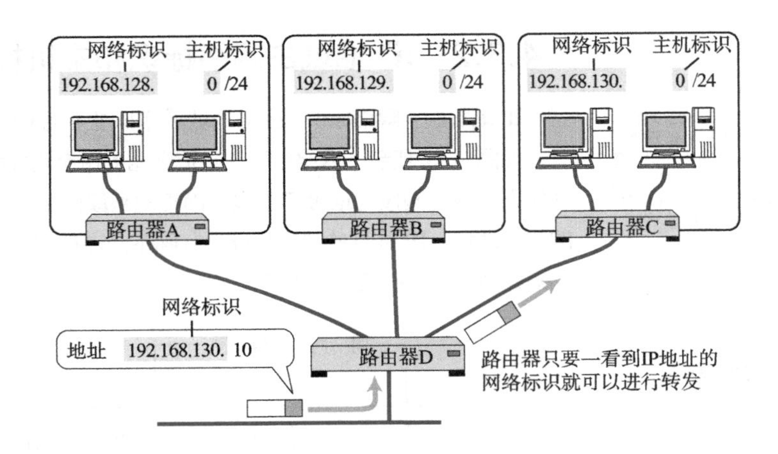

4.3.3 IP 地址的分类

IP 地址分为四类，分别为 A 类、B 类、C 类、D 类▼。这几类 IP 地址的网络标识和主机标识均取决于 IP 地址中前 4 位的组合（如图 4.13 所示）。

▼还有一个一直未使用的 E 类。

图 4.13
IP 地址的分类

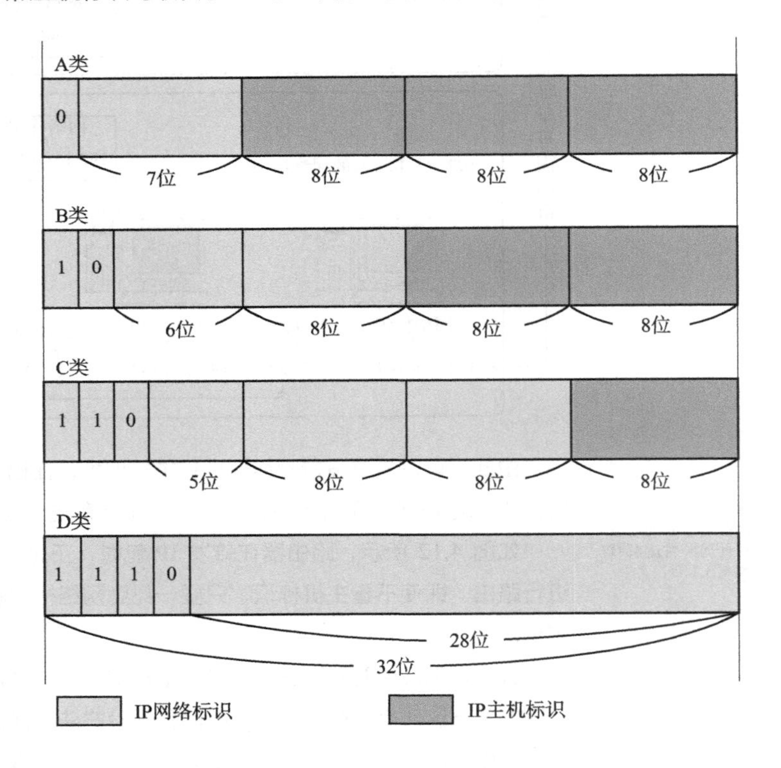

A 类 IP 地址

A 类 IP 地址是首位以“0”开头的地址。从第 1 位到第 8 位▼是网络标识。用十进制表示的话，0.0.0.0 ~ 127.255.255.255 是 A 类 IP 地址的范围。A 类 IP 地址的后 24 位相当于主机标识。因此，一个网段内可容纳的主机地址上限为 16 777 214 个▼。

▼去掉分类位剩下 7 位。

▼关于 A 类 IP 地址总数的计算，请参考附录 1.1 节。

■ B 类 IP 地址

▼去掉分类位剩下 14 位。

▼关于 B 类 IP 地址总数的计算，请参考附录 1.2 节。

B 类 IP 地址是前两位为“10”的地址。从第 1 位到第 16 位▼是网络标识。用十进制表示的话，128.0.0.0 ~ 191.255.255.255 是 B 类 IP 地址的范围。B 类 IP 地址的后 16 位相当于主机标识。因此，一个网段内可容纳的主机地址上限为 65 534 个▼。

■ C 类 IP 地址

▼去掉分类位剩下 21 位。

▼关于 C 类 IP 地址总数的计算，请参考附录 1.3 节。

C 类 IP 地址是前三位为“110”的地址。从第 1 位到第 24 位▼是网络标识。用十进制表示的话，192.0.0.0 ~ 223.255.255.255 是 C 类 IP 地址的范围。C 类 IP 地址的后 8 位相当于主机标识。因此，一个网段内可容纳的主机地址上限为 254 个▼。

■ D 类 IP 地址

▼去掉分类位剩下 28 位。

D 类 IP 地址是前四位为“1110”的地址。从第 1 位到第 32 位▼是网络标识。用十进制表示的话，224.0.0.0 ~ 239.255.255.255 是 D 类 IP 地址的范围。D 类 IP 地址没有主机标识，常被用于多播。关于多播的更多细节，请参考 4.3.5 节。

■ 关于分配 IP 地址的主机标识的注意事项

在分配 IP 地址时，关于主机标识有一点需要注意，即在用比特位表示主机标识时，不可以全部为 0 或全部为 1。全部为 0 只有在表示对应的网络地址或 IP 地址不可获知的情况下才使用。全部为 1 的主机地址通常作为广播地址。

因此，在分配过程中，应该去掉这两种情况。这也是 C 类 IP 地址每个网段最多只能有 254（$2^8 - 2 = 254$）个主机标识的原因。

4.3.4 广播地址

▼以太网中如果将 MAC 地址的所有位都改为 1，则形成 FF : FF : FF : FF : FF : FF 的广播地址。因此，广播的 IP 包以数据链路的帧的形式发送时，得通过 MAC 地址全为 1 的 FF : FF : FF : FF : FF : FF 转发。

广播地址是用于在同一数据链路中相互连接的主机之间发送数据包的地址。将 IP 地址中的主机标识部分全部设置为 1，就成为了广播地址▼。例如，把 172.20.0.0/16 用二进制表示如下：

10101100.00010100.00000000.00000000　　（二进制）

将这个地址的主机标识全部改为 1，则形成广播地址：

10101100.00010100.11111111.11111111　　（二进制）

再将这个地址用十进制表示，则为 172.20.255.255。

■ 两种广播

广播分为本地广播和直接广播两种，如图 4.14 所示。

在本链路内的广播叫作本地广播。例如，在网络地址为 192.168.0.0/24 的情况下，广播地址是 192.168.0.255。因为这个广播地址的 IP 包会被路由器转发，所以不会到达 192.168.0.0/24 以外的其他链路上。

在不同链路之间的广播叫作直接广播。例如，网络地址为 192.168.0.0/24 的主机向 192.168.1.255/24 的目标地址发送 IP 包。收到这个包的路由器，将数据转发给 192.168.1.0/24，从而使得 192.168.1.1 ~ 192.168.1.254 的所有主机都能收到这个包▼。

▼由于直接广播有一定的安全问题，因此大多数情况下会在路由器上设置为不转发。

图 4.14

本地广播与直接广播

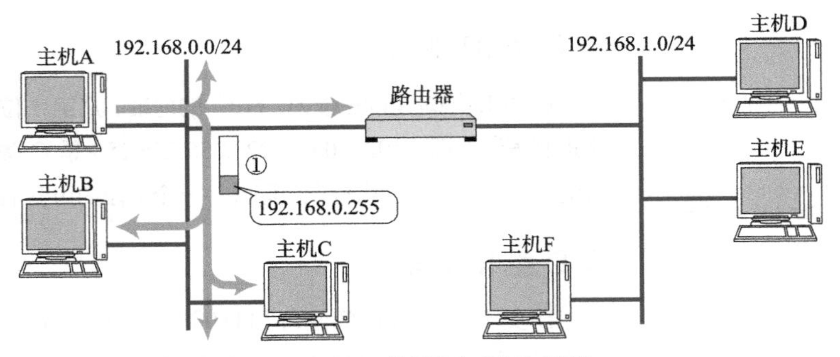

① 的包不会到达192.168.1.0/24的链路上（本地广播）

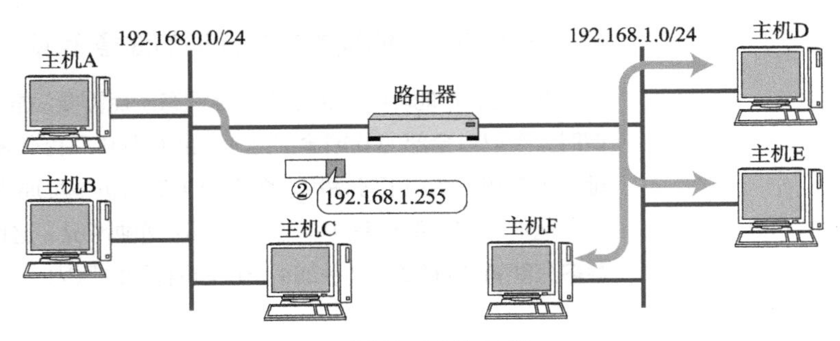

② 是指向192.168.1.0/24的广播包（直接广播）

4.3.5 IP 多播

■ 同时发送提高效率

多播用于将数据包发送给特定组内的所有主机。由于其直接使用 IP，因此不保证可靠传输。

随着多媒体应用的发展，对于向多台主机同时发送数据包，在效率上的要求日益提高。在电视会议系统中，对于一对 N、N 对 N 通信的需求明显上升。具体实现上往往采用复制一对一通信的数据，将其同时发送给多台主机的方式。

在人们使用多播功能之前，一直采用广播的方式。那时广播将数据发送给所有终端主机，收到广播的主机会根据 IP 地址判断是否有必要接收数据。是则接收，否则丢弃。

然而，这种方式会给那些毫无关系的网络或主机带来影响，造成网络上很多不必要的流量。况且，由于广播无法穿透路由，若想给其他网段发送同样的数据包，就不得不采取另一种机制。因此，多播这种既可以穿透路由，又可以实现只给那些必要的组发送数据包的技术就成为了必选之路（如图 4.15 所示）。

图 4.15
单播、广播、多播通信

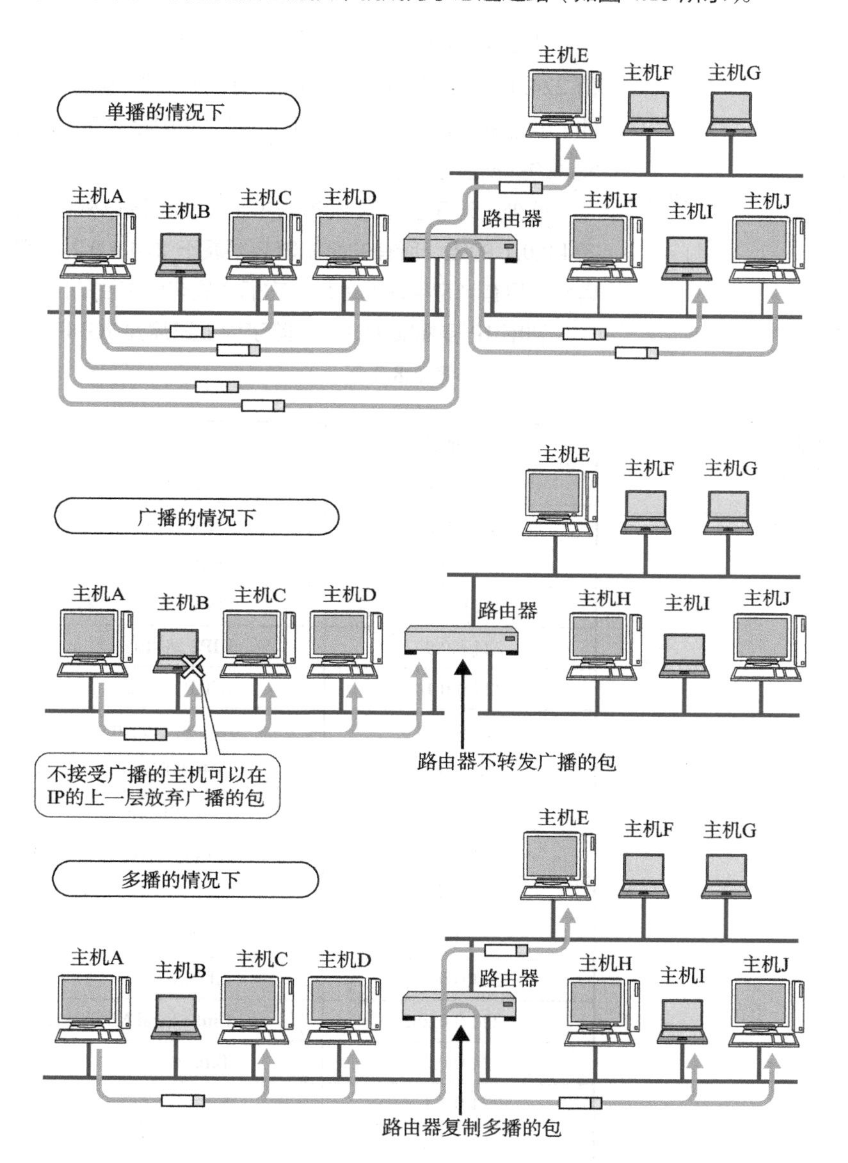

■ IP 多播与地址

多播使用 D 类 IP 地址。因此，如果前 4 位是“1110”，就可以认为是多播地址。剩下的 28 位可以成为多播的组编号，如图 4.16 所示。

图 4.16
多播地址

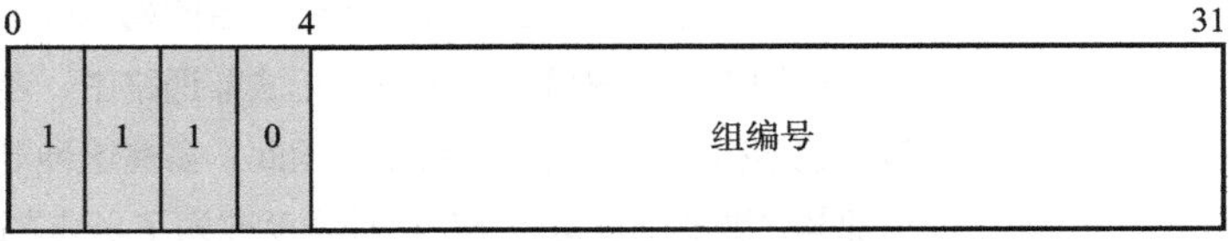

1	1	1	0	组编号

（位 0、4、31）

从 224.0.0.0 到 239.255.255.255 是多播地址的可用范围，其中，处于 224.0.0.0 和 224.0.0.255 之间的多播地址可用于在同一数据链路内实现多播，向这些多播地址发送的数据包不会被路由到不同的数据链路，而向这一范围之外的多播地址发送的数据包可发送至全网所有组内的成员▼。

▼可以利用存活时间（TTL，Time To Live）限制包的到达范围。

此外，对于多播，所有的主机（路由器以外的主机和终端主机）必须属于 224.0.0.1 的组，所有的路由器必须属于 224.0.0.2 的组。与之类似，多播地址中有众多具有特定用途的地址，它们中具有代表性的部分已在表 4.1 中列出。

利用 IP 多播实现通信，除了地址还需要 IGMP▼等协议的支持。关于它的更多细节，请参考 5.8.2 节。

▼Internet Group Management Protocol。

表 4.1
具有代表性的多播地址及其用途

多播地址	用　途
224.0.0.1	子网内所有的主机
224.0.0.2	子网内所有的路由器
224.0.0.5	OSPF 路由器
224.0.0.6	OSPF 指定路由器
224.0.0.9	RIP2 路由器
224.0.0.10	IGRP 路由器
224.0.0.11	Mobile-Agents
224.0.0.12	DHCP 服务器 / 中继器代理
224.0.0.13	所有 PIM 路由器
224.0.0.14	RSVP-ENCAPSULATION
224.0.0.18	VRRP
224.0.0.22	IGMP
224.0.0.251	mDNS
224.0.0.252	Link-local Multicast Name Resolution
224.0.0.253	Teredo
224.0.1.1	Network Time Protocol
224.0.1.8	SUN NIS+ Information Service
224.0.1.22	Service Location（SVRLOC）
224.0.1.33	RSVP-encap-1
224.0.1.34	RSVP-encap-2
224.0.1.35	Directory Agent Discovery（SVRLOC-DA）
224.0.2.2	SUN RPC PMAPPROC CALLIT

4.3.6 子网掩码

分类造成浪费

网络标识相同的计算机必须属于同一数据链路。例如，架构 B 类 IP 网络时，理论上一个数据链路内允许 65 000 多台计算机连接。然而，在实际网络结构中，一般不会有在同一数据链路上连接 65 000 多台计算机的情况▼。因此，这种网络结构实际上是不存在的。

▼有些 IOT 或控制系统倒是会采用这种大量计算机接入同一数据链路的网络结构。

直接使用 A 类或 B 类地址，确实有些浪费。随着互联网的覆盖范围逐渐增大，网络地址越来越不足以应对需求，直接使用 A 类、B 类、C 类地址就更显得浪费资源。为此，人们已经开始采用一种新机制以减少这种浪费。

子网、子网掩码与网络前缀

现在，一个 IP 地址的网络标识和主机标识已不再受限于该地址的类别，而是由一个叫作“子网掩码”的识别码通过子网网络地址细分出比 A 类、B 类、C 类更小粒度的网络。这种方式实际上就是将原来 A 类、B 类、C 类等分类中的主机地址部分用作子网地址，可以将原网络分为多个物理网络的一种机制。

自从引入子网以后，一个 IP 地址有了两种识别码，一种是 IP 地址本身，另一种是表示网络部分的子网掩码。子网掩码用二进制方式表示的话，是一个 32 位的数。它对应 IP 地址网络标识部分的位全部为“1”，对应 IP 地址主机标识部分的则全部为“0”。由此，一个 IP 地址可以不再受限于自己的类别，而是可以用这样的子网掩码自由地定位自己的网络标识长度。子网掩码中首个“1”的位置对应于 IP 地址的首位，且后续出现的“1”必须是连续的▼。

▼最初提出子网掩码时，曾允许“1”不是连续出现的子网掩码，但现在基本不允许出现这种情况。

对于子网掩码，目前有两种表示方式。以 172.20.100.52 的前 26 位是网络地址的情况为例（如图 4.17 所示），以下是其中一种表示方式，它将 IP 地址与子网掩码的地址分别用两行来表示。

IP 地址	172.	20.	100.	52
子网掩码	255.	255.	255.	192
网络地址	172.	20.	100.	0
子网掩码	255.	255.	255.	192
广播地址	172.	20.	100.	63
子网掩码	255.	255.	255.	192

另一种表示方式如下所示。它在每个 IP 地址后面附加网络地址的位数▼。

▼这种方式也叫“前缀”表示法。图 4.17 例举了一个以二进制表示的 IP 地址结构。

IP 地址	172.	20.	100.	52	/26
网络地址	172.	20.	100.	0	/26
广播地址	172.	20.	100.	63	/26

不难看出，在第二种方式下表示网络地址时，可以省略后面的“0”。例如，172.20.0.0/16 跟 172.20/16 其实是一个意思。

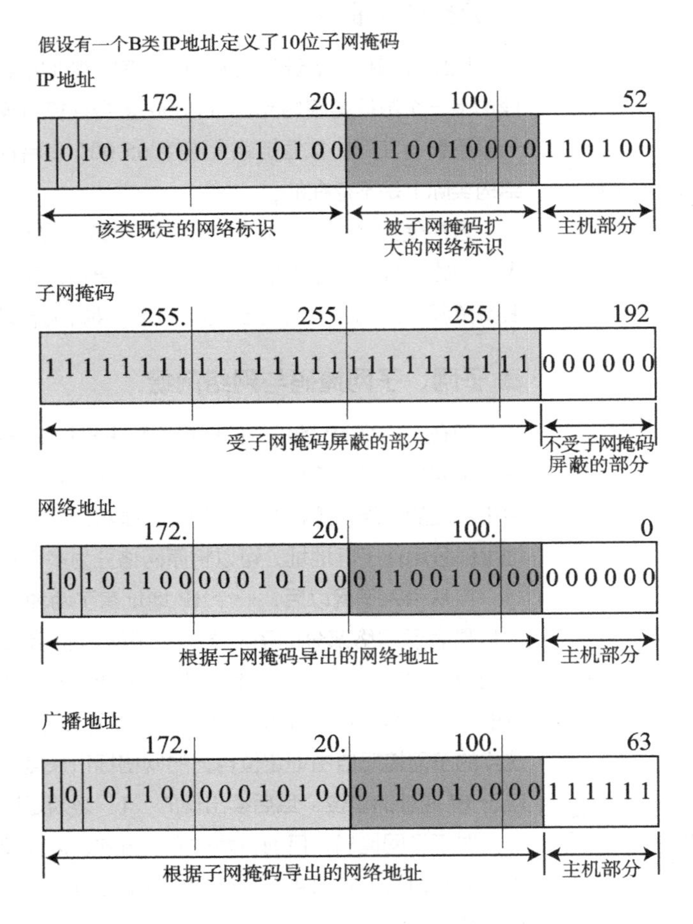

图 4.17 子网掩码可以灵活指定网络标识的长度

4.3.7 CIDR 与 VLSM

直到 20 世纪 90 年代中期，向各种组织分配 IP 地址都以 A 类、B 类、C 类等分类为单位进行。对于架构大规模网络的组织，一般会分配一个 A 类地址块。反之，在架构小规模网络时，则分配 C 类地址块。然而 A 类地址块的分配在全世界不超过 128 个▼，加上 C 类地址的主机标识最多允许 254 台计算机相连，导致众多组织开始申请 B 类地址块。结果是 B 类地址块开始严重缺乏，无法满足需求。

于是，人们开始放弃 IP 地址的分类▼，采用网络标识的长度可变的 IP 地址。这种方式叫作 CIDR▼，译为“无类别域间路由选择”。由于 BGP（Border Gateway Protocol，边界网关协议，参考 7.6 节）支持 CIDR，因此 IP 地址的分类摆脱了 A 类、B 类、C 类的限制▼。

▼ 0、10、127 等开头的 A 类地址块是具有特殊意义的保留地址。

▼ 申请了 B 类地址块的组织，如果发现根本没必要选用 B 类标准长度作为网络地址，那么可以将原申请的地址返还，再重新申请一个长度合适的 IP 地址及其网络标识。

▼ Classless Inter-Domain Routing。

▼迁移到 CIDR 的初期，由于 A 类和 B 类地址块个数严重不足，因此常常把 2 的幂（4、8、16、32……）个 C 类 IP 地址组合起来分配。当时这种方式也叫作“超网”。

▼ 这是因为 CIDR 汇总的 C 类地址块通常有 2 的幂个，只有从连续的地址中才能找到合适的分割网络标识和主机标识的位置。

▼ 关于聚合的更多细节，请参考 4.4.2 节。

根据 CIDR，连续多个 C 类地址块▼可以划分到一个较大的网络内。CIDR 更有效地利用了当前的 IPv4 地址，同时通过聚合▼减轻了路由器的负担。

以图 4.18 为例，应用 CIDR 技术将 203.183.224.1 到 203.183.225.254 的地址合为一个网络（它们本来是 2 个 C 类地址块）。

图 4.18

CIDR 应用举例（1）

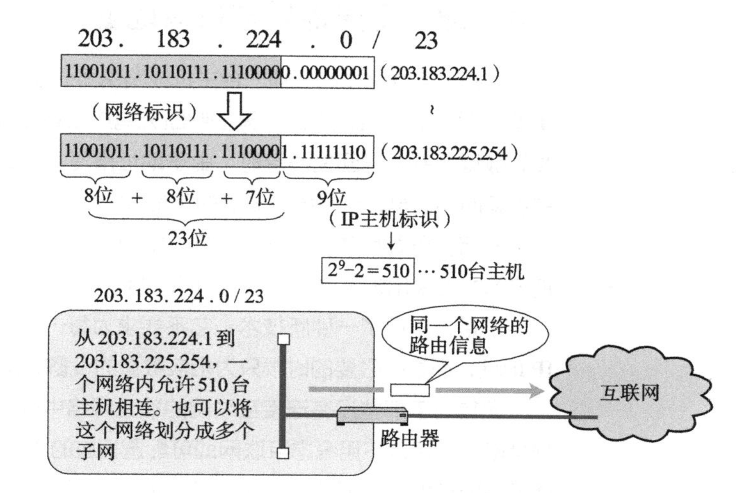

图 4.19 展示了将 202.244.160.1 到 202.244.167.254 的地址合并为一个网络的情形。该例子实际是将 8 个 C 类地址块合并为一个网络。

图 4.19

CIDR 应用举例（2）

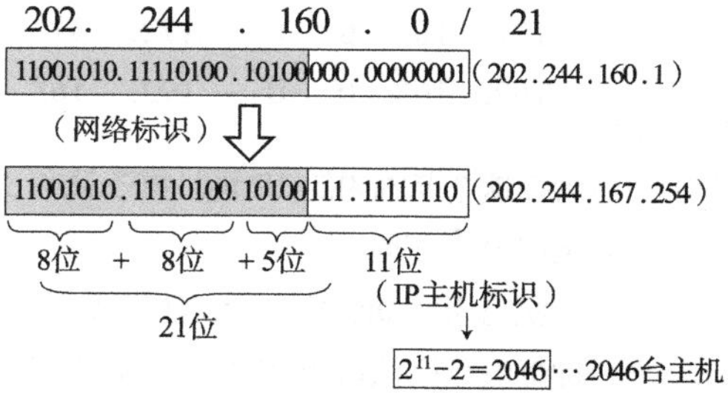

202. 244 . 160 . 0 / 21

11001010. 11110100. 10100000 . 00000001 (202.244.160.1)

（网络标识）

11001010. 11110100. 10100111 . 11111110 (202.244.167.254)

8位 + 8位 + 5位 11位

21位

（IP主机标识）

$2^{11}-2=2046$ … 2046台主机

在 CIDR 被应用到互联网的初期，组织内部采用固定长度的子网掩码机制。也就是说，当子网掩码的长度被设置为 /25 以后，组织内所有的子网掩码都得使用同样的长度。然而，有些部门可能有 500 台主机，还有一些部门可能只有 50 台主机。如果全部采用统一标准，就难以架构一个高效的网络结构。为此人们提出组织内要使用可变长的、高效的 IP 地址分配方式。

于是产生了一种可以随机修改组织内各个部门的子网掩码长度的机制——VLSM（可变长子网掩码）▼。它可以通过组织间路由协议转换为 RIP2（7.4.5 节）及 OSPF（7.5 节）实现。根据 VLSM 可以将网络地址划分为主机数为 500 台时子网掩码长度为 / 23，主机数为 50 台时子网掩码长度为 / 26，从而在理论上将 IP 地址的利用率提高至 50%。

▼ Variable Length Subnet Mask。

▼为了应对全局 IP 地址不足的问题，除了 CIDR 和 VLSM，还有 NAT(5.6 节)、代理服务器（1.9.7 节）等技术。

有了 CIDR 技术和 VLSM 技术，确实相对缓解了全局 IP 地址▼不够用的问题。但是 IP 地址的绝对数本身有限的事实无法改变。因此出现了 4.6 节将介绍的 IPv6 等方法。

4.3.8 全局地址与私有地址

起初，互联网中的任何一台主机或路由器必须配有唯一的 IP 地址。一旦出现 IP 地址冲突，就会使发送端无法判断究竟应该将数据发送给哪台主机。当接收端收到数据包并发送回执消息时，由于地址重复，因此发送端无从得知究竟是哪台主机返回的信息，这将影响通信的正常进行。

然而，随着互联网的迅速普及，IP 地址不足的问题日趋显著。如果一直按照现行的方法采用唯一地址，会有 IP 地址耗尽的危险。

于是，出现了一种新技术。它不要求为每一台主机或路由器分配一个固定的 IP 地址，而是在必要的时候只为相应数量的设备分配唯一的 IP 地址。

▼例如，因运维方案发生变化该网络需要连接到互联网时，或者不小心误被连接到互联网时，再例如，连接两个本来就各自独立的网络时，都容易发生地址冲突。

尤其对于那些没有连接互联网的独立网络中的主机，只要保证在这个网络内地址唯一，可以不用考虑互联网即可配置相应的 IP 地址。不过，让每个独立的网络各自随意地设置 IP 地址，可能会有问题▼。于是出现了私有网络的 IP 地址。它的地址范围如下所示：

10. 0. 0. 0 ~ 10. 255. 255. 255 （10/8） A 类
172. 16. 0. 0 ~ 172. 31. 255. 255 （172. 16/12） B 类
192. 168. 0. 0 ~ 192. 168. 255. 255 （192. 168/16） C 类

▼ A 类 ~ C 类范围中除去 0/8、127/8。

▼也叫公网 IP。

包含在这个范围内的 IP 地址属于私有 IP 地址，而在这个范围之外▼的 IP 地址称为全局 IP▼地址。

▼更多细节请参考 5.6 节。

私有 IP 地址最早没有连接互联网，只用于互联网之外的独立网络。然而，当一种能够互换私有 IP 地址与全局 IP 地址的 NAT▼技术诞生以后，配有私有地址的主机与配有全局地址的互联网主机实现了通信，如图 4.20 所示。

现在有很多学校、家庭、公司内部正采用在每个终端设置私有 IP 地址，而在路由器（宽带路由器）或在必要的服务器上设置全局 IP 地址的方法。当配有私有 IP 地址的主机联网时，则通过 NAT 进行通信。

▼在使用任播（5.8.3 节）的情况下，多台主机或路由器可以配置同一个 IP 地址。

全局 IP 地址基本上要在整个互联网范围内保持唯一▼，但私有 IP 地址不需要，只要在同一个组织里保证唯一即可。在不同的组织里出现相同的私有 IP 地址不会影响使用。

由此，私有 IP 地址结合 NAT 技术已成为现在解决 IP 地址分配问题的主流方案。它与使用全局 IP 地址相比有各种限制▼。为了解决这些问题，IPv6 出现了。

▼例如，对于应用的首部或数据部分传递 IP 地址和端口号的应用程序来说，直接使用私有 IP 地址会导致无法通信。

图 4.20
全局 IP 地址与私有 IP 地址

■ 所有全局IP地址

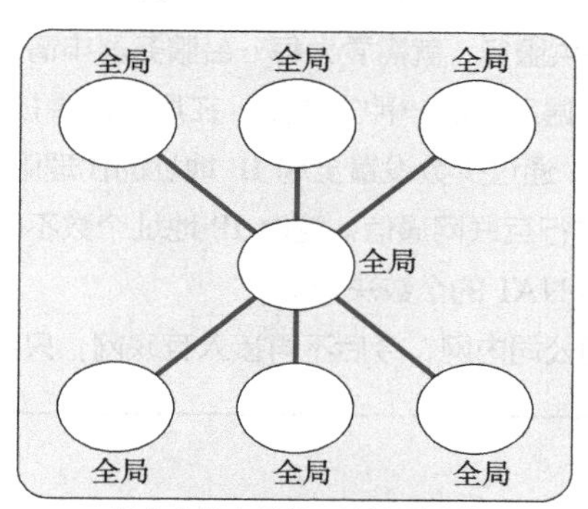

每台主机之间的IP地址不重复

■ 现在的互联网中一部分主机使用私有IP地址

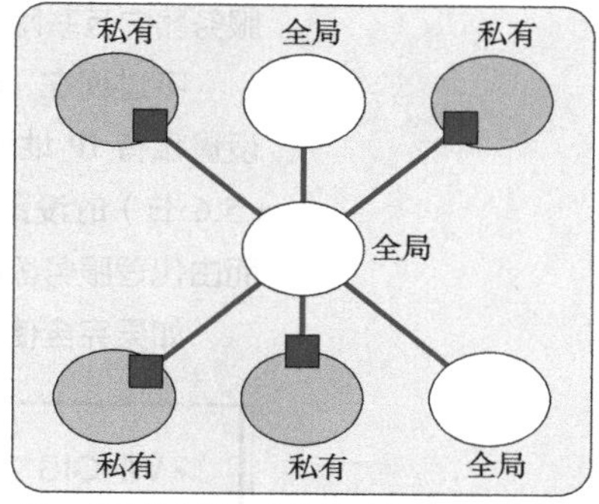

⬭ 表示的全局IP地址的网络中，没有重复的IP地址

⬭ 表示的私有IP地址的网络中，各个网络内部使用同样的IP地址

■ 表示的NAT部分可以转换IP地址

4.3.9 全局 IP 地址由谁决定

到此，读者可能会问：这个所谓的全局 IP 地址究竟是由谁管理，又是由谁决定的呢？在世界范围内，全局 IP 地址由 ICANN▼进行管理。在日本则由一个叫作 JPNIC▼的机构进行管理，它是日本唯一指定的全局 IP 地址管理组织。

▼The Internet Corporation for Assigned Names and Numbers，中文叫“互联网名称与数字地址分配机构”，负责管理全世界的 IP 地址和域名。

▼Japan Network Information Center，负责日本 IP 地址与 AS 编号的管理。

在互联网被广泛商用之前，日本用户只有直接向 JPNIC 申请全局 IP 地址才能接入互联网。然而，随着 ISP 的出现，人们在向 ISP 申请接入互联网的同时往往还会申请全局 IP 地址。全局 IP 地址的申请流程如图 4.21 所示。在这种情况下，实际上是 ISP 代替用户向 JPNIC 申请了一个全局 IP 地址。而连接某个区域网络时，一般不需要联系提供商，只要联系该区域网络的运营商即可。

图 4.21
全局 IP 地址的申请流程

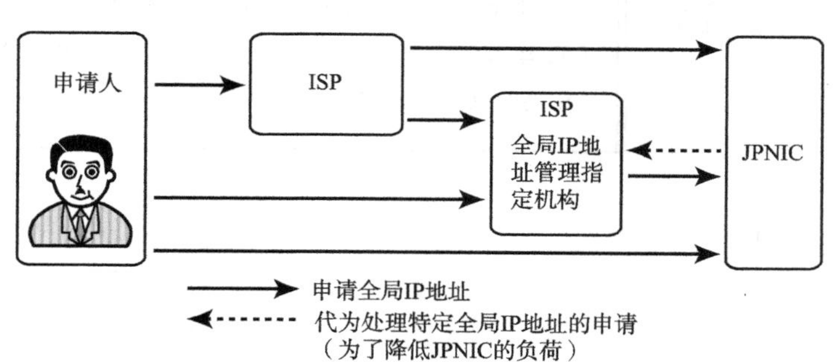

——→ 申请全局IP地址

←------- 代为处理特定全局IP地址的申请（为了降低JPNIC的负荷）

日本的全局IP地址申请由JPNIC进行管理，也有指定的代理全局IP地址分配及管理的机构。

一般的用户，申请全局IP地址可以联系ISP。如果直接向JPNIC申请，有时可能会遭到拒绝。

对于 FTTH 和 ADSL 的服务，网络提供商直接给用户分配全局 IP 地址，并且用户每次重连，该 IP 地址都可能会发生变化。这时的 IP 地址由网络提供商维护，不需要用户亲自申请全局 IP 地址。

一般只有在需要固定 IP 地址的情况下才会申请全局 IP 地址。如果要让多台服务器向互联网提供服务，就需要为每一台服务器申请一个全局 IP 地址。

不过现在，普遍采用的一种方式是，在局域网中按照 4.3.8 节所介绍的那样设置私有 IP 地址，通过少数设置全局 IP 地址的代理服务器（1.9.7 节）或 NAT（5.6 节）的设置进行互联网通信。这时 IP 地址个数不取决于局域网中主机个数，而由代理服务器和 NAT 的个数决定。

如果完全使用公司内网，今后不再接入互联网，只要使用私有 IP 地址即可。

■ WHOIS

互联网其实是由各种各样的组织组合而成的。分组数据要经过众多组织才能被发送出去。也就是说，即使是在相互认识的人与人之间进行通信，数据包在传输过程中所经过的线路或设备也无从得知。既然已经能够正常通信了，就不需要了解这些信息了。

然而，有时在数据包的传输过程中，可能会遇到一些意外▼。如果这些异常仅仅是跟自己或对端有关，那么直接联系对端或许就能够很容易地解决问题。但是，如果这些异常是由途中其他设备所造成的，那该如何是好呢？

此时，网络技术人员可以通过检查 ICMP 包▼、利用 traceroute▼等命令定位发生异常的设备或 IP 地址。一旦明确了 IP 地址，就可以跟管理这个 IP 地址的组织管理员取得联系，提出问题并找到解决问题的突破口▼。

不过，这里还有一个问题，那就是即使知道了发生问题的 IP 地址，该如何了解该 IP 地址隶属于哪个组织或哪个机构呢？对此，又该如何定位呢？尤其在近来网络病毒的入侵愈加迅猛，受感染的主机很有可能在不知情的情况下，将非法的数据包继续转发出去。管理员在处理此类问题时，必须通过 IP 地址和主机名定位出具体管理人。

为了解决这个问题，从很早开始互联网中就可以通过网络信息查询机构和管理人联系方式。这种方法就叫作 WHOIS。WHOIS 提供查询 IP 地址、AS 编号及搜索域名分配登记和管理人信息的服务。

▼例如，设备上的错误配置或设备本身的故障、缺陷导致线路频繁切换及网络不稳定，路由错误甚至会导致无法与子网主机进行通信、丢包、含有特定比特模式的包被破坏等问题。

▼ICMP 是诊断 IP 的协议。更多细节请参考 5.4 节。

▼利用 ICMP 呈现线路上路由的一种命令。更多细节请参考 5.4.2 节。

▼在互联网上即使遇到问题也没有受理问题的服务窗口。需要用户包括互联网提供商的相互合作解决所遇到的问题。网管需要做的就是当发生问题时，跟发生问题的那个组织的管理员取得联系。当组织管理员发现是本组织的设备出现故障时，应提供应对办法。

4.4 路由控制

发送数据包时所使用的地址是网络层的地址，即 IP 地址。然而，仅仅有 IP 地址还不足以实现将数据包发送到目标地址。在数据发送过程中，还需要类似于“指明路由器或主机”的信息，以便真正发往目标地址。保存这种信息的是路由控制表（Routing Table）。实现 IP 通信的主机和路由器都必须持有一张这样的表。它们正是在这张表的基础上才得以发送数据包的。

路由控制表的形成方式有两种：一种是管理员手动设置，另一种是路由器与其他路由器相互交换信息时自动刷新。前者也叫静态路由控制，而后者叫作动态路由控制。为了让动态路由控制及时刷新路由控制表，在网络上互连的路由器之间必须设置好路由协议，保证正常交换路由控制信息。

IP 始终认为路由控制表是正确的。然而，IP 本身并没有定义制作路由控制表的协议，即 IP 没有制作路由控制表的机制。该表由“路由协议”（这个协议有别于 IP）制作而成。关于路由协议的更多细节，第 7 章将详细介绍。

4.4.1 IP 地址与路由控制

IP 地址的网络地址部分用于路由控制。图 4.22 即发送 IP 包的示例。

图 4.22
路由控制表与 IP 包发送

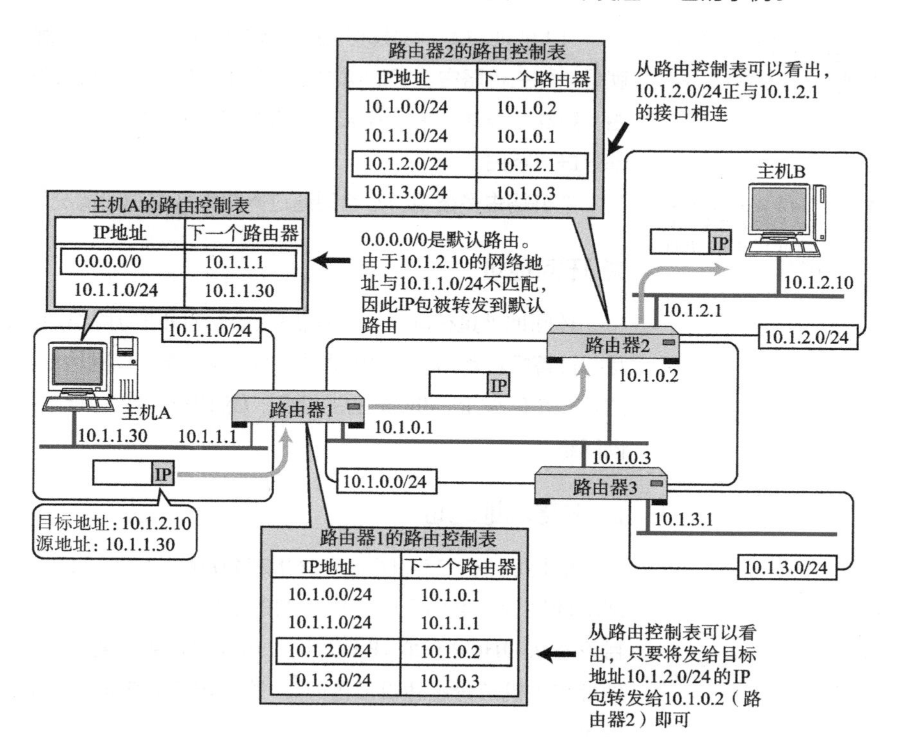

路由控制表中记录着网络地址与下一步应该发送至哪个路由器的地址▼。在发送 IP 包时，首先要确定 IP 首部中的目标地址，再从路由控制表中找到与该地址具有相同网络地址的记录，根据该记录将 IP 包转发给相应的下一个路由器。如果路由控制表中存在多条相同网络地址的记录，就选择一个最吻合的网络地址。所谓最吻合是指相同位数最多的网络地址▼。

▼在 Windows 或 UNIX 上表示路由控制表的方法分别为 netstat-r 或 netstatr-n。

▼也叫最长匹配。

例如，172.20.100.52 的网络地址与 172.20/16 和 172.20.100/24 这两个网络地址都匹配。此时，应该选择相同位数更多的 172.20.100/24。此外，如果路由控制表中下一个路由器的位置记录着某台主机或路由器网卡的 IP 地址，那就意味着"发送的目标地址属于同一数据链路"▼。

▼目标地址在同一数据链路中的情况下，路由控制表的记录格式可能会根据操作系统和路由器种类的不同而有所区别。

■ 默认路由

如果一张路由控制表中包含所有的网络及其子网的信息，将会造成无端的浪费。这时，默认路由（Default Route）是不错的选择。默认路由是指路由控制表中任何一个地址都能与之匹配的记录。

默认路由一般标记为 0.0.0.0/0 或 default▼。这里的 0.0.0.0/0 并不是指 IP 地址是 0.0.0.0。由于后面是"/0"，因此并没有标记 IP 地址▼。它只是为了避免人们误以为 0.0.0.0 是 IP 地址。有时默认路由也被标记为 default，但是在计算机内部和路由协议的发送过程中还是以 0.0.0.0/0 进行处理。

▼用子网掩码表示的话，IP 地址为 0.0.0.0，子网掩码也是 0.0.0.0。

▼0.0.0.0 的 IP 地址应该标记为 0.0.0.0/32。

■ 主机路由

"IP 地址 /32"也被称为主机路由（Host Route）。例如，192.168.153.15/32▼就是一种主机路由。它的意思是整个 IP 地址的所有位都将参与路由。进行主机路由，意味着要基于主机网卡上配置的 IP 地址本身，而不是基于该地址的网络地址部分进行路由。

▼用子网掩码表示的话，若 IP 地址为 192.168.153.15，其对应的子网掩码为 255.255.255.255。

主机路由多被用于不希望通过网络地址路由的情况▼。

▼不过，请读者注意，使用主机路由会导致路由控制表扩大，路由负荷增加，进而造成网络性能下降。

■ 环回地址

环回地址是在同一台计算机的程序之间进行网络通信时所使用的一个默认地址。计算机使用特殊的 IP 地址 127.0.0.1 作为环回地址。与该地址具有相同意义的是一个叫作 localhost 的主机名。使用这个 IP 地址或主机名时，数据包不会流向网络。

■ 链路本地地址

地址块 169.254/16（从 169.254.0.0 到 169.254.255.255）中的地址称作链路本地地址，可用于同一链路内的通信。当一台主机没有设置固定的 IP 地址，且无法从 DHCP 获取 IP 地址时，可能会被手动或自动设置这类地址。链路本地地址的主机部分是随机设置的▼。路由器不会转发目标地址为链路本地地址的数据包。

▼为了避免 IP 地址重复，在使用某个 IP 地址前，需要先通过 ARP 确认该 IP 地址未被使用。有关 ARP 的内容，请参考 5.3 节。

4.4.2 路由控制表的聚合

利用网络地址的分布可以有效进行分层配置。对内即使有多个子网掩码，对外呈现出的也是同一个网络地址。这样可以更好地构建网络，通过路由控制信息的聚合可以有效减少路由控制表的条目▼。

▼路由控制表的聚合也叫路由汇聚（Routing Aggregation）。

如图 4.23 所示，在聚合之前需要 6 条路由记录，聚合之后只需要 2 条路由记录。

图 4.23
路由控制表聚合的例子

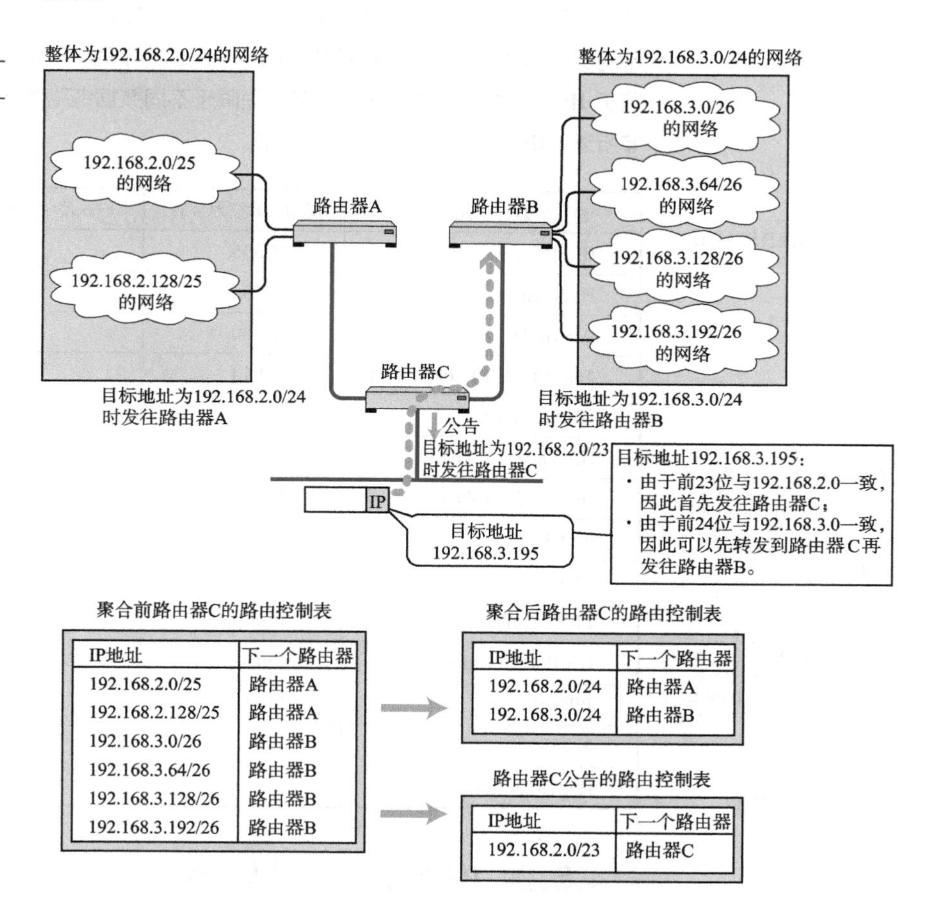

聚合前路由器C的路由控制表

IP地址	下一个路由器
192.168.2.0/25	路由器A
192.168.2.128/25	路由器A
192.168.3.0/26	路由器B
192.168.3.64/26	路由器B
192.168.3.128/26	路由器B
192.168.3.192/26	路由器B

聚合后路由器C的路由控制表

IP地址	下一个路由器
192.168.2.0/24	路由器A
192.168.3.0/24	路由器B

路由器C公告的路由控制表

IP地址	下一个路由器
192.168.2.0/23	路由器C

能够缩小路由控制表的大小是它最大的优势。路由控制表越大，管理它所需要的内存和 CPU 也就越多，并且查找路由控制表的时间也会越长，导致转发 IP 包的性能下降。如果要构建大规模、高性能网络，则需要尽可能削减路由控制表的大小。

路由聚合的另一重要意义在于，可以向周围的路由器公告精简后的路由控制信息。如图 4.23 所示，路由器 C 会将“我知道如何前往网络 192.168.2.0/24 和网络 192.168.3.0/24”这一信息精简为“我知道如何前往 192.168.2.0/23”后再进行公告。

4.5 IP分片处理与再构成处理

4.5.1 数据链路不同，MTU相异

如4.2.3节所述，每种数据链路的最大传输单元（MTU）不尽相同。表4.2列出了不同的数据链路及其MTU。每种数据链路的MTU之所以不同，是因为不同类型的数据链路的使用目的不同。使用目的不同，可承载的MTU也就不同。鉴于IP属于数据链路上一层，它不受限于不同数据链路的MTU大小。如4.2.3节所述，IP抽象化了底层的数据链路。

表4.2
不同数据链路及其MTU

数据链路	MTU（单位为字节）	总长度（单位为字节，包含FCS）
IP的最大MTU	65 535	–
Hyperchannel	65 535	–
IP over HIPPI	65 280	65 320
16Mbit/s IBM Token Ring	17 914	17 958
IP over ATM	9180	–
IEEE802.4 Token Bus	8166	8191
IEEE802.5 Token Ring	4464	4508
FDDI	4352	4500
以太网	1500▼	1518
PPP（Default）	1500	–
IEEE802.3 Ethernet	1492	1518
PPPoE	1492	–
X.25	576	–
IP的最小MTU	68	–

▼以太网也可以使用大于1500字节的MTU。这种方式叫作Jumbo Frame，是指巨型帧格式。为了提高主机的通信速率，采用9000字节左右的MTU的情况更多一些。使用Jumbo Frame不仅需要对应网段的主机，还需要路由器、交换机和网桥（交换集线器）的支持。即使在不使用Jumbo Frame的情况下，经由IP隧道也能实现超过1500字节的帧通过途中的路由器或网桥。因此，如果想避免过多的IP分片，那么可以适当地扩大路由器或网桥的MTU值。

4.5.2 IP报文的分片与重组

任何一台主机都有必要对IP分片（IP Fragmentation）进行相应的处理。主机往往在网络上遇到比较大的报文无法一下子发送出去时才会进行分片处理。

图4.24展示了网络传输过程中分片处理的一个示例。路由器一端连接着MTU为9000字节且支持Jumbo Frame（巨型帧）的以太网，另一端连接着MTU为1500字节的常规以太网。此时，发送端主机向接收端主机发送了一个“IP首部＋UDP首部＋数据＝8220字节”的数据包。虽然数据报能够原样传输至路由器，但不得不经过分片处理才能转发到目标主机。路由器会先将此IP数据报分割成6个分片再进行转发。而且，只要路由器认为有必要，就会反复进行分片处理▼。

▼分片以8位字节的倍数为单位进行。

图 4.24
IP 报文的分片与重组

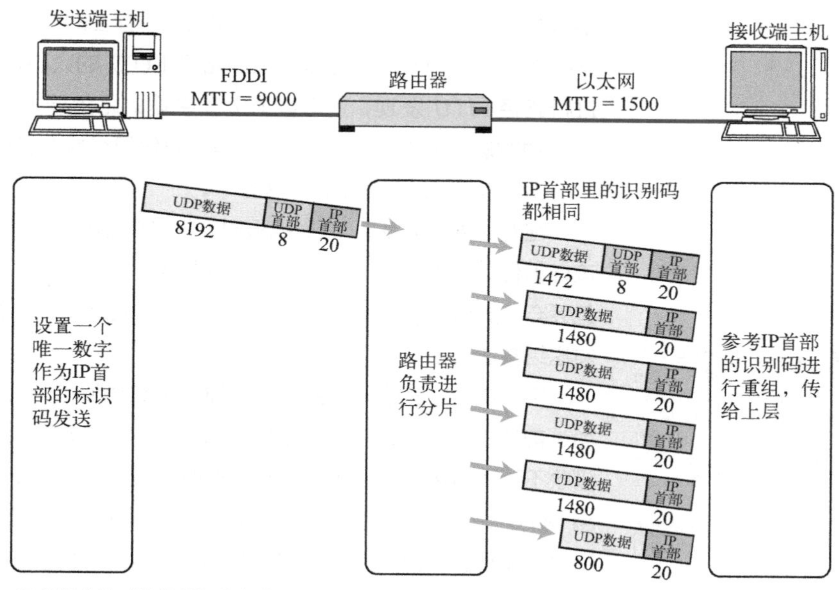

IP首部中的“片偏移”字段表示分片之后每个分片在用户数据中的相对位置和该分片之后是否还有后续其他分片。根据这个字段可以判断一个IP数据报是否分片及当前分片为整个数据报的起始、中段还是末尾

（数表示数据长度。单位为字节）

经过分片之后的 IP 数据报在被重组时，只能由目标主机进行。路由器虽然进行分片处理但不会进行重组。

这样的处理是由诸多方面的因素造成的。例如，现实当中无法保证分片之后的 IP 数据报是否经由同一个路径传送。因此，路由器就算等待再长时间也等不来经由其他路由器转发来的数据包。此外，拆分之后的分片也有可能会在途中丢失▼。即使在途中某一处被重组，但如果下一站再经过其他路由器时还会面临被分片的可能。这会给路由器带来多余的负担，也会降低网络传输效率。出于这些原因，在终结点（目标主机）重组分片了的 IP 数据报成为现行的规范。

▼在目标主机上进行分片的重组时，可能有一部分数据包会延迟到达。因此，一般会从第一个数据包的分片到达的那一刻起等待约 30 秒再进行处理。

4.5.3 路径 MTU 发现

分片机制也有它的不足。首先，路由器的处理负荷加重。随着时代的变迁，计算机网络的物理传输速率不断上升。一方面，这些高速的链路对路由器和计算机网络提出了更高的要求。另一方面，随着人们对网络安全的要求提高，路由器需要做的其他处理也越来越多，如网络过滤▼等。因此，只要允许，人们是不希望由路由器进行 IP 数据报的分片处理的。

其次，在分片处理中，一旦某个分片丢失，则会造成整个 IP 数据报作废。为了避免此类问题，TCP 的初期设计还曾使用过更小▼的数据包进行传输。结果是网络的利用率明显下降。

为了应对以上问题，一种新的技术“路径 MTU 发现”（Path MTU Discovery▼）应运而生。所谓路径 MTU（Path MTU）是指从发送端主机到接收端主机之间

▼过滤是指只有带有一定特殊参数的 IP 数据报才能通过路由器。这里的参数可以是发送端主机的 IP 地址、接收端主机的 IP 地址、TCP 或 UDP 端口号、TCP 的 SYN 标志或 ACK 标志等。

▼包含 TCP 的数据限制在 536 字节或 512 字节。

▼也可以缩写为 PMTUD。

不需要分片时最大 MTU 的大小，即路径中存在的所有数据链路中最小的 MTU。路径 MTU 发现从发送端主机按照路径 MTU 的大小将数据报分片后进行发送。进行路径 MTU 发现，就可以避免在中途的路由器上进行分片处理，也可以在 TCP 中发送更大的包。现在，很多操作系统已经具备了路径 MTU 发现的功能。

路径 MTU 发现的工作原理如下。

在发送端主机发送 IP 数据报时，将其首部的分片禁止标志位设置为 1。根据该标志位，途中的路由器即使遇到需要分片处理的大包，也不会去分片，而是将包丢弃。随后，路由器通过一个 ICMP 的不可达消息，将数据链路上 MTU 的值发送给发送端主机▼。

▼具体来说，以 ICMP 不可达消息中的分片需求（代码 4）进行通知。然而，在有些老式的路由器中，ICMP 可能不包含下一个 MTU 值。这时，发送端主机必须不断增减包的大小，以此来定位一个合适的 MTU 值。

下一次，发送给同一台目标主机的 IP 数据报将使用 ICMP 通知的 MTU 值作为当前的 MTU。发送端主机根据 MTU 对数据报进行分片处理。如此反复，直到收不到 ICMP 不可达消息为止，此时就得到了通往接收端主机的路径的 MTU。当 MTU 的值比较大时，最少可以缓存▼ 10 分钟。在这 10 分钟内使用刚刚得到的 MTU，但过了这 10 分钟以后需要重新根据数据链路上的 MTU 做一次路径 MTU 发现。

▼缓存是指将反复使用的信息暂时保存到一个可以即刻获取的位置。

图 4.25

路径 MTU 发现的机制（UDP 的情况下）

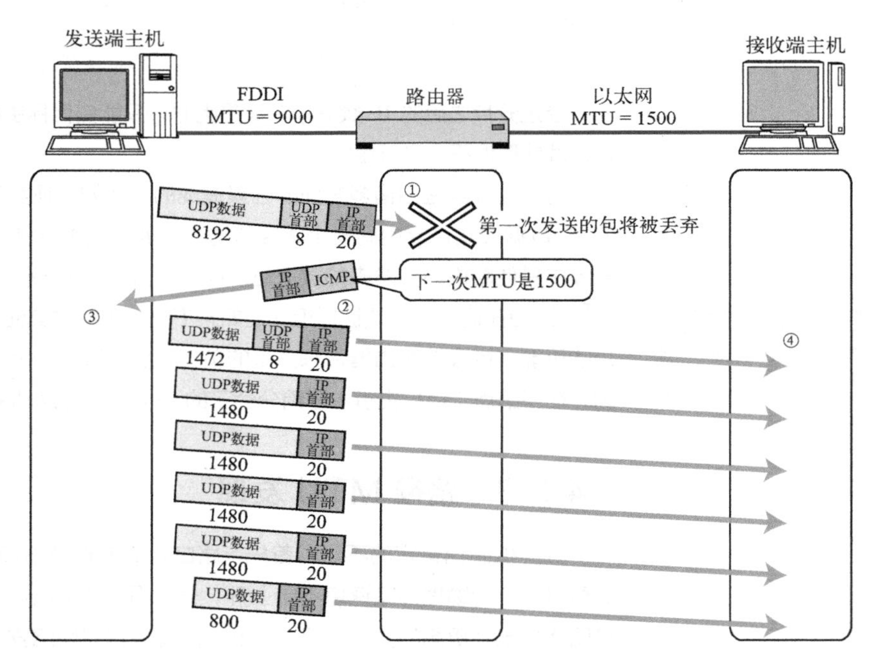

① 发送时IP首部的分片标志位设置为不分片。路由器丢包。
② 由ICMP通知下一次MTU的大小。
③ UDP中没有重发处理。应用在发送下一个消息时会被分片。具体来说，就是指UDP层传过来的“UDP首部+UDP数据”在IP层被分片。对于IP，它并不区分UDP首部和应用的数据。
④ 所有的分片到达目标主机后被重组，再传给UDP层。

（数表示数据长度，单位为字节）

图 4.25 是 UDP 的例子。在 TCP 的情况下，根据路径 MTU 的大小计算出最大报文段长度（MSS），然后再根据这些信息进行数据包的发送。因此，在 TCP 中如果采用路径 MTU 发现，IP 层则不会再进行分片处理，如图 4.26 所示。关于 TCP 的最大报文段长度，请参考 6.4.5 节。

图 4.26

路径 MTU 发现的机制（TCP 的情况下）

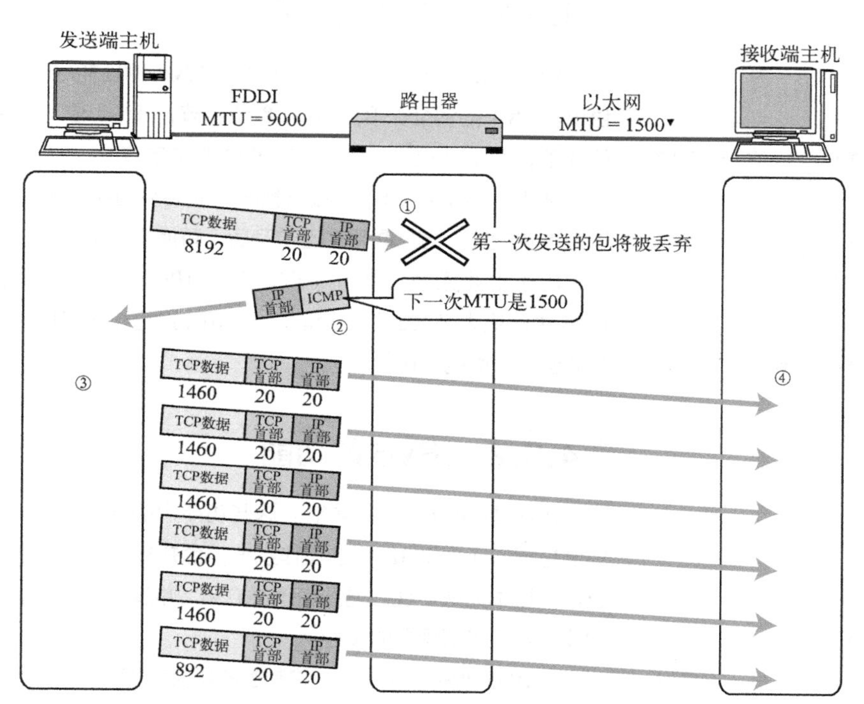
发送端主机
接收端主机
FDDI
MTU = 9000
路由器
以太网
MTU = 1500▼
TCP数据
8192
TCP首部
20
IP首部
20
①
第一次发送的包将被丢弃
IP首部
ICMP
下一次MTU是1500
②
③
④
TCP数据
1460
TCP首部
20
IP首部
20
TCP数据
892
① 发送时IP首部的分片标志位设置为不分片。路由器丢包。
② 由ICMP通知下一次MTU的大小▼。
③ 根据TCP的重发处理，数据报会被重新发送。TCP负责将数据分成IP层不会再被分片的粒度以后传给IP层，IP层不再做分片处理。
④ 不需要重组。数据被原样发送给接收端主机的TCP层。
（数表示数据长度，单位为字节）

▼通信双方在建立 TCP 连接时，TCP 有根据 MTU 较小的一方的 MTU 来确定数据包长度的机制。因此，对于图中的网格，实际上并不会发生分片。但是如果有两个以上路由器，两边网络的 MTU 都是 9000，中间网络的 MTU 是 1500，就会出现图中所示的现象。细节请参考 6.4.5 节。

▼出于网络安全的考虑，有些组织会限制 ICMP 消息的接收。实际上这也有问题。因为这时路径 MTU 发现的功能无法正常运行，会造成最终用户不明，导致连接不稳定。

4.6 IPv6

4.6.1 IPv6 的必要性

IPv6（IP version 6）是为了解决 IPv4 地址耗尽的问题而被标准化的互联网协议。IPv4 的地址长度为 4 个 8 位字节，即 32 位。IPv6 的地址长度则是 IPv4 的 4 倍，即 128 位▼，一般写成 16 个 8 位字节。

▼IPv6 的地址空间（可用的 IPv6 地址）是 IPv4 的 2^{96} = 7.923×10^{28} 倍。

从 IPv4 切换到 IPv6 极其耗时，需要将网络中所有主机和路由器的 IP 地址进行重新设置。当互联网广泛普及后，替换所有 IP 协议栈▼是更艰巨的任务。

▼为实现协议机制而开发的程序和架设的线路。

出于上述原因，IPv6 不仅能解决 IPv4 地址耗尽的问题，它甚至试图弥补 IPv4 中的绝大多数缺陷。目前，人们正着力于进行 IPv4 与 IPv6 之间的相互通信与兼容性方面的测试▼。

▼即 IP 隧道（5.7 节）和协议转换（5.6.3 节）等。

4.6.2 IPv6 的功能

IPv6 具有以下几种功能。这些功能中的一部分在 IPv4 中已经实现。然而，即便是那些实现了 IPv4 的操作系统，也并非实现了所有的 IPv4 功能。这中间不乏存在根本无法实现或需要管理员介入才能实现的部分，IPv6 则将其作为必要的功能，减轻了管理员的负担▼。

▼只能在 IPv6 的情况下使用。如果想在 IPv4 和 IPv6 中都投入使用，工作量恐怕会是原来的两倍不止。

- IP 地址的扩大与路由控制表的聚合功能

  IP 地址依然适应互联网分层构造。在分配与其地址结构相适应的 IP 地址时，会可能避免路由控制表扩大。

- 性能提升功能

  包首部长度采用固定的值（40 字节），不再采用首部检验码。简化首部结构，减轻路由器负荷。路由器不再做分片处理（通过路径 MTU 发现只由发送端主机进行分片处理）。

- 支持即插即用功能

  即使没有 DHCP 服务器也可以实现自动分配 IP 地址。

- 采用认证与加密功能

  应对伪造 IP 地址的网络安全功能及防止线路窃听的功能（IPsec）。

- 多播、Mobile IP 成为扩展功能

  多播和 Mobile IP 被定义为 IPv6 的扩展功能。由此可见，曾在 IPv4 中难以应用的这两种功能在 IPv6 中能够顺利使用。

4.6.3 IPv6 中 IP 地址的表示方法

IPv6 的 IP 地址长度为 128 位。它所能表示的数高达 38 位（$2^{128} \approx 3.40 \times 10^{38}$）。

这可谓天文数，足以为多到超乎人们想象的所有主机和路由器分配地址。

如果将 IPv6 的地址像 IPv4 的地址一样用十进制数表示，是 16 个数的序列（IPv4 是 4 个数的序列）。由于用 16 个数的序列表示显得有些麻烦，因此将 IPv6 和 IPv4 在表示方法上进行区分。一般来说，人们将 128 位的 IP 地址以每 16 位为一组，每组用冒号（":"）隔开进行表示。如果出现连续的 0，可以将这些 0 省略，并用两个冒号（"::"）隔开。但是，一个 IP 地址中只允许出现一次两个连续的冒号。

在 IPv6 中，人们正在努力使用最简单的方法表示 IP 地址，以便记忆。

- IPv6 的 IP 地址表示举例

  用二进制表示

  1111111011011100:1011101010011000:0111011001010100:
  0011001000010000:1111111011011100:1011101010011000:
  0111011001010100:0011001000010000

  用十六进制表示

  FEDC:BA98:7654:3210:FEDC:BA98:7654:3210

- IPv6 的 IP 地址省略举例

  用二进制表示

  0001000010000000:0000000000000000:0000000000000000:
  0000000000000000:0000000000001000:0000100000000000:
  0010000000001100:0100000101111010

  用十六进制表示

  1080:0:0:0:8:800:200C:417A

  ↓

  1080::8:800:200C:417A（省略后）

4.6.4 IPv6 地址结构

IPv6 类似于 IPv4，也是通过 IP 地址的前几位标识 IP 地址的种类。

在互联网通信中，IPv6 使用全局单播地址，如图 4.27 所示。它是互联网中唯一的地址，不需要正式分配 IP 地址。

限制型网络，即不与互联网直接接入的私有网络，可以使用唯一本地地址。这类地址含有根据一定算法生成的随机数，可以像 IPv4 的私有地址一样自由使用。

在不使用路由器或者在同一个以太网网段内进行通信时，可以使用链路本地单播地址。

而在构建允许多种类型 IP 地址的网络时，在同一数据链路上可以使用全局单播地址及唯一本地地址进行通信。

IPv6 地址结构如表 4.3 所示。在 IPv6 的环境中，可以将 IP 地址全配置在一个 NIC 上，按需灵活使用。

图 4.27
IPv6 中的通信

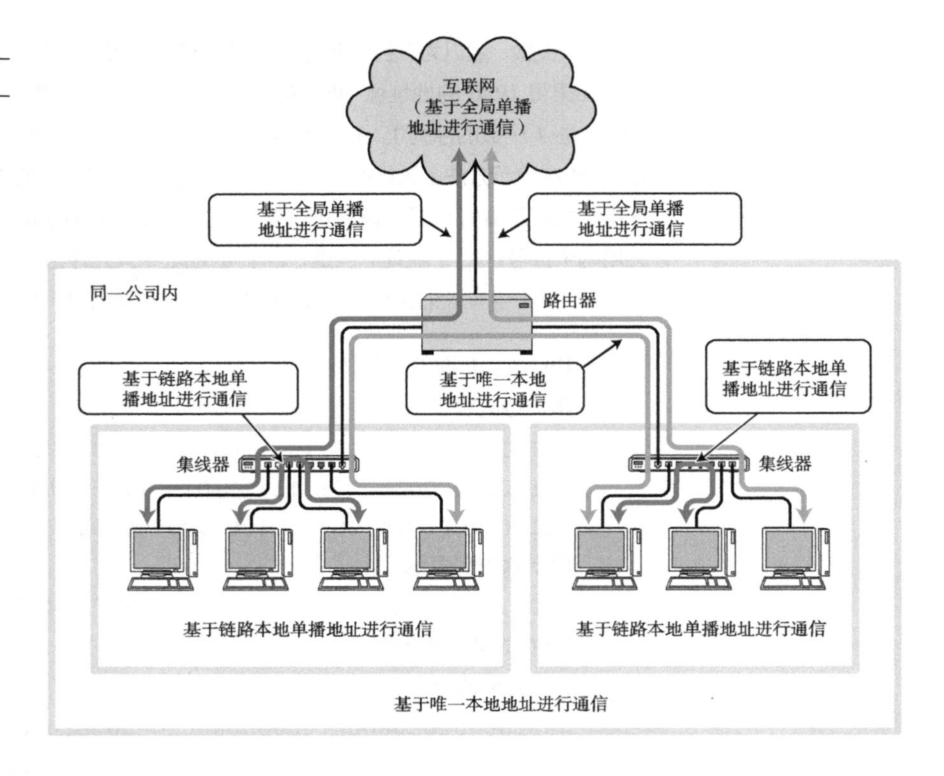

表 4.3
IPv6 地址结构

未定义	0000 ... 0000（128 位）	::/128
环回地址	0000 ... 0001（128 位）	::1/128
唯一本地地址	1111 110	FC00::/7
链路本地单播地址	1111 1110 10	FE80::/10
多播地址	1111 1111	FF00::/8
全局单播地址	（其他）	

4.6.5　全局单播地址

全局单播地址是世界上唯一的地址。它是互联网通信及各个组织内部通信中最常用的 IPv6 地址。

全局单播地址的格式如图 4.28 所示。现在的 IPv6 网络中所使用的格式为，$n = 48$，$m = 16$，$128 - n - m = 64$，即前 64 位为网络标识，后 64 位为主机标识。

图 4.28
全局单播地址

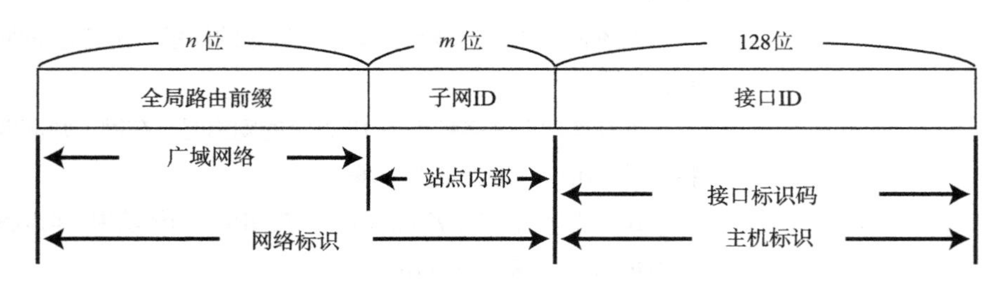

通常，接口 ID 中保存着基于 64 位的 MAC 地址产生的值。不过，由于 MAC 地址▼属于设备固有的信息，因此有时不希望让对端知道。这时的接口 ID 可设置为与 MAC 地址没有关系的“临时地址”。这种临时地址通常随机产生，并会定期更新。所以，从 IPv6 地址中查看定位设备变得没那么简单。究竟是哪台设备，全由操作系统的实现和设置决定▼。

▼称为IEEE EUI-64识别码。

▼常被用于在客户端的个人计算机中分配这种临时地址的情况。

4.6.6 链路本地单播地址

链路本地单播地址是同一数据链路内唯一的地址，其格式如图 4.29 所示。它用于不经过路由器，在同一数据链路中的通信。通常，接口 ID 保存 64 位的 MAC 地址。

图 4.29
链路本地单播地址

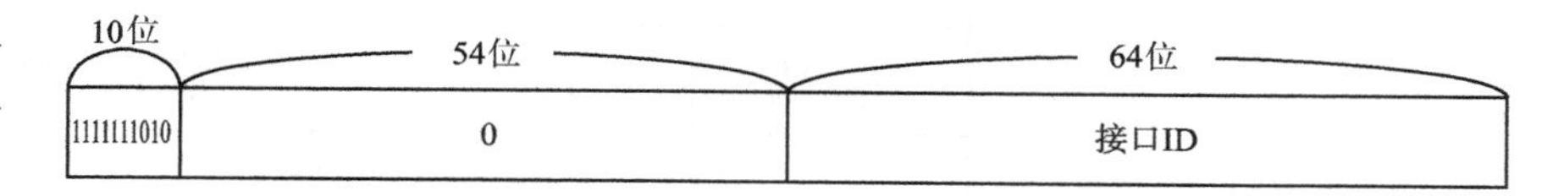

4.6.7 唯一本地地址

唯一本地地址是不进行互联网通信时所使用的地址，其格式如图 4.30 所示 。

图 4.30
唯一本地地址

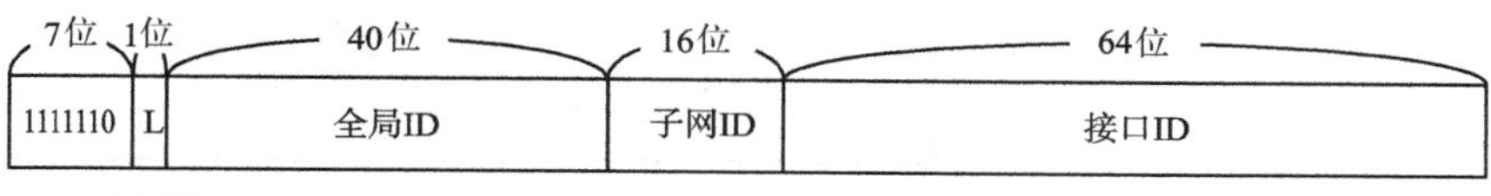

※ L通常设置为1。
※ 全局ID的值随机决定。
※ 子网ID是指该组织子网地址。
※ 接口ID即为接口的ID。

设备控制的限制型网络及金融机构的结算网等会与互联网隔离。为了提高安全性，企业内部的网络与互联网通信时通常会通过 NAT 或网关（代理）进行。而唯一本地地址正是在这种不联网或通过 NAT 及代理联网的环境中使用的。

唯一本地地址虽然不与互联网连接，但是会尽可能地生成唯一的全局 ID。由于企业兼并、业务统一、效率提高等原因，很有可能会与使用了唯一本地地址的网络连接在一起。在这种情况下，人们希望在不改动 IP 地址的情况下实现网络的统一▼。

▼全局 ID 不一定是全世界唯一的，完全一致的可能性不高。

4.6.8 IPv6 分片处理

IPv6 的分片处理只在作为起点的发送端主机上进行，路由器不参与分片。这是为了减少路由器的负荷，提高网速。所以，IPv6 中的“路径 MTU 发现”功能必不可少。不过，IPv6 中最小的 MTU 为 1280 字节。因此，在嵌入式系统中，对于有一定系统资源限制▼的设备来说，不需要进行“路径 MTU 发现”，而是在发送 IP 包时直接以 1280 字节为单位分片发出。

▼CPU 处理能力或内存限制等。

4.7 IPv4 首部

通过 IP 进行通信时，需要在数据的前面加入 IP 首部信息。IP 首部包含 IP 进行发包控制时所需的必要信息。了解了 IP 首部的结构（如图 4.31 所示），就能够对 IP 所具有的功能有一个详细的把握。

图 4.31

IP 数据报格式（IPv4）

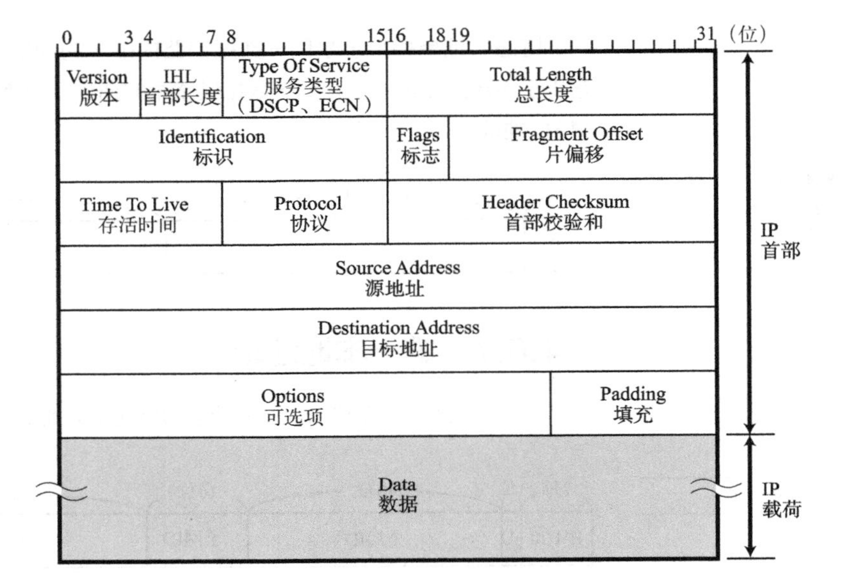

■ 版本（Version）

版本由 4 位构成，表示 IP 首部的版本号。IPv4 的版本号为 4，因此在这个字段上的值是“4”。此外，关于 IP 的所有版本号在表 4.4 中列出。

表 4.4

IP 首部的版本号

版 本 号	简 称	协 议
4	IP	Internet Protocol
5	ST	ST Datagram Mode
6	IPv6	Internet Protocol version 6
7	TP/IX	TP/IX: The Next Internet
8	PIP	The P Internet Protocol
9	TUBA	TUBA

关于 IP 版本号

IPv4 的下一个版本是 IPv6。为什么要从版本 4 直接跳到版本 6 呢？

这里需要提到的是，IP 版本号的含义与普通软件的版本号有所区别。普通软件的版本号会随着更新逐渐增大，最新版本号即为最大号码。这要基于每款软件都由特定的软件公司或团体进行开发才能实现。

而在互联网中，为了让 IP 更完善，有众多机构致力于它的规范化。机构为了能够验证相应的 IP，他们会按照顺序分配具体的版本号。

一向重视实践的互联网，在遇到好的提案时，不能只纸上谈兵，还需要反复实验。为此，对于那些还未正式使用的版本号就会如表 4.4 所示那样标上号码▼，从而在实验的过程中选择一个最佳的产物进行标准化。IP version 6（IPv6）正是经历了这些过程后才成为 IPv4 下一代的 IP。因此，IP 版本号的大小本身没有什么太大的意义。

▼虽然 RFC750 表明版本号 0~4 已被分配，但除了版本号 4，其余的未被使用。

首部长度（IHL：Internet Header Length）

首部长度由 4 位构成，表明 IP 首部的大小，单位为 4 字节（32 位）。对于没有可选项的 IP 包，首部长度设置为“5”。也就是说，当没有可选项时，IP 首部的长度为 20 字节（$4 \times 5 = 20$）。

DSCP 字段与 ECN 字段

图 4.32 DSCP 字段与 ECN 字段

0 1 2 3 4 5	6 7
DSCP字段	ECN字段

DSCP（Differential Services Codepoint，差分服务代码点）是 TOS（Type Of Service）的一部分（如图 4.32 所示）。DSCP 用于进行称为 DiffServ▼的质量控制。

▼关于 DiffServ 的更多细节，请参考 5.8.4 节。

如果 3 ~ 5 位的值为 0，0 ~ 2 位则被称作类别选择代码点。这样就可以像 TOS 的优先度那样提供 8 种质量控制级别。对于每种级别所采取的措施由使用 DiffServ 的管理员制定。为了与 TOS 保持一致，值越大优先度越高。如果第 5 位为 1，表示实验或本地使用的意思。

ECN（Explicit Congestion Notification，显式拥塞通告）用来报告网络拥塞情况，由 2 位构成，每一位的具体含义如表 4.5 所示。

表 4.5 ECN 字段

位	简　称	含　义
6	ECT	ECN-Capable Transport
7	CE	Congestion Experienced

第 6 位的 ECT 用以通告传输层协议是否处理 ECN。当路由器在转发 ECN 为 1 的包时，如果出现网络拥塞的情况，就将 CE 位设置为 1▼。

▼关于 ECN 的更多细节，请参考 5.8.5 节。

服务类型（TOS：Type Of Service）

DSCP 字段和 ECN 字段所占的 8 位在早期的 IP 首部中叫作服务类型字段。服务类型由 8 位构成，用来表明服务质量。每一位的具体含义如表 4.6 所示。

表 4.6
服务类型中各位的含义

位	含 义
0 1 2	优先度▼
3	最低延迟
4	最大吞吐
5	最大可靠性
6	最小代价
（3～6）	最大安全
7	未定义

▼用第 0、第 1、第 2 这 3 位表示 0～7 的优先度。从 0 到 7 优先度从低到高。

不过，因为要按照要求在该字段中发送数据，相应的控制机制会异常复杂，或是一旦设置错误，就没有实际效果了等原因，所以 TOS 字段难以投入使用。因此，普遍是将 TOS 字段划分为 DSCP 和 ECN 这两个字段使用。

总长度（Total Length）

总长度表示 IP 首部与数据合起来的总字节。该字段长 16 位。因此 IP 包的最大长度为 65 535（$2^{16}-1=65\ 535$）字节。

如表 4.2 所示，目前几乎不存在能够传输最大长度为 65 535 字节的 IP 包的数据链路。不过，由于有 IP 分片处理，因此从 IP 的上层看，不论底层采用何种数据链路，都认为能够以 IP 包的最大长度传输数据。

标识（ID：Identification）

标识由 16 位构成，用于分片重组。同一分片的标识值相同，不同分片的标识值不同。通常，发送 IP 包时，它的值呈递增趋势。此外，即使 ID 相同，如果目标地址、源地址或协议不同，也会被认为是不同的分片。

标志（Flags）

标志由 3 位构成，表示包被分片的相关信息。每一位的具体含义请参考表 4.7。

表 4.7
标志的各位及其含义

位	含 义
0	未使用，现在必须是 0
1	表示是否进行分片（don’t fragment） 0 – 可以分片 1 – 不能分片
2	包被分片的情况下，表示是否为最后一个包（more fragment） 0 – 最后一个分片的包 1 – 分片中段的包

■ 片偏移（FO：Fragment Offset）

片偏移由 13 位构成，用来标识每个分片相对于原始数据的位置。第一个分片对应的值为 0。由于 FO 字段占 13 位，因此最多可以表示 8192（$2^{13}=8192$）个相对位置。它的单位为 8 位字节，所以最大可以表示原始数据的第 $8\times(8192-1)=$ 65 528 字节的位置。

■ 存活时间（TTL：Time To Live）

存活时间由 8 位构成，它最初的意思是以秒为单位记录当前包在网络中存活的期限。然而，在实际中，它是可以中转多少个路由器的意思。每经过一个路由器，TTL 减少 1，直到变成 0 则丢弃该包▼。

▼ 由于 TTL 占 8 位，因此可以表示 0~255 的数。一个包中转路由的次数不会超过 $2^8=256$ 次。由此可以避免 IP 包在网络内无限传递的问题。

■ 协议（Protocol）

协议由 8 位构成，表示紧随 IP 首部之后的下一个首部所属的协议。目前经常使用的协议如表 4.8 所示。

表 4.8 协议及其编号

协议编号	简　称	协　议
0	HOPOPT	IPv6 Hop-by-Hop Option
1	ICMP	Internet Control Message Protocol
2	IGMP	Internet Group Management Protocol
4	IP	IP encapsulation（IP in IP）
6	TCP	Transmission Control Protocol
8	EGP	Exterior Gateway Protocol
9	IGP	any private interior gateway（Cisco IGRP）
17	UDP	User Datagram Protocol
33	DCCP	Datagram Congestion Control Protocol
41	IPv6	Internet Protocal Version 6
43	IPv6-Route	Routing Header for IPv6
44	IPv6-Frag	Fragment Header for IPv6
46	RSVP	Resource Reservation Protocol
50	ESP	Encap Security Payload
51	AH	Authentication Header
58	IPv6-ICMP	ICMP for IPv6
59	IPv6-NoNxt	No Next Header for IPv6
60	IPv6-Opts	Destination Options for IPv6
88	EIGRP	Enhanced Interior Routing Protocol
89	OSPF	Open Shortest Path First
97	ETHERIP	Ethernet-within-IP Encapsulation
103	PIM	Protocol Independent Multicast
108	IPComp	IP Payload Compression Protocol
112	VRRP	Virtual Router Redundancy Protocol

（续）

协议编号	简　称	协　议
115	L2TP	Layer Two Tunneling Protocol
124	ISIS over IPv4	ISIS over IPv4
132	SCTP	Stream Control Transmission Protocol
133	FC	Fibre Channel
134	RSVP-E2E-IGNORE	RSVP-E2E-IGNORE
135	Mobility Header（IPv6）	Mobility Header（IPv6）
136	UDPLite	UDP-Lite
137	MPLS-in-IP	MPLS-in-IP

■ 首部校验和（Header Checksum）

首部校验和由 16 位（2 字节）构成，也叫 IP 首部校验和。该字段只校验数据报的首部，不校验数据部分。它主要用来确保 IP 首部不被破坏。校验和的计算过程，首先要将校验和的所有位置设置为 0。其次以 16 位为单位划分 IP 首部，并用 1 补码▼计算所有位置的和。最后将所得到的和的 1 补码赋给首部校验和字段。

▼计算机中通常对整数运算采用 2 补码的方法。但在校验和的计算中采用 1 补码运算方法。这样做的优点在于即使产生进位也可以回到第 1 位，可以防止信息缺失并且可以用 2 个 0 区分使用。

■ 源地址（Source Address）

源地址由 32 位（4 字节）构成，表示发送端 IP 地址。

■ 目标地址（Destination Address）

目标地址由 32 位（4 字节）构成，表示接收端 IP 地址。

■ 可选项（Options）

可选项长度可变，通常只在进行实验或诊断时使用。该字段包含如下几点信息。

- 安全级别
- 源路径
- 路径记录
- 时间戳

■ 填充（Padding）

在有可选项的情况下，首部长度可能不是 32 位的整数倍。为此，通过向字段填充 0，调整为 32 位的整数倍。

■ 数据（Data）

存入数据。将 IP 上层协议的首部作为数据进行处理。

4.8 IPv6 首部格式

▼因为 TCP 和 UDP 在做校验和计算时使用伪首部，所以可以验证 IP 地址或协议编号是否正确。因此，即使在 IP 层无法提供可靠传输，在 TCP 或 UDP 层也可以提供可靠传输的服务。关于这一点可以参考 TCP 或 UDP 的详解。

IPv6 的首部格式如图 4.33 所示。相比 IPv4，IPv6 发生了巨大变化。

IPv6 为了减轻路由器的负担，省略了首部校验和字段▼。因此路由器不再计算校验和，从而提高了包的转发效率。

此外，分片处理所用的识别码为可选项。为了让 64 位 CPU 的计算机处理起来更方便，IPv6 的首部及可选项都由 8 位字节构成。

图 4.33

IPv6 数据包格式

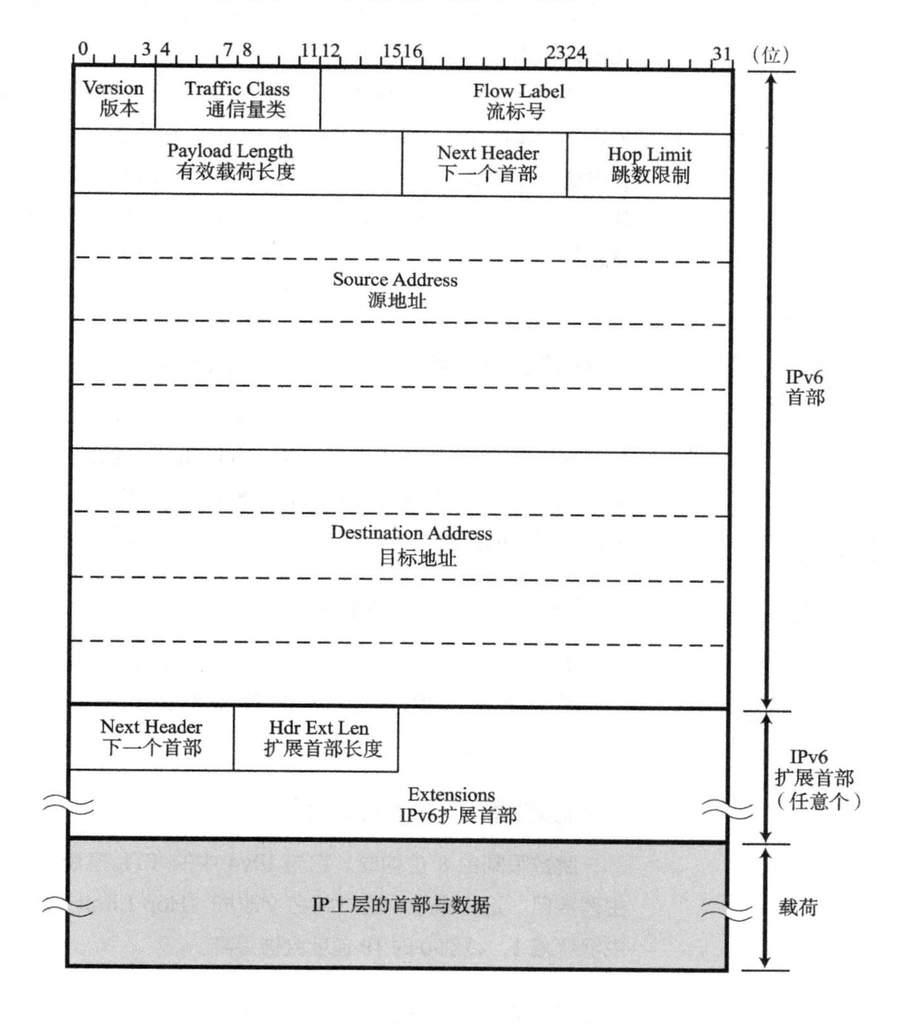

■ 版本（Version）

与 IPv4 一样，IPv6 版本由 4 位构成。IPv6 版本号为 6，因此在这个字段上的值为“6”。

■ 通信量类（Traffic Class）

通信量类相当于 IPv4 的 TOS（Type Of Service）字段，也由 8 位构成。TOS 在 IPv4 中几乎没有什么建树，未能成为卓有成效的技术，本来计划在 IPv6 中删掉这个字段。不过，出于今后研究的考虑还是保留了该字段。具体可以参考 5.8.4 节对 DiffServ 的说明，以及 5.8.5 节对 ECN 的详解。

■ 流标号（Flow Label）

流标号由 20 位构成，用于服务质量（QoS：Quality of Service）▼控制。使用这个字段提供怎样的服务是未来研究的课题。不使用 QoS 时，所有位可以全部设置为 0。

▼详见 5.8.4 节。

在进行 QoS 时，将流标号设置为一个随机数，然后利用一种可以设置流的 RSVP（Resource Reservation Protocol）▼在路由器上进行 QoS 设置。当某个包在发送途中需要 QoS 时，需要附上 RSVP 设置的流标号。路由器接收到这样的 IP 包后先将流标号作为查找关键字，迅速检索出服务质量控制信息再进行相应处理▼。

▼关于 RSVP 的更多细节，请参考 5.8.4 节中的 IntServ。

▼采用 QoS 的路由器必须尽早转发所接收的包。由于需要检索相应的质量控制信息来确定以何种质量发送包才合适，因此有时可能会影响发送质量。流标号正是为“高速检索”而使用的一种索引（Index）。它的值本身没有什么具体含义。

此外，只有流标号、源地址及目标地址完全一致时，才被认为是一个流。

■ 有效载荷长度（Payload Length）

有效载荷是指包的数据部分。IPv4 的 TL（Total Length）是指包括首部在内的总长度。然而 IPv6 中的 Payload Length 不包括首部，只表示数据部分的长度。由于 IPv6 的可选项相当于连接在 IPv6 首部之后的数据，因此当有可选项时，此处包含可选项数据的总长度就是 Payload Length▼。

▼由于该字段长度为 16 位，因此数据最大长度可达 65 535 字节。不过，为了让更大的数据能通过一个 IPv6 数据包发送出去，便增加了大型有效载荷选项（Jumbo Payload Option）。该选项包含一个长度为 32 位的字段。有了它，IPv6 一次可以发送最大 4G 字节的包。

■ 下一个首部（Next Header）

下一个首部相当于 IPv4 中的协议字段。它由 8 位构成。通常表示 IP 的上层协议是 TCP 或 UDP。不过，在有 IPv6 扩展首部的情况下，该字段表示后面第一个扩展首部的协议类型。

■ 跳数限制（Hop Limit）

跳数限制由 8 位构成。它与 IPv4 中的 TTL 意思相同。为了强调“可通过路由器数目”这个概念，它才将名字改成“Hop Limit”。该字段的值每经过一次路由器就减 1，减到 0 时 IP 包就会被丢弃。

■ 源地址（Source Address）

源地址由 128 位构成，表示发送端 IP 地址。

■ 目标地址（Destination Address）

目标地址由 128 位构成，表示接收端 IP 地址。

■ IPv6 扩展首部

IPv6 的首部长度固定，无法将可选项加入其中。取而代之的是通过扩展首部对功能进行有效扩展。

扩展首部通常介于 IPv6 首部与 TCP/UDP 首部之间。在 IPv4 中，可选项长度固定为 40 字节，但是在 IPv6 中没有这样的限制。也就是说，IPv6 可以有多个扩展首部，如图 4.34 所示。扩展首部中包含表示下一个协议或下一个扩展首部的字段。

IPv6 首部中没有标识及标志字段，当需要对 IP 包进行分片时，可以使用扩展首部。

图 4.34
IPv6 扩展首部

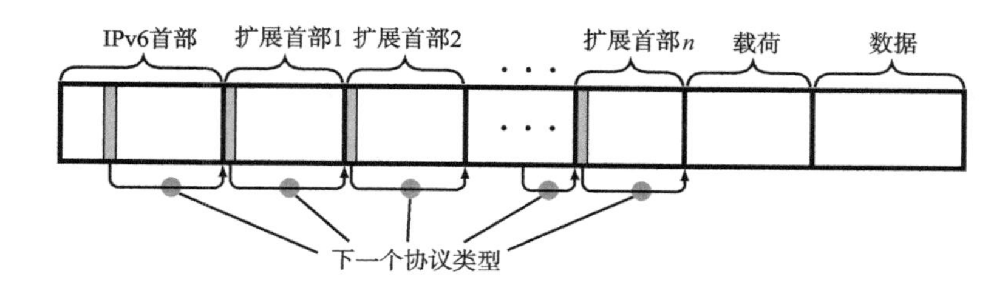

具体的扩展首部如表 4.9 所示。当需要对 IPv6 数据包进行分片时，可以设置扩展域为 44（Fragment Header）。当使用 IPsec 时，可以使用 50、51 的 ESP、AH。在 Mobile IPv6 的情况下，可以采用 60 与 135 的目标地址选项与移动首部。

表 4.9
IPv6 扩展首部与协议编号

扩展首部	协议编号
IPv6 逐跳选项（HOPOPT）	0
IPv6 路由标头（IPv6-Route）	43
IPv6 片首部（IPv6-Frag）	44
载荷加密（ESP）	50
认证首部（AH）	51
首部终止（IPv6-NoNxt）	59
目标地址选项（IPv6-Opts）	60
移动首部（Mobility Header）	135

第5章

IP 相关技术

IP（Internet Protocol）旨在让目标主机收到数据包，但是在这一过程中，仅仅有 IP 是无法实现通信的，必须还有能够解析主机名称和 MAC 地址的功能，以及数据包在发送过程中处理异常情况的功能。此外，还会涉及 IP 必不可少的其他功能。

本章主要介绍作为 IP 的辅助和扩展规范的 DNS、ARP、ICMP 及 DHCP 等协议。

OSI 参考模型	协议
7 应用层 6 表示层 5 会话层	＜应用层＞ TELNET、SSH、HTTP、SMTP、POP、SSL/TLS、FTP、MIME、HTML、SNMP、MIB、SIP……
4 传输层	＜传输层＞ TCP、UDP、UDP-Lite、SCTP、DCCP
3 网络层	＜网络层＞ ARP、IPv4、IPv6、ICMP、IPsec
2 数据链路层 1 物理层	以太网、无线LAN、PPP …… （双绞线电缆、无线、光纤……）

5.1 仅凭 IP 无法完成通信

到第 4 章为止，本书主要介绍了网络通信中如何利用 IP 实现数据包到达目标主机的功能，想必读者已经对此有所了解。

不知大家有没有注意到，人们在上网时其实很少直接输入某个具体的 IP 地址。

在访问 Web 网站、发送电子邮件、接收电子邮件时，我们通常会直接输入 Web 网站的地址或电子邮件地址等由应用层提供的地址，而不会使用由十进制数组成的 IP 地址。因此，为了让主机根据实际的 IP 包进行通信，有必要实现一种功能——将应用程序中使用的地址映射为 IP 地址。

此外，在数据链路层也不使用 IP 地址。在以太网中，只使用 MAC 地址传输数据包。实际上将众多 IP 包在网络上进行传送的是数据链路本身，因此必须了解接收端 MAC 地址。如果只知道 IP 地址却不知道 MAC 地址，那么通信也就无从谈起。

由此可知，在实际通信中，仅凭 IP 远远不够，还需要众多支持 IP 的相关技术才能够实现最终通信。

本章旨在介绍 IP 的辅助技术，具体包括 DNS、ARP、ICMP、ICMPv6、DHCP、NAT 等，还包括 IP 隧道、IP 多播、IP 任播、质量控制（QoS）、显式拥塞通知和 Mobile IP 技术。

5.2 DNS

在访问某个网站时，我们一般不使用 IP 地址，而是用一串由数字和点号组成的字符串。这样做是因为有 DNS（Domain Name System）功能的支持。DNS 可以将字符串自动转换为具体的 IP 地址。

DNS 不仅适用于 IPv4，还适用于 IPv6。

5.2.1 IP 地址不便记忆

TCP/IP 网络中要求互连的计算机都具有唯一的 IP 地址，并基于这个 IP 地址进行通信。然而，直接使用 IP 地址会产生很多不便。例如，在进行应用操作时，用户必须指定对端的接收地址，此时如果使用 IP 地址应用就会产生很多不便，因为 IP 地址是由一串数字组成的，并不好记▼。

为此，TCP/IP 世界中从一开始就有一种主机识别方式。这种识别方式是指为每台计算机赋以唯一的主机名，在进行网络通信时，可以直接使用主机名而无须输入一长串的 IP 地址。并且此时，系统必须自动将主机名转换为具体的 IP 地址，如图 5.1 所示。为了实现这样的功能，主机往往会利用一个叫作 hosts▼的数据库文件。

▼电话号码也是数字序列。当人们更换一个新的电话号码时，往往感觉不好记。与此相比，由英文字母序列组成的电子邮件地址反倒比较容易记忆。

▼hosts 类似于手机上“联系人”或“通讯录”的功能，只要事先保存好联系人的姓名和电话号码，即使记不住对方的电话号码也能通话。与此类似，只要事先保存好 IP 地址和主机名的对应关系，无须知道对端的 IP 地址，仅凭主机名就可以进行通信。

图 5.1
主机名与 IP 地址之间的转换

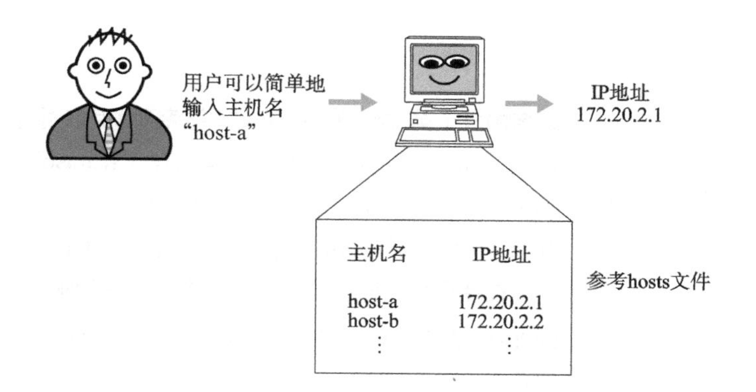

在 ARPANET 中，起初由互联网信息中心（SRI-NIC）集中管理 hosts 文件。如果新增一台计算机接入到 ARPANET 或者已有的某台计算机要进行 IP 地址变更，那么互联网信息中心的 hosts 文件就得更新，其他计算机则不得不定期下载最新的 hosts 文件从而保证正常使用网络。

然而，随着网络规模的不断扩大、接入的计算机台数不断增加，这种集中管理主机名和 IP 地址的可行性逐渐降低。

5.2.2 DNS的产生

在上述背景下，产生了一个可以有效管理主机名和IP地址之间对应关系的系统，那就是DNS。在这个系统中，主机名的管理机构可以对数据进行变更和设置。也就是说，管理机构可以维护一个用来表示组织内部主机名和IP地址之间对应关系的数据库。

当用户输入主机名（域名）时，DNS会自动检索注册了主机名和IP地址的数据库，并迅速定位对应的IP地址▼。而且，如果主机名和IP地址需要进行变更的，只需在组织机构内部进行处理即可，而没必要向其他机构进行申请或报告。还有一种称为动态DNS的机制，使用户可以在IP地址发生变更后继续沿用相同的主机名。

▼Windows和UNIX中若想查找域名对应的IP地址，常用nslookup命令。输入“nslookup 域名”会返回对应的IP地址。

有了DNS，不论网络规模变得多么庞大，都能在一个较小的范围内通过DNS进行管理。可以说DNS充分解决了ARPANET初期遇到的问题。就算到现在，当人们访问Web网站时，都能够直接输入主机名（域名）进行访问，这要归功于DNS。

5.2.3 域名的构成

在理解DNS时，需要了解什么是域名。域名是一种识别主机名和组织机构名称的具有分层的名称。例如，仓敷艺术科学大学的域名如下：

```
kusa.ac.jp
```

域名由几个英文字母（或英文字符序列）用点号连接构成。在上述域名中，最左边的“kusa”表示仓敷艺术科学大学（Kurashiki University of Science and the Arts）。中间的“ac”表示大学（Academy）或高等专科及技术专门学校等高等教育相关机构。最右边的“jp”则代表日本（Japan）。

▼持有域名的组织机构可以设置并维护自己的子域，此时的子域名要介于主机名和域名之间。

在使用域名时，可以在每个主机名后面附加上组织机构的域名▼。例如，有pepper、piyo、kinoko等主机名时，它们完整的带域名的主机名将呈现如下形式。

```
pepper.kusa.ac.jp
piyo.kusa.ac.jp
kinoko.kusa.ac.jp
```

在启用域名功能之前，单凭主机名无法灵活管理IP地址，因为在不同的组织机构中，不允许有同名的主机。然而，当出现了带有层次结构的域名之后，每一个组织机构都可以自由地为主机命名。

DNS的分层如图5.2所示。由于看起来像一颗倒挂的树，因此人们把这种分层结构叫作树形结构。如果说顶点是树的根（Root），那么底下是这棵树的各层

▼顶级域名（TLD：Top Level Domain）。

▼ 国家和地区顶级域名（ccTLD：country code TLD）。

▼ 通用顶级域名（gTLD：generic TLDs）。

枝叶。顶点的下一层叫作顶级域名▼，它包括“jp（日本）”“uk（英国）”等代表国家和地区的顶级域名▼，还包括“edu（美国教育机构）”或“com（美国企业）”等代表特定领域的通用顶级域名▼。这种表示方法类似于一个企业内部的组织结构图。

图 5.2

分层结构

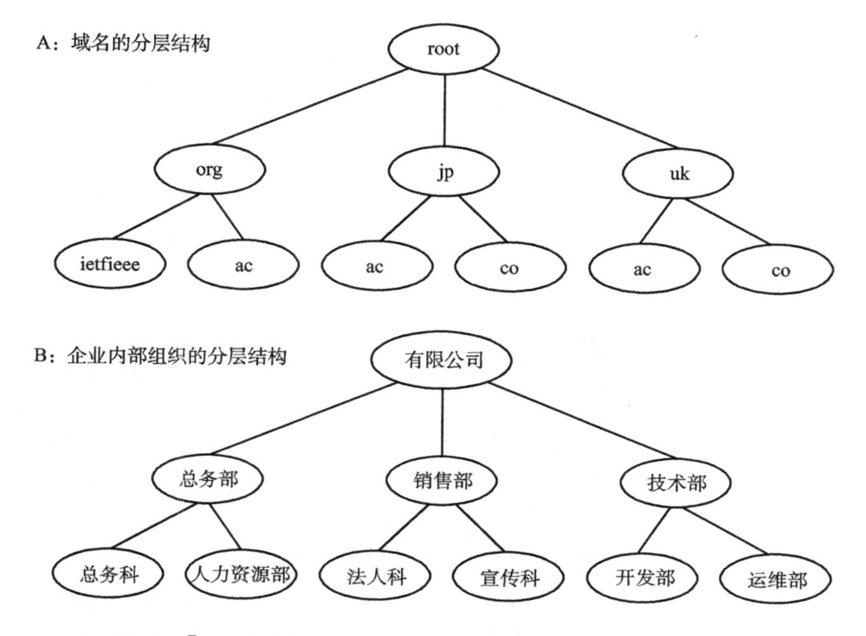

▼ jp 域名的登录管理和运维服务，从 2002 年 4 月 1 日起由日本的 JPRS 公司全权负责。

在 jp 的域名▼下，如图 5.3 所示，还可以有众多种类的域名。jp 往下第 2 层域名中不仅包括“ac”“co”等表示不同组织机构属性（组织类型）的通用域名，还包括“tokyo”等表示地域的通用域名。甚至在使用属性（组织类型）通用域名或地域通用域名的情况下，还可以有第 3 层域名。

图 5.3

jp 域名

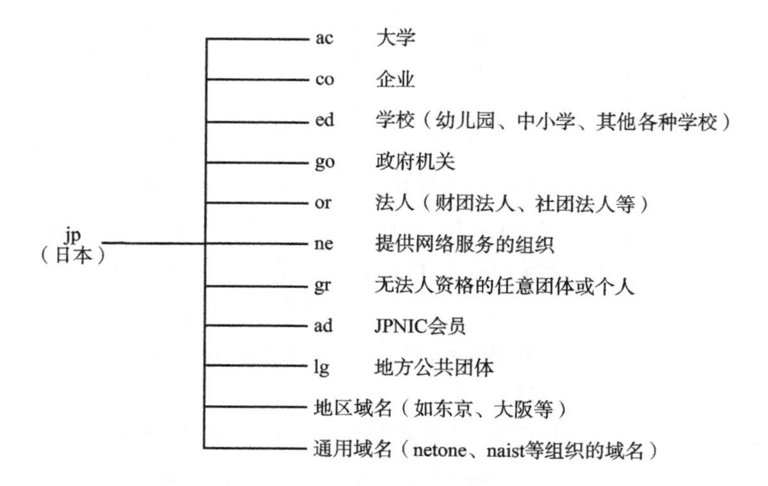

▼ American Standard Code for Information Interchange 的缩写。它是指用英文、数字及“!”“@”等字符表示的 7 位编码。

很长时间以来域名都用 ASCII 字符▼表示，然而现在逐渐开始使用日语等众多国家的文字表示。

■ 域名服务器

域名服务器是指管理域名的主机和相应的软件，它可以管理所在分层的域名的相关信息。其所管理的分层叫作 zone。如图 5.4 所示，每个分层都设有一个域名服务器。

图 5.4
域名服务器

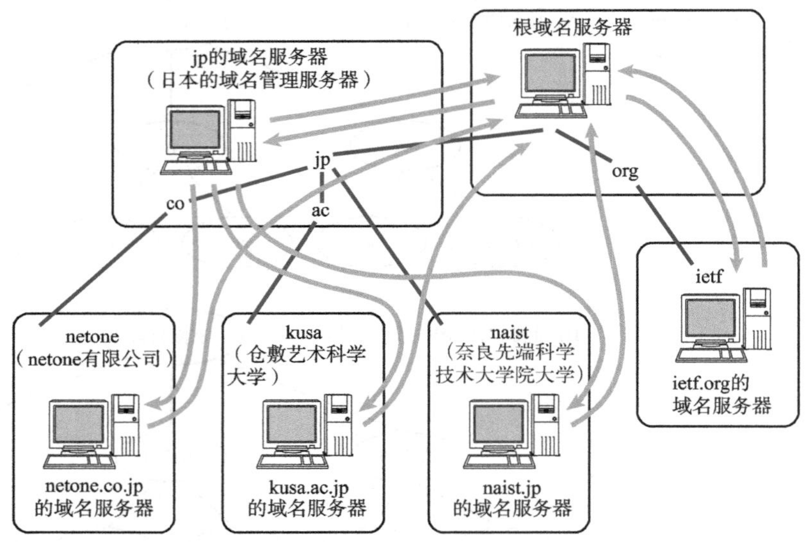

· 各个分层上都设有各自的域名服务器。
· 各层域名服务器都了解该层以下分层中所有域名服务器的IP地址。它们从根域名服务器开始呈树状结构相互连接。
· 由于所有域名服务器都了解根域名服务器的IP地址，因此若从根开始按照顺序追踪，可以访问世界上所有域名服务器的地址。

根部所设置的 DNS 叫作根域名服务器。它对 DNS 的数据检索功能起着至关重要的作用▼。根域名服务器中注册着根以下第 1 层域名服务器的 IP 地址。以图 5.4 为例，根域名服务器中注册了管理 jp 或 org 这类域名的域名服务器的 IP 地址。反之，如果想新增一个类似 jp 或 org 的域名或修改某个已有域名，就得在根域名服务器中进行追加或变更。

▼根据 DNS 协议，根域名服务器由 13 个 IP 地址表示，并且从 A 到 M 命名。然而，由于 IP 任播可以为多个节点设置同一个 IP 地址，为了提高容灾能力和负载均衡能力，因此根域名服务器的个数在不断增加。关于 IP 任播，请参考 5.8.3 节。

与之类似，在根域名服务器的下一层域名服务器中注册了再往下一层域名服务器或主机的 IP 地址。如果是位于域名服务器所管理的子域，那么可以自由地指定主机名和 IP 地址的对应关系及子域名▼。不过，如果想修改域名或重新设置域名服务器的 IP 地址，必须在其上层的域名服务器中进行追加或修改。

▼一个主机名（域名）可以对应多个 IP 地址。这称为“轮转 DNS”，可用于 Web 服务器等的负载均衡。此时，nslookup 命令将显示多个 IP 地址。

因此，域名和域名服务器需要按照分层进行设置。如果域名服务器宕机，那么针对该域名服务器的 DNS 查询就无法正常工作。为了提高容灾能力，一般会设置两个以上的域名服务器。当第一个域名服务器无法提供查询时，转到第二个甚至第三个域名服务器上进行，以此进行灾备处理。

所有的域名服务器都必须注册根域名服务器的 IP 地址。因为通过 DNS 查询 IP 地址时，需要从根域名服务器开始按顺序进行。

■ 解析器（Resolver）

进行 DNS 查询的主机和软件叫作 DNS 解析器。用户所使用的工作站或个人计算机都属于解析器。一个解析器要注册一个以上域名服务器的 IP 地址。通常，它至少包括组织内部的域名服务器的 IP 地址。

5.2.4 DNS 查询

▼也叫作 query。

DNS 查询▼的机制是什么呢？在此，以图 5.5 为例具体说明。图中 kusa.ac.jp 域中的计算机想访问网站 www.ietf.org，此时的 DNS 查询流程如图 5.5 所示。

图 5.5 DNS 查询

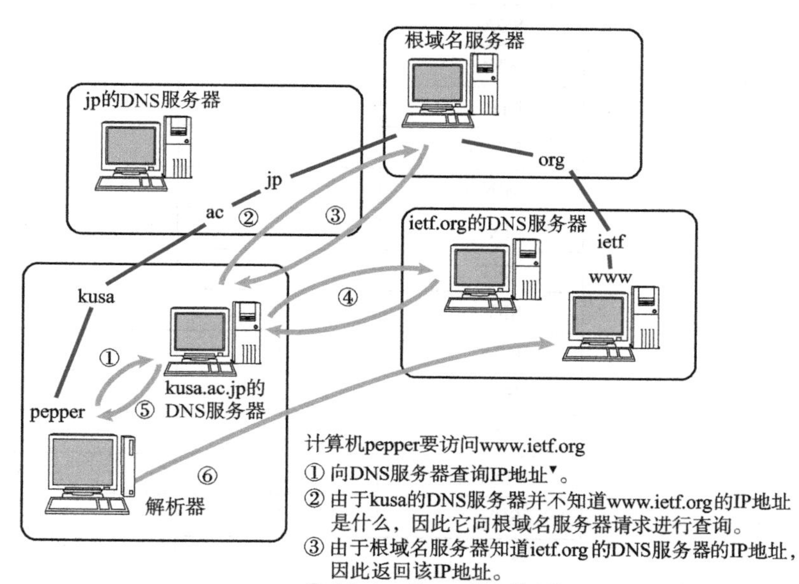
根域名服务器
jp的DNS服务器
jp
org
ac
②
③
ietf.org的DNS服务器
ietf
www
kusa
④
①
kusa.ac.jp的
DNS服务器
pepper
⑤
⑥
解析器
计算机pepper要访问www.ietf.org
① 向DNS服务器查询IP地址▼。
② 由于kusa的DNS服务器并不知道www.ietf.org的IP地址是什么，因此它向根域名服务器请求进行查询。
③ 由于根域名服务器知道ietf.org的DNS服务器的IP地址，因此返回该IP地址。
④ 向ietf.org的DNS服务器查询www.ietf.org的IP地址。
⑤ 将查到的IP地址返回给客户端。
⑥ pepper开始与www.ietf.org 进行通信。

▼DNS 查询和响应通常使用 UDP 进行。DNS 消息的长度不能超过 512 字节，若使用 IPv6 的话有可能超过这个限制。此时，可以改用 EDNS0（Extension Mechanisms for DNS，DNS 的扩展名机制），通过 TCP 来完成查询。

解析器为了查询 IP 地址，请求域名服务器▼进行查询处理。接收查询请求的域名服务器会先在自己的数据库进行查找。如果有该域名所对应的 IP 地址就返回。如果没有，域名服务器再请求根域名服务器进行查询处理。因此，如图 5.5 所示，从根开始对这棵树按照顺序进行遍历，直到找到对应的域名服务器，并由这个域名服务器返回想要的数据。

▼不仅可以访问同一域中的域名服务器，还可以访问其他域中的域名服务器。

解析器和域名服务器将了解到的最新信息暂时保存在缓存里▼。这样，可以减少每次查询时的性能消耗。

▼缓存的时限可以在提供信息的域名服务器上进行设置。

5.2.5 DNS如同互联网中的分布式数据库

前面提到的 DNS 是一种通过主机名检索 IP 地址的系统。然而，它所管理的信息不仅仅是主机名跟 IP 地址之间的映射关系。它还管理众多其他信息。具体可参考表 5.1。

表 5.1
DNS 的主要记录

类　型	编　号	内　容
A	1	主机名的 IP 地址（IPv4）
NS	2	域名服务器
CNAME	5	主机别名对应的规范名称
SOA	6	分层内权威记录起始标志
WKS	11	已知的服务
PTR	12	IP 地址反向解析
HINFO	13	主机相关的追加信息
MINFO	14	邮箱与邮件组信息
MX	15	邮件交换（Mail Exchange）
TXT	16	文本
SIG	24	安全证书
KEY	25	密钥
GPOS	27	地理位置
AAAA	28	主机的 IPv6 地址
NXT	30	下一代域名
SRV	33	服务器选择
*	255	所有缓存记录

例如，主机名与 IP 地址的对应信息叫作 A 记录。反之，从 IP 地址检索主机名的信息叫作 PTR。此外，NS 记录用于指定下层域名服务器的 IP 地址。

在此需要指出的是 MX 记录。这类记录中注册了邮件地址与邮件接收服务器的主机名。具体可参考 8.4 节的电子邮件说明。

5.3 ARP

只要确定了 IP 地址，就可以向目标地址发送 IP 包。然而，在数据链路层中，进行实际通信时有必要了解每个 IP 地址所对应的 MAC 地址。

5.3.1 ARP 概要

▼Address Resolution Protocol。

▼请参考 5.4.3 节中的邻居探索。

ARP▼是一种地址解析协议。以目标 IP 地址为线索，ARP 用来定位应该接收数据包的网络设备对应的 MAC 地址。如果目标主机不在同一数据链路上，可以通过 ARP 查找下一跳路由器的 MAC 地址。不过，ARP 只适用于 IPv4，不适用于 IPv6。IPv6 中可以用 ICMPv6 替代 ARP 发送邻居探索消息▼。

5.3.2 ARP 的工作机制

ARP 是如何知道 MAC 地址的呢？简单来说，ARP 是借助 ARP 请求与 ARP 响应这两种类型的数据包确定 MAC 地址的。

如图 5.6 所示，假设主机 A 向同一数据链路上的主机 B 发送 IP 包，主机 A 的 IP 地址为 172.20.1.1，主机 B 的 IP 地址为 172.20.1.2，它们并不知道对方的 MAC 地址。

图 5.6
ARP 工作机制

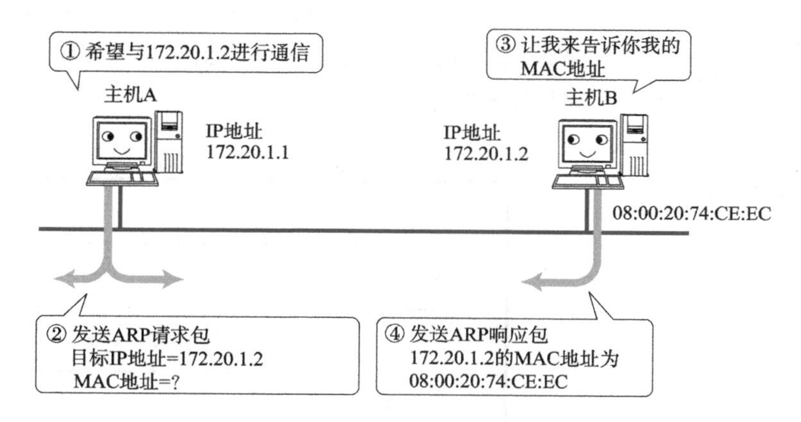

主机 A 为了获得主机 B 的 MAC 地址，起初要通过广播发送一个 ARP 请求包。ARP 请求包中包含想了解 MAC 地址的主机的 IP 地址。也就是说，ARP 请求包中已经包含主机 B 的 IP 地址 172.20.1.2。由于广播的数据包可以被同一数据链路上所有的主机或路由器接收，因此 ARP 请求包会被这一数据链路上所有的主机和路由器进行解析。如果 ARP 请求包中的目标 IP 地址与主机的 IP 地址一致，那么主机就将自己的 MAC 地址塞入 ARP 响应包返回给主机 A。

总之，发送 ARP 请求包是为了从 IP 地址获得 MAC 地址，回复 ARP 响应包是为了将自己的 MAC 地址告知对方。由此，可以通过 ARP 从 IP 地址获得 MAC 地址，实现链路内的 IP 通信。

ARP 可以动态地进行地址解析，因此在 TCP/IP 的网络结构和网络通信中，无须事先知道 MAC 地址究竟是什么，只要有 IP 地址即可。

如果每发送一个 IP 数据报都要进行一次 ARP 请求以此来确定 MAC 地址，那将会造成不必要的网络流量，因此，通常的做法是将获取到的 MAC 地址缓存▼一段时间，即把第一次通过 ARP 获取到的 MAC 地址作为 IP 对 MAC 的映射关系记录▼到 ARP 缓存表中，下一次再向这个 IP 地址发送 IP 数据报时不需要再重新发送 ARP 请求，而是直接使用缓存表当中的 MAC 地址进行 IP 数据报的发送。每执行一次 ARP，其对应的缓存内容就会被清除。不过，在清除之前可以不执行 ARP 就获取想要的 MAC 地址。这样，在一定程度上防止了 ARP 数据包（如图 5.7 所示）在网络上被大量广播的可能性。

▼是指预见同样的信息可能会再次使用，从而在内存中开辟一块区域用来记录这些信息。

▼记录 IP 地址与 MAC 地址对应关系的数据库叫作 ARP 表。在 UNIX 或 Windows 中，可以通过“arp-a”命令获取该表信息。

一般来说，只要向某台主机发送过 IP 数据报，接下来继续向这台主机发送 IP 数据报的可能性会很高。因此，这种缓存能够有效减少 ARP 数据包的发送。接收 ARP 请求的主机可以从 ARP 请求包中获取发送端主机的 IP 地址及其 MAC 地址。这时它可以将 MAC 地址的信息缓存起来，从而根据发送端主机的 MAC 地址发送 ARP 响应包给发送端主机。与之类似，接收到 IP 数据报的主机往往会继续返回 IP 数据报给发送端主机，以作为响应。因此，在接收端主机缓存 MAC 地址是一种提高效率的方法。

不过，MAC 地址的缓存是有一定期限的。超过这个期限，缓存的内容将被清除。这使得 MAC 地址与 IP 地址的对应关系即使发生了变化▼，也依然能够将数据包正确地发送给目标地址。

▼尤其是在更换网卡，或笔记本计算机、平板电脑和智能手机的位置发生了变更时。

图 5.7
ARP 数据包格式

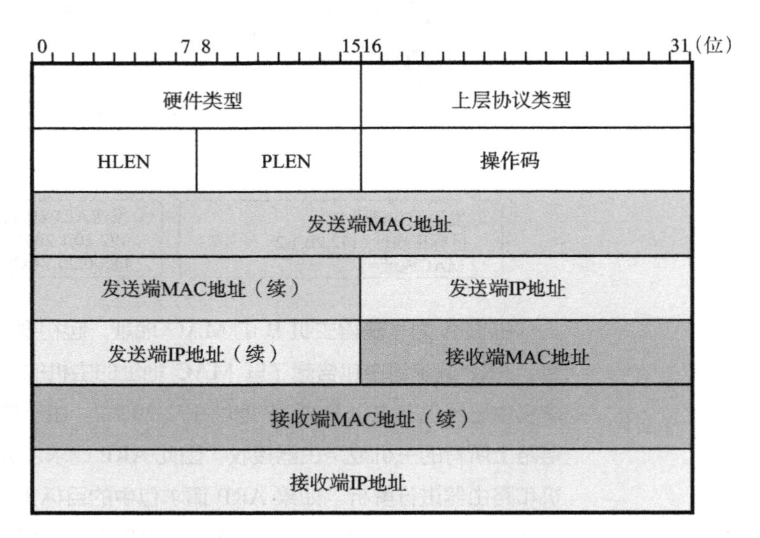

5.3.3 IP 地址和 MAC 地址缺一不可

有些读者可能会提出这样的疑问："数据链路上只要知道接收端的 MAC 地址不就知道数据准备发送给哪台主机了吗，还需要知道它的 IP 地址吗？"

乍听起来确实让人觉得好像是在做多余的事。此外，还有些读者可能会质疑："只要知道 IP 地址，即使不做 ARP，只要在数据链路上做一个广播不就能将数据发送给主机了吗？"为什么既需要 IP 地址又需要 MAC 地址呢？

如果读者考虑发送给另一个数据链路中某台主机的情况，这件事就不难理解了。如图 5.8 所示，当主机 A 想发送 IP 数据报给主机 B 时，必须经过路由器 C。即使知道了主机 B 的 MAC 地址，由于路由器 C 会隔断两个网络，因此也无法实现直接从主机 A 发送 IP 数据报给主机 B。此时，主机 A 需要将 IP 数据报发送给路由器 C 的 MAC 地址 C1。

图 5.8
MAC 地址与 IP 地址的作用不同

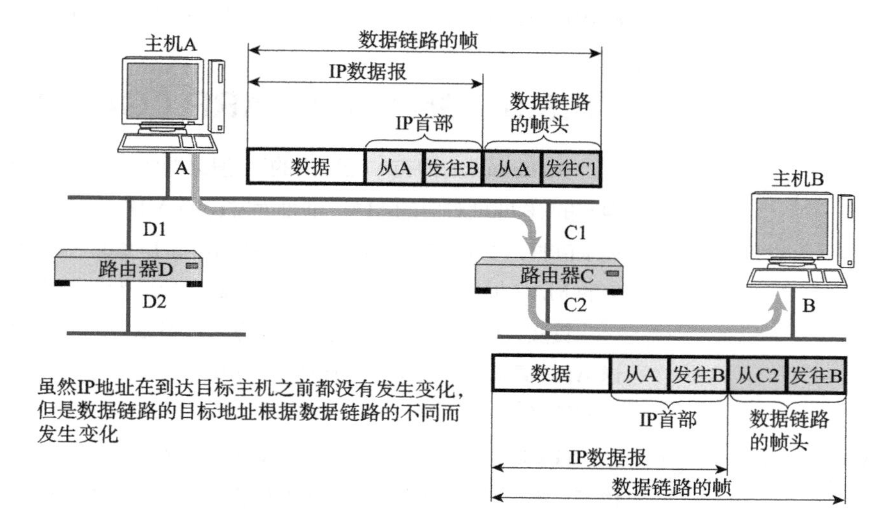

此外，如果 MAC 地址就用广播地址，那么路由器 D 将会收到该广播消息。于是，路由器 D 将该消息转发给路由器 C，导致 IP 数据报被重复发送两次▼。

▼为了防止这种现象的发生，目前路由器可以做到不再转发 MAC 地址变成广播地址的 IP 数据报。

在以太网中发送 IP 数据报时，"下次要经由哪个路由器发送 IP 数据报"这一信息非常重要。这里的"下一个路由器"就是相应的 MAC 地址。

如此看来，IP 地址和 MAC 地址缺一不可。于是就有将这两个地址相关联的 ARP▼。

▼为了避免两层地址的通信带来过多的网络流量，ARP 具有对 IP 地址和 MAC 地址的映射进行缓存的功能。有了缓存功能，发送 IP 数据报时不必每次都发送 ARP 请求，从而防止性能下降。

最后我们再试想一下，不使用 IP 地址，而是通过 MAC 地址连接世界上所有网络中的所有主机和节点。仅凭一个 MAC 地址，我们是无法知道这台设备所处的位置的▼。如果全世界的设备都使用 MAC 地址相连，那么网桥在习得之前就得向全世界发送 IP 数据报，那将会造成巨大的网络流量。而且，由于没有任何集中管理机制，因此网桥不得不通过维护一张巨大的表格来维护所学到的所有 MAC 地址。一旦这些信息超过网桥所能承受的极限，将会导致网桥无法正常工作，也就无法实现通信了▼。

▼在使用 IP 地址的情况下，可用网络部分充当提供位置，对地址进行集中管理。

▼路由控制表则具有合理的大小。

5.3.4 RARP

RARP（Reverse Address Resolution Protocol）是将ARP反过来，从MAC地址定位IP地址的一种协议。

智能手机和个人计算机通常都是通过DHCP▼自动获取IP地址的，服务器的IP地址多由管理员手动输入。但对于嵌入式设备而言，会遇到没有IP地址的输入界面、不支持DHCP或无法通过DHCP动态获取IP地址的情况▼。

▼ Dynamic Host Configuration Protocol，具体请参考5.5节。DHCP可以像RARP一样分配一个固定的IP地址。

▼ 通过个人计算机连接嵌入式设备时，需要知道该设备的IP地址，但是用DHCP动态分配IP地址可能会遇到无法知道所分配的IP地址是多少的情况。

在类似情况下，我们可以使用RARP。为此，需要架设一台RARP服务器，从而在RARP服务器上注册设备的MAC地址及其IP地址▼。然后再将这台设备接入网络，插电启动设备时，该设备会发送一条"我的MAC地址是***，请告诉我，我的IP地址应该是什么"的请求信息。RARP服务器接到消息后返回类似于"MAC地址为***的设备，IP地址为***"的信息给这台设备。设备根据从RARP服务器所收到的应答信息设置自己的IP地址。

▼ 使用RARP的前提是认为MAC地址是设备固有的值。

5.3.5 Gratuitous ARP（GARP）

Gratuitous一词有"无理由的""没必要的"的意思，GARP是主机为了查询自己的IP地址对应的MAC地址而发送的ARP数据包。也就是说，在发送ARP请求包时，主机将自己的IP地址设置为目标IP地址，向其他设备询问该IP地址对应的MAC地址。为什么明明知道自己的MAC地址是什么，还要特意去询问呢?

其实，GARP的用途之一是检查是否有重复的IP地址。向自己的IP地址发送ARP请求包是收不到响应的，一旦收到响应，那就说明该IP地址已被其他主机使用了。

GARP还具有更新沿途交换集线器上MAC地址学习表（1.9.4节）的功能，也可在主机需要更新自己的IP地址和MAC地址的对应关系时使用▼。

▼ 可以借助ARP响应包更新，ARP请求包也能达到同样的效果。

5.3.6 代理ARP

同一网段（子网）内的主机在传送IP数据报时，使用的是普通的ARP。代理ARP（Proxy ARP）适用于在不使用路由控制表的情况下，将IP数据报发送到另一个网段。此时，采用代理ARP的路由器可以将ARP请求包转发给邻近的网段（子网）。作为响应，路由器将返回自身的MAC地址给发送端主机。于是，发送端主机将IP数据报发送给路由器。路由器再将接收到的IP数据报转发给目标节点。这样一来，多个网段中的节点就好像是在同一个网段中进行通信一样。

通过路由器连接多个网段时，现在的TCP/IP网络通常会在每个网段上定义子网，并根据路由控制表进行路由控制。然而，对于那些不支持设置子网掩码或路由控制表的老设备，或在多个子网有所重叠的VPN环境中，有时还是要使用代理ARP。

5.4 ICMP

5.4.1 辅助 IP 的 ICMP

架构“IP 网”时需要注意两点：确认网络是否正常工作，以及遇到异常时如何进行问题诊断。

例如，一个刚刚搭建好的网络，需要验证该网络的设置是否正确▼。此外，为了确保网络能够按照预期正常工作，一旦遇到问题需要立即查明问题的原因。为了减轻网络管理员的负担，这些是网络必不可少的功能。

▼网络的设置包括很多内容，网线连好后涉及 IP 地址或子网掩码的设置、路由控制表的设置、DNS 服务器的设置、邮件服务器的设置及代理服务器的设置等。ICMP 只负责其中与 IP 相关的设置。

ICMP 正是一种具有这种功能的协议。

ICMP 的主要功能包括，确认 IP 包是否成功送达目标地址、通知在发送过程中 IP 包被废弃的具体原因、改善网络设置等。有了这些功能以后，就可以获得网络是否正常、设置是否有误及设备有何异常等信息，从而便于进行网络上的问题诊断▼。

▼由于 ICMP 是在尽力而为的 IP 上进行工作的，因此无法保证服务质量。同时，在网络安全性优先于便利性的环境中，往往无法使用 ICMP，所以不宜过分依赖 ICMP。

在 IP 通信中，如果某个 IP 包因为某种原因未能到达目标主机，那么具体的原因将由 ICMP 负责通知。如图 5.9 所示，主机 A 向主机 B 发送了数据包，由于某种原因，途中的路由器 2 未发现主机 B 的存在，这时路由器 2 就会向主机 A 发送一个 ICMP 数据包，说明发往主机 B 的数据包未能发送成功。

图 5.9

ICMP 无法到达的消息

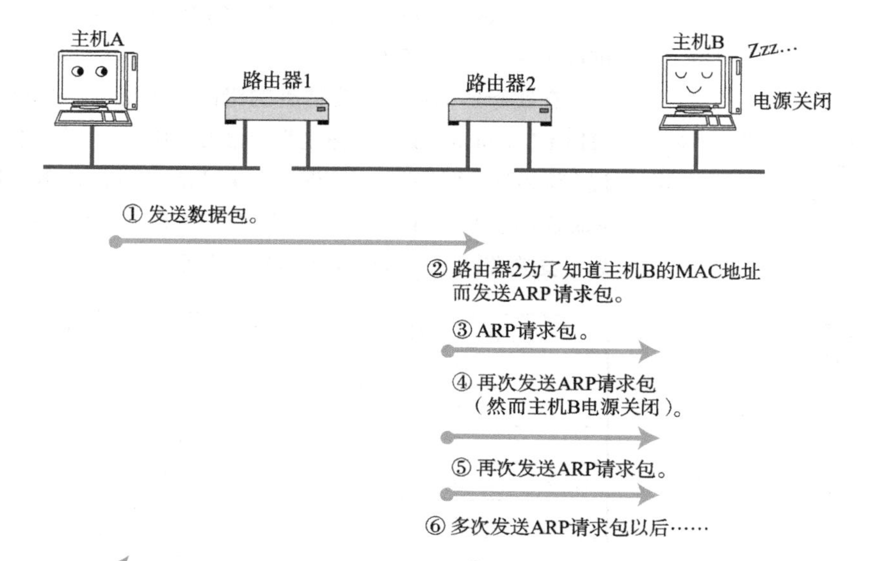
主机A
路由器1
路由器2
主机B
Zzz…
电源关闭
① 发送数据包。
② 路由器2为了知道主机B的MAC地址而发送ARP请求包。
③ ARP请求包。
④ 再次发送ARP请求包（然而主机B电源关闭）。
⑤ 再次发送ARP请求包。
⑥ 多次发送ARP请求包以后……
⑦ 由于始终无法到达主机B，因此路由器2返回一个ICMP目标不可达的数据包给主机A。

ICMP 的通知消息使用 IP 进行发送▼。因此，从路由器 2 返回的 ICMP 数据包会按照往常的路由控制先经过路由器 1 再转发给主机 A。收到 ICMP 数据包的主机 A 在分解 ICMP 的首部和数据以后，得知具体发生问题的原因。

▼在 ICMP 中，ICMP 数据包（表面看起来）和 TCP 数据包或 UDP 数据包一样，都是通过 IP 进行传输的。然而，ICMP 所承担的功能并非传输层的补充，而应该把它考虑为 IP 的一部分。

ICMP的消息大致分为两类：一类是通知出错原因的错误消息，另一类是用于诊断的查询消息（如表5.2所示）。

表5.2
ICMP消息类型

类型（十进制数）	内　容
0	回送应答（Echo Reply）
3	目标不可达（Destination Unreachable）
5	重定向或改变路由（Redirect）
8	回送请求（Echo Request）
9	路由器公告（Router Advertisement）
10	路由器请求（Router Request）
11	超时（Time Exceeded）
12	参数错误（Parameter Problem）
13	时间戳请求（Timestamp Request）
14	时间戳响应（Timestamp Reply）
42	扩展回送请求（Extended Echo Request）
43	扩展回送响应（Extended Echo Reply）

5.4.2 主要的ICMP消息

■ ICMP目标不可达消息（类型3）

当路由器无法将IP数据报发送给目标主机时，会给发送端主机返回一个目标不可达（Destination Unreachable）的ICMP消息，并在这个消息中显示不可达的具体原因，如表5.3所示。

在实际通信中，经常遇到的错误代码是0（Network Unreachable）和1（Host Unreachable）▼，分别表示路由控制表中没有目标主机的信息和目标主机没有连接到网络。此外，错误代码4（Fragmentation Needed and Don't Fragment was Set）则用于4.5.3节的路径MTU发现。由此，根据ICMP不可达的具体消息，发送端主机就可以了解此次发送不可达的具体原因。

▼自从不再有网络分类以后，Network Unreachable仅凭ICMP消息无法准确锁定丢失的路由控制信息。

表5.3
ICMP不可达消息

错　误　号	ICMP不可达消息
0	网络不可达
1	主机不可达
2	协议不可达
3	端口不可达
4	需要IP分片处理，但设置了禁止分片标志
5	源路由失败
6	目标网络未知
7	目标主机未知
8	源主机被隔离
9	因管理需要，与目标网络的通信被禁止
10	因管理需要，与目标主机的通信被禁止

■ ICMP 重定向消息（类型 5）

如果路由器发现发送端主机使用了次优的路径发送数据，那么它会返回一个 ICMP 重定向消息（ICMP Redirect Message）给发送端主机。这主要发生在路由器持有更好的路由控制信息的情况下。

如图 5.10 所示，主机 A 的路由控制表中没有到达路由器 2 前端的网络（192.168.2.0/24）的路由控制信息。因此，在向主机 C 发送数据包时，主机 A 只能先将数据包发送给默认路由指向的路由器 1。路由器 1 根据路由控制表将该数据包转发给路由器 2，但此时同一个数据包经过了同一个数据链路两次，造成了网络流量的浪费。于是，路由器 1 会通过向主机 A 发送 ICMP 重定向消息来更新主机 A 的路由控制表。路由控制表更新后，当主机 A 再向主机 C 发送数据包时，就会直接发送给路由器 2，这样能够节省网络流量。

图 5.10
ICMP 重定向消息

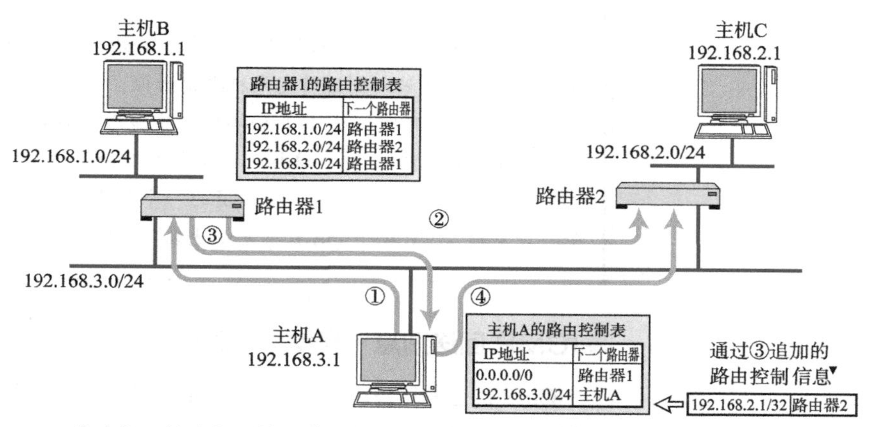

① 主机A要与主机C进行通信，由于此时主机A的路由控制表中没有192.168.2.0/24的IP地址，因此采用默认路由发往路由器1。
② 由于路由器1知道192.168.2.0/24的子网在路由器2的前端，因此将数据包转发给路由器2。
③ 由于将192.168.2.1的数据包直接发送给路由器2效率会更高，因此路由器1发送一个ICMP重定向的数据包给主机A。
④ 主机A将这条路由控制信息追加到自己的路由控制表▼中，以备再次发送数据包给主机C时使用路由器2而不是路由器1。

▼由于 ICMP 重定向消息中并不包含表示网络部分的子网掩码的长度，因此追加的路由控制信息为 / 32 的形式。

▼自动追加的信息要在一定期限之后清除，自动清除的不是 ICMP 消息，而是由 ICMP 的重定向消息产生的路由控制信息。

不过，大多数情况下由于这种重定向消息是引发问题的原因，因此往往不进行这种设置▼。

▼例如，不是发送端主机，而是途中某个路由器的路由控制表不正确，ICMP 有可能无法正常工作。

■ ICMP 超时消息（类型 11）

IP 包中有一个字段叫作 TTL（Time To Live，存活时间），它的值每经过一次路由器就减 1▼，直到减到 0 时该 IP 包被丢弃。此时，路由器将会发送一个 ICMP 超时消息（ICMP Time Exceeded Message，错误号 0▼）给发送端主机（如图 5.11 所示），通知发送端主机该数据包已被丢弃。

▼当 IP 包在路由器上停留 1 秒以上时，需要减去所停留的秒数，但是现在绝大多数设备并不做这样的处理。

▼错误号 1 表示重组 IP 分片时超时。

设置 IP 包存活时间的主要目的，是为了在路由控制遇到问题发生循环状况时，避免 IP 包被无休止地在网络上转发。此外，有时可以用 TTL 控制数据包的到达范围。例如，设置一个较小的 TTL 值。

图5.11
ICMP超时消息

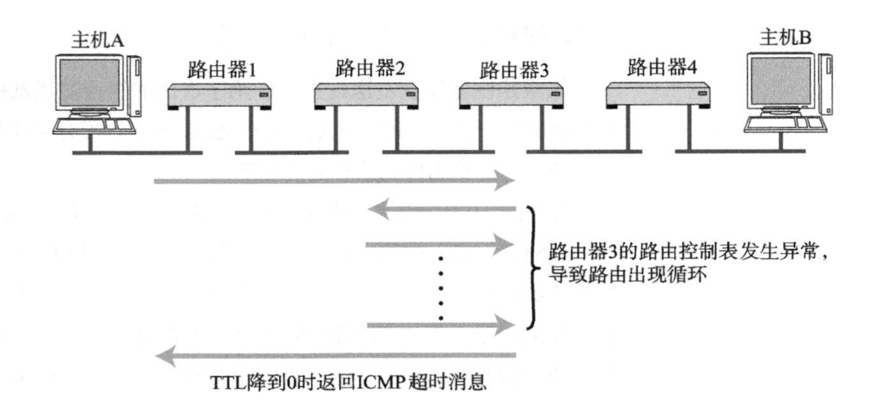

▼在UNIX、macOS中是这个命令，而在Windows中对等的命令叫作tracert。

■ 方便易用的 traceroute

有一款充分利用ICMP超时消息的命令叫作traceroute▼。它可以显示从执行该命令开始到到达特定主机之前历经了多少个路由器。它的原理是利用IP包的存活时间，从1开始按照顺序递增的同时发送UDP数据包，强制接收ICMP超时消息。这样可以将所有路由器的IP地址逐一呈现。当网络发生问题时，它是问题诊断常用的一个强大工具。具体用法是在UNIX命令行里输入“traceroute 目标主机地址”即可。

■ ICMP回送消息（类型0、8）

ICMP回送消息是用于判断，通信的主机或路由器之间所发送的数据包是否成功到达对端的一种消息。如果向对方发送回送请求消息（ICMP Echo Request Message，类型8）后能够接收到对方发回来的回送应答消息（ICMP Echo Reply Message，类型0），那么说明数据包已经成功送达，如图5.12所示。网络上常用的ping命令▼就是利用这对消息实现的。

▼ Packet Internet Groper，是判断对端主机是否可达的一种命令。ping命令的用法是，在命令提示符（Windows）或终端（UNIX）输入“ping主机名”或“ping IP地址”。

图5.12
ICMP回送消息

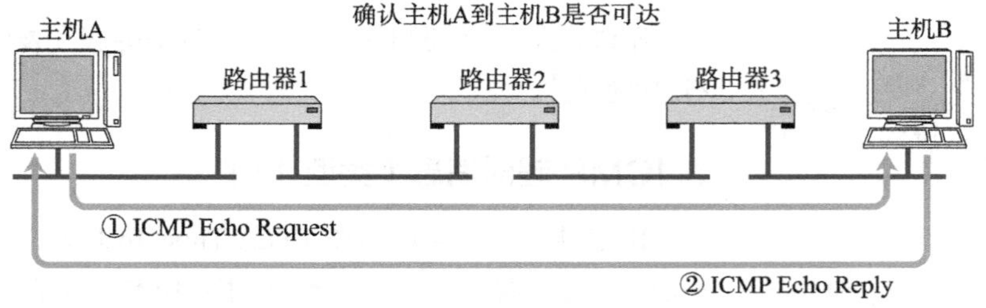

■ ICMP 路由器探索消息（类型 9、10）

ICMP 路由器探索消息主要用于发现与自己相连的网络中的路由器。当一台主机发出 ICMP 路由器请求消息（Router Request Message，类型 10）时，路由器则返回 ICMP 路由器公告消息（Router Advertisement Message，类型 9）给主机。

■ ICMP 扩展回送消息（类型 42、43）

定义在 RFC8335 中的 ICMP 扩展回送消息（类型 42、43）具有比 ping 命令所使用的 ICMP 回送消息（类型 0、8）更方便的功能。

ICMP 回送消息用于检查数据包的源节点和目标节点（网络接口）之间的双向通信是否顺畅。ICMP 扩展回送消息还具有如下功能。

1. 检查数据包目标节点其他接口的状态；
2. 检查从数据包的目标节点到其他节点的通信是否顺畅。

功能 1 适用于管理具有多个网络接口的设备，可检查其他指定接口是否能够通过 IPv4 或 IPv6 进行通信。

功能 2 是一种实用的网络管理功能，可根据 ARP 表（5.3.2 节）或邻居缓存（5.4.3 节）的状态，告知管理员源节点能否与和目标节点相连的节点进行通信。管理员无须登录相应设备即可获知设备的通信状态，而以往获取这些信息时，不得不逐一登录并输入管理命令▼。

▼为了避免滥用导致的网络安全问题，出台了限制源 IP 地址等措施。

5.4.3 ICMPv6

■ ICMPv6 的作用

ICMP 在 IPv4 中起辅助作用。也就是说，在 IPv4 中，即使没有 ICMP，仍然可以实现 IP 通信。然而，在 IPv6 中，ICMP 的作用被扩大，如果没有 ICMPv6，那么 IPv6 就无法进行正常通信。

在 IPv6 中，从 IP 地址到 MAC 地址的协议从 ARP 转为 ICMP 的邻居探索消息（Neighbor Discovery Message）。邻居探索消息融合了 IPv4 的 ARP、ICMP 重定向及 ICMP 路由器选择消息等功能于一体，甚至还提供自动设置 IP 地址的功能▼。

▼由于 ICMPv6 没有 DNS 服务器的通知功能，因此需要与 DHCPv6 组合起来使用。

ICMPv6 中将 ICMP 大致分为两类：一类是错误消息（如表 5.4 所示），另一类是信息消息（如表 5.5 所示）。类型 0 ~ 127 属于错误消息，类型 128 ~ 255 属于信息消息。若 IP 包未能到达目标主机，感知到错误的主机或路由器会发送类型 0 ~ 127 的错误消息。类型 133 ~ 137 的消息属于特殊的信息消息，称为邻居探索消息。

表5.4
ICMPv6错误消息

类型（十进制）	内 容
1	目标不可达（Destination Unreachable）
2	包过大（Packet Too Big）
3	超时（Time Exceeded）
4	参数问题（Parameter Problem）

表5.5
ICMPv6信息消息

类型（十进制）	内 容
128	回送请求（Echo Request）
129	回送应答（Echo Reply）
130	多播监听查询（Multicast Listener Query）
131	多播监听报告（Multicast Listener Report）
132	多播监听结束（Multicast Listener Done）
133	路由器请求（Router Request）
134	路由器宣告（Router Advertisement）
135	邻居请求（Neighbor Request）
136	邻居宣告（Neighbor Advertisement）
137	重定向（Redirect）
138	路由器重编号（Router Renumbering）
141	反邻居探索请求（Inverse Neighbor Discovery Request）
142	反邻居探索宣告（Inverse Neighbor Discovery Advertisement）
143	多播监听报告版本2（Version 2 Multicast Listener Report）
144	归属代理地址发现请求（Home Agent Address Discovery Request）
145	归属代理地址发现响应（Home Agent Address Discovery Reply）
146	移动前缀请求（Mobile Prefix Request）
147	移动前缀公告（Mobile Prefix Advertisement）
148	认证路径请求（Certification Path Request）
149	认证路径公告（Certification Path Advertisement）
151	多播路由器公告（Multicast Router Advertisement）
152	多播路由器请求（Multicast Router Request）
153	多播路由器终止（Multicast Router Termination）
154	FMIPv6（FMIPv6）
155	RPL控制（RPL Control）
157	重复地址请求（Duplicate Address Request）
158	重复地址确认（Duplicate Address Confirmation）
159	MPL控制（MPL Control）
160	扩展回送请求（Extended Echo Request）
161	扩展回送响应（Extended Echo Reply）

▼IPv4 中，查询 IP 地址与 MAC 地址对应关系用到的是 ARP。临时存储查询到的 MAC 地址的区域在 ARP 中称为“ARP 表”，在邻居探索中称为“邻居缓存”。

▼ IPv4 中所使用的 ARP 采用广播，使得不支持 ARP 的节点也会收到数据包，造成网络流量的浪费。

■ 邻居探索

ICMPv6 中，从类型 133 至类型 137 的消息叫作邻居探索消息。邻居探索消息对 IPv6 通信起着举足轻重的作用。邻居请求消息用于查询 IPv6 的地址与 MAC 地址的对应关系，并由邻居宣告消息告知 MAC 地址▼，如图 5.13 所示。邻居请求消息利用 IPv6 的多播地址▼实现传输。

图 5.13
IPv6 中查询 MAC 地址

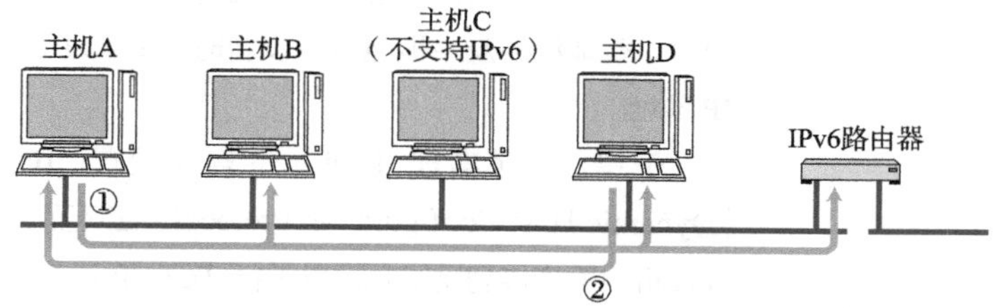
主机A
主机B
主机C
（不支持IPv6）
主机D
IPv6路由器
①
②
① 以主机D为目标，用多播发送邻居请求消息查询主机D的MAC地址。
② 主机D通过邻居宣告消息将自己的MAC地址告知给主机A。

此外，由于 IPv6 实现了即插即用的功能，因此在没有 DHCP 服务器的环境中，也能实现 IP 地址的自动获取，如图 5.14 所示。如果是没有路由器的网络，就将 MAC 地址作为链路本地单播地址（4.6.6 节）。而在有路由器的网络环境中，可以从路由器获得 IPv6 地址的前面部分，后面部分则由 MAC 地址进行设置。此时，可以利用路由器请求消息和路由器宣告消息进行设置。

图 5.14
IP 地址的自动获取

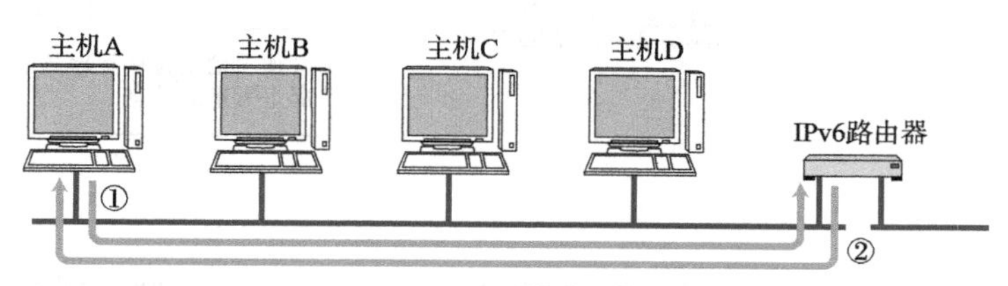
主机A
主机B
主机C
主机D
IPv6路由器
①
②
① 通过路由器请求消息查询IP地址前面部分的内容。
② 通过路由器宣告消息告知IP地址后面部分的内容。

5.5 DHCP

5.5.1 DHCP实现即插即用

逐一为每台主机设置IP地址是非常烦琐的事情。尤其是在使用移动笔记本计算机、智能终端及平板电脑等设备时，每移动到一个新的地方，都需要重新设置IP地址。

于是，为了实现IP地址的自动设置、IP地址分配的统一管理，DHCP（Dynamic Host Configuration Protocol）应运而生，如图5.15所示。有了DHCP，计算机只要连接到网络就可以进行TCP/IP通信。也就是说，DHCP让即插即用▼变成可能。而DHCP不仅在IPv4中可以使用，在IPv6中也可以使用。

▼指只要物理上一连通，无须专门设置就可以直接使用物理设备。

图5.15
DHCP

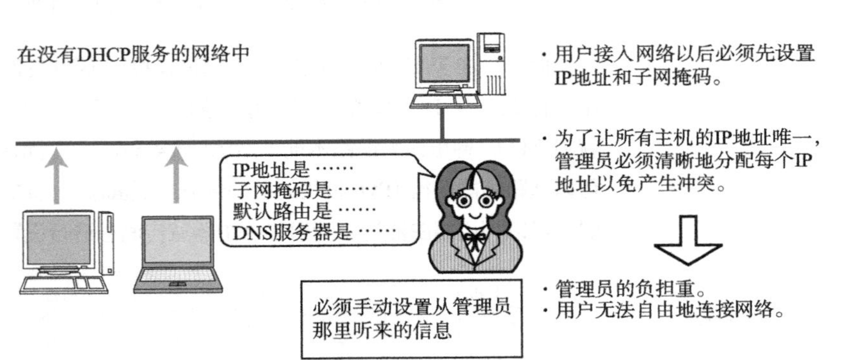

在没有DHCP服务的网络中
IP地址是……
子网掩码是……
默认路由是……
DNS服务器是……
必须手动设置从管理员那里听来的信息
·用户接入网络以后必须先设置IP地址和子网掩码。
·为了让所有主机的IP地址唯一，管理员必须清晰地分配每个IP地址以免产生冲突。
·管理员的负担重。
·用户无法自由地连接网络。

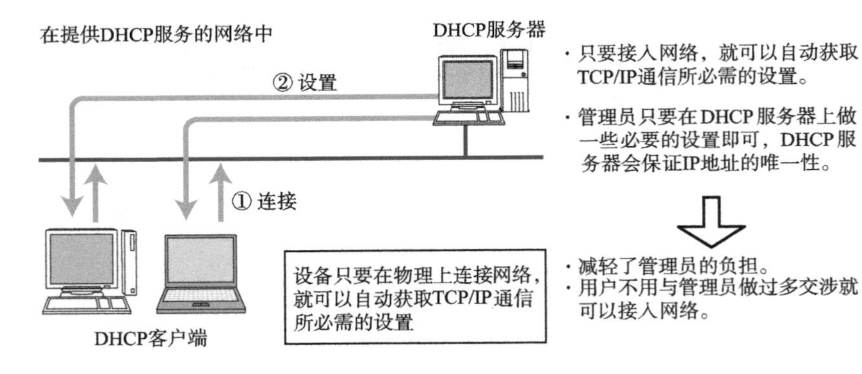

在提供DHCP服务的网络中
DHCP服务器
② 设置
① 连接
DHCP客户端
设备只要在物理上连接网络，就可以自动获取TCP/IP通信所必需的设置
·只要接入网络，就可以自动获取TCP/IP通信所必需的设置。
·管理员只要在DHCP服务器上做一些必要的设置即可，DHCP服务器会保证IP地址的唯一性。
·减轻了管理员的负担。
·用户不用与管理员做过多交涉就可以接入网络。

5.5.2 DHCP的工作机制

使用DHCP之前，首先要架设一台DHCP服务器▼。然后将DHCP所要分配的IP地址设置到服务器上。此外，还需要将相应的子网掩码、路由控制信息及DNS服务器的地址等设置到服务器上。

▼很多时候用该网段的路由器充当DHCP服务器。

▼在发送 DHCP 发现包与 DHCP 请求包时，DHCP 客户端的 IP 地址尚未确定。因此，DHCP 发现包的目标地址为广播地址 255.255.255.255，源地址则为 0.0.0.0（表示未知）。

关于从 DHCP 中获取 IP 地址的流程，以图 5.16 为例进行简单说明，主要分为两个阶段▼。

图 5.16

DHCP 的工作原理

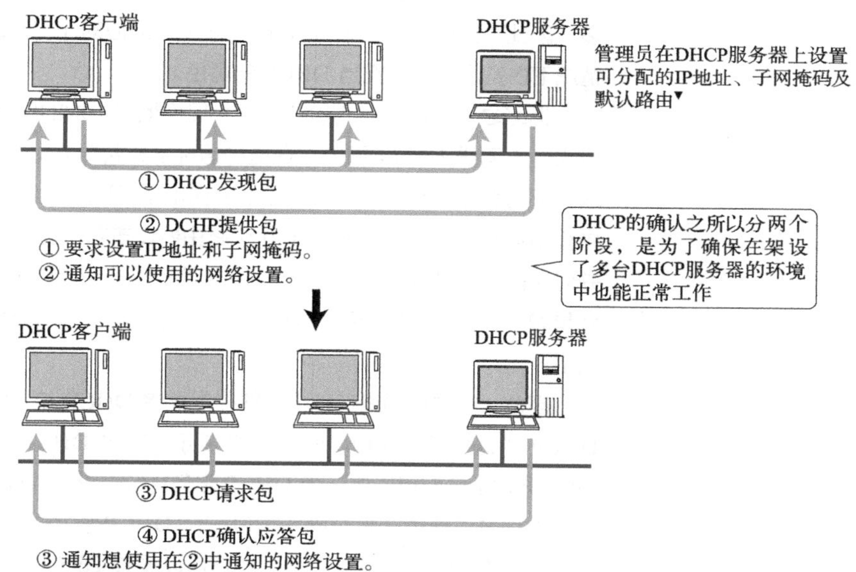
DHCP客户端
DHCP服务器
管理员在DHCP服务器上设置可分配的IP地址、子网掩码及默认路由▼
① DHCP发现包
② DCHP提供包
① 要求设置IP地址和子网掩码。
② 通知可以使用的网络设置。
DHCP的确认之所以分两个阶段，是为了确保在架设了多台DHCP服务器的环境中也能正常工作
DHCP客户端
DHCP服务器
③ DHCP请求包
④ DHCP确认应答包

③ 通知想使用在②中通知的网络设置。
④ 通知允许③的设置。

由此，DHCP的网络设置结束，可以进行TCP/IP通信。
不需要IP地址时，可以发送DHCP解除包。
另外，DHCP的设置中通常会有一个限制时间的设定。DHCP客户端可以在这个时限之前发送DHCP请求包，通知想延长这个时限。

▼DHCP 在分配 IP 地址时，有两种方法。一种是由 DHCP 服务器在特定的 IP 地址池中自动选出一个进行分配。另一种是针对 MAC 地址分配一个固定的 IP 地址。这两种方法可以并用。

使用 DHCP 时，如果 DHCP 服务器遇到故障，将导致无法自动分配 IP 地址，从而导致网段内所有主机之间无法进行 TCP/IP 通信。为了避免此类问题的发生，通常人们会架设两台或两台以上的 DHCP 服务器。不过，当启动多台 DHCP 服务器时，由于每台 DHCP 服务器内部都只记录自身 IP 地址的分配信息，并不知道其他服务器的 IP 地址的分配情况，因此可能会导致某台服务器分配的 IP 地址已被其他服务器分配出去，造成 IP 地址冲突▼。

▼为了避免地址重复，将相互间没有重叠的 IP 地址范围分配给不同的 DHCP 服务器。

为了检查所要分配的 IP 地址及已经分配了的 IP 地址是否可用，DHCP 服务器或 DHCP 客户端必须具备以下功能。

- DHCP 服务器

  在分配 IP 地址前发送 ICMP 回送请求包，确认没有返回应答。

- DHCP 客户端

  针对从 DHCP 获得的 IP 地址发送 ARP 请求包，确认没有返回应答。

在获得 IP 地址之前，做这样的处理可能会耗一点儿时间，但是可以安全地进行 IP 地址分配。

5.5.3 DHCP 中继代理

家庭网络大多数只有一个以太网（无线 LAN）网段，与其连接的主机不会太多。因此，只要有一台 DHCP 服务器就足以应对 IP 地址分配的需求，而大多数情况下由宽带路由器充当 DHCP 的角色。

相比之下，在企业或学校等较大规模组织机构的网络环境中，一般会有多个以太网（无线 LAN）网段。在这种情况下，若要为每个网段都设置 DHCP 服务器，那将会是一个巨大的工程。即使路由器可以充当 DHCP 的角色，如果网络中有 100 个路由器，就要为 100 个路由器设置它们各自可分配的 IP 地址的范围，并对这些范围进行后续的变更维护，这将是一个极其耗时和难以管理的工作▼。也就是说，将 DHCP 服务器分设到各个路由器上，于管理和运维都不是一件有益的事。

▼DHCP 服务器分配的 IP 地址范围，有时会随服务器或打印机等固定 IP 设备的增减而发生变化。

因此，在这种网络环境中，往往需要将 DHCP 统一管理。具体方法可以使用 DHCP 中继代理来实现，如图 5.17 所示。有了 DHCP 中继代理以后，对不同网段的 IP 地址分配可以由一台 DHCP 服务器统一进行管理和运维。

这种方法使得在每个网段架设一台 DHCP 服务器被取代，只需在每个网段设置一个 DHCP 中继代理即可▼。它可以设置 DHCP 服务器的 IP 地址，从而可以在 DHCP 服务器上为每个网段分配 IP 地址的范围。

▼DHCP 中继代理大多数为路由器，不过也有在主机中安装某些软件得以实现的情况。

DHCP 客户端会向 DHCP 中继代理发送 DHCP 请求包，而 DHCP 中继代理在收到广播包以后再以单播的形式发给 DHCP 服务器。DHCP 服务器收到该数据包以后再向 DHCP 中继代理返回应答，并由 DHCP 中继代理将此数据包转发给 DHCP 客户端▼。由此，DHCP 客户端与 DHCP 服务器即使不在同一数据链路上，也可以实现统一分配和管理 IP 地址。

▼DHCP 请求包中包含发出请求的主机的 MAC 地址。DHCP 中继代理正是利用 MAC 地址将数据包返回给 DHCP 客户端。

图 5.17
DHCP 中继代理

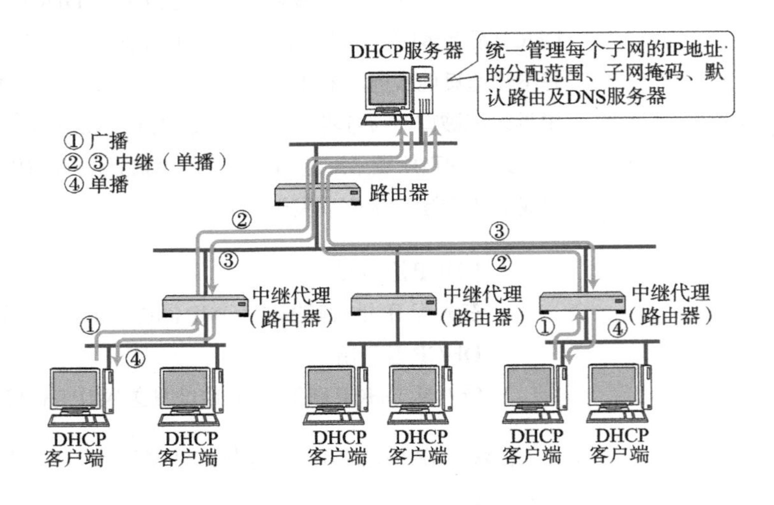

5.6 NAT

5.6.1 NAT 的定义

NAT（Network Address Translation）是一种在本地网络中使用私有 IP 地址，在连接互联网时转而使用全局 IP 地址的技术。NAPT（Network Address Port Translation）技术除了转换 IP 地址，还可以转换 TCP、UDP 的端口号，从而实现用一个全局 IP 地址与多台主机进行通信▼。具体可参考图 5.18 和图 5.19。另外，移动路由器和智能手机上的系链（即网络共享功能）使用的也是 NAPT。

▼通常人们提到的 NAT，多半是指 NAPT。NAPT 也叫作 IP 伪装或 Multi NAT。

NAT（NAPT）实际上是为正在面临地址枯竭的 IPv4 而开发的技术。不过，在 IPv6 中，NAT 也被用于提高网络安全性，在 IPv4 和 IPv6 之间的相互通信中，常常使用 NAT-PT▼。

▼可参考 5.6.3 节。

5.6.2 NAT 的工作机制

如图 5.18 所示，以 10.0.0.10 的主机与 163.221.120.9 的主机进行通信为例。利用 NAT，途中的 NAT 路由器在向 163.221.120.9 转发数据包之前，会先将数据包的源地址 10.0.0.10 转换为全局 IP 地址（202.244.174.37）。反之，当数据包从地址 163.221.120.9 转发过来时，目标地址（202.244.174. 37）先被转换为私有 IP 地址 10.0.0.10 以后再被转发▼。

▼在 TCP 或 UDP 中，由于 IP 首部中的 IP 地址还要参与校验和的计算，因此当 IP 地址发生变化时，需要将相应的 TCP、UDP 的首部进行转换。

图 5.18 NAT

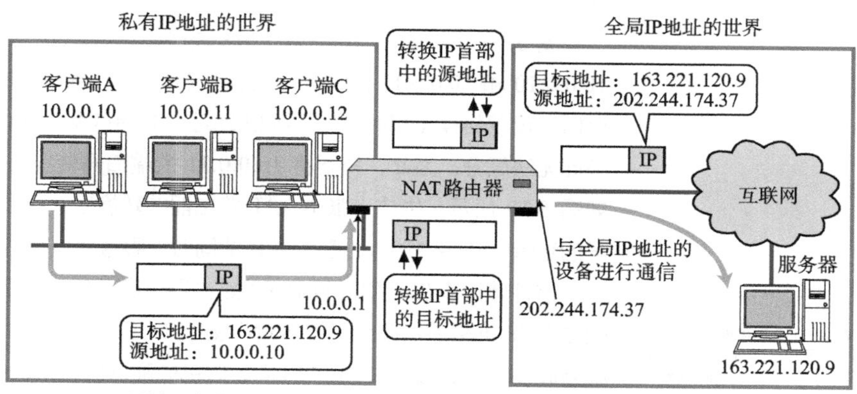

局域网内设置为私有IP地址，在与外部进行通信时被转换为全局IP地址

在 NAT（NAPT）路由器的内部，有一张自动生成▼的用来转换地址的表。当 10.0.0.10 向 163.221.120.9 发送第一个数据包时，表中会增加一条映射关系的记录，之后将按照表中的映射关系对后续的数据包进行处理。

▼也可以手动指定映射关系。

当私有网络内的多台设备同时要与外部进行通信时，仅仅转换 IP 地址，人们不免会担心全局 IP 地址是否够用。这时采用图 5.19 所示的方式（NAPT）可以解决这个问题。

图 5.19
NAPT

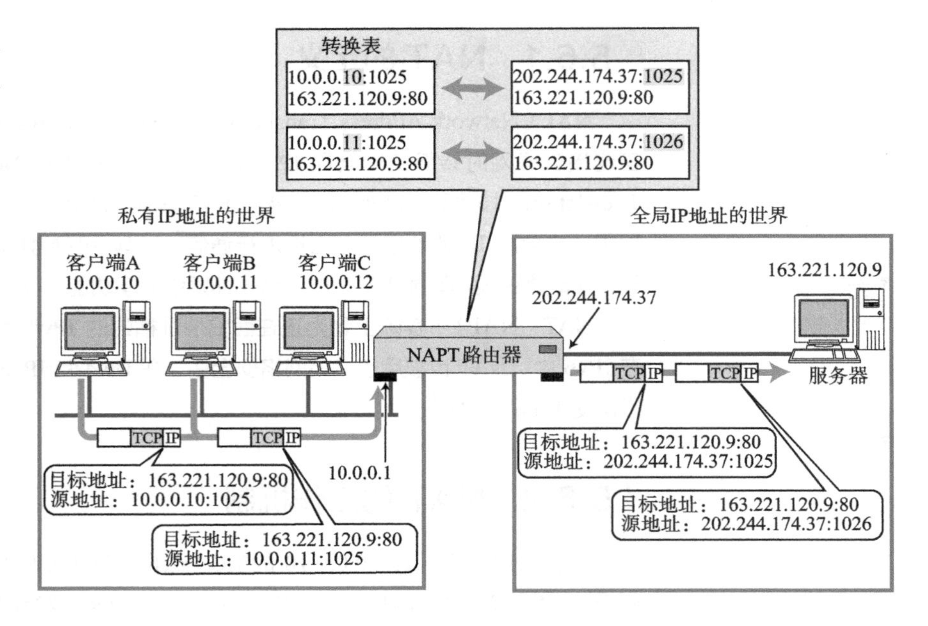

关于这一点，第 6 章将有更详细的说明。不过在此需要注意的一点是，在使用 TCP 或 UDP 进行通信时，只有目标地址、源地址、目标端口、源端口及协议类型（TCP 还是 UDP）都一致时才被认为是同一个通信连接。NAPT 正是利用这一点。

图 5.19 中，主机 163.221.120.9 的端口号是 80，局域网中有两个客户端 10.0.0.10 和 10.0.0.11 同时进行通信，并且这两个客户端的本地端口号都是 1025。此时，仅仅转换 IP 地址为全局 IP 地址，会使这两条通信连接的内容完全一致，彼此无法区分。为此，只要将 10.0.0.11 的端口号转换为 1026 就可以解决问题。如图 5.19 所示，生成一张 NAPT 路由器的转换表就可以正确地转换地址跟端口号的组合，使客户端 A、客户端 B 能同时与服务器进行通信。

这种转换表在 NAT（NAPT）路由器上自动生成。例如，在 TCP 的情况下，建立 TCP 连接首次握手时的 SYN 数据包一经发出，就会在表中生成记录，之后随着收到关闭连接时发出的 FIN 数据包的确认应答从表中被删除▼。另外，人们提到的 NAT，多半是指 NAPT。当强调只转换 IP 地址而不转换端口号时，可以使用“基本 NAT”这一术语。

▼由于 UDP 中两端应用进行通信时起止时间不一定保持一致，因此在这种情况下生成转换表相对较难。

5.6.3 NAT64/DNS64

现在很多互联网服务基于 IPv4。如果这些服务不能做到在 IPv6 中也能正常使用，那么搭建 IPv6 网络环境的优势也就无从谈起。

为了解决这个问题，出现了称为 NAT64/DNS64 的机制。如图 5.20 所示，该机制通过 DNS 和 NAT 的协同工作，实现了 IPv6 环境与 IPv4 环境之间的通信。

图 5.20
NAT64/DNS64

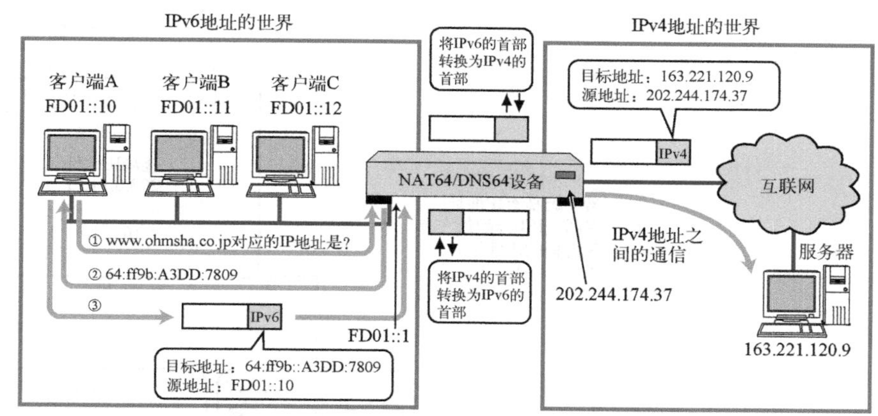

在局域网内设置为IPv6地址，与外部通信时改为IPv4地址

首先，仅拥有 IPv6 地址的主机通过 DNS 查询服务器的域名，查询对应的 IP 地址。DNS64 服务器收到查询请求后，会返回一个嵌入了 IPv4 地址的 IPv6 地址▼。

▼在 DNS64 中，以 64:ff9b:: 开头的 IPv6 地址的最后 4 字节是一个 IPv4 地址。

其次，当主机向 IPv6 地址发送数据包时，NAT64 能够识别出嵌入在 IPv6 地址中的 IPv4 地址，并将 IPv6 的首部转换为 IPv4 的首部▼。这项技术使得只有 IPv6 地址的主机能够与拥有 IPv4 地址的主机进行通信。

▼为了正确处理服务器响应的数据包，NAT 转换结果需要记录在转换表中。

5.6.4 运营商级 NAT

运营商级 NAT（CGN，Carrier Grade NAT）▼是一种 ISP 级别的 NAT 技术。若没有 CGN，ISP 至少要为每个用户分配一个全局 IPv4 地址▼。然而，互联网用户的爆炸式增长已经导致 IPv4 地址消耗殆尽，每个用户都拥有一个全局 IPv4 地址并不现实。

▼有时也称为 LSN（Large Scale NAT）。

▼更准确的说法是，为安装在用户处所的每台设备都分配一个全局 IPv4 地址，其中的设备称为 CPE（Customer Premise Equipment，用户驻地设备）。在图 5.21 中，宽带路由器（NAT）就属于 CPE。

CGN 的出现缓解了 IPv4 地址匮乏的问题（如图 5.21 所示）。使用 CGN 后，ISP 不向用户分配全局 IPv4 地址，而是分配私有 IPv4 地址▼。当用户访问互联网时，IPv4 地址会发生如下转换。

▼将私有 IPv4 地址分配给 CPE。

1. 各机构的 NAT
   各机构的私有 IP 地址 ⇔ ISP 分配给各机构的私有 IP 地址
2. ISP 的 CGN 设备
   ISP 分配给各机构的私有 IP 地址 ⇔ 全局 IP 地址

这样一来，大量用户可以共享分配给 CGN 设备的少量全局 IPv4 地址，从而缓解 IPv4 地址匮乏的问题。

图 5.21
CGN

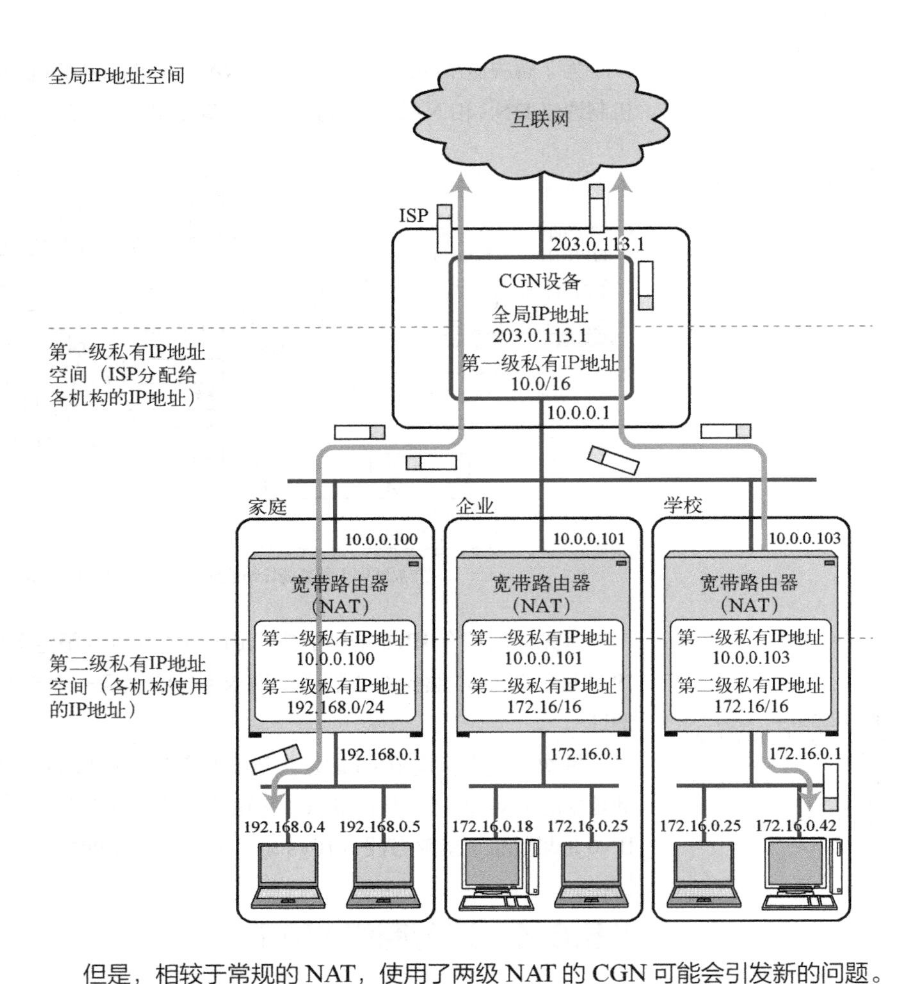

但是，相较于常规的 NAT，使用了两级 NAT 的 CGN 可能会引发新的问题。

例如，某个用户在通信过程中，不断地更改目标 IP 地址、TCP 端口号或 UDP 端口号，CGN 设备上的 NAT 转换表急剧膨胀，导致可用端口号耗尽，影响其他用户的正常通信▼。为了防止这种情况的发生，管理员需要检查 CGN 设备上的资源分配情况，通过调整设置来限制每个用户可以建立的最大通信数、可以使用的端口号数量等，为用户提供公平的通信环境。

▼即使不是出于恶意，若感染了病毒，也可能会发生类似的情况。

5.6.5　NAT 的潜在问题

由于 NAT（NAPT）依赖自己的转换表，因此会有如下几点限制。

- 无法从 NAT 的外侧服务器向内侧服务器建立连接▼。
- 转换表的生成与转换操作都会产生一定的开销。
- 通信过程中一旦 NAT 遇到异常需要重新启动时，所有的 TCP 连接都将被重置。
- 即使备置两台 NAT 做容灾备份，TCP 连接还是会被断开。

▼虽然可以指定端口号向内部访问，但是数量要受限于全局 IP 地址的个数。

5.6.6 解决 NAT 的潜在问题与 NAT 穿越

解决 NAT 的潜在问题有两种方法。

第一种方法是改用 IPv6。在 IPv6 环境中，可用的 IP 地址范围有了极大的扩展，以至于公司或家庭中的所有设备都可以配置一个全局 IP 地址▼。如果地址枯竭的问题得到解决，那么也就没必要再使用 NAT 了。

▼如果不是所有设备都有 IPv6 地址，其意义也就不大了。

另一种方法是，即使是在一个没有 NAT 的环境中，根据应用程序，用户可以忽略 NAT 的存在而进行通信。在 NAT 内侧（私有 IP 地址的一边）主机上运行的应用程序为了生成 NAT 转换表，需要先发送一个虚拟的网络包给 NAT 外侧。而 NAT 并不知道这个虚拟的网络包究竟是什么，还是会读取包首部中的内容并自动生成转换表中的记录。这时，如果转换表构造合理，那么还能实现 NAT 外侧的主机与内侧的主机建立连接并进行通信。有了这种方法，就可以让那些处在不同的 NAT 内侧的主机之间也能够进行通信。此外，应用程序还可以与 NAT 路由器进行通信生成 NAT 转换表，并通过一定的方法将 NAT 路由器上附属的全局 IP 地址传给应用程序▼。

▼可以使用微软提供的 UPnP（Universal Plug and Play）规范。

如此一来，NAT 外侧与内侧可以进行通信，这种现象叫作“NAT 穿越”。于是，NAT“无法从 NAT 的外侧服务器向内侧服务器建立连接”的问题也就迎刃而解了。而且这种方法与已有的 IPv4 环境的兼容性非常好，即使不迁移到 IPv6 也能通信自如。出于这些优势，市面上已经出现了大量与 NAT 紧密结合的应用▼。

▼由此，IPv4 的寿命被延长，向 IPv6 的迁移就放慢脚步了。

然而，NAT 友好的应用程序也有它的问题。例如，NAT 的规范越来越复杂，应用的实现变得更耗时。而且应用程序一旦运行在开发者未预想到的特殊网络环境中，就会出现无法正常工作、遇到状况时难于诊断等问题▼。

▼迁移到 IPv6 以后，系统会变得更简单，对于系统开发人员来说，好处自不必说，而对于普通用户而言，甚至感受不到迁移产生的变化。如果同时使用 IPv4 和 IPv6，那么会导致系统变得更复杂。这对于系统开发、设计等人员来说，是一件非常麻烦的事。

5.7 IP 隧道

在图 5.22 所示的网络环境中，网络 A、网络 B 使用 IPv4，如果处于中间位置的网络 C 只支持使用 IPv6，那么网络 A 与网络 B 之间将无法直接进行通信。为了让它们之间能够正常通信，这时必须采用 IP 隧道的功能。

图 5.22
夹着 IPv6 网络的两个 IPv4 网络

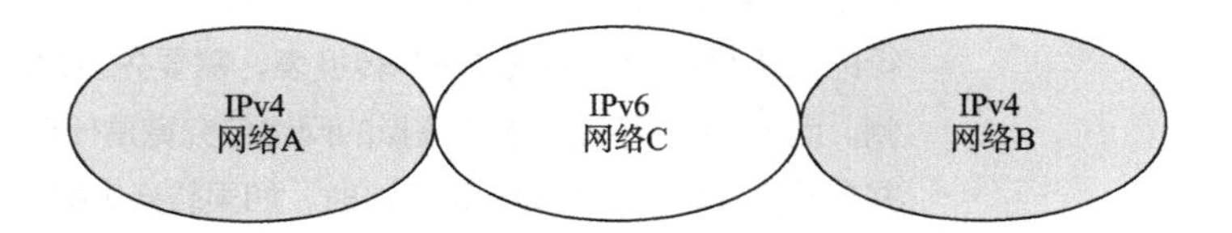

如图 5.23 所示，使用 IP 隧道后，网络 A 发往网络 B 的整个 IPv4 数据包被视为数据部分，再在其前面加上 IPv6 首部，数据包就可以通过网络 C 了。网络 B 到网络 A 的通信亦是如此。也就是说，网络 C 好像一条隧道连通了网络 A 和网络 B，使二者之间能够通信。

图 5.23
IP 隧道

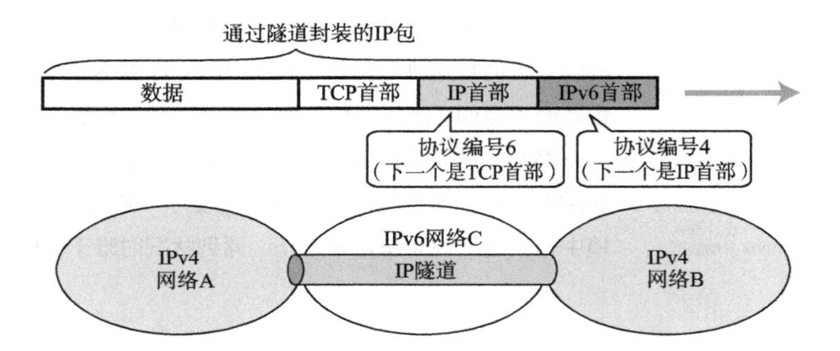

一般情况下，紧接着 IP 首部的是 TCP 或 UDP 等上层协议的首部。然而，现在的应用程序中“IP 首部的后面还是 IP 首部”或者“IP 首部的后面是 IPv6 首部”等情况与日俱增。这种在网络层的首部后面继续追加网络层首部的通信方法就叫作“IP 隧道”。VPN（9.4.1 节）采用的就是 IP 隧道技术。

然而，使用 IP 隧道后 MTU 因添加了额外的首部而缩小。不过，只要使用 4.5 节介绍的 IP 分片处理，就可以正确转发较大的 IP 包。具体的步骤是，在 IP 隧道的入口处进行分片处理，在出口处进行重组。为了避免分片，可以在隧道网络中通过巨型帧来增加 MTU。

搭建一个既支持 IPv4 又支持 IPv6 的网络是一项极其庞大的工程▼。但使用 IP 隧道可以大幅减轻运维管理的负担。骨干网上要么使用 IPv6 进行数据包传输，要么使用 IPv4 进行数据包传输，而采用 IP 隧道技术，可以让只支持 IPv4 的路由器转发 IPv6 数据包，反之亦然。这样一来，由于只需支持 IPv4 和 IPv6 这两种协议中的一种即可，因此在一定程度上减少了管理员的工作▼，也减少了设备方面的投资。

▼在这种网络环境中，路由控制表可能会膨胀一倍。首先，增加了 IP 地址管理的负担。其次，不得不引入同时支持 IPv4 和 IPv6 这两种协议的设备，还会增加包括安全措施在内的管理和运维成本。

▼IP 隧道一旦设置有误，会导致数据包在网络上无限循环等严重问题。因此，此处的设置需要极其谨慎。

IP 隧道可用于以下场景。

- Mobile IP
- 多播包的转播
- IPv4 网络中传送 IPv6 数据包（6to4▼）
- IPv6 网络中传送 IPv4 数据包
- 数据链路帧通过 IP 包发送（L2TP▼）

▼指用 IPv4 数据包封装 IPv6 数据包的方式。IPv6 地址中包含全局 6to4 路由器（在 IPv4 网络入口）的 IPv4 地址。

▼将数据链路的 PPP 数据包用 IP 包转发的一种技术。

图 5.24 展示了一个利用 IP 隧道转发多播消息的例子。由于现在很多路由器上没有多播包的路由控制信息，因此多播消息无法穿越路由器发送信息。在这种环境中，如果使用 IP 隧道，那么就可以使路由器用单播的形式发送数据包，也就能够向距离较远的数据链路转发多播消息。

图 5.24
多播隧道

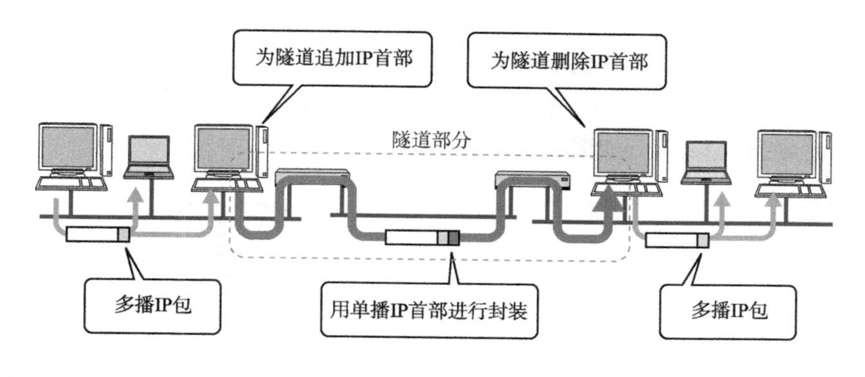

5.8 其他 IP 相关技术

5.8.1 VRRP

▼冗余的目的是通过多个系统或多条线路来提升容错能力。这些预置的系统（或线路）分为主系统和备用系统，正常情况下使用主系统，发生故障时才切换到备用系统。可以说只要没有故障，备用系统就是多余的，所以使用了冗余这个词语。

▼也可以使用第 7 章介绍的路由协议来提高网络的可用性。但是，用户的智能手机或个人计算机几乎不启用路由协议，且默认路由通常是通过 DHCP 等方式固定分发的。

▼当有多个备用路由器时，需指定切换操作的优先级。

智能手机和计算机通常通过默认路由器（默认网关）接入企业局域网或互联网。默认路由器发生故障，网络会瘫痪。从企业局域网来看，如果默认路由器的出口处发生故障，即使默认路由器入口一侧的网段有冗余线路▼也无济于事▼。除了故障，因维护需要有时免不了要切断电源后重启默认路由器。如果连一瞬间的网络中断都无法接受，那么可以使用 VRRP（Virtual Router Redundancy Protocol，虚拟路由器冗余协议）提高网络的可用性。

如图 5.25 所示，VRRP 是一种通过冗余多个路由器来提升容错能力的机制。VRRP 将多个路由器划分为一组，其中一个作为主路由器，剩余的是备用路由器▼。在正常情况下，由主路由器充当默认路由器，一旦发生故障，VRRP 就会改用备用路由器进行通信。

图 5.25

VRRP 的原理

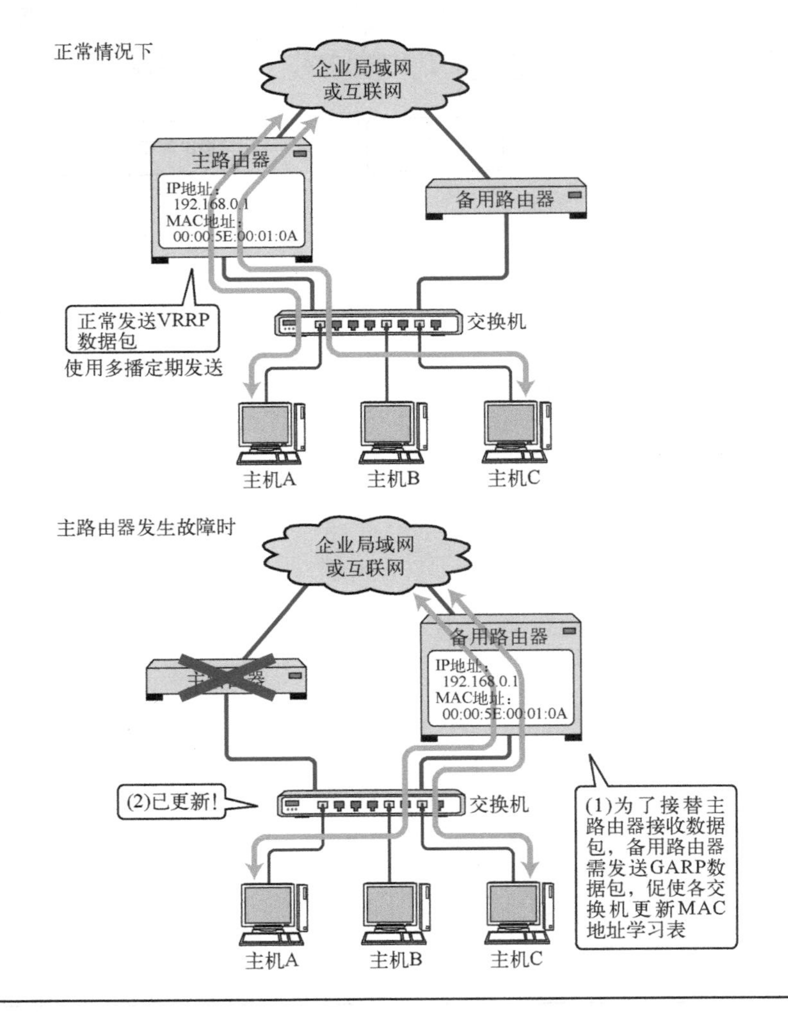

▼使用 IPv4 时，多播地址为 224.0.0.18；使用 IPv6 时，多播地址为 ff02::12。

在正常情况下，主路由器会使用多播▼定期发送 VRRP 数据包（默认间隔为 1 秒）。若备用路由器连续 3 次（默认为持续 3 秒）都没有接收到 VRRP 数据包，则说明主路由器已经发生故障，其中一个备用路由器会切换为主路由器。

▼IPv4 使用以 00:00:5E:00:01 开头的 6 字节的 MAC 地址作为虚拟路由器 MAC 地址，IPv6 使用以 00:00:5E:00:02 开头的 6 字节的 MAC 地址。MAC 地址的最后 1 字节表示 VRRPID，同属一组的路由器要使用相同的 VRRPID。在同一网段中创建不同的 VRRP 组时，需要使用不同的 VRRPID。

以太网实际是使用 MAC 地址来转发数据包的，当从主路由器切换到备用路由器时，VRRP 需沿用切换前的 MAC 地址。为了实现这一点，VRRP 并未使用路由器网卡上的MAC地址，而是使用专用的虚拟路由器MAC地址▼。这样一来，当发生主备切换时，备用路由器就能沿用虚拟路由器的 MAC 地址，而且为了接替主路由器接收数据包，备用路由器还需发送 GARP 数据包▼。

▼只有更新了沿途交换机上的 MAC 地址学习表，数据包才能到达备用路由器。因此，当路由器发生变化时，要借助 5.3.5 节介绍的 GARP 数据包促使交换机完成更新。

为了能够沿用默认路由器的 IP 地址和 MAC 地址，需要为路由器上的每块网卡都设置一个不同于默认路由器的 IP 地址，并将默认路由器设置为虚拟 IP 地址。这样一来，当发生故障时，通过虚拟 IP 地址和虚拟路由器 MAC 地址，无须更改默认路由器即可切换到备用路由器。

5.8.2 IP 多播相关技术

多播通信主要使用的是 UDP，并且不能使用 TCP。由于 UDP 是面向无连接的，因此无须指定通信对端即可发送数据包。所以，在多播通信中，确认接收端是否存在非常重要。如果没有接收端，那么发送多播消息将会造成网络流量的浪费。

▼Internet Group Management Protocol。

▼Multicast Listener Discovery，多播监听发现。ICMPv6 的消息类型为 130、131、132。

▼关于 ICMPv6 的更多细节，请参考 5.4.3 节。

确认是否有接收端，在 IPv4 中可以通过 IGMP▼实现，在 IPv6 中可以通过 MLD▼实现，MLD 是 ICMPv6▼中的重要功能之一。判断接收端是否存在的机制如图 5.26 所示。

IGMP（MLD）主要有两大作用。

1. 向路由器表明想接收多播消息（并通知想接收多播的地址）。
2. 向交换集线器通知想接收多播的地址。

首先，路由器会根据第 1 个作用，了解想接收多播消息的主机，并将这个信息告知其他路由器，准备接收多播消息。多播消息的发送路径由 PIM-SM、PIM-DM、DVMRP、DOSPF 等多播路由协议决定▼。

▼关于单播路由协议，可参考第 7 章。

▼交换集线器通常习得发送端的 MAC 地址。由于多播地址只用于目标地址，因此无法从数据包中习得。

▼指目标 MAC 地址是多播地址。

▼IGMP（MLD）数据包由 IP（IPv6）包进行传送，而非数据链层的数据包。支持 IGMP（MLD）的交换集线器不仅需要解析数据链路层的数据包，还得解析 IP（IPv6）包和 IGMP（MLD）数据包。之所以称为“探听”（snooping）是因为它需要监控“职责”以外的数据包。

其次，第 2 个作用也称作 IGMP（MLD）探听。交换集线器通常只会习得单播地址▼。多播帧▼则跟广播帧一样不经过滤就会全部被复制到端口上。这会导致网络负荷加重，甚至给那些通过多播实现高质量图像传播的广播电视带来严重影响。

为了解决此类问题，可以采用第 2 个作用的 IGMP（MLD）探听。支持 IGMP（MLD）探听的交换集线器可以过滤多播帧，从而降低网络的负荷。

在 IGMP（MLD）探听中，交换集线器对所通过的 IGMP（MLD）数据包进行监控▼。由于从 IGMP（MLD）数据包中可获知多播帧发送的地址和端口，因此不会再向毫无关系的端口发送多播帧。这样可以减轻那些不接收多播消息的端口的负荷。

图 5.26
基于 IGMP（MLD）的多播实现

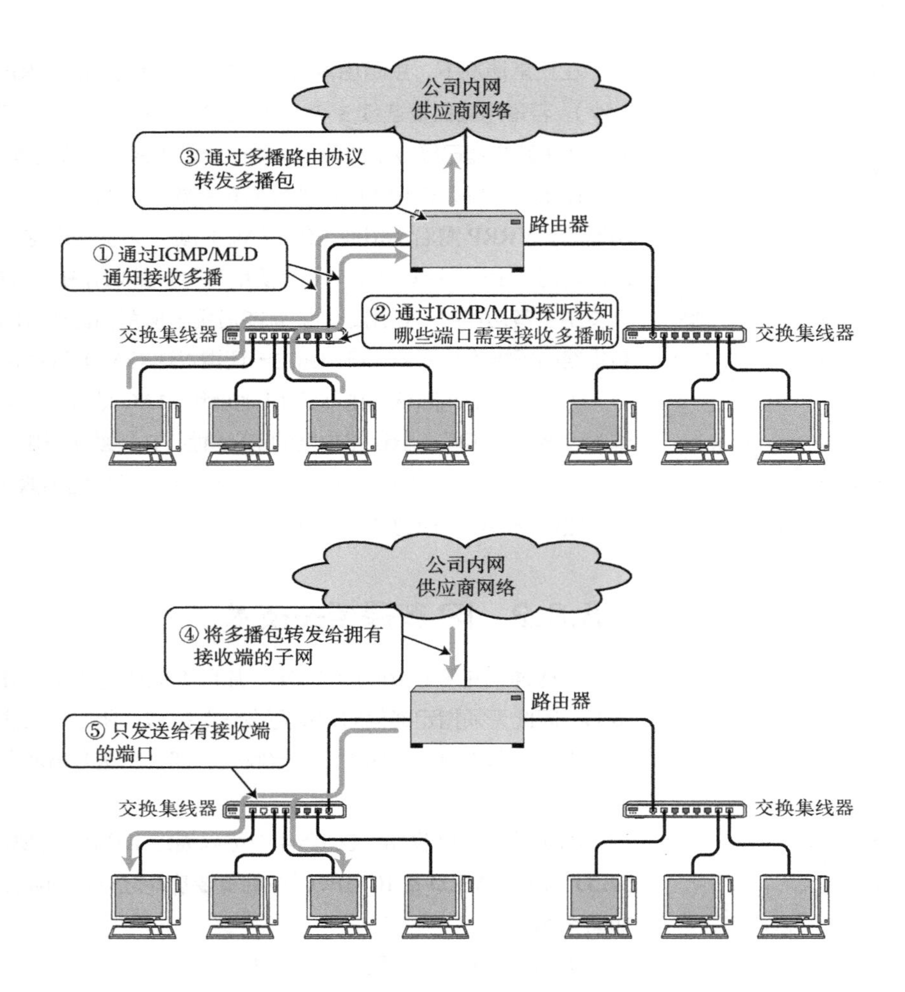

5.8.3 IP 任播

IP 任播类似于报警电话 110 系统与消防电话 119 系统。当人们拨打 110 或 119 时，接听电话并不是只有一个，而是可以拨打到一个区域管辖范围内的任意公安或消防部门。省、市、县、乡等不同级别的区域各自设有 110 与 119 的急救电话，而且数量极其庞大。

这种机制的实现，在互联网上就是 IP 任播。

IP 任播是为那些提供同一种服务的服务器配置同一个 IP 地址，使客户端与最近的服务器进行通信的一种方法▼，如图 5.27 所示。它适用于 IPv4 和 IPv6。

在 IP 任播的应用中，最有名的当属 DNS 根域名服务器▼。DNS 根域名服务器出于历史原因▼，将 IP 地址的分类限制为 13 种。从负载均衡与灾备应对的角度来看，全世界的根域名服务器不可能只设置 13 处。为此，使用 IP 任播可以让更多的 DNS 根域名服务器散布到世界的各个角落。因此，当发送一个请求包给 DNS 根域名服务器时，IP 包会发送给区域内最近的服务器，并由这台服务器返回应答。

▼选择哪台服务器由路由协议的类型和设置方法决定。关于路由协议的更多细节，请参考第 7 章。

▼可参考 5.2.3 节中的“域名服务器”一节。

▼承载 DNS 数据包的 UDP 数据长度被限制为 512 个 8 位字节。

IP 任播机制虽然非常方便，但是也有不少限制。例如，它无法保证将第一个数据包和第二个数据包发送给同一台主机。这在面向无连接的 UDP 发出请求而无须应答的情况下没有问题，但是，对于面向有连接的 TCP 通信或在 UDP 中要求通过连续的多个数据包进行通信的情况下，就显得力不从心了。由于接收 IP 任播的服务器会以单播的方式返回响应，因此可以采取只有第一个数据包使用任播，后续通信都使用单播的方式缓解此问题。

图 5.27
IP 任播

▼8.8.8.8 是由 Google 提供的公共 DNS 服务器的 IP 地址。

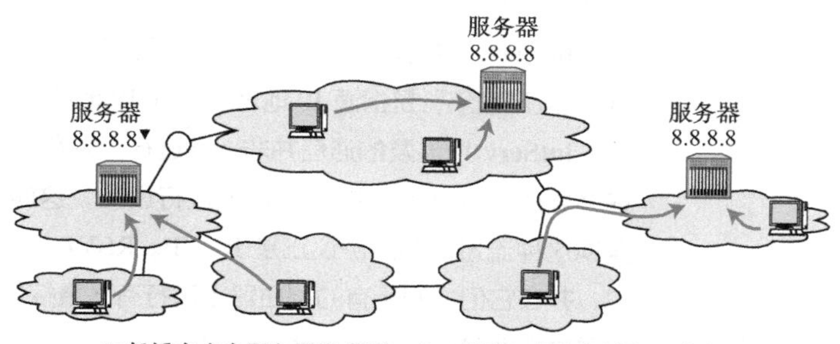
服务器
8.8.8.8
服务器
8.8.8.8▼
服务器
8.8.8.8
IP任播中多台服务器设有同一个IP地址。当客户端发出请求时，
可以由一台离客户端最近的服务器进行处理

5.8.4 通信质量控制

■ 通信质量的定义

IP 的设计和开发初衷是作为一个“尽力服务”的协议，是一款“没有通信服务质量保证”的协议。在“尽力服务”型的通信中，如果遇到通信线路拥塞的情况，那么可能会导致通信性能下降。好比在高速公路上，如果一下子有太多的车辆涌入高速，这将会导致堵车，谁也无法预料何时能够到达目的地。“尽力服务”型网络中也存在此类问题。

通信线路上的拥塞也叫作收敛。当网络发生收敛时，路由器和交换集线器的队列▼（Buffer）溢出，这将出现大量的丢包现象，从而影响通信性能。这时如果正在访问 Web 页面，可能会出现点击任何链接都迟迟无法显示，或声音中断、视频画面卡顿等现象。

▼queue，等待队列。

随着音频、视频服务及设备控制对实时性要求的逐渐提高，当使用 IP 通信时，能够保证服务质量（QoS：Quality of Service）的技术受到前所未有的追捧。

■ 控制通信质量的机制

控制通信质量的工作机制类似于高速公路收费站的绿色通道。对于需要保证通信质量的数据包，路由器会进行特殊处理，并且在力所能及的范围内对其进行优先处理。

通信质量包括带宽、延迟、时延波动等内容。路由器在内部的队列（缓存）中优先处理要求保证通信质量的数据包，有时甚至不得不丢弃那些优先级较低的数据包以保证通信质量。

▼Resource Reservation Protocol。

Intserv 和 Diffserv 是用于控制通信质量的两种技术，前者利用 RSVP▼提供点对点的细粒度的优先控制，后者提供粒度相对较粗的优先控制。

■ IntServ

▼源端口与目标端口是 TCP/UDP 首部中的信息，具体可参考第 6 章。

▼具体可以是带宽、延迟、时延波动（抖动）、丢包率等。

IntServ 是针对特定应用程序之间的通信进行质量控制的一种机制。这里的"特定应用程序"是指源 IP 地址、目标 IP 地址、源端口、目标端口及协议编号▼。

IntServ 所涉及的通信并非一直进行，只在必要的时候进行。因此 IntServ 只在必要的时候才要求在路由器上进行设置，这叫"流量设置"，如图 5.28 所示。实现这种流量控制的协议正是 RSVP。RSVP 在接收端针对发送端传送控制数据包，并在它们之间所有的路由器上进行有质量控制的设置▼。路由器随后根据这些设置对数据包进行有针对性的处理。

不过，RSVP 的机制相对复杂，在大规模的网络中实施和应用相对比较困难。此外，如果流量设置要求过高，超过现有网络资源上限，不仅会影响后续的使用，还会带来一定的不便。因此，出现了灵活性更强的 DiffServ。

图 5.28
RSVP 中的流量设置

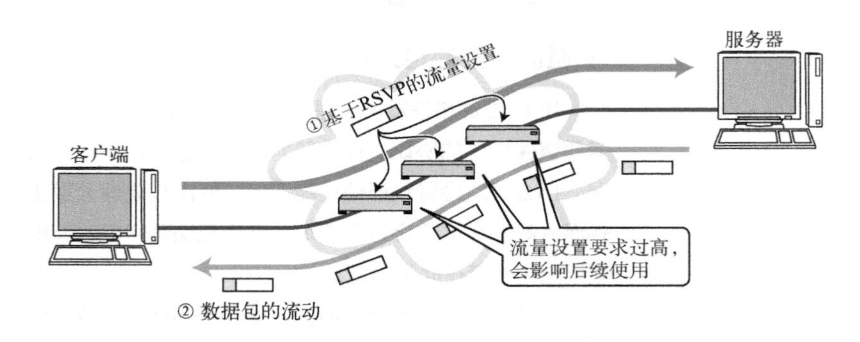

■ DiffServ

IntServ 针对应用程序的连接进行详细的通信质量控制。相比之下，DiffServ 则针对特定的网络进行较粗粒度的通信质量控制。例如，针对某个供应商进行顾客排名，从而进行数据包的优先处理。

▼DSCP 字段是 IP 首部 TOS 字段的替换。具体请参考 4.7 节。

▼例如，相较于 Web 数据包，优先处理 IP 电话的数据包。

如图 5.29 所示，进行 DiffServ 质量控制的网络叫作 DiffServ 域。在 DiffServ 域中的路由器会对所有进入该域 IP 首部中的 DSCP▼字段进行替换。对期望被优先处理的数据包设置优先值，对没有这种期望的数据包无须设置优先值。DiffServ 域内部的路由器则根据 IP 首部的 DSCP 字段的值有选择性地进行优先处理。在发生网络拥塞时，可以丢弃优先级较低的数据包▼。

在 IntServ 中，每次通信都需要进行一次流量设置。由于路由器必须得针对不同流量进行质量控制，因此机制太过复杂，影响实用性。DiffServ 则根据供应商的合约要求以较粗的粒度进行质量控制，机制相对简单，实用性较好。

图 5.29
DiffServ

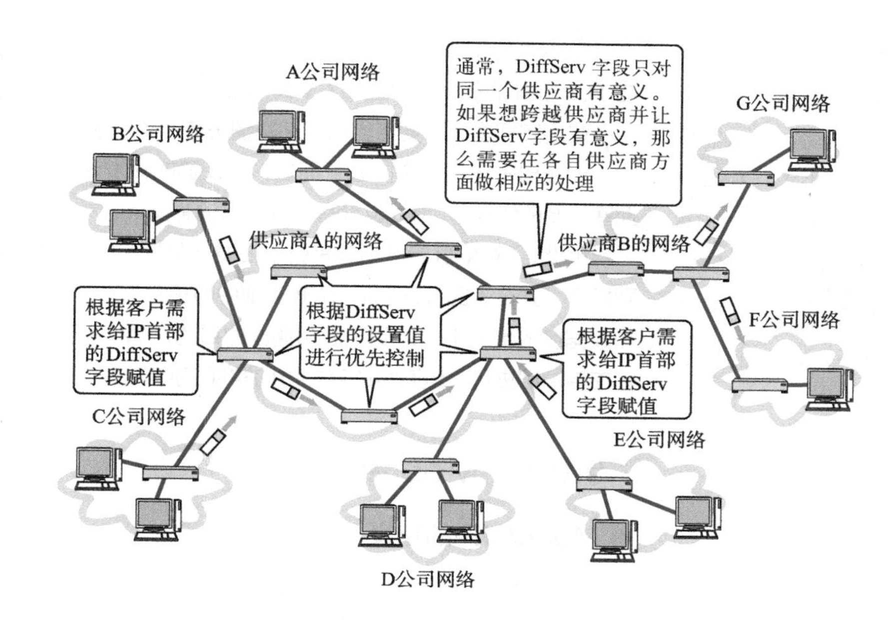

5.8.5 显式拥塞通知

当发生网络拥塞时，发送端主机应该减少数据包的发送量。作为 IP 上层协议，TCP 虽然也能控制网络拥塞，但是它是通过有没有丢包来判断是否发生拥塞▼。然而这种方法并不能在数据包丢失之前减少数据包的发送量。

▼关于 TCP 拥塞控制，请参考第 6 章。

为了解决这个问题，人们在 IP 层新增了一种使用显式拥塞通知的机制，即 ECN▼。该机制的流程如图 5.30 所示。

▼Explicit Congestion Notification，显式拥塞通知。

图 5.30
拥塞通知

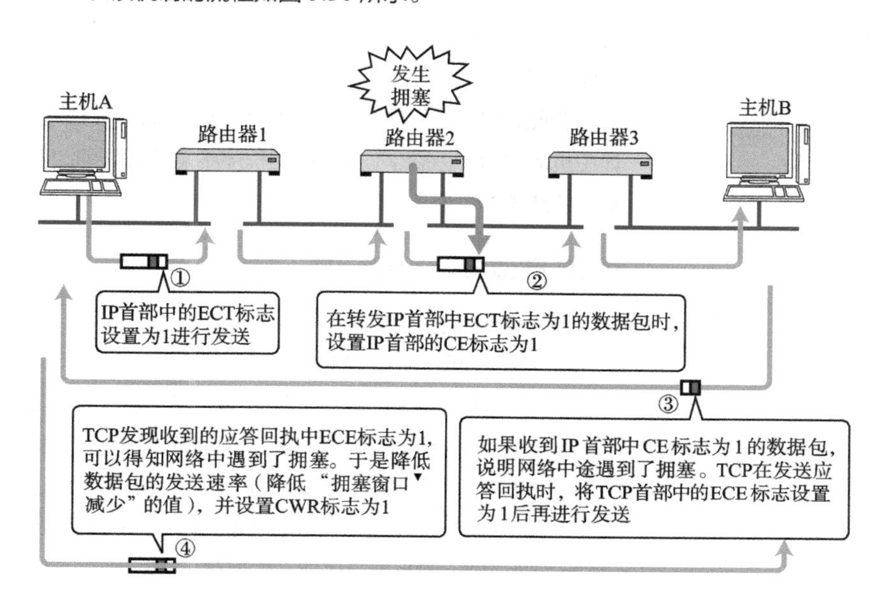

▼关于拥塞窗口，请参考 6.4.9 节。

ECN为实现拥塞通知的功能，将IP首部的TOS字段替换为ECN字段，并在TCP首部的保留位中追加CWR▼标志和ECE▼标志。

▼Congestion Window Reduced，拥塞窗口减少。

▼ECN-Echo。

在通知拥塞时，要将当前的拥塞情况传达给发送数据包的主机▼。然而，通知能不能发出去还是一个问题。而且，即使通知被发送出去，如果遇到一个不支持拥塞控制的协议▼，那么也没有什么实质的意义。

▼在早期的ICMP规范中，ICMP源点抑制消息可用于通知拥塞并减少数据包的发送量，但会造成诸如拥塞时还发送数据包反倒增加了数据包的发送量，或使网络遭受由伪造的ICMP源点抑制消息引起的攻击等问题，该消息实际上几乎从未被使用过，甚至可能会被废弃。

▼例如，使用UDP的通道等。

因此，ECN机制概括起来就是在发送数据包的IP首部中记录路由器是否遇到拥塞，并在返回数据包的TCP首部中通知是否发生过拥塞。这样一来，在不增加数据包的情况下，达到了通知拥塞的目的。拥塞检查在网络层进行，而拥塞通知在传输层进行，这两层的互相协助实现了拥塞通知的功能。

5.8.6 Mobile IP

Mobile IP的定义

IP地址由“网络地址”和“主机地址”两部分组成，其中“网络地址”表示全网中子网的位置，对于不同的地域它的值有所不同。

读者可以参考智能手机和笔记本计算机等移动设备的情况。当设备连接到不同的子网时，会由DHCP或手动的方式分配到不同的IP地址。IP地址的变更会不会有什么问题呢?

当通过移动设备进行通信时，所连接的子网一旦发生变化，则移动设备无法通过TCP继续通信。这是因为TCP是面向有连接的协议，自始至终都需要发送端主机和接收端主机的IP地址不发生变化。

在UDP的情况下，移动设备也无法继续通信，不过鉴于UDP是面向无连接的协议，或许可以在应用层面上处理变更IP地址的问题▼。然而，改造所有应用程序让其适应IP地址变更不是一件容易的事。

▼在UDP的情况下，可以借助QUIC协议（6.5.1节），但若是TCP，IP地址的变更会导致TCP的连接断开。不过，通过修复等方法使应用程序应对IP地址的变更也不是不可能的。

由此，Mobile IP登上历史舞台。这种技术在主机所连接的子网发生变化时，让主机的IP地址保持不变。应用程序不需要做任何改动，即使是在IP地址发生变化的环境中，通信也能够继续。

IP隧道与Mobile IP

Mobile IP的工作机制如图5.31所示。

- 移动主机（MH：Mobile Host）

  移动主机是指那些移动了位置，IP地址却不变的设备。在没移动时，所连接的网络叫作归属网络，IP地址叫作归属地址。归属地址如同一个人的户籍，移动不会改变地址。移动主机移动后还会被额外赋予一个IP地址。这种地址被称为移动地址（CoA：Care-of Address）。移动地址如同现居地，搬家后有可能发生变化。

- 归属代理（HA：Home Agent）

  归属代理处于归属网络下，可监控移动设备的位置，并转发数据包给移动主机。这很像注册户籍信息的政府机关。

- 外部代理（FA：Foreign Agent）

  外部代理在目的地支持移动主机的通信。任何移动主机能够到达的目的地都需要外部代理。

图 5.31
Mobile IP

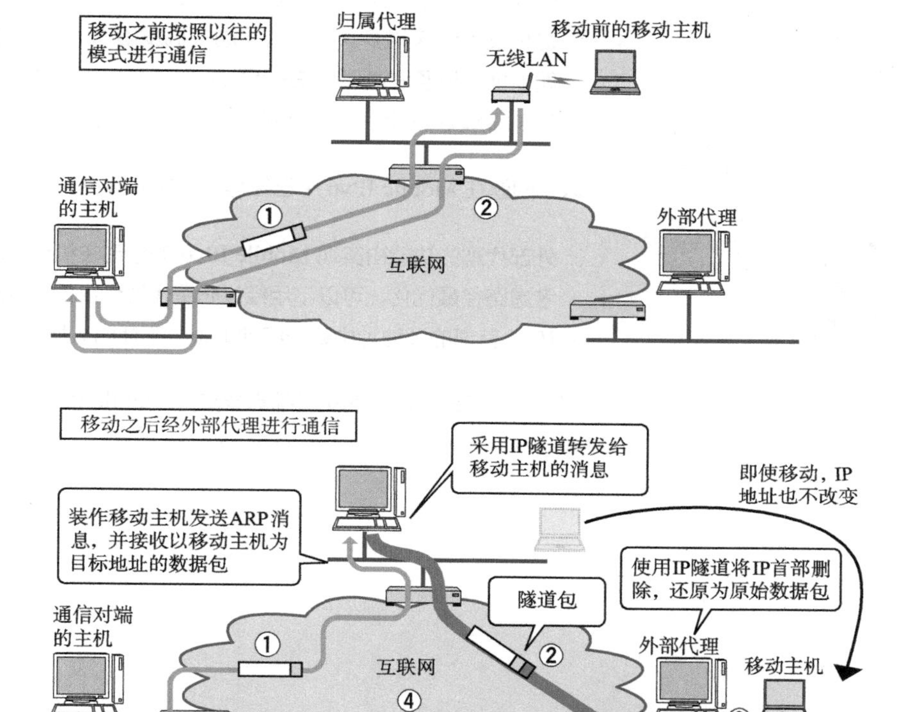

如图 5.31 所示，Mobile IP 中的移动主机，在移动之前按照以往的模式进行通信，只要发生了移动，就会将归属代理的地址告知外部代理，并要求外部代理为其转发数据包。

从应用层看移动主机，会发现它永远使用归属地址进行通信。实际上 Mobile IP 是使用外部地址转发数据包的。

■ Mobile IPv6

Mobile IP 中存在一些问题。

- 没有外部代理的网络。
- IP 包呈三角形路径。
- 为了提高安全性，一个组织可以做这样的设置，即如果从自己的组织向外部发送数据包的源地址不是本组织在用的 IP 地址，则丢弃该数据包。而且这种设置越来越多。因为从移动主机发给通信对端的 IP 包的源地址是归属地址，与通信对端所在的组织的 IP 地址不符（如图 5.31 ④中的 IP 包所示），所以目的地路由器可能会丢弃这个数据包▼。

▼为了避免该问题的发生，现在 Mobile IP 中移动主机向通信对端发送 IP 包时要经由归属代理，这也叫作双向隧道。事实上，这种方式比三角形通道效率还低。

以上问题在 Mobile IPv6 中已经得到相应的解决。

- 外部代理的功能由实现 Mobile IPv6 的移动主机自己承担。
- 考虑路径最优化，可以不用经过归属代理而直接进行通信▼。
- IPv6 首部的源地址中赋予移动地址，不让防火墙丢弃▼。

▼使用 IPv6 扩展首部中的“Mobility Header”（协议编号 135）。

▼使用 IPv6 扩展首部中的“目标地址选项”（协议编号 60）中的归属地址。

移动主机和通信对端的主机都需要支持 Mobile IPv6 才能使用以上所有功能。

第6章

TCP 与 UDP

本章旨在介绍传输层的两个主要协议，TCP（Transmission Control Protocol）与 UDP（User Datagram Protocol）。传输层位于 OSI 参考模型的正中间，作为中介将下 3 层提供的服务提供给上 3 层。

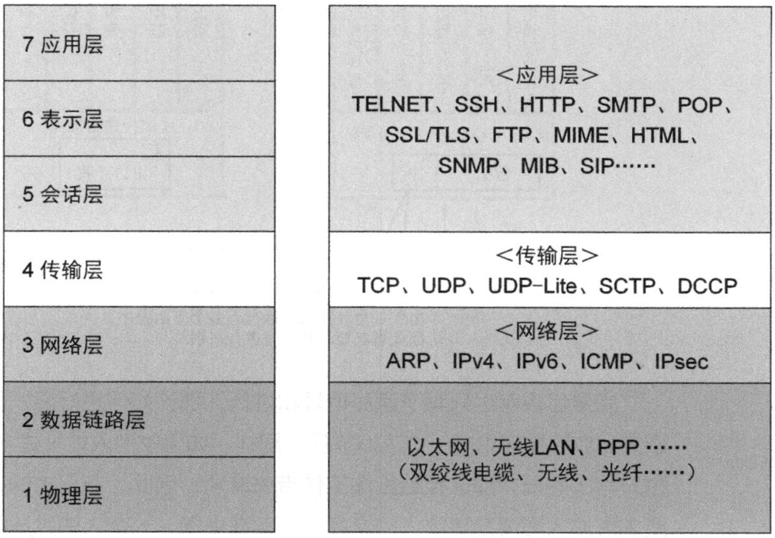

OSI 参考模型	协议
7 应用层	＜应用层＞ TELNET、SSH、HTTP、SMTP、POP、SSL/TLS、FTP、MIME、HTML、SNMP、MIB、SIP……
6 表示层	
5 会话层	
4 传输层	＜传输层＞ TCP、UDP、UDP-Lite、SCTP、DCCP
3 网络层	＜网络层＞ ARP、IPv4、IPv6、ICMP、IPsec
2 数据链路层	以太网、无线LAN、PPP …… （双绞线电缆、无线、光纤……）
1 物理层	

6.1　传输层的作用

TCP/IP 中有两个具有代表性的传输层协议，它们分别是 TCP 和 UDP。TCP 提供可靠的通信传输，UDP 则常被用于广播▼和细节控制交给应用程序处理的通信传输。总之，根据通信的具体特征，选择合适的传输层协议是非常重要的。

▼广播通信包括多播和广播。

6.1.1　传输层的定义

第 4 章曾提到，IP 首部中有一个协议字段，用来标识网络层（IP）的上一层所采用的是哪一种传输层协议。根据该字段的协议编号，可以识别 IP 传输的数据部分究竟是 TCP 的内容，还是 UDP 的内容。

同样，传输层的 TCP 和 UDP，为了识别自己所传输的数据部分究竟应该发给哪个应用程序，也设定了一个编号，即端口号。

如图 6.1 所示，以包裹为例，邮递员（IP）根据收件人地址（目标 IP 地址）向目的地（计算机）投递包裹（IP 数据报）。包裹到达目的地以后由对方（传输层协议）根据包裹信息判断最终的接收人（接收端应用程序）。

图 6.1
一台计算机中运行着众多应用程序

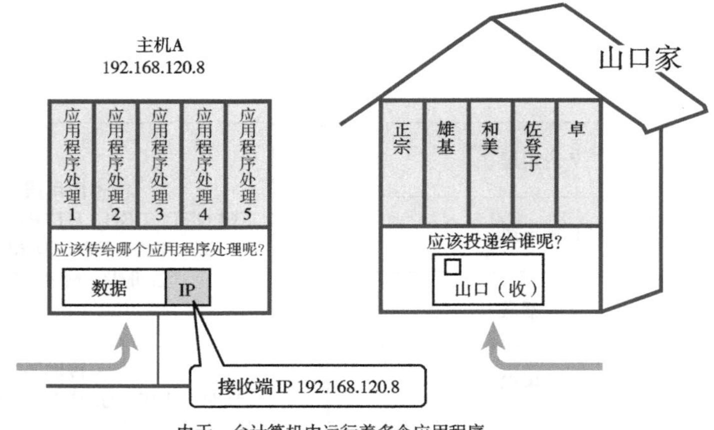

如果包裹单上只写了家庭地址和姓氏，那该如何是好呢？你根本无法判断包裹究竟应该投递给哪一位家庭成员。同样，如果收件人地址是学校或公司▼，而且也只写了姓氏，那么会给投递工作带来麻烦。因此，在日本的投递业务中，都会要求寄件人写清楚接收人的全名。其实在中国，一个人的姓氏不像日本那样复姓居多▼，人们通常不会仅以姓氏称呼一个人。但是也有一种特殊情况，那就是一个收件地址中有多个同名同姓的接收者，这时该怎么办呢？此时，往往通过追加电话号码来加以区分。

▼投递给公司或学校，需要填写具体的部门或所属机构名称。

▼在中国邮政快递业务中，通常需要收件人的详细地址和全称。在普通快递中，可能还需要追加联系电话以区分同名同姓的收件人。

▼注意，此处的端口与路由器、交换机等设备上指网卡的端口有所不同。

▼一个应用程序可以使用多个端口。

在 TCP/IP 的通信中，也是如此，需要指定“全名或电话号码”，即“应用程序”。而传输层必须指出具体的应用程序，为了实现这一功能，使用端口▼号这样一种识别码。根据端口号可以识别在应用层中所要进行处理的具体应用程序▼。

6.1.2 通信处理

再以邮递包裹为例，详细分析一下传输层协议的工作机制。

前面提到的“应用程序”其实是用来进行 TCP/IP 中应用层协议的处理的。因此，TCP/IP 中所要识别的“全名或电话号码”可以理解为应用层协议。

▼客户端（Client）具有客户的意思。在计算机网络中，客户端是接收服务和使用服务的一方。

▼服务端（Server）在计算机网络中是提供服务的应用程序或计算机。

▼始终在主机或服务器上运行，并执行特定处理的进程。

▼还可以使用支持精细访问控制的 xinetd。

TCP/IP 的应用层协议大多采用客户端 / 服务端模型。客户端▼类似于客户，是请求的发起端。服务端▼是提供服务的一方，是请求的处理端。另外，作为服务端的应用程序有必要提前启动，准备接收客户端的请求。否则即使有客户端的请求发过来，服务端也无法做出相应的处理。

这些服务端应用程序在 UNIX 系统中叫作守护进程▼。例如，HTTP 的服务端应用程序是 httpd（HTTP 守护进程），SSH 的服务端应用程序是 sshd（SSH 守护进程）。在 UNIX 系统中，并不需要将这些守护进程逐个启动，而是启动一个可以代表它们接收客户端请求的 inetd▼（互联网守护进程）服务端应用程序即可。它是一种超级守护进程。该超级守护进程收到客户端请求以后会复刻（fork）新的进程，而新的进程会转换为各个守护进程。

确认一个请求究竟发给的是哪个服务端应用程序（守护进程），可以通过所接收到的数据包的目标端口号轻松识别。当收到 TCP 的连接请求时，如果目标端口号为 22，则转给 sshd；如果目标端口号为 80，则转给 httpd。然后，这些守护进程会继续对该连接上的通信传输进行处理。

传输层协议 TCP、UDP 通过接收数据中的目标端口号识别应用程序。以图 6.2 为例，传输层协议的数据将被传递给 HTTP、SSH 及 FTP 等应用层协议。

图 6.2
HTTP 连接请求

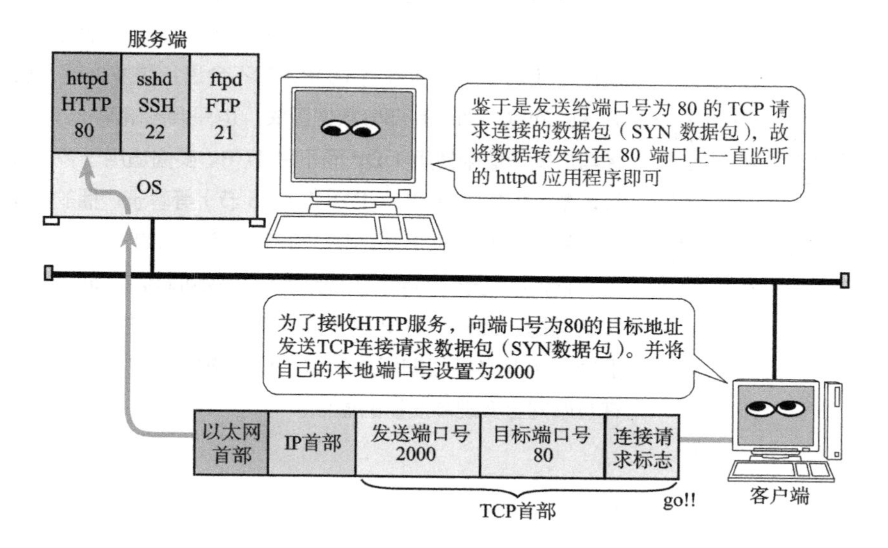

6.1.3 两种传输层协议 TCP 和 UDP

在 TCP/IP 中，能够实现传输层功能的、具有代表性的协议是 TCP 和 UDP。

TCP

TCP 是面向有连接的、可靠的流协议。流是指不间断的数据结构，你可以把它想象成排水管道中的水流。当应用程序采用 TCP 发送数据时，虽然可以保证发送的顺序，但如同没有任何间隔的数据流，发送给了接收端▼。

▼例如，发送端应用程序发送了 10 次 100 字节的数据，但在接收端，应用程序有可能收到一个 1000 字节连续不间断的数据。因此在 TCP 通信中，发送端应用程序可以在自己所要发送的数据中，设置一个表示长度或间隔的字段信息。

TCP 为提供可靠性传输，实行“顺序控制”和“重发控制”机制。此外，TCP 还具备“流量控制”“拥塞控制”，以及提高网络利用率等众多功能。

UDP

UDP 是面向无连接的、不具备可靠传输的数据报协议。细微的处理它会交给上层的应用程序去完成。在 UDP 的情况下，虽然可以保证发送数据的大小▼，却不能保证数据一定会到达。因此，应用程序不得不根据自己的需要进行重发处理。

▼例如，发送端应用程序发送一个 100 字节的数据，接收端应用程序也会以 100 字节接收数据。在 UDP 中，应用程序指定的数据会发送到接收端，因此在发送的数据中不需要设置表示数据长度或间隔的字段信息。然而，UDP 不具备可靠传输。所以，发送端发出去的数据在网络传输途中一旦丢失，接收端将收不到数据。

6.1.4 TCP 与 UDP 的区别

可能有人会认为，由于 TCP 是可靠的传输层协议，因此它一定优于 UDP。其实不然。TCP 与 UDP 的优缺点无法简单地、绝对地去做比较。对这两种协议应该如何加以区分使用呢？下面，我将对此问题做简单说明。

TCP 用于传输层有必要实现可靠传输的情况下。由于它是面向有连接并具备顺序控制、重发控制等机制的，因此它可以为应用程序提供可靠传输。

一方面，UDP 主要用于对高速传输和实时性有较高要求的通信或广播通信。我们以 IP 电话和视频电话为例来说明 TCP 和 UDP 的区别。如果使用 TCP，数据在传送途中一旦丢失则会被重发，但这样无法流畅地传输通话人的声音，会导致无法进行正常交流。而采用 UDP，它不会进行重发处理，从而不会有声音大幅延迟到达的问题。即使有部分数据丢失，也只会影响某一小部分的通话▼。此外，在多播与广播通信中使用 UDP 而不是 TCP。多播适用于多人观看同一节目的电视广播等场景。RIP（7.4 节）、DHCP（5.5 节）等基于广播的协议也依赖 UDP。

▼在实时传送视频或声音时，途中一小部分网络的丢包可能会导致画面或声音的短暂停顿甚至出现混乱。但在实际使用时，这一点几乎无并无大碍。此外，如有需要还可以通过所谓人工级别的重发控制（如再次向对方确认或询问）来缓解丢包产生的影响。

另一方面，TCP 更适用于单向通信。例如，互联网中的视频点播和视频播放等。它们不同于 IP 电话和视频会议等双向通信，即使存在几秒到几十秒的延迟也没有问题。此外，TCP 具备拥塞控制▼和重发控制功能。由于互联网上经常出现拥塞，因此必须根据网络的繁忙程度进行调控。然而 UDP 缺少拥塞控制，很难在互联网上实现高质量的通信。

▼关于拥塞控制，请参考 6.4.9 节

因此，TCP 和 UDP 应该根据应用程序的目的按需使用。

■ 套接字（Socket）

应用程序在使用 TCP 或 UDP 时，会用到编程语言的开发环境或操作系统提供的软件开发库。这种软件开发库一般被称为 API（Application Programming Interface，应用程序编程接口）。

使用 TCP 或 UDP 进行通信时，会广泛使用套接字（socket）的 API，如图 6.3 所示。套接字原本是由 BSD UNIX 开发的，但后来被移植到了 Windows 的 Winsock 及嵌入式操作系统中。

应用程序利用套接字，可以设置对端的 IP 地址、端口号，并请求操作系统收发数据。操作系统则会通 TCP/IP 进行通信。

图 6.3
套接字

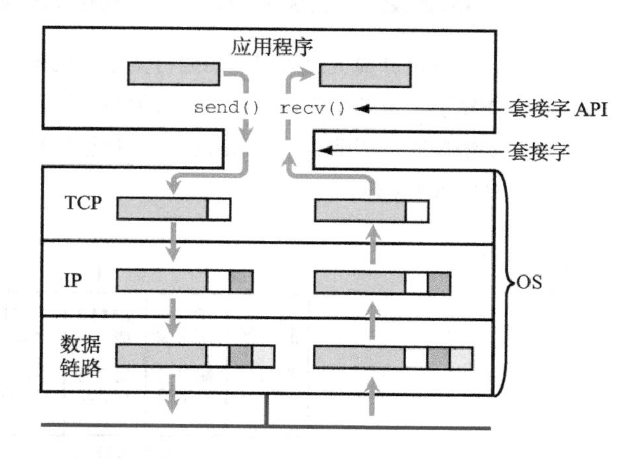

另外，套接字只提供操作系统中的 TCP/IP 功能，并不提供会话层、表示层或应用层中的特定功能。在编程时，程序员需要意识到，使用套接字相当于直接使用 TCP 或 UDP，这对应用程序的开发者而言并不方便。为了缓解这种情况，有些编程语言和开发环境提供了实现高层协议功能的软件开发库和中间件，以简化应用程序的开发。软件开发库和中间件减轻了程序员的负担、提高了生产力，但归根结底它们使用的还是套接字。

6.2 端口号

6.2.1 端口号的定义

数据链路和 IP 中的地址，分别指的是 MAC 地址和 IP 地址。前者用来识别同一数据链路中不同的计算机，后者用来识别 TCP/IP 网络中互连的主机和路由器。在传输层中，也有类似于地址的概念，那就是端口号。端口号用来识别同一台计算机中不同的联网应用程序。因此，它也被称为程序地址。

6.2.2 根据端口号识别应用程序

一台计算机上可以同时运行多个应用程序。例如，接收 WWW 服务的 Web 浏览器、电邮客户端、远程登录用的 ssh 客户端等应用程序都可同时运行。传输层协议正是利用端口号来识别本机中进行通信的应用程序，并准确地将数据传输，如图 6.4 所示。

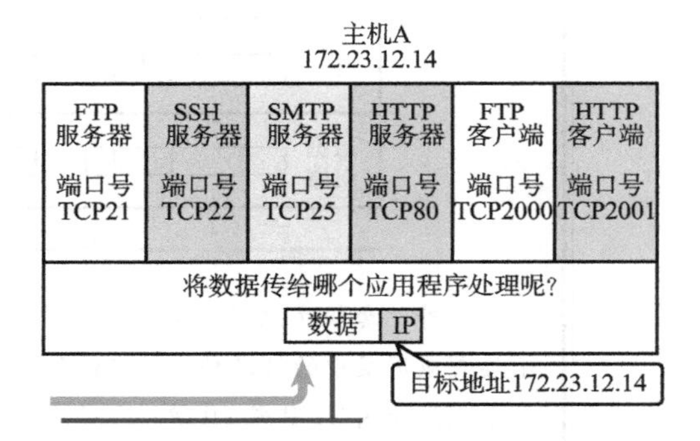

图 6.4
根据端口号识别应用程序

6.2.3 通过 IP 地址、端口号、协议编号进行通信识别

仅凭目标端口号识别某个通信是远远不够的。

如图 6.5 所示，①和②的通信是在两台计算机上进行的。它们的目标端口号相同，都是 80。例如，使用 Web 浏览器同时访问同一 WWW 服务器上两个不同的页面，就会在浏览器和服务器之间产生两个通信。在这种情况下，必须严格区分这两个通信，可以根据源端口号加以区分。

图 6.5 中③和①的目标端口号、源端口号完全相同，但是它们的源 IP 地址不同。此外，还有一种情况图中并未列出，那就是源 IP 地址和源端口号都一样，只是协议编号（表示上层是 TCP 或 UDP 的一种编号）不同。在这种情况下，这也会被认为是两个通信。

图 6.5
识别多个请求

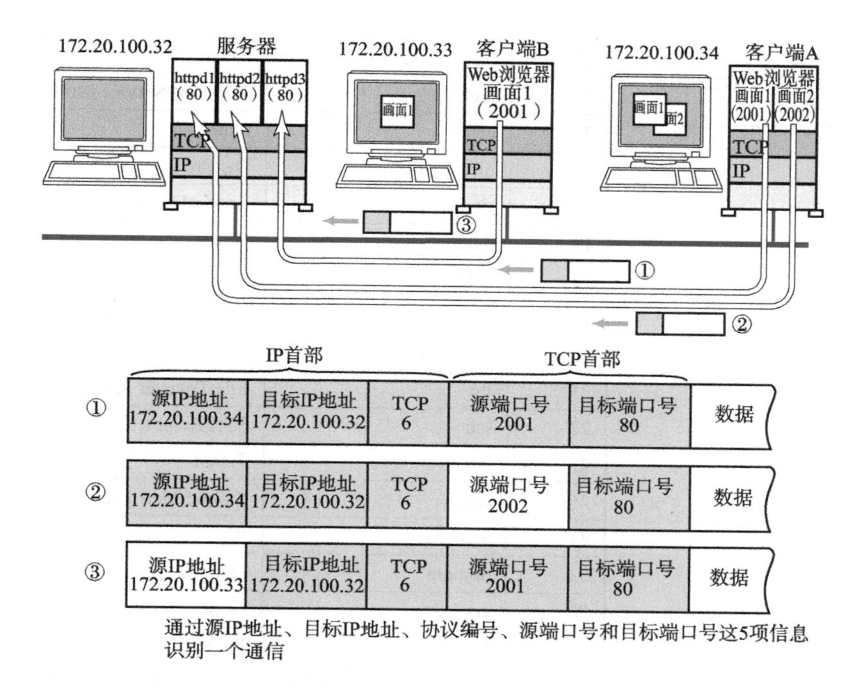

▼ 这组信息可以在 UNIX 或 Windows 系统中通过 netstat-n 命令显示。

因此，在 TCP/IP 或 UDP/IP 通信中，通常采用 5 项信息来识别▼一个通信。它们是“源 IP 地址”“目标 IP 地址”“协议编号”“源端口号”“目标端口号”。只要其中某一项不同，则被认为是其他通信。

6.2.4 端口号如何确定

在实际通信时，要事先确定端口号。确定端口号的方法有两种。

■ 默认既定的端口号

这种方法也叫静态方法。它是指每个应用层协议都有指定的端口号。但并不是说可以随意使用任意一个端口号。每个端口号都有其对应的使用目的▼。

▼ 当然，这也不是说“只能有一个目的”。在更高级的网络应用中，端口号有时也会另作他用。

例如，HTTP、TELNET、FTP 等广为使用的应用层协议中所使用的端口号是固定的。这些端口号也被称为知名端口号（Well-Known Port Number）。知名端口号一般由 0 到 1023 的数分配而成。应用程序应该避免使用知名端口号进行既定目的之外的通信，以免产生冲突。

除了知名端口号，还有一些端口号被正式注册。它们分布在 1024 到 49 151 的数之间。不过，这些端口号可用于任何通信。表 6.1 与表 6.2 中列出了 TCP 与 UDP 具有代表性的知名端口号。这些通常是服务端使用的端口号。

表 6.1
TCP 具有代表性的知名端口号

端口号	服务名	内 容
1	tcpmux	TCP Port Service Multiplexer
7	echo	Echo
9	discard	Discard
11	systat	Active Users
13	daytime	Daytime
17	qotd	Quote of the Day
19	chargen	Character Generator
20	ftp-data	File Transfer [Default Data]
21	ftp	File Transfer [Control]
22	ssh	SSH Remote Login Protocol
23	telnet	Telnet
25	smtp	Simple Mail Transfer Protocol
43	nicname	Who Is
53	domain	Domain Name Server
70	gopher	Gopher
79	finger	Finger
80	http（www, www-http）	World Wide Web HTTP
95	supdup	SUP DUP
101	hostname	NIC Host Name Server
102	iso-tsap	ISO-TSAP
110	pop3	Post Office Protocol-Version 3
111	sunrpc	SUN Remote Procedure Call
113	auth（ident）	Authentication Service
117	uucp-path	UUCP Path Service
119	nntp	Network News Transfer Protocol
123	ntp	Network Time Protocol
139	netbios-ssn	NETBIOS Session Service（SAMBA）
143	imap	Internet Message Access Protocol v2,v4
163	cmip-man	CMIP/TCP Manager
164	cmip-agent	CMIP/TCP Agent
179	bgp	Border Gateway Protocol
194	irc	Internet Relay Chat Protocol
220	imap3	Interactive Mail Access Protocol v3
389	ldap	Lightweight Directory Access Protocol
434	mobileip-agent	Mobile IP Agent
443	https	http protocol over TLS/SSL
502	mbap	Modbus Application Protocol
515	printer	Printer spooler（lpr）
587	submission	Message Submission
636	ldaps	ldap protocol over TLS/SSL
989	ftps-data	ftp protocol，data，over TLS/SSL

（续）

端口号	服务名	内　容
990	ftps	ftp protocol，control，over TLS/SSL
993	imaps	imap4 protocol over TLS/SSL
995	pop3s	pop3 protocol over TLS/SSL
3610	echonet	ECHONET
5059	sds	SIP Directory Services
5060	sip	SIP
5061	sips	SIP-TLS
19 999	dnp-sec	Distributed Network Protocol
20 000	dnp	DNP
47 808	bacnet	Building Automation and Control Networks（BACnet）

表 6.2
UDP 具有代表性的知名端口号

端口号	服务名	内　容
7	echo	Echo
9	discard	Discard
11	systat	Active Users
13	daytime	Daytime
19	chargen	Character Generator
49	tacacs	Login Host Protocol（TACACS）
53	domain	Domain Name Server
67	bootps	Bootstrap Protocol Server（DHCP）
68	bootpc	Bootstrap Protocol Client（DHCP）
69	tftp	Trivial File Transfer Protocol
80	http	World Wide Web HTTP（QUIC）
111	sunrpc	SUN Remote Procedure Call
123	ntp	Network Time Protocol
137	netbios-ns	NETBIOS Name Service（SAMBA）
138	netbios-dgm	NETBIOS Datagram Service（SAMBA）
161	snmp	SNMP
162	snmptrap	SNMP TRAP
177	xdmcp	X Display Manager Control Protocol
201	at-rtmp	AppleTalk Routing Maintenance
202	at-nbp	AppleTalk Name Binding
204	at-echo	AppleTalk Echo
206	at-zis	AppleTalk Zone Information
213	ipx	IPX
434	mobileip-agent	Mobile IP　Agent
443	https	http protocol over TLS/SSL（QUIC）
520	router	RIP
546	dhcpv6-client	DHCPv6 Client
547	dhcpv6-server	DHCPv6 Server

（续）

端口号	服务名	内 容
1628	lontalk-norm	LonTalk normal
1629	lontalk-urgnt	LonTalk urgent
3610	echonet	ECHONET
5059	sds	SIP Directory Services
5060	sip	SIP
5061	sips	SIP-TLS
19 999	dnp-sec	Distributed Network Protocol
20 000	dnp	DNP
47 808	bacnet	Building Automation and Control Networks（BACnet）

■ 时序分配法

第二种方法也叫时序（动态）分配法。此时，服务端有必要确定端口号，但是接收服务的客户端不必确定端口号。

在这种情况下，客户端应用程序完全不用自己设置端口号，全权交给操作系统进行分配。操作系统可以为每个应用程序分配互不冲突的端口号。例如，当需要分配新的端口号时，操作系统在之前分配号码的基础上加 1。这样，操作系统就可以动态地管理端口号了。

根据这种动态分配端口号的机制，即使是同一个客户端应用程序发起的多个 TCP 连接，识别这些通信连接的 5 项信息也不会全部相同。

动态分配的端口号的取值范围在 49 152 到 65 535 之间▼。

▼在较老的系统中，有时会依次使用 1024 以上空闲的端口号。

6.2.5 端口号与协议

端口号还与所使用的传输层协议有关。因此，不同的传输层协议可以使用相同的端口号。例如，TCP 与 UDP 使用同一个端口号，但使用目的各不相同。这是因为端口号上的处理是根据传输层协议的不同而进行的。

数据到达 IP 层后，操作系统会先检查 IP 首部中的协议编号，然后再将数据传给相应协议的模块进行处理。如果是 TCP，则将数据传给 TCP 模块进行端口号的处理；如果是 UDP，则将数据传给 UDP 模块进行端口号的处理。即使是同一个端口号，由于传输层协议是各自独立地进行处理，因此相互之间不会受到影响。

此外，知名端口号与传输层协议并无关系，只要端口号一致都将分配同一种应用程序进行处理。例如，53 端口号在 TCP 与 UDP 中都用于 DNS▼服务，80 端口号用于 HTTP 通信。从目前来看，因为 HTTP 通信必须使用 TCP，所以 UDP 的 80 端口号并未投入使用。不过，由于 QUIC（将在 6.5.1 节介绍）的提案已被采纳，因此在 HTTP/3 中已经可以使用 UDP 的 80 端口号了。由此可见，虽然有的协议目前仅支持 TCP（或 UDP），但随着协议的升级，如果之后也能支持 UDP（或 TCP），那么无论传输层协议是 TCP 还是 UDP，应用程序都可以直接使用同一个端口号。

▼由域名确定 IP 地址时所用的协议。更多细节请参考 5.2 节。

6.3 UDP

■ UDP 的特点及其适用场景

UDP 是 User Datagram Protocol 的缩写。

UDP 不提供复杂的控制机制，而是利用 IP 提供面向无连接的通信服务。并且它是一种将应用程序发来的数据在收到的那一刻，立即按照原样发送到网络上的机制。

即使是出现网络拥塞的情况，UDP 也无法进行流量控制等避免网络拥塞的发生。此外，传输途中即使出现丢包，UDP 也不负责重发。甚至当数据包的到达顺序乱掉时，UDP 也没有纠正的功能。如果需要这些细节控制，那么不得不交由采用 UDP 的应用程序去处理▼。UDP 有些类似于用户说什么听什么的机制，但是需要用户充分考虑好上层协议以应对各种异常情况，并制作相应的应用程序。也可以说，UDP 按照“制作应用程序的用户的指示行事”。

▼由于互联网中没有一种能够控制全局的机制，因此在通过互联网发送大量数据时，各个节点将力争不给其他用户添麻烦。为此，拥塞控制成为必要的功能（拥塞控制往往不是因为自身需要）。然而，当不想实现拥塞控制时，有必要使用 TCP。

由于 UDP 面向无连接，因此它可以随时发送数据。再加上 UDP 本身的处理既简单又高效，所以经常用于以下几个方面。

- 数据包总量较少的通信（DNS、SNMP 等）。
- 视频、音频等多媒体通信（即时通信▼）。
- 限定于局域网等特定网络中的应用通信。
- 广播通信（广播、多播）。

▼特别是电话会议或视频会议等，需要双向交流的场景。

■ 用户与程序员

此处所说的“用户”，不单单指“互联网的使用者”。曾经它表示编写程序的程序员。因此，UDP 中的“用户”（User）在现在看来其实就相当于程序员。也就是说，认为 UDP 是按照程序员的编程思路在传送数据报也情有可原▼。

▼与之相比，由于 TCP 拥有各式各样的控制机制，因此它在发送数据时未必按照程序员的编程思路进行。

6.4 TCP

6.4.1 TCP的特点及目的

UDP是一种没有复杂控制，提供面向无连接通信服务的协议。换句话说，它将部分控制转移给应用程序去处理，自己却只提供作为传输层协议的最基本功能。

与UDP不同，TCP“人如其名”，可以说是对“传输、发送、通信”进行“控制”的“协议”。

TCP的诞生和发展都是为了在互联网上实现可靠的通信。而随时变化的用户导致互联网上的通信面临各种问题。TCP与UDP的区别相当大。它充分地实现了数据传输时各种控制功能，可以进行丢包时的重发控制，还可以对次序乱掉的数据包进行顺序控制。而这些在UDP中都没有。此外，TCP作为一种面向有连接的协议，只有在确认通信对端存在时才会发送数据，从而避免通信流量的浪费▼。TCP还可以调节数据包的发送数量，避免网络因拥塞而陷入收敛状态。

▼由于UDP没有连接控制，因此即使对端从一开始就不存在或中途退出网络，数据包还是能够发送出去。（有些系统也实现了当ICMP返回错误时，就不再继续发送的机制。）

根据TCP的这些机制，在IP这种面向无连接的网络上也能够实现高可靠性的通信。由此可知，TCP更适用于以下通信场景。

- 需要可靠的通信时（丢包会引发问题）。
- 通过互联网传输大量数据时（如文件传输）。
- 播放如视频点播和直播等对即时性要求不高的视频和音频（音乐）时（流媒体▼）。
- 期望在任何规格的线路上都能达到较为合理的通信性能时（宽带/窄带、高可靠性/低可靠性、MTU差异等）。

▼流媒体是一种边下载边播放音视频数据的技术，常用于互联网上的直播。在TCP中，丢包引起的重发处理会导致数据要延迟几秒甚至几十秒才能到达。而流媒体通过在播放音视频的同时缓存几秒到几十秒待播放的数据，有效防止了丢包导致的播放中断。这样一来，即使偶尔发生丢包，流媒体依然可以实现流畅且高品质的音视频播放。

■ 连接

连接是指各种设备、线路，或网络中进行通信的两个应用程序为了相互传递消息而专有的、虚拟的通信线路，也叫作虚拟电路，如图6.6所示。

一旦建立了连接，进行通信的应用程序就使用这条虚拟的通信线路发送数据和接收数据，从而保障数据的传输。应用程序可以不用考虑提供尽力服务的“IP网”上可能发生的各种问题，依然可以转发数据。TCP则负责控制连接的建立、断开、保持等管理工作。

图 6.6
连接

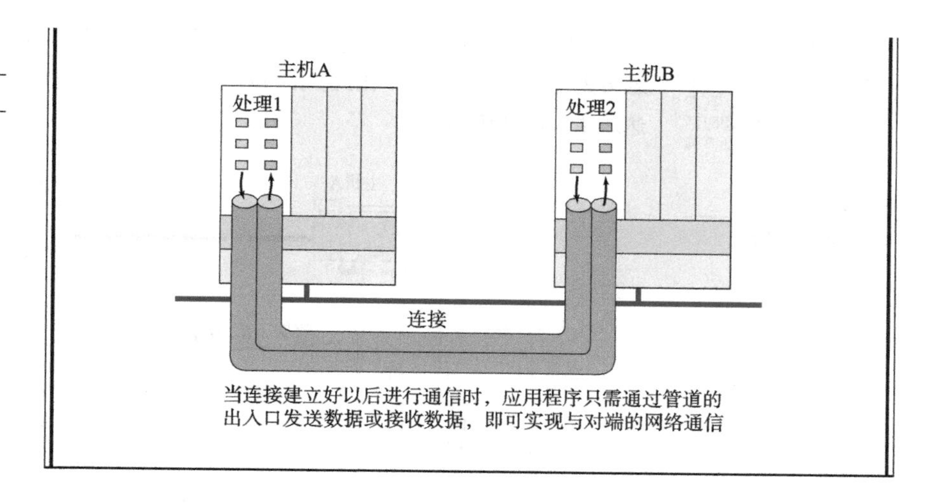

6.4.2 通过序列号与确认应答提高可靠性

在 TCP 中，当发送端的数据到达接收端主机时，接收端主机会返回一个已经收到消息的通知。这个消息叫作肯定确认应答（ACK▼）。

▼ACK（Acknowledgement）意指已经接收。

通常，两个人对话时，可以在对话的停顿处点头或询问以确认对话的内容。如果对方迟迟没有任何反馈，说话的一方可以再重复一遍以确保对方确实听到了。因此，对方是否理解了此次对话的内容、对方是否完全听到了对话的内容，都要靠对方的反应来判断。网络中的“确认应答”就是类似这样的一个概念。当对方听懂对话内容时，会说“嗯”，这就相当于返回了一个肯定确认应答（ACK）。而当对方没有理解对话内容或没有听清时，会问一句“咦？”，这好比一个否定确认应答（NACK▼）。

▼NACK（Negative Acknowledgement）。

TCP 通过肯定确认应答（ACK）实现可靠的数据传输，如图 6.7 所示。当发送端将数据发出之后，会等待对端的确认应答。如果有确认应答，说明数据已经成功到达对端。反之，数据丢失的可能性很大。

图 6.7
正常的数据传输

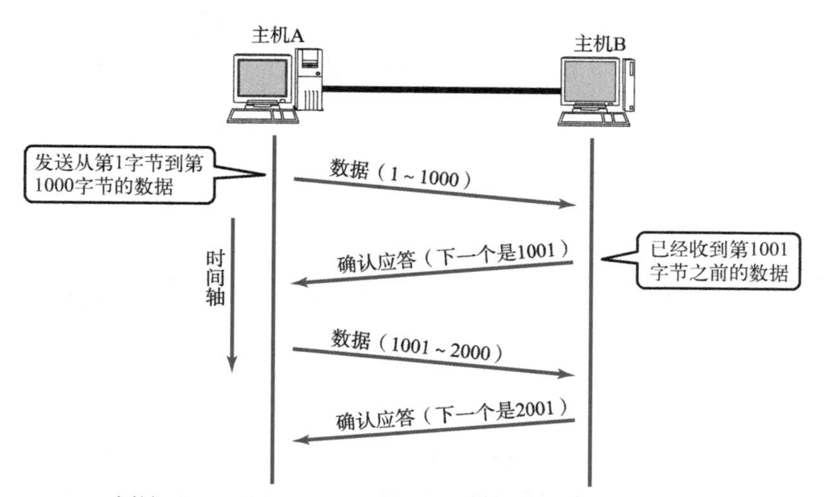

当数据从主机A发送到主机B时，主机B会返回给主机A一个确认应答

▼操作系统的"定时器"提供了在指定的一段时间后执行特定处理的功能。超过指定的时间称为"超时"。TCP 设置了重发定时器，超时后就会开始重发，更多细节请参考 6.4.3 节。

如图 6.8 所示，在一定时间内▼没有收到确认应答，发送端就可以认为数据已经丢失了，并进行重发。由此，即使产生了丢包，仍然能够通过重发保证数据到达对端，实现可靠传输。

图 6.8

数据包丢失的情况

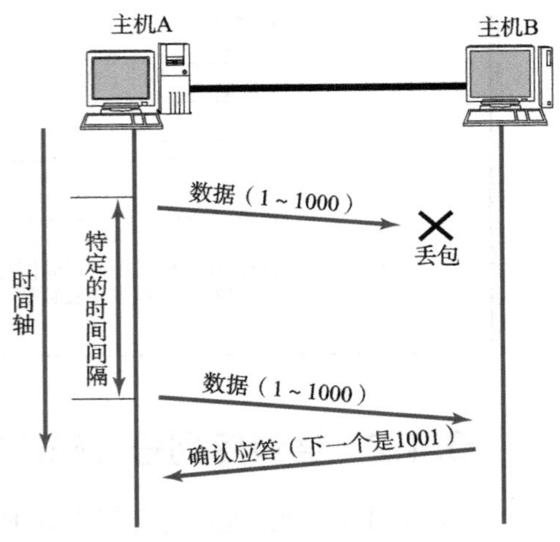

当数据由主机A发出后，如果因网络拥塞等原因丢失，该数据将无法到达主机B。此时，如果主机A在一个特定的时间间隔内未收到主机B发来的确认应答，主机A将会对此数据进行重发

未收到确认应答并不意味着数据一定丢失了，也有可能是对方已经收到数据，只是返回的确认应答在途中丢失。这种情况也会导致发送端因没有收到确认应答，而认为数据没有到达目的地，从而进行重发，如图 6.9 所示。

图 6.9

确认应答丢失的情况

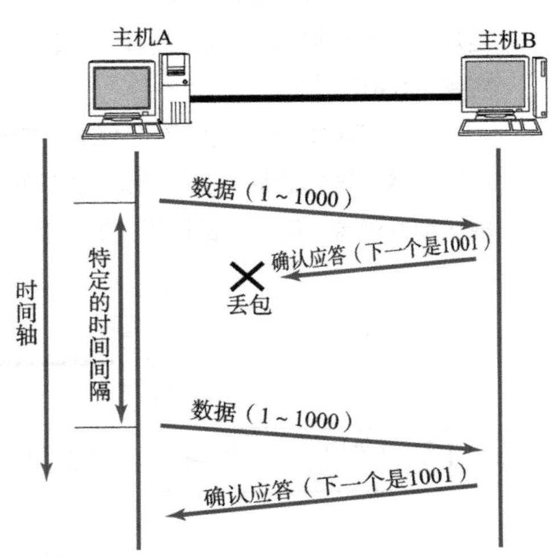

由主机B返回的确认应答，因网络拥塞等原因在传送的途中丢失，没有到达主机A。主机A会等待一段时间，若在特定的时间间隔内始终未能收到这个确认应答，主机A会对此数据进行重发。此时，主机B将第二次发送已收到此数据的确认应答。由于主机B已经收到过1~1000的数据，因此再有相同数据送达时它会放弃

此外，也有可能因为一些其他原因导致确认应答延迟到达，在源主机重发数据以后才到达的情况也屡见不鲜。此时，源主机只要按照机制重发数据即可。但

是对于目标主机来说，这简直是一种"灾难"。它会反复收到相同的数据。为了对上层应用程序提供可靠的传输，目标主机必须放弃重复的数据包。为此，必须引入一种机制，它既能识别数据是否已经被接收，又能判断是否需要接收数据。

上述这些确认应答处理、重发控制及重复控制等功能都可以通过序列号来实现。序列号是一种按顺序为发送数据的每一字节（8 位字节）都标上号码的编号▼。接收端通过查询接收数据的 TCP 首部中的序列号和数据长度，将自己下一步应该接收的序列号作为确认应答返回。就这样，通过序列号和确认应答号，TCP 可以实现可靠传输。

▼序列号的初始值并非为 0，而是在建立连接以后由随机数生成。后面的计算则是对每一字节加一。

■ 关于序列号和确认应答号的表述

关于 TCP 序列号和确认应答号更准确的表述如图 6.10 所示。"序列号 1 ~ 1000"这样的表述其实是有歧义的，到底是包括 1000 呢，还是不包括呢？在本书中，"序列号 1 ~ 1000"是包括 1000 的，但在 TCP 规范中是不包括 1000 的。也就是说，在 TCP 规范中，要想包括 1000，需要写作"序列号 1 ~ 1001"，但这样写是不包括序列号 1001 对应的数据的。然而，这似乎不太符合人们的习惯。那为什么 TCP 规范还要这样表述呢？这是因为，序列号相当于数轴上的"点"，而点是没有大小的。也就是说，这里的 1001 表示的是第 1000 个数据和第 1001 个数据之间的边界。因此，TCP 规范使用"序列号 1001 ~ 1001"表示确认应答中没有数据▼，即确认应答中不包括序列号 1001 对应的数据。为了便于理解，本书采用了与 TCP 规范略有不同的表述。

▼本书使用"序列号 1001 ~ 1000"表示确认应答中没有数据。

图 6.10
发送数据

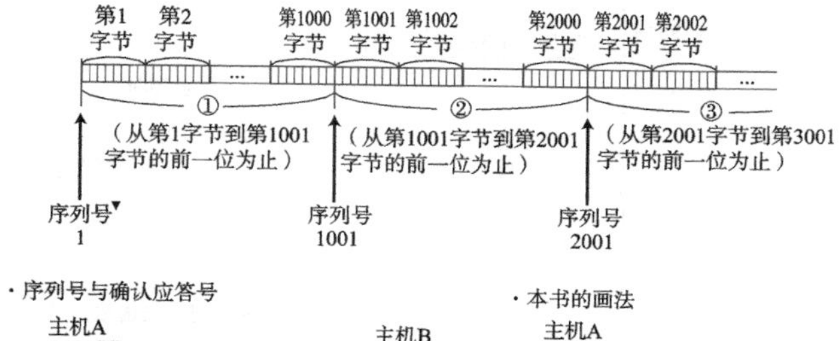

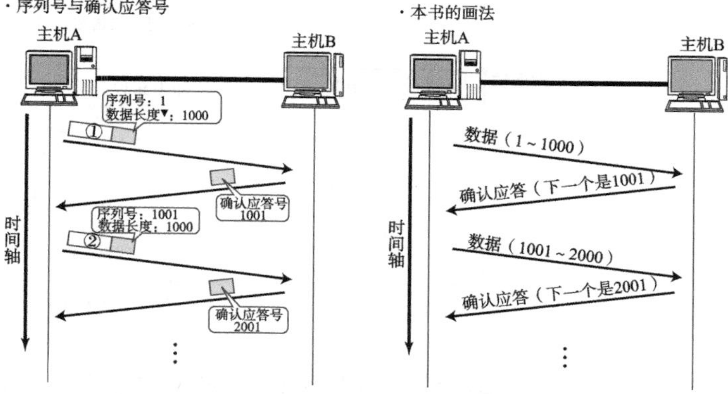

* 1 ~ 1000的记录方法是指从第1字节开始到第1000字节全部包含。
* 从本图开始，为了易于阅读，书中多处图中序列号从1开始，MSS▼为1000。

▼序列号（或确认应答号）也指字节与字节之间的分隔。

▼TCP 的数据长度并未写入 TCP 首部。在实际通信中，求 TCP 的数据长度的计算公式是：IP 首部中的数据长度 - IP 首部长度 - TCP 首部长度（TCP 数据偏移量）。

▼关于 MSS（最大报文段长度）的更多细节，请参考 6.4.5 节。

6.4.3 重发超时如何确定

重发超时是指在重发数据之前，等待确认应答到来的特定的时间间隔。如果超过了这个时间间隔仍未收到确认应答，发送端将进行数据重发。重发超时的具体时间长度是如何确定的呢？

最理想的情况是，找到一个最小时间，使得“确认应答一定能在这个时间段内返回”。然而，这个时间的长短会随着数据包途经的网络环境的不同而有所变化。例如，在高速的局域网中，时间间隔相对较短，而在长距离的通信中，时间间隔应该比局域网中要长一些。即使是在同一个网络中，根据不同时段的网络拥塞程度，时间间隔的长短也会发生变化。

TCP要求不论处在何种网络环境中，都要提供高性能通信，并且无论网络拥塞情况发生何种变化，都必须保持这一特性。为此，它在每次发送数据包时都会计算往返时间▼及其偏差▼。将往返时间和偏差相加，重发超时的时间就是比这个总和要稍大一点儿的值。

▼Round Trip Time，也叫RTT，是指报文段的往返时间。

▼RTT波动的值、方差。有时也叫抖动。

重发超时的计算既要考虑往返时间又要考虑偏差是有原因的。如图6.11所示，网络环境的不同可能会导致往返时间产生大幅的波动，之所以发生这种情况是因为数据包是经过不同线路到达的。TCP/IP的目的是，即使在这种环境中也要进行控制，尽量不要无谓地进行数据重发。

图6.11

往返时间的计算与重发超时的时间推移

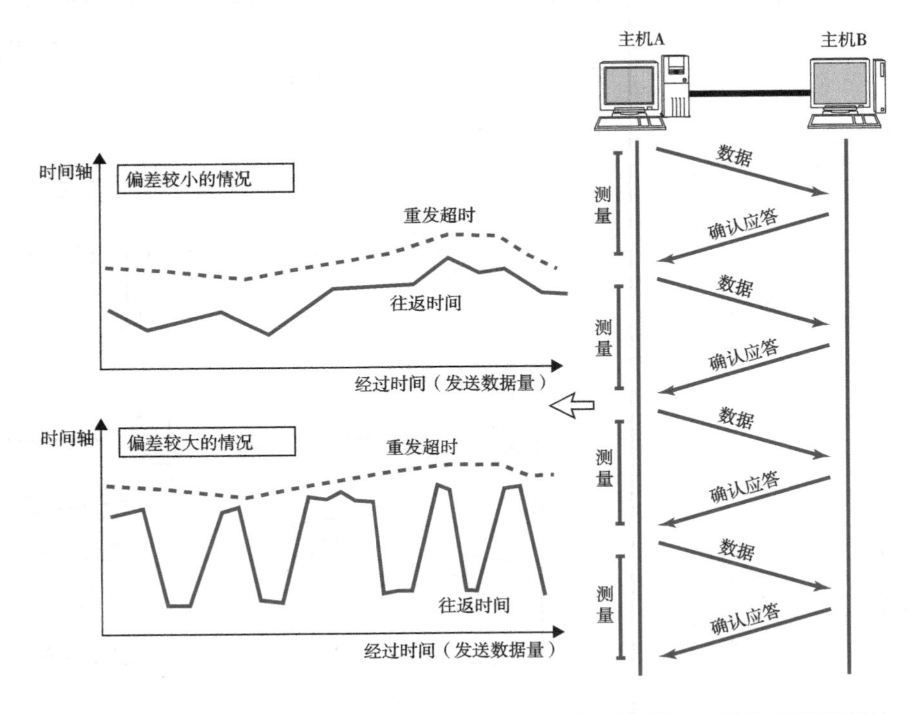

在BSD的UNIX及Windows系统中，由于超时都以0.5秒为单位进行控制，因此重发超时都是0.5秒的整数倍▼。不过，因为最初的数据包还不知道往返时间，所以重发超时一般设置为6秒左右。

▼由于偏差的最小值是0.5秒，因此重发时间至少是1秒。

数据被重发之后若还是收不到确认应答，则进行再次发送。此时，等待确认应答的时间将会呈指数（型）增长。

此外，数据也不会被无限、反复地重发。达到一定重发次数后，如果仍没有任何确认应答返回，系统将认为网络或对端主机发生了异常，强制关闭连接，并通知应用程序通信异常终止。

6.4.4 连接管理

TCP 提供面向有连接的通信传输。面向有连接是指在数据通信开始之前，先做好通信两端之间的准备工作，而在结束数据通信之前要先发送相应的信号。

UDP 是一种面向无连接的通信协议，它不会检查对端是否可以通信，而是直接将 UDP 数据包发送出去。TCP 与此相反，它会在数据通信之前，通过发送一个 SYN 数据包（仅包含 TCP 首部）作为建立连接的请求，并等待确认应答▼。如果对端发来确认应答，则认为可以进行数据通信。如果对端的确认应答未能到达，就不会进行数据通信。此外，在通信结束时，TCP 还会进行断开连接的处理（FIN 数据包），如图 6.12 所示。

▼TCP 中发送第一个 SYN 数据包的一方叫作客户端，接收这个数据包的一方叫作服务端。

可以使用 TCP 首部中用于控制的字段来管理 TCP 连接▼。一个连接的建立与断开，正常情况下至少需要来回发送 7 个数据包才能完成▼。

▼也叫控制域。更多细节请参考 6.7 节。

▼建立一个 TCP 连接需要发送 3 个数据包。这个过程也称作“3 次握手”。

图 6.12
TCP 连接的建立与断开

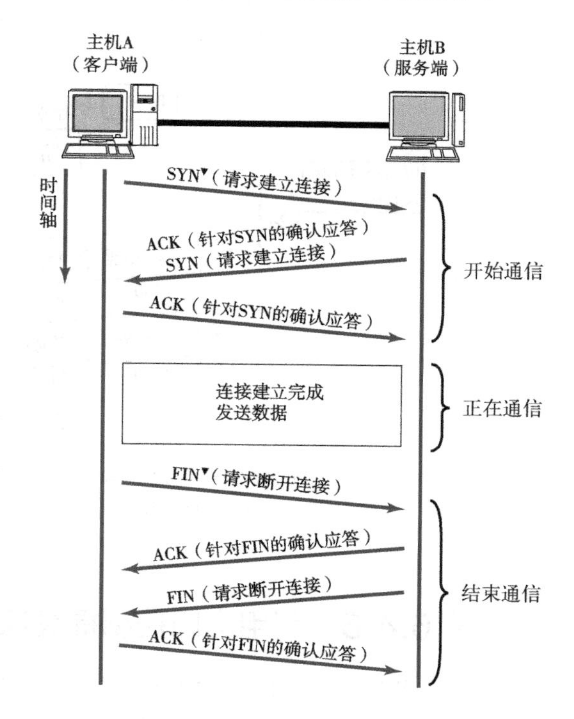

▼SYN 是英文 synchronize（同步）的缩写，它的作用是同步服务端和客户端上的序列号和确认应答号。更多细节请参考 6.7 节的“控制域”。

▼FIN 是英文 finish（结束）的缩写。更多细节请参考 6.7 节的“控制域”。

6.4.5 TCP以报文段为单位发送数据

在建立TCP连接的同时，还可以确定发送数据包的单位，我们可以称其为“最大报文段长度”（MSS：Maximum Segment Size）。最理想的情况是，最大报文段长度正好是IP中不会被分片处理的最大数据长度。

TCP在传送大量数据时，以MSS的大小将数据进行分片发送，进行重发时也是以MSS为单位的。

MSS是在3次握手时，在两端主机之间被计算得出的。两端的主机在发出建立连接的请求时，会在TCP首部中写入MSS选项，告诉对方自己的接口能够适应的MSS的大小▼。然后，双方会在彼此的MSS选项中选择一个较小的值投入使用▼，如图6.13所示。

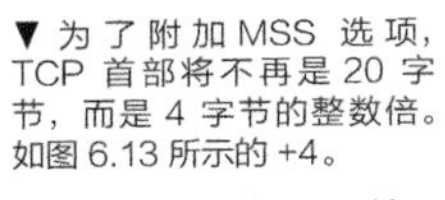

▼为了附加MSS选项，TCP首部将不再是20字节，而是4字节的整数倍。如图6.13所示的+4。

▼在建立连接时，如果某一方的MSS选项被省略，可以选IP包的长度不超过576字节的值（IP首部20字节，TCP首部20字节，MSS 536字节）。

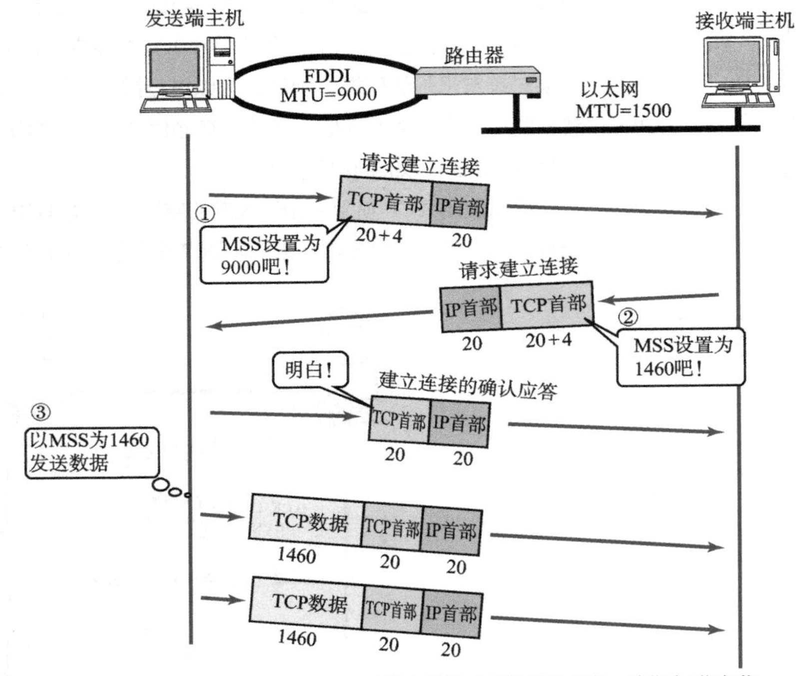

图6.13 接入以太网主机与接入FDDI主机之间进行通信的情况

6.4.6 利用窗口控制提高速率

TCP以一个报文段为单位，每发送一个报文段就进行一次确认应答的处理，如图6.14所示。这样的传输方式存在一个缺点。那就是，报文段的往返时间越长通信性能就越低。

图 6.14
按报文段进行确认应答

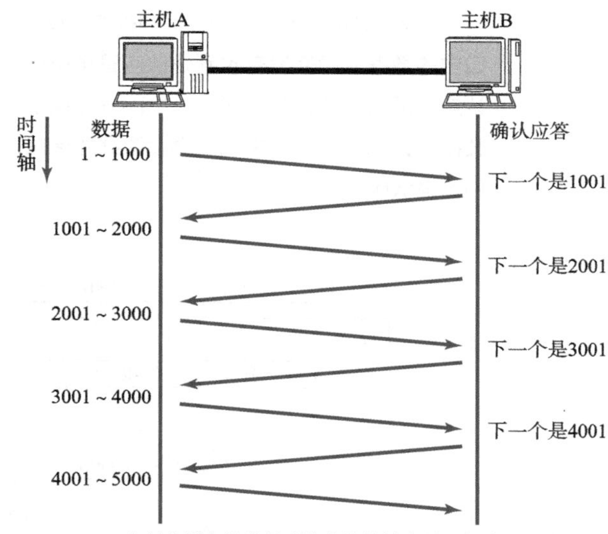

为了解决这个问题，TCP 引入了窗口这个概念。通过窗口机制，即使在往返时间较长的情况下，TCP 也能控制网络性能使其不下降。如图 6.15 所示，当发送端主机不再以每个报文段为单位，而是以更大的单位（来自接收端的）确认应答时，转发时间将会被大幅缩短。也就是说，发送端主机在发送了一个报文段以后不必一直等待确认应答，而是继续发送。

图 6.15
用窗口方式进行处理

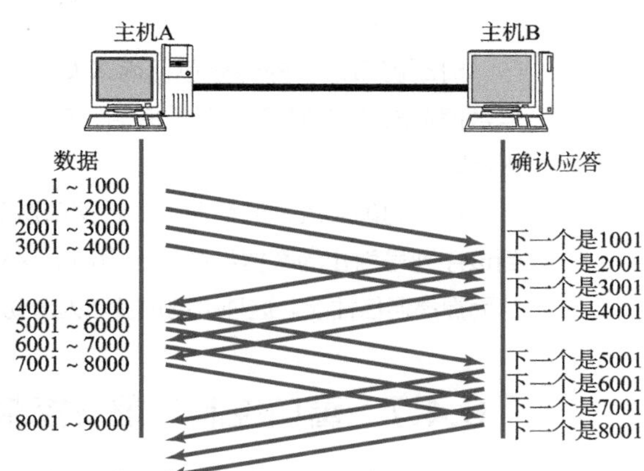

窗口大小是指无须等待确认应答即可继续发送数据的最大值。在图 6.15 中，窗口大小为 4 个报文段。

这种机制通过使用大量的缓冲区▼，实现了对多个报文段同时进行确认应答的功能。

▼ 缓冲区（Buffer）在此处表示临时保存收发数据的场所。通常情况下，缓冲区是在计算机内存中开辟的一部分空间。

如图 6.16 所示，发送数据中被方框圈起来的部分正是前文所述的窗口。在窗口内的数据，即使没有收到确认应答也可以被发送出去。不过，在整个窗口的确认应答没有到达之前，如果其中部分数据出现丢包，那么发送端要负责重发这些数据。为此，发送端主机需要设置缓冲区来保留这些待重发的数据，直到收到它们的确认应答。

图 6.16
滑动窗口方式

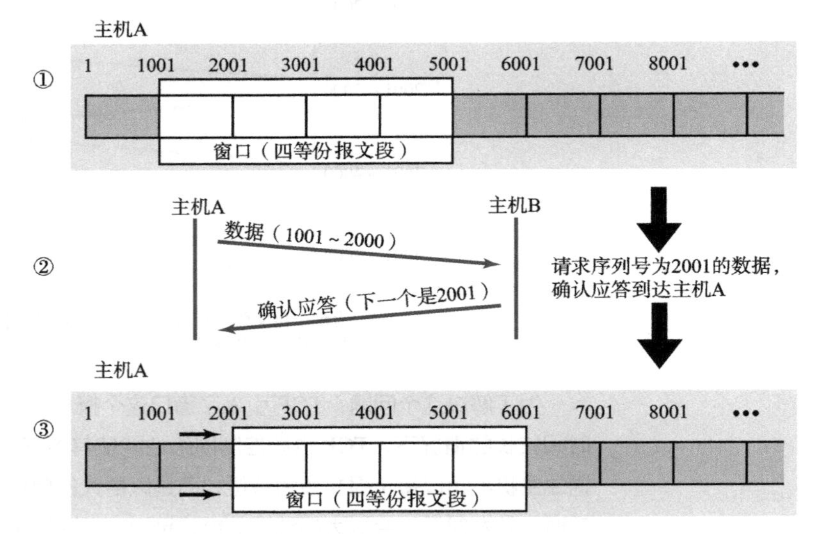

在①的状态下，如果收到一个请求序列号为2001的确认应答，那么2001之前的数据就没有必要再进行重发了，这部分数据可以被过滤掉，滑动窗口变成③的样子（这是在1个报文段为1000字节，窗口为4个报文段的情况下）

滑动窗口以外的部分包括尚未发送的数据及已确认对端已经收到的数据。当数据发出并如期收到确认应答后，就可以不用再重发，此时可以将数据从缓冲区清除。

在收到确认应答的情况下，将窗口滑动到确认应答中指定的序列号的位置，到该序列号为止的数据将被移出窗口。这样可以按顺序将多个报文段同时发送，从而提高通信性能。这种机制也被称为滑动窗口控制。

6.4.7 窗口控制与重发控制

在使用窗口控制时，如果出现报文段丢失该怎么办呢？

首先，我们考虑确认应答未能返回的情况。在这种情况下，由于数据已经到达对端，因此不需要再进行重发。然而，在没有使用窗口控制时，没有收到确认应答的数据都会被重发。而在使用了窗口控制时，如图 6.17 所示，某些确认应答即便丢失也无须重发。

其次，我们来考虑一下某个报文段丢失的情况。如图 6.18 所示，接收端主机如果收到一个自己应该接收的序列号以外的数据，会针对当前为止收到的数据返回确认应答▼。

▼不过，即使接收端主机收到的数据包序列号并不连续，也不会将数据丢弃，而是将其暂时保存至缓冲区。

图 6.17
没有确认应答也不受影响

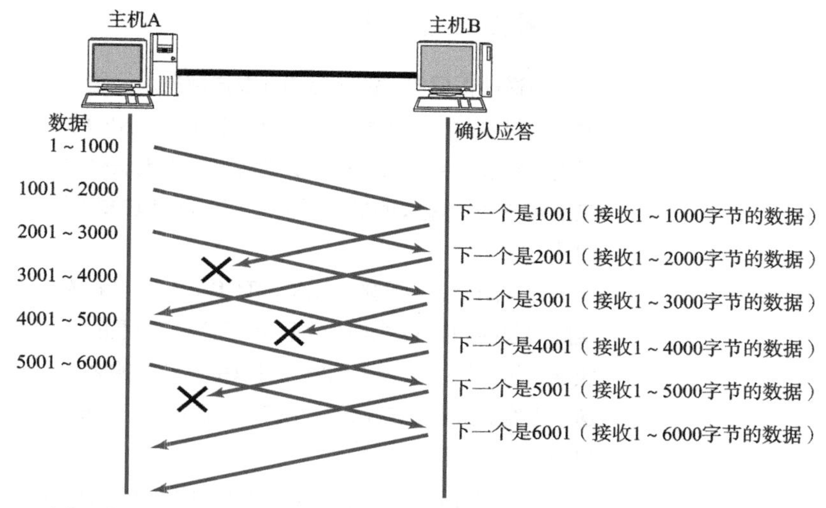

当窗口大到一定程度时，即使有少部分的确认应答丢失也不会进行数据重发。可以通过下一个确认应答进行确认

如图 6.18 所示，当 1001 ～ 2000 这一报文段丢失后，发送端会一直收到序列号为 1001 的确认应答，这个确认应答好像在提醒发送端“我想接收的是从 1001 开始的数据”。因此，在窗口比较大、又出现报文段丢失的情况下，同一个序列号的确认应答将会被重复返回。发送端主机如果连续 3 次收到同一个确认应答▼，就会将其所对应的数据进行重发。由于这种机制比之前提到的超时管理更高效，因此也被称作高速重发控制。

▼之所以连续 3 次收到而不是 2 次是因为，即使报文段的序列号错乱 2 次也不会触发重发机制。

图 6.18
高速重发控制

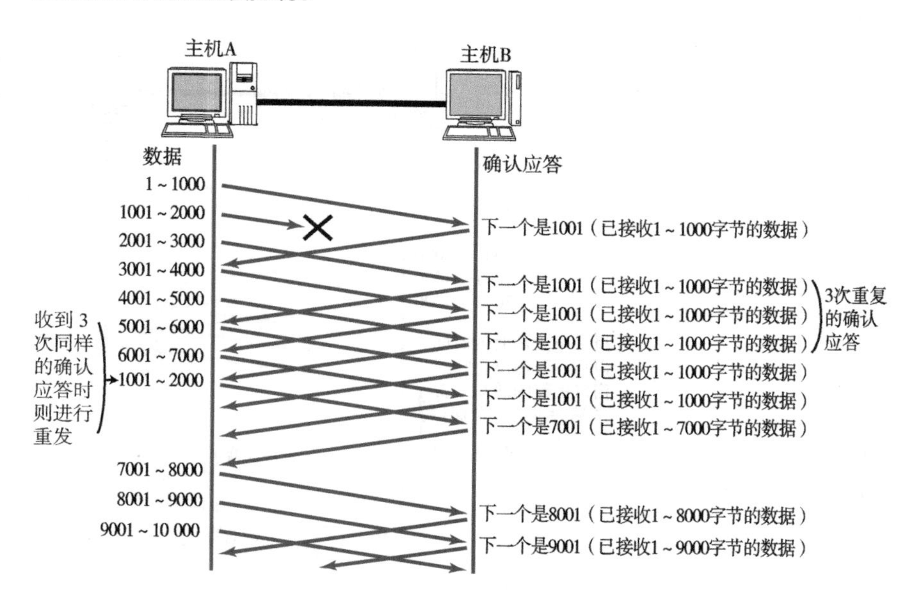

当接收端主机没有收到自己所期望的序列号数据时，会对之前收到的数据进行确认应答。发送端一旦收到某个确认应答后，又连续3次收到同样的确认应答，则认为报文段已经丢失，需要重发。这种机制相较于超时机制可以提供更快速的重发服务

6.4.8 流量控制

发送端根据自己的实际情况发送数据。但是，如果不顾接收端的实际接收能力，向其发送了大量数据包，加之接收端在处理其他问题上又要花费一些时间，最终可能会导致接收端在高负荷的情况下无法接收全部数据。如此一来，如果接收端将本应该接收的数据丢弃，那么就会触发重发机制，从而导致网络流量的浪费。

为了防止这种现象的发生，TCP 提供一种机制，可以让发送端根据接收端的实际接收能力控制发送的数据量。这就是所谓的流量控制。它的具体操作是，接收端主机通知发送端主机自己可以接收数据的大小，于是发送端主机发送不超过这个限度的数据。该限度大小被称作窗口大小。6.4.6 节所介绍的窗口大小的值就是由接收端主机决定的。

在 TCP 首部中，专门有一个字段用来通知窗口大小。接收端主机将自己可用于接收数据的缓冲区大小放入这个字段中，并将其通知给发送端。这个字段的值越大，说明网络的吞吐量越高。

不过，接收端的缓冲区一旦面临数据溢出，窗口大小的值将会随之被设置为一个更小的值，并将其通知给发送端，从而控制数据发送量。也就是说，发送端主机会根据接收端主机的指示，对发送数据的量进行控制。这就形成了一个完整的 TCP 流量控制。

图 6.19 为根据窗口大小控制流量过程的示例。

图 6.19
流量控制

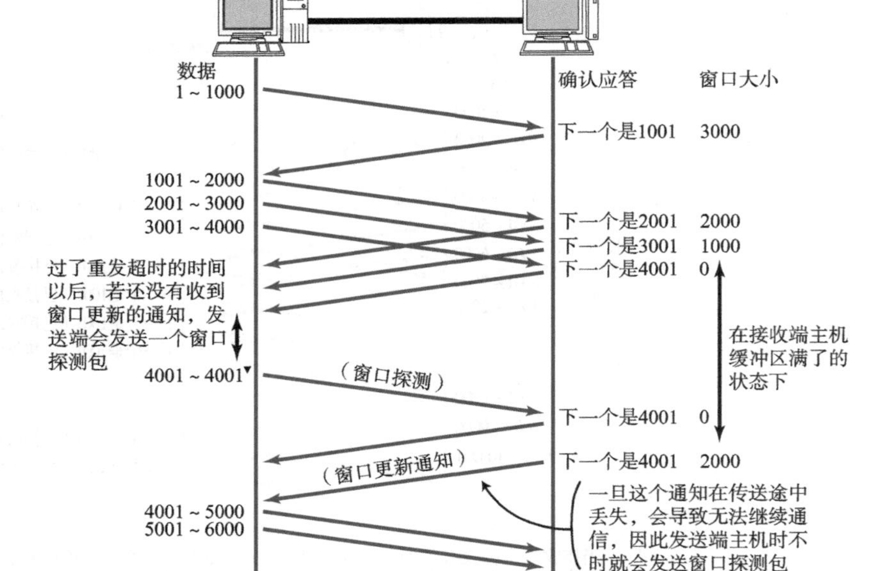

发送端主机根据接收端主机的窗口大小通知进行流量控制，以防止发送端主机一次发送大量数据，导致接收端主机无法处理的情况发生

▼按照本书的表述，4001 ~ 4001 包括一个 8 位字节的数据。更多细节请参考 6.4.2 节的专栏。

如图 6.19 所示，当接收端收到从序列号 3001 开始的报文段后，其缓冲区已满，不得不暂时停止接收数据。之后，只有在发送端收到窗口更新通知后，通信才得以继续进行。如果窗口更新通知在传送途中丢失，那么可能会导致无法继续通信。为了避免此类问题的发生，发送端主机会时不时地发送一个叫作窗口探测的报文段，该报文段仅含 1 字节，用于获取最新的窗口大小信息。

6.4.9 拥塞控制

有了 TCP 的窗口控制，发送端主机即使不逐一处理来自接收端的确认应答，也能够连续发送大量数据。然而，如果在通信刚开始时就发送大量数据，可能会引发其他问题。

一般来说，计算机网络处在一个共享的环境中，所以有可能会因为其他主机之间的通信而导致网络拥堵。在网络出现拥堵时，如果突然发送一组较大的数据，极有可能导致整个网络的瘫痪，从而影响到网络中的其他用户。当网络因拥堵而瘫痪时，称为“拥塞”。网络拥塞时常发生，尤其是在互联网上。如果拥塞状态持续很长时间，将无法进行正常通信。

TCP 为了防止该问题的发生，在通信一开始时就会通过一个叫作慢启动的算法得出的数值，对发送数据量进行控制。因此，在刚开始通信时，TCP 数据包的收发情况如图 6.20 所示。

图 6.20
慢启动

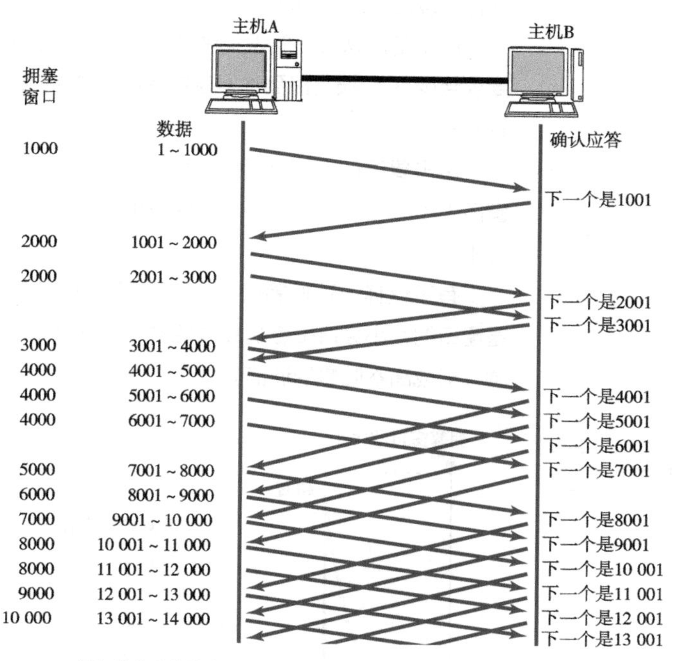

为了在发送端调节所要发送数据的量，定义了一个叫作“拥塞窗口”的概念。于是在慢启动时，先将拥塞窗口的大小设置为 1 个报文段（1MSS）▼，再发送数据，之后每收到一次确认应答（ACK），拥塞窗口的值就加 1。在发送数据包时，将拥塞窗口的大小与接收端主机通知的窗口大小进行比较，然后选择它们当中较小的值，发送比较小的值还要小的数据量。

▼如果连接建立以后即从 1MSS 开始进行慢启动，在通过卫星等方式通信时，提高通信吞吐量所耗的时间会比较长。因此，有时会将慢启动的初始值设为大于 1MSS 的值。具体来说，当 MSS 的值小于 1095 字节时，最大初始值为 4MSS；当 MSS 的值小于 2190 字节时，最大初始值为 4380 字节；当 MSS 的值超过 2190 字节时，最大初始值不小于 2MSS。

当发生超时重发时，TCP 会将拥塞窗口的值设置为 1，然后重新开始慢启动。有了上述这些机制，就可以有效地减少通信开始时连续发包▼导致的网络拥堵，并且还可以避免网络拥塞情况的发生。

▼连续发包的情况也叫“爆发”（Burst）。慢启动正是减少爆发等网络拥塞情况的一种机制。

不过，随着数据包的往返，拥塞窗口呈指数（型）增长，拥堵状况激增甚至导致网络拥塞的发生。为了防止这些情况的发生，引入了慢启动阈值的概念。只要拥塞窗口的值超出这个阈值，在收到确认应答时，拥塞窗口只能以如下比例进行放大：

$$\frac{1\text{ 个报文段的字节数}}{\text{拥塞窗口（字节）}} \times 1\text{ 个报文段字节数}$$

拥塞窗口越大，确认应答的数目就会越多。不过，随着收到确认应答的数目的增加，拥塞窗口的涨幅逐渐减小，甚至小于 1 个报文段的字节数。因此，拥塞窗口的大小呈直线上升的趋势。

TCP 通信开始时，并没有设置相应的慢启动阈值▼。只有在超时重发时，才会将其设置为当时拥塞窗口大小的一半。

▼与拥塞窗口的最大值相同。

由重复确认应答触发的快速重发与超时重发机制的处理方式略有不同。前者要求至少 3 个报文段到达发送端主机后才会触发，相比后者，网络拥塞的程度要轻一些。

由重复确认应答进行快速重发控制时，慢启动阈值的大小被设置为当时拥塞窗口大小的一半▼。然后，将拥塞窗口的大小设置为该慢启动阈值加 3 个报文段的大小。

▼严格来说，设置为“实际已发送但未收到确认应答的数据量”的一半。

有了这样一种控制机制，TCP 的拥塞窗口如图 6.21 所示发生变化。由于拥塞窗口的大小会直接影响数据转发时的吞吐量，因此一般情况下，拥塞窗口越大，越会形成高吞吐量的通信。

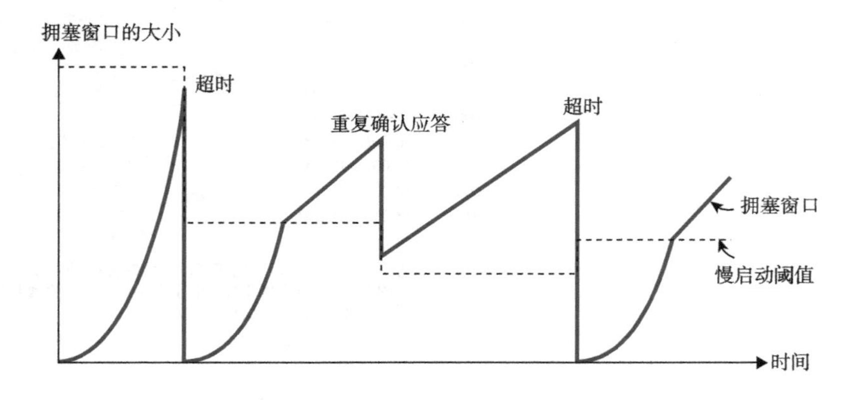

图 6.21
TCP 的拥塞窗口变化

当 TCP 通信开始以后，网络吞吐量会逐渐增大，但是随着网络拥塞的发生，吞吐量会急速减小。之后会再次进入吞吐量逐渐增大的过程。因此，TCP 的吞吐量特性给人一种逐步占领网络带宽的感觉。

6.4.10 提高网络利用率的规范

■ Nagle 算法

为了提高网络的利用率▼，TCP 经常使用一个叫作 Nagle 的算法。

▼从网络利用率来看，同样是发送 100 字节的数据，发送 1 个含有 100 字节数据的数据包要远优于发送 100 个仅含有 1 字节数据的数据包。这是因为即使只发送 1 字节的数据，也至少需要 20 字节的 IP 首部和 20 字节的 TCP 首部，所以提高网络利用率是非常重要的。

该算法的处理机制是，即使发送端还有应该发送的数据，但如果这部分数据很少，则进行延迟发送。在延迟发送期间，如果先将待发送的数据暂存下来，使单个数据包能够发送更多数据，这样就可以提高网络的利用率。具体来说，就是在满足下列条件中的任意一个时，才能发送数据。如果两个条件都不满足，那么需要等待一段时间以后再进行数据发送。

- 已经发送的数据都收到确认应答时。
- 可以发送最大报文段长度（MSS）的数据时。

利用这个算法，虽然网络利用率可以得到提高，但是可能会发生某种程度的延迟。为此，在远程桌面▼及机械控制等领域中使用 TCP 时，往往会关闭该算法。如果能够提前确定待发送的数据量，如在传输文件时，就应该启用 Nagle 算法，否则会降低网络的利用率，造成通信性能下降。但当少量数据之间的时间间隔较大时，如因“按下按钮”或“转动旋钮”等事件产生的数据，在发送这类小数据包时，是可以禁用 Nagle 算法的。

▼通过远程桌面应用程序，用户可以在本机的屏幕上看到网络中另一台计算机的屏幕，还可以使用本机的鼠标和键盘远程控制网络中的那台计算机。

■ 延迟确认应答

接收数据的主机如果每次都立刻回复确认应答，则可能会返回一个较小的窗口。这是因为刚接收完数据，缓冲区已满。

当发送端收到这个小窗口的通知以后，会以它为上限发送数据，从而降低了网络的利用率▼。为此，引入了一种方法，那就是接收端收到数据以后并不立即返回确认应答，而是延迟一段时间，如图 6.22 所示。

▼这其实是窗口控制特有的问题，专业术语叫作糊涂窗口综合征（SWS：Silly Window Syndrome）。

- 在没有收到 2× 最大报文段长度的数据之前不做确认应答。（根据操作系统的不同，有时也有不论数据大小，只要收到两个数据包就即刻返回确认应答的情况。）
- 其他情况下，最多延迟 0.5 秒发送确认应答▼（很多操作系统设置为 0.2 秒左右▼）。

▼如果延迟多于 0.5 秒可能会导致发送端重发数据。

▼这个时间越短，CPU 的负荷越高，系统性能会随之下降。相反，这个时间越长，就越有可能触发发送端主机的重发处理，而当窗口大小只有 1 个报文段时，系统性能也会下降。

事实上，不必为每个报文段都进行一次确认应答。由于 TCP 采用滑动窗口的控制机制，因此通常情况下，确认应答的次数少一些也无妨。在 TCP 文件传输中，绝大多数情况是每两个报文段返回一次确认应答。

图 6.22
延迟确认应答

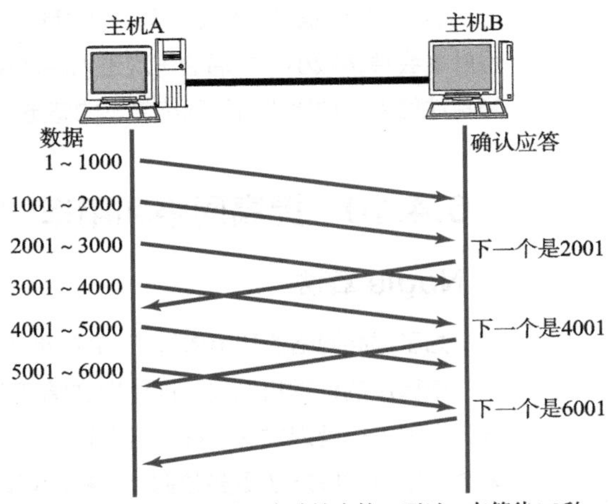

每收到两个报文段发送一次确认应答。不过，在等待0.2秒后没有其他数据包到达的情况下，才会发送确认应答

■ 捎带应答

有些应用层协议发送的消息到达对端后，对端会对其进行处理，并返回一个回执。例如，电子邮件协议的 SMTP 或 POP、FTP 中的连接控制部分等。如图 6.23 所示，这些应用层协议使用同一个连接进行数据的交互。即使是在 Web 中使用的 HTTP，从 1.1 版以后也是如此。再例如，远程登录中针对输入的字符进行回送校验▼也是对发送消息的一种回执。

▼回送校验是指在远程登录中，在键盘上输入的字符到达服务器以后再返回来显示给客户端。

图 6.23
捎带应答

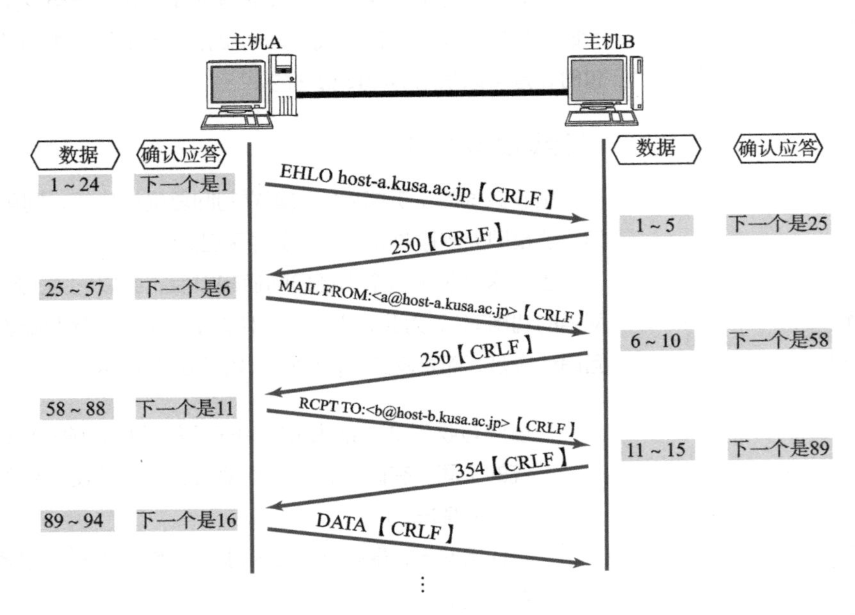

捎带应答是指在同一个TCP数据包中既发送数据又发送确认应答。由此，网络的利用率会提高，计算机的负荷会减轻。不过，只有在应用程序处理完数据并返回作为回执的数据之后，确认应答才能进行捎带应答在此类通信中，TCP 的确认应答和回执数据可以通过一个数据包发送。这种方式叫作捎带应答▼（PiggyBack Acknowledgement）。通过这种方式，可以使收发的数据量减少。

▼其实就是顺带、捎带的意思。

另外，如果接收数据以后立刻返回确认应答，则无法实现捎带应答。除非从将所接收的数据传给应用程序处理开始，到应用程序生成返回数据并准备发送为止，一直延缓确认应答的发送。也就是说，如果没有启用延迟确认应答，就无法实现捎带应答。延迟确认应答是一种能够提高网络利用率，从而降低计算机处理负荷的较优的处理机制。

6.4.11 使用 TCP 的应用

至此，读者了解到 TCP 使用各种各样的控制机制。甚至它还会使用本书中未提及的其他更复杂的控制机制▼。TCP 使用这些控制机制可以提供高速、可靠的通信服务。

▼如用于检测对端是否存在的 keep-alive 功能。该功能会故意将序列号的值减 1 后发送一段没有数据（0 字节）的特殊报文段，以强制对方发送确认应答。默认情况下，该功能要么被禁用，要么每隔 2 小时发送一次特殊报文段，但在控制系统中，可能会以少于 1 秒的较短间隔频繁发送这种特殊报文段。

不过，这些控制机制有时会受到一定缺陷的困扰。因此，在开发应用程序时，有必要考虑一下是全权交给 TCP 去处理，还是由应用程序自己进行更细微的控制。

如果需要应用程序自己处理一些更细微的控制，那么使用 UDP 是不错的选择。如果转发数据量较多、对可靠性的要求比较高，可以选择使用 TCP▼。TCP 和 UDP 两者各有长短，在设计和开发应用程序时，应准确掌握它们各自的特点，酌情选择。

▼在通过互联网传输大量数据时，拥塞控制是必不可少的。由于 TCP 已经具备了拥塞控制功能，因此应用程序可以依赖它来保证数据传输的可靠性。但在使用 UDP 时，应用程序就不得不考虑拥塞控制了。

6.5 其他传输层协议

在互联网中，很长一段时间主要使用的传输层协议是 TCP 和 UDP。然而，除了这两种协议，还有其他几种传输层协议曾被提案并进行了实验。最近更是有几种协议从实验阶段步入了实用阶段。

本节旨在介绍部分已经提案并在今后可能会被广泛使用的传输层协议。

6.5.1 QUIC

QUIC（Quick UDP Internet Connections）是由 Google 提出并由 IETF 标准化的传输层协议。QUIC 最初是专门为 Web 通信而开发的，在未来，它可能会取代应用程序通信中常用的 TCP。

目前，大部分 Web 通信基于 TCP 的 HTTP 完成。尽管 TCP 在复杂的互联网▼上运行良好，但 QUIC 从根本上重新审视并加强了 TCP 的功能。例如，TCP 自身不支持加密▼，需要借助上层协议或下层协议才能弥补，而 QUIC 自身支持加密通信。

▼互联网是由运营策略各异、功能或性能上有所差异的线路连接而成的，其用途多种多样，不仅包括 Web，还包括邮件、游戏、视频会议等。世界各地的人们使用互联网的目的和方式各不相同。

▼虽然也有提案为 TCP 增加加密功能，但其标准化进展缓慢。

QUIC 是一种基于 UDP 的传输层协议，乍看之下这种说法似乎难以理解，但我们不妨将“UDP 和 QUIC”视为一个整体，认为两者共同提供了传输层协议的功能。UDP 虽然是面向无连接且不可靠的传输层协议，但它可以通过端口号识别应用程序，并通过校验和检查数据是否完整。QUIC 基于 UDP 提供了以下功能。

- 身份验证、加密
  QUIC 自身具备身份验证和加密功能，比 TCP 更安全。
- 低延迟连接管理
  当在 TCP 上使用加密的 HTTP 时，既需要 TCP 连接管理（参考 6.4.4 节），又需要 TLS 握手。QUIC 可以同时处理 TCP 连接管理和 TLS 握手，从而快速建立连接。
- 多路复用
  在 TCP 中，一个连接只能处理一个流，但在 QUIC 中，一个连接可以同时处理多个流。这样既可以有效地使用 UDP 端口号又可以减轻 NAT 的负担（参考 5.6 节）。
- 重发处理
  相较于 TCP，QUIC 能够更精准地测量往返时间（参考 6.4.3 节），使重发处理更精确。

- 流级别的重发控制和连接级别的流量控制

  在 TCP 中，一个连接只能处理一个流，因此只要数据包丢失，通信就会终止。而在 QUIC 中，一个连接可以控制多个流，即使某个流上丢失了数据包，其他流依然能够继续通信。QUIC 还能对所有流执行流量控制。

- 连接迁移

  即使 IP 地址发生变化（包括移动设备移动到另一个 NAT 网段）也能保持连接。

■ QUIC 为什么要使用 UDP 呢?

如果开发 QUIC 的目标是建立一种全新的传输层协议，那么为什么还要使用 UDP 呢? 正如接下来将讲解的 SCTP 和 DCCP，它们不都是既不使用 TCP 也不使用 UDP 的独立的传输层协议吗?

主要原因在于创建一种全新的传输层协议存在风险。新协议可能难以运维，导致用户寥寥无几，难以普及。

而且 QUIC 是要应用到整个 Web 上的协议，并非仅在特定组织内使用。由于互联网的环境十分复杂，因此需要在实际的互联网中运维 QUIC，边试验边扩展其功能。另外，现在的互联网广泛使用了 NAT 和防火墙，因此即使创建出了新的传输层协议，也无法立即投入使用▼。这是因为如果转发数据包的设备只在网络层工作，那么创建新的传输层协议倒也无妨，可 NAT 和防火墙不仅要处理网络层首部，还要处理传输层首部，除非升级改造，否则它们无法处理新的传输层协议。

但如果使用的是 UDP，由于 NAT 和防火墙能够兼容新的传输层协议，因此可以立即在互联网上边试验边开发。综上所述，QUIC 需要使用 UDP 来创建一种理想的传输层协议，以便在 Web 上使用▼。

▼陷入了“如果 NAT 不支持，就无法使用新的传输层协议，而如果不使用新的传输层协议，NAT 就无须支持”的怪圈。

▼并不是说只要使用了 UDP，即使有 NAT 或防火墙，QUIC 也一定能够正常工作。使用 UDP 的优势在于可以立即进行试验。现在，人们普遍从互联网上下载应用程序。如果在应用程序中内置一种新的运行在 UDP 上的传输层协议，那么在不知不觉中就会有很多人开始使用该协议，用户数量会立即增加。随着用户数量的增加，当新的传输层协议因 NAT 或防火墙而出现通信问题时，各设备厂商为了防止用户放弃使用自家的设备，多半会更积极地支持该协议。

6.5.2 SCTP

SCTP（Stream Control Transmission Protocol，流控制传输协议）▼与 TCP 一样，都是提供基于数据到达与否相关可靠性传输的传输层协议。SCTP 的主要特点如下。

▼SS7（Signaling System Number 7，七号信令系统）是在电话网络中连接线路时使用的协议。SS7 最初被应用于 TCP/IP 上，由于 TCP 本身使用起来不是很方便，因此人们开发了 SCTP。未来，SCTP 可能会有更多的应用场景。

- 以消息为单位收发

  在 TCP 中，接收端并不知道发送端应用程序所决定的消息大小。而在 SCTP 中却可以。

- 支持多重宿主

  在有多个 NIC 的主机中，即使其中能够使用的 NIC 发生变化，也仍然可以继续通信▼。

▼这与 TCP 相比提高了故障应对能力。

- 支持多数据流通信

  在 TCP 中，建立多个连接以后才能进行通信。而在 SCTP 中，一个连接就可以。▼

▼吞吐量得到有效提升。

- 可以定义消息的存活期限

  超过存活期限的消息，不会被重发。

SCTP 主要用于在进行通信的应用程序之间发送众多较小的消息。这些较小的应用程序消息被称作数据块（Chunk），多个数据块组成一个数据包。

此外，SCTP 具有支持多重宿主及设置多个 IP 地址的特点。多重宿主是指同一台主机具备多种网络接口。例如，笔记本计算机既可以连接以太网又可以连接无线 LAN。

同时使用以太网和无线 LAN 时，各自的 NIC 会获取不同的 IP 地址。在进行 TCP 通信时，如果开始时使用的是以太网，而后又切换为无线 LAN，那么连接将会被断开。同一连接从开始建立到断开，必须使用同一个 IP 地址。

然而在 SCTP 的情况下，由于 SCTP 可以管理多个 IP 地址使其同时进行通信，因此即使出现通信过程中以太网与无线 LAN 之间的切换，也能保证通信不中断。所以，SCTP 可以为具备多个 NIC 的主机提供更可靠的传输▼。

▼在持有多个 NIC 的应用服务器中，即使某一个 NIC 发生故障，只要有一个能够正常工作的 NIC 就可以保证通信正常进行。

6.5.3 DCCP

DCCP（Datagram Congestion Control Protocol，数据报拥塞控制协议）是一种辅助 UDP 的崭新的传输层协议。UDP 没有拥塞控制机制。因此，当应用程序使用 UDP 发送大量数据包时，极容易出现问题。互联网中的通信，即使使用 UDP 也应该进行拥塞控制。而这种机制的开发人员很难将其融合至应用层协议中，于是便出现了 DCCP 这样的规范。

DCCP 具有如下几个特点。

- 与 UDP 一样，不能提供发送数据的可靠性传输。
- 它面向有连接，具备建立连接与断开连接的处理。在建立连接和断开连接上具有可靠性。
- 能够根据网络拥堵情况进行拥塞控制。使用 DCCP（RFC4340）的应用程序可以根据自身特点选择两种方法进行拥塞控制，它们分别是“类 TCP 拥塞控制”（TCP-Like Congestion Control）和“TCP 友好速率控制”（TCP-Friendly Rate Control）▼（RFC4341）。
- 为了实现拥塞控制，接收端在收到数据包以后会返回确认应答（ACK）。该确认应答将被用于判断是否需要重发数据包。

▼流量控制的一种。它根据单位时间内能够发送的比特数（字节数）进行流量控制。相比 TCP 的窗口控制，可以说“TCP 友好速率控制”是针对音频和视频等多媒体的一种控制机制。

6.5.4 UDP-Lite

UDP-Lite（Lightweight User Datagram Protocol，轻量级用户数据报协议）是一种扩展 UDP 机能的传输层协议。在基于 UDP 的通信中，如果校验和出现错误，所收到的数据包将被全部丢弃。然而，在现实操作中，有些应用程序▼在面对这种情况时，并不希望将已经收到的整个数据包都丢弃。

▼例如，那些使用 H.263 +、H.264、MPEG-4 等图像与音频数据格式的应用程序。

如果将 UDP 中的校验和设置为无效，那么即使数据的一部分发生错误也不会将整个数据包丢弃。不过，这不是一种很好的方法。因为如果发生的错误是 UDP 首部中的端口号被破坏或 IP 首部中的 IP 地址被破坏▼，那么会产生严重的后果。因此，不建议将校验和关闭。为了解决这些问题，UDP 的修正版 UDP-Lite 出现了。

▼识别一个通信需要 IP 地址，而 UDP 的校验和可以检查 IP 地址是否正确。更多细节请参考 6.6 节。

UDP-Lite 具有与 UDP 几乎相同的功能。不过，UDP-Lite 计算校验和的范围可以由应用程序自行决定。这个范围可以是 UDP 数据报加上伪首部的校验和计算，可以是首部与伪首部的校验和计算，也可以是首部、伪首部与数据从起始到中间某个位置的校验和计算▼。有了这样的机制，就可以只针对不允许发生错误的部分进行校验和的计算。对于其他部分，即使发生了错误，也会被忽略不计。同时，这个数据包也不会被丢弃，而是直接传给应用程序继续处理。

▼在 UDP 首部中，有一个字段表示“包长”。在这个字段中放入的是从协议首部的第 1 字节到第多少字节要进行校验和计算的部分。如果值为 0，表示整个数据包都要进行校验和计算。如果值为 8，表示只对首部与伪首部进行校验和计算。

6.6 UDP 首部格式

图 6.24 展示了 UDP 首部的格式。除去数据部分正是 UDP 首部。UDP 首部由源端口号、目标端口号、包长度和校验和组成。

图 6.24
UDP 数据报格式

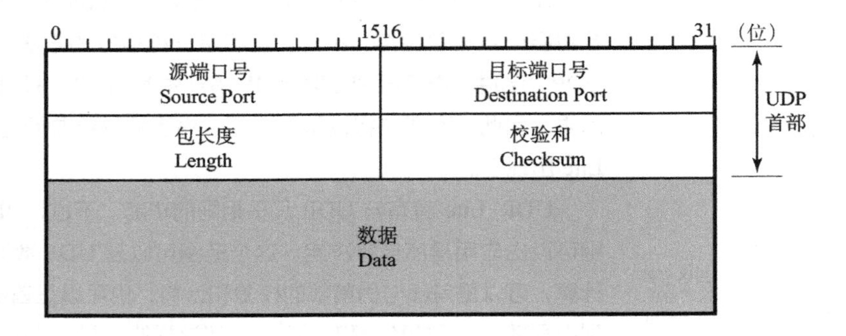

■ 源端口号（Source Port）

源端口号表示发送端端口号，字段长 16 位。该字段是可选项，有时可能不会设置源端口号。没有源端口号时该字段的值设置为 0。它可用于不需要返回的通信▼。

▼例如，只针对某台主机或应用，抑或一组主机或一组应用，只单方面发送更新消息，不需要接收端返回任何确认应答。

■ 目标端口号（Destination Port）

目标端口号表示接收端端口号，字段长 16 位。

■ 包长度（Length）

该字段保存了 UDP 首部长度与数据长度之和▼，单位为字节（8 位字节）。

▼在 UDP-Lite（6.5.4 节）中，该字段变为 Checksum Coverage，表示校验和的计算范围。

■ 校验和（Checksum）

校验和是为了检测 UDP 首部和数据在传输过程中是否发生了错误而设计的。在计算校验和时，要将图 6.25 所示的 UDP 伪首部附加到 UDP 数据报之前。然后，通过在数据的最后添加“0”使该部分的长度为 16 位的倍数。此时将 UDP 首部的校验和字段设置为“0”。然后以 16 位为单位进行 1 的补码▼和计算，并将所得到的 1 的补码和写入校验和字段。

▼在计算机的整数计算中，常用 2 的补码形式。在校验和计算中，之所以使用 1 的补码形式，是因为即使有一位溢出，也只会回到第 1 位，不会造成信息丢失。而且在这种形式下，0 可以有两种表示方式，因此有用 0 表示两种不同意思的优点。

图 6.25
校验和计算中使用的 UDP 伪首部

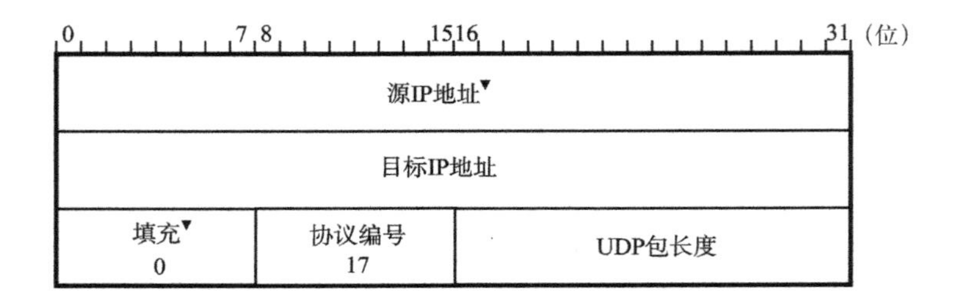

▼源 IP 地址与目标 IP 地址在 IPv4 地址的情况下，都是 32 位字段，为 IPv6 地址时，都是 128 位字段。

▼填充是为了补充位数，一般填入 0。

接收端主机在收到 UDP 数据报以后，会通过 IP 首部获知 IP 地址信息，进而构造出 UDP 伪首部，然后重新进行校验和计算。校验和字段的值是校验和字段以外剩下部分的 1 的补码和。因此，包括校验和字段在内的所有数据之和为“16 位全部为 1▼”时，才会被认为所收到的数据是正确的。

▼1 的补码中该值为 0（负数 0）、二进制中为 1111111111111111，十六进制中为 FFFF，十进制中则为 65 535。

另外，UDP 中有可能不使用校验和。此时，校验和字段中填入 0。在这种情况下，由于不进行校验和计算，因此协议处理的开销▼会降低，从而提高数据转发的速率。然而，如果 UDP 首部的端口号或 IP 首部的 IP 地址在传输过程中遇到损坏，那么可能会对其他通信造成不好的影响。因此，在互联网中推荐使用校验和检查。

▼除了处理实际数据，为了实现通信控制不得不付出的必要的开销。

■ 校验和计算中计算 UDP 伪首部的理由

为什么在进行校验和计算时，要计算 UDP 伪首部呢？关于这个问题，与 6.2 节所介绍的内容有所关联。

在 TCP/IP 中，识别一个进行通信的应用程序需要 5 项信息，它们分别为“源 IP 地址”“目标 IP 地址”“源端口号”“目标端口号”“协议编号”。然而，在 UDP 首部中，只包含它们当中的 2 项（源端口号和目标端口号），剩下的 3 项都包含在 IP 首部中。

假设其他 3 项信息被破坏会产生怎样的后果呢？很显然，这极有可能会导致应该接收数据包的应用程序收不到数据包，不该收到数据包的应用程序却收到了数据包。

为了避免这类问题的发生，有必要验证一个通信中必要的 5 项信息是否正确。为此，在校验和计算中，引入了伪首部的概念。

此外，IPv6 中的 IP 首部没有校验和字段。TCP 或 UDP 通过伪首部，得以对 5 项信息进行校验，从而实现即使在 IP 首部并不可靠的情况下，仍然能够提供可靠的通信传输。

6.7 TCP 首部格式

图 6.26 展示了 TCP 首部的格式。TCP 首部相比 UDP 首部要复杂得多。

图 6.26
TCP 报文段格式

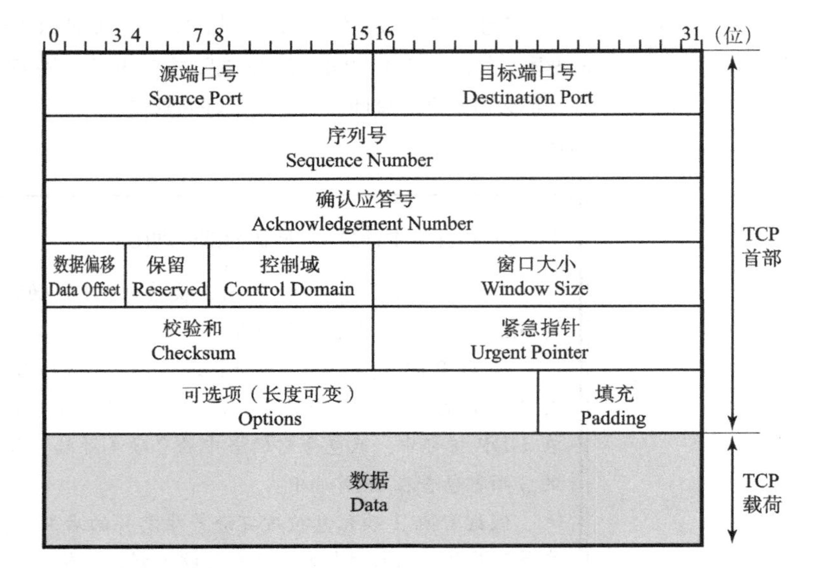

另外，TCP 中没有表示包长度和数据长度的字段。我们可以通过 IP 层获知 TCP 的包长度，进而由 TCP 的包长度可知数据的长度。

■ 源端口号（Source Port）

源端口号表示发送端端口号，字段长 16 位。

■ 目标端口号（Destination Port）

目标端口号表示接收端端口号，字段长 16 位。

■ 序列号（Sequence Number）

序列号字段长 32 位。序列号（有时也叫序号）是指发送数据的位置。每发送一次数据，就累加一次该数据字节数。

序列号不会从 0 或 1 开始，而是在建立连接时，将计算机生成的随机数作为初始值，通过 SYN 数据包传给接收端主机。然后再将每次转发过去的字节数累加到初始值上表示数据的位置。此外，在建立连接和断开连接时，发送的 SYN 数据包和 FIN 数据包虽然并不携带数据，但是序列号也会增加 1。

■ 确认应答号（Acknowledgement Number）

确认应答号字段长 32 位。确认应答号是指下一次应该收到的数据的序列号。

实际上，它是指已收到确认应答号减 1 为止的数据。发送端收到确认应答以后，可以认为这个序列号以前的数据都已经被正常接收。

■ 数据偏移（Data Offset）

该字段表示 TCP 所传输的数据应该从 TCP 数据包的哪位开始计算，当然也可以把它看作 TCP 首部的长度。该字段长 4 位，单位为 4 字节（即 32 位）。不包括可选项字段的话，如图 6.26 所示，TCP 首部为 20 字节，因此数据偏移字段可以设置为 5。反之，如果该字段的值为 5，那么说明从 TCP 数据包的最开始到 20 字节都是 TCP 首部，剩下的部分为 TCP 数据。

■ 保留（Reserved）

该字段主要是为了以后扩展时使用，其长度为 4 位。一般设置为 0，但即使收到的 TCP 数据包在该字段不为 0，此 TCP 数据包也不会被丢弃。

■ 控制域（Control Domain）

该字段长 8 位，每一位从左至右依次为 CWR、ECE、URG、ACK、PSH、RST、SYN、FIN。这些控制标志也叫作控制域，具体含义如图 6.27 所示。

图 6.27 控制域

0–3	4–7	8	9	10	11	12	13	14	15（位）
数据偏移 Data Offset	保留 Reserved	CWR	ECE	URG	ACK	PSH	RST	SYN	FIN

- CWR（Congestion Window Reduced）
  CWR 标志▼与后面的 ECE 标志要结合 IP 首部的 ECN 字段一起使用。ECE 标志为 1 时，则通知对方已将拥塞窗口缩小。
- ECE（ECN-Echo）
  ECE 标志▼表示 ECN-Echo。该位为 1 时，接收端会通知通信对方，表示从对方到这边的网络有拥塞。当接收端收到一个 IP 首部中 ECN 标志为 1 的数据包时，它会将 TCP 首部中的 ECE 设置为 1。
- URG（Urgent Flag）
  该位为 1 时，表示数据包中有需要紧急处理的数据。对于需要紧急处理的数据，会在后面的紧急指针中再进行解释。
- ACK（Acknowledgement Flag）
  该位为 1 时，表示确认应答号字段变为有效。TCP 规定，除了最初建立连接时的 SYN 数据包，该位必须设置为 1。
- PSH（Push Flag）
  该位为 1 时，表示需要将收到的数据立刻传给上层应用程序。PSH 为 0 时，则不需要立即传输而是先进行缓存。

▼关于 CWR 标志的设定，请参考 5.8.5 节。

▼关于 ECE 标志的设定，请参考 5.8.5 节。

- RST（Reset Flag）

  该位为1时，表示TCP连接中出现异常，必须强制断开连接。例如，一个没有使用的端口即使发来连接请求，也无法进行通信。此时可以返回一个RST设置为1的数据包。此外，在程序宕掉或切断电源等原因导致主机重启的情况下，由于所有的连接信息全部被初始化，因此原有的TCP通信将不能继续进行。在这种情况下，如果通信对方发送一个设置为1的RST数据包，就会使通信强制断开连接。

- SYN（Synchronize Flag）

  SYN用于建立连接。SYN为1时，表示希望建立连接，并在序列号字段进行序列号初始值的设置▼。

- FIN（Fin Flag）

  该位为1时，表示今后不会再有数据发送，希望断开连接。当通信结束希望断开连接时，通信双方的主机之间可以相互交换FIN设置为1的TCP报文段。每台主机对对方的FIN数据包进行确认应答以后就可以断开连接。不过，主机收到FIN设置为1的TCP报文段以后不必马上发送FIN数据包，可以等到缓冲区中的所有数据都因已经成功发送而被自动删除之后再发。

▼Synchronize本身有同步的意思，意味着建立连接的双方，序列号和确认应答号要保持同步。

■ 窗口大小（Window Size）

该字段长16位。窗口大小用于通知从TCP首部的确认应答号所指位置开始，接收方能够接收的数据大小（8位字节）。TCP不允许发送超过此处所示大小的数据。不过，如果窗口为0，则表示可以发送窗口探测，以了解最新的窗口大小。但这个数据必须是1字节。

■ 校验和（Checksum）

TCP的校验和与UDP的校验和相似，区别在于TCP的校验和无法关闭。

TCP和UDP一样，在计算校验和时使用TCP伪首部。TCP伪首部如图6.28所示。为了让其全长为16位的整数倍，需要在数据部分的最后填充“0”。首先将TCP校验和字段设置为“0”。然后以16位为单位进行1的补码和计算。最后将得到的1的补码和放入校验和字段。

图6.28 用于校验和计算的TCP伪首部

0 7 8 15 16 31（位）

源IP地址▼		
目标IP地址		
填充▼ 0	协议编号 6	TCP包长度

▼源IP地址与目标IP地址在IPv4地址的情况下，都是32位字段，为IPv6地址时，都是128位字段。

▼填充是为了补充位数，一般填入0。

接收端主机在收到TCP报文段以后，会通过IP首部获取IP地址信息，进而构造出TCP伪首部，然后重新进行校验和计算。由于校验和字段保存除本字段以

▼1 的补码中该值为 0（负数 0）、二进制中为 1111111111111111，十六进制中为 FFFF，十进制中则为 65 535。

外其他部分的和的补码值，因此如果计算校验和字段在内的所有数据的 16 位以后，得出的结果是“16 位全部为 1▼”，说明所收到的数据是正确的。

> ■ 使用校验和的目的
>
> 有噪声干扰的通信，途中如果出现位错误，可以由数据链路的 FCS 检查出来。为什么 TCP 或 UDP 中需要校验和呢?
>
> 相比检查噪声影响导致的错误，TCP 与 UDP 的校验和是一种进行路由器内存故障或应用程序漏洞导致的数据是否被破坏的检查。
>
> 有 C 语言编程经验的人知道，如果指针使用不当，极有可能会破坏内存中的数据结构。路由器的应用程序中可能会存在漏洞，或应用程序异常宕机的情况。在互联网中，发送数据包要经由好多个路由器，一旦发送途中的某一个路由器发生故障，经过此路由器的数据包、协议首部或数据就极有可能被破坏。即使是在这种情况下，如果 TCP 或 UDP 能够提供校验和计算，那么也可以判断协议首部和数据是否被破坏。

■ 紧急指针（Urgent Pointer）

该字段长 16 位。只有在 URG 控制域为 1 时，紧急指针才有效。该字段的值表示报文段中紧急数据的指针。正确来讲，从数据的首位到紧急指针所指的位置为紧急数据。也就是说，紧急指针指出了紧急数据的末尾在报文段中的位置。

如何处理紧急数据属于应用程序的问题，一般在暂时中断通信，或中断处理的情况下使用。例如，在 Web 浏览器中点击停止按钮，或在 TELNET 中输入 Ctrl + C 时，都会有 URG 为 1 的数据包。此外，紧急指针也用作数据流分段的标志。

■ 可选项（Options）

可选项字段用于提高 TCP 的传输性能。受数据偏移字段（首部长度字段）的限制，可选项字段的最大长度为 40 字节。

另外，TCP 需要通过填充使可选项字段的总长度为 32 位的整数倍。具有代表性的 TCP 可选项如表 6.3 所示，我们从中挑些重点进行讲解。

表 6.3
具有代表性的 TCP 可选项

类　型	长　度	意　义	RFC
0	-	End of Option List	RFC793
1	-	No-Operation	RFC793
2	4	Maximum Segment Size	RFC793
3	3	WSOPT-Window Scale	RFC7323
4	2	SACK Permitted	RFC2018
5	N	SACK	RFC2018
8	10	TSOPT-Time Stamp Option	RFC7323
27	8	Quick-Start Response	RFC4782
28	4	User Timeout Option	RFC5482

（续）

类 型	长 度	意 义	RFC
29	-	TCP Authentication Option（TCP-AO）	RFC5925
30	N	Multipath TCP（MPTCP）	RFC6824
34	variable	TCP Fast Open Cookie	RFC7413
253	N	RFC3692-style Experiment 1	RFC4727
254	N	RFC3692-style Experiment 2	RFC4727

类型 2 的 MSS 可选项用于建立连接时决定最大报文段长度的情况。该可选项用于大部分操作系统。

类型 3 的窗口扩大可选项是一个用来改善 TCP 吞吐量▼的可选项。由于 TCP 首部中窗口字段只有 16 位，因此在 TCP 数据包的往返时间（RTT）内，只能发送最大 64K 字节的数据▼。如果采用该可选项，窗口的最大值可以扩展到 1G 字节，从而使得即使是在一个 RTT 较长的网络环境中，TCP 也能达到较高的吞吐量。

▼吞吐量是指系统的最大处理能力，在网络中，指的是设备或网络的最大通信速率，其单位为 bit/s（比特每秒）。

▼例如，在 RTT 为 0.1 秒时，不论数据链路的带宽多大，最大只有 5Mbit/s 的吞吐量。

类型 8 时间戳字段可选项，用于高速通信中对序列号的管理。若要将几 G 的数据通过高速网络转发，32 位序列号的值可能会迅速使用完。在传输不稳定的网络环境中，可能会在较晚的时间点收到网络中一个较早序列号的数据包。如果接收端对新老序列号产生混淆，就无法实现可靠传输。为了避免这类问题的发生，引入了时间戳这个可选项，它可以区分新老序列号。

类型 4 和类型 5 用于选择确认应答（SACK：Selective Acknowledgement）。TCP 的确认应答一般只有 1 个数，如果报文段总以“豁牙子状态▼”到达，会严重影响网络性能。有了这两个可选项，可以允许最多 4 次的“豁牙子状态”确认应答。因此，这两个可选项在避免无用重发的同时，还能提高重发的速率，从而提高网络的吞吐量。

▼这个形象的比喻是指报文段在途中丢失的情况。尤其是时不时丢失的情况。其结果就是在接收端收到的报文段的序列号不连续，呈有一个没一个的状态。

■ 窗口大小与吞吐量

TCP 通信的最大吞吐量由窗口大小和往返时间决定。假设最大吞吐量为 T_{max}，窗口大小为 W，往返时间为 RTT，最大吞吐量的计算公式如下：

$$T_{max} = \frac{W}{RTT}$$

假设窗口大小为 65 535 字节，RTT 为 0.1 秒，那么最大吞吐量 T_{max} 为：

$$T_{max} = \frac{65\,535（字节）}{0.1（秒）} = \frac{65\,535 \times 8（比特）}{0.1（秒）}$$
$$= 5\,242\,800\ (\text{bit/s}) \fallingdotseq 5.2\ (\text{Mbit/s})$$

以上公式表示 1 个 TCP 连接所能传输的最大吞吐量为 5.2Mbit/s。如果建立两个以上连接同时进行传输，这个公式的计算结果则表示每个连接的最大吞吐量。也就是说，在 TCP 中，与其使用一个连接传输数据，不如使用多个连接传输数据，从而达到更高的网络吞吐量。在 Web 浏览器中，一般会通过同时建立 4 个左右的连接来提高吞吐量。

第7章

路由协议

在互联网世界中，夹杂着复杂的局域网和广域网。然而，再复杂的网络结构，也需要通过合理的路由将数据包发送到目标主机。决定路由的，正是路由控制模块。本章旨在介绍路由控制及实现路由控制功能的相关协议。

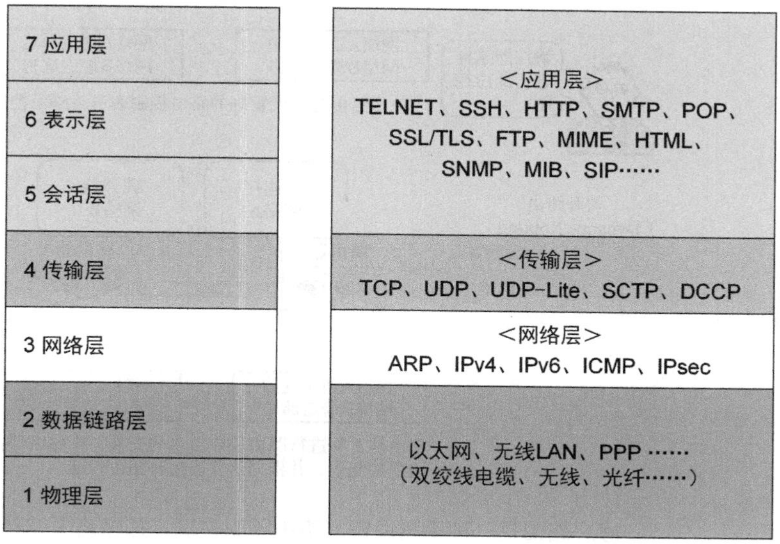

OSI参考模型	协议
7 应用层	＜应用层＞ TELNET、SSH、HTTP、SMTP、POP、SSL/TLS、FTP、MIME、HTML、SNMP、MIB、SIP……
6 表示层	
5 会话层	
4 传输层	＜传输层＞ TCP、UDP、UDP-Lite、SCTP、DCCP
3 网络层	＜网络层＞ ARP、IPv4、IPv6、ICMP、IPsec
2 数据链路层	以太网、无线LAN、PPP …… （双绞线电缆、无线、光纤……）
1 物理层	

7.1 路由控制的定义

7.1.1 IP地址与路由控制

互联网是由路由器连接的网络组合而成的。为了使数据包正确地到达目标主机，路由器必须在途中进行正确地转发。这种向“正确的方向”转发数据所进行的处理叫作路由控制。

路由器根据路由控制表（Routing Table）转发数据包。当收到数据包时，路由器会将目标主机的IP地址与路由控制表进行比较，以确定下一个应该接收数据包的路由器。因此，这个过程中路由控制表的记录一定要正确无误。一旦出现错误，数据包就有可能无法到达目标主机。

7.1.2 静态路由与动态路由

是谁，又是怎样制作和管理路由控制表的呢？路由控制分静态路由▼和动态路由▼两种类型，如图7.1所示。

▼Static Routing。

▼Dynamic Routing。

图7.1 静态路由与动态路由

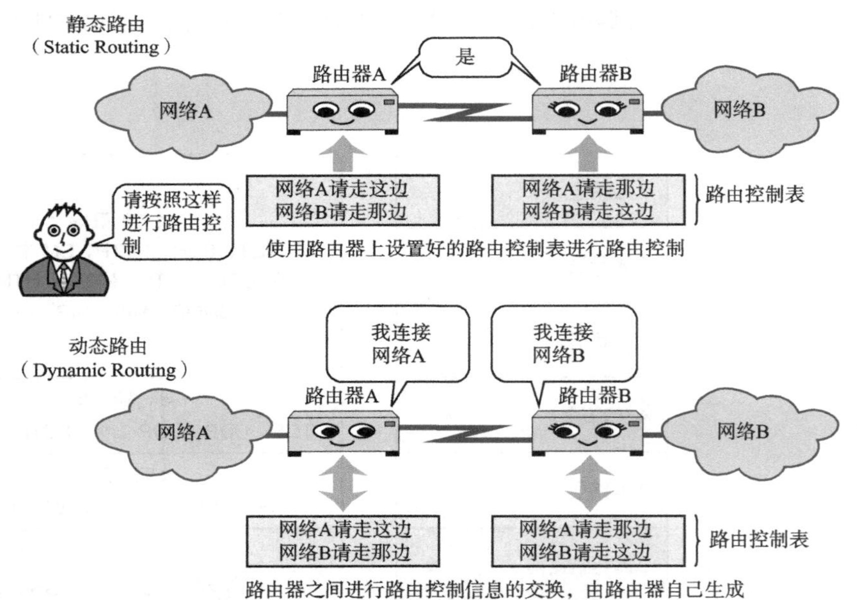

静态路由是一种事先设置好路由器和主机，并将路由控制信息固定的方法。而动态路由是路由协议在运行过程中，自动地设置路由控制信息的一种方法。这两种方法都有它们各自的利弊。

静态路由的设置通常由使用者手动操作完成。例如，当存在 100 个“IP 网”时，需要设置近 100 项路由控制信息。并且，每增加一个新的网络，都需要将新增加的网络信息设置在所有的路由器上。因此，静态路由给管理者带来很大的负担，这是其一。还有一个不可忽视的问题是，一旦某个路由器发生故障，数据包无法自动绕过发生故障的节点，只有在管理员手动设置以后才能恢复正常。

在使用动态路由的情况下，管理员必须设置好路由协议，其设置过程的复杂程度与具体要设置路由协议的类型有直接关系。例如，在 RIP 的情况下，基本上无须过多的设置。而根据 OSPF 进行较详细路由控制时，设置工作将会非常烦琐。

如果有一个新的网络被增加到原有的网络中，那么只要在与该新增网络相连的路由器上进行动态路由的设置即可。而不需要像静态路由那样，不得不在其他所有路由器上进行修改。对于路由器个数较多的网络，采用动态路由显然是一种能够减轻管理员负担的方法。

况且，网络上一旦发生故障，只要有一条可绕的其他路径，路由器的设置就会自动重置，使数据包通过这条路径转发。路由器为了能够定期相互交换必要的路由控制信息，会与相邻的路由器互发消息。互发的消息会给网络带来一定程度的负荷。

不论是静态路由还是动态路由，不要只使用其中一种，可以将它们组合起来使用。

7.1.3 动态路由的基础

▼图 7.2 中的传输，只有在没有环路的情况下，才能很好的运行。例如，路由器 C 和路由器 D 之间如果有连接，那么传输将无法正常工作。

动态路由如图 7.2 所示，路由器会给相邻路由器发送自己已知的网络连接信息，这些信息会像接力一样依次传递给其他路由器，直至整个网络都了解时，路由控制表就制作完成了。此时，路由器就可以正确地转发 IP 包了▼。

图 7.2

根据路由协议交换路由控制信息

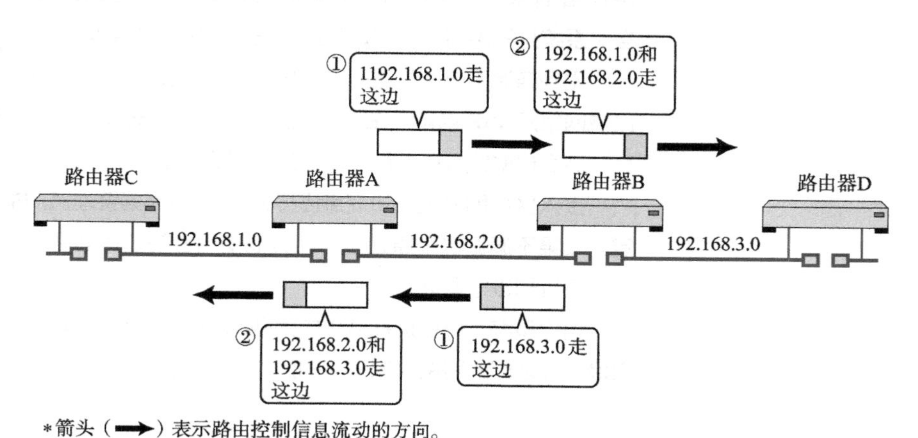

*箭头（➡）表示路由控制信息流动的方向。

7.2 路由控制范围

随着“IP 网”的发展，想对所有网络统一管理是不可能的事。因此，人们通常根据路由控制的范围使用 IGP（Interior Gateway Protocol）和 EGP（Exterior Gateway Protocol）▼这两种类型的路由协议。

▼早期有一种路由协议也叫 EGP，请注意区分这两种 EGP 的含义。

7.2.1 接入互联网的各种组织机构

互联网连接世界各地的组织机构，不仅包括语言不相通的，甚至包括宗教信仰全然不同的组织机构。互联网的诞生使想法不同、方针各异的组织机构可以相互连接、相互通信。在互联网中，没有管理者，也没有被管理者，各个组织机构之间保持平等的关系。

7.2.2 自治系统与路由协议

企业内部网络的管理方针，往往由企业内部自行决定。因此，每家企业或组织机构对网络管理和运维的方法都各不相同。为了提高自己的销售额和生产力，各家企业和组织机构都会购入必要的机械设备、构建合适的网络及采用合理的运维体制。在这种环境中，企业可以屏蔽内部网络细节，不必回应外界对这些细节的更新请求。这好比我们的日常生活，每个人对家庭内部的私事，都不希望过多地暴露给外界，听从外界指挥。

制定自己的路由策略，并以此为准在一个或多个网络群体中采用的小型单位叫作自治系统（AS: Autonomous System）或路由选择域（Routing Domain）。自治系统是采用同样的规定和策略进行路由控制管理的单位。

说到自治系统，区域网络、ISP（互联网服务提供商）等都是典型的例子。在区域网络及 ISP 内部，由管理和运维网络的管理员、运营者制定路由控制相关方针，然后根据此方针进行具体路由控制的设定。

接入区域网络或 ISP 的组织机构，必须根据管理员的指示进行路由控制的设定。如果不遵循这个原则，会给其他使用者带来负面影响，甚至使自己无法与任何组织机构进行通信。

自治系统（路由选择域）内部动态路由采用的协议是域内路由协议，即 IGP。自治系统之间的路由控制采用的是域间路由协议，即 EGP。

7.2.3 EGP与IGP

如图 7.3 所示，路由协议大致分为两大类：一类是 EGP，另一类是 IGP。

IP 地址分为网络部分和主机部分，它们有各自的分工。EGP 和 IGP 的关系与 IP 地址中网络部分和主机部分的关系有相似之处。就像根据 IP 地址中的网络部分在网络之间进行路由选择，根据主机部分在数据链路内部进行主机识别一样，可以根据 EGP 在区域网络之间（或 ISP 之间）进行路由选择，也可以根据 IGP 在区域网络内部（或 ISP 内部）进行路由选择。

因此，路由协议被分为 EGP 和 IGP 两个层次。没有 EGP 就不可能有世界上各个组织机构之间的通信。没有 IGP 组织机构内部就不可能进行通信。

IGP 中可以使用 RIP（Routing Information Protocol，路由信息协议）、RIP2、OSPF（Open Shortest Path First，开放式最短路径优先）等众多协议。与之相对，EGP 使用的是 BGP（Border Gateway Protocol，边界网关协议）。

图 7.3
EGP 与 IGP

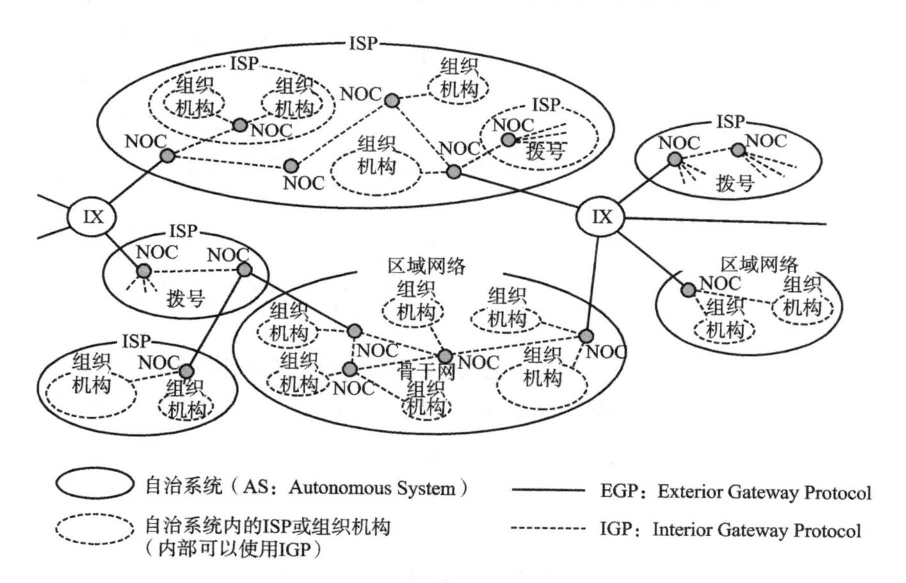

7.3 路由算法

路由控制有各种各样的算法，其中具有代表性的有两种，是距离向量(Distance-Vector) 算法和链路状态 (Link-State) 算法。

7.3.1 距离向量算法

▼Metric 是转发数据包时衡量路由控制中距离和成本的一种指标。在距离向量算法中，代价相当于所要经过的路由器的个数。

距离向量 (DV) 算法是一种根据距离 (代价▼) 和方向决定目标网络或目标主机位置的方法，如图 7.4 所示。

图 7.4
距离向量

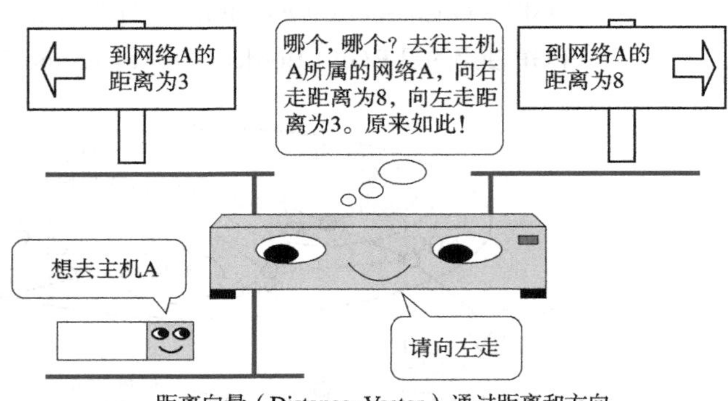

距离向量 (Distance-Vector) 通过距离和方向确定通往目标网络的路径

路由器之间可以互换目标网络的方向及其距离的相关信息，并以相关信息为基础制作路由控制表。这种方法在处理上比较简单，不过由于只有距离和方向的信息，因此当网络结构变得分外复杂时，在获得稳定的路由控制信息之前需要消耗一定时间▼，极易发生路由循环等问题。

▼也叫作路由收敛。

7.3.2 链路状态算法

链路状态算法是路由器在了解网络整体连接状态的基础上，生成路由控制表的一种方法，如图 7.5 所示。在该方法中，每个路由器必须保持同样的信息才能进行正确的路由选择。

在距离向量算法中，每个路由器掌握的信息都不相同。通往每个网络所需的距离 (代价) 根据路由器的不同而不同。因此，该算法的一个缺点就是不太容易判断每个路由器上的信息是否正确。

在链路状态算法中，所有路由器持有相同的信息。对于任意一个路由器，网络拓扑都完全一样。因此，只要某一个路由器与其他路由器保持同样的路由控制信息，就意味着该路由器上的路由控制信息是正确的。只要每个路由器尽快与其他路由器同步▼路由控制信息，就可以使路由控制信息达到一个稳定的状态。所

▼同步一词常用于分布式系统，指所有系统中保持同样的值。

以，即使网络结构变复杂，每个路由器也能够保持正确的路由控制信息，进行稳定的路由选择。这是该算法的一个优点。

为了实现上述机制，链路状态算法需要付出的代价是如何从网络拓扑中获取路由控制表。这一过程相当复杂，特别是在一个规模巨大而又复杂的网络结构中，管理和处理拓扑信息需要高速 CPU 处理能力和大量的内存▼。

▼为此，OSPF 正致力于将网络分割为不同的区域，以减少路由控制信息。

图 7.5
链路状态

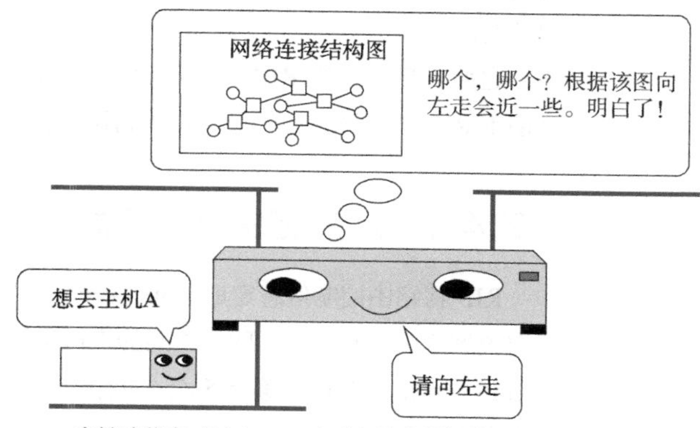

在链路状态（Link-State）中，路由器知道网络的连接状态，并根据图中的信息确定通往目标网络的路径

7.3.3 主要路由协议

路由协议分很多种。表 7.1 列出了几种主要的路由协议。

由于 EGP▼不支持 CIDR，因此 EGP 现在已经不再用作互联网的对外连接协议。接下来将详细介绍 RIP、RIP2、OSPF、BGP 等协议的基础知识。

▼此处的 EGP 不是区分 IGP 与 EGP 的那个 EGP，而是一种叫作 EGP 的特定的协议。

表 7.1
几种路由协议的特点

路由协议名	下一层协议	方　式	适用范围	循环检测
RIP	UDP	距离向量	域内	不可以
RIP2	UDP	距离向量	域内	不可以
OSPF	IP	链路状态	域内	可以
EGP	IP	距离向量	对外连接	不可以
BGP	TCP	路径向量	对外连接	可以

7.4 RIP

RIP（Routing Information Protocol）是一种距离向量型路由协议，广泛用于局域网。由于 BSD UNIX 系统默认提供的 routed[▼] 采用了 RIP，因此 RIP 得到了迅速的普及。

▼UNIX 系统上的一个守护进程。该进程实现了 RIP。

之后，基于运维 RIP 所积累的经验，诞生了 RIP 的改良版本 RIP2。目前，在使用 RIP 作为路由协议时，主要使用的是 RIP2。RIP2 将在后续章节中讲解。

7.4.1 广播路由控制信息

RIP 将路由控制信息定期（30 秒一次）在网络中广播，如图 7.6 所示。如果没有收到路由控制信息，网络之间的连接会被断开。不过，这有可能是由于丢包导致的，因此 RIP 规定等待 5 次。如果超过 180 秒仍未收到路由控制信息，网络才会真正关闭连接。

图 7.6
RIP 概要

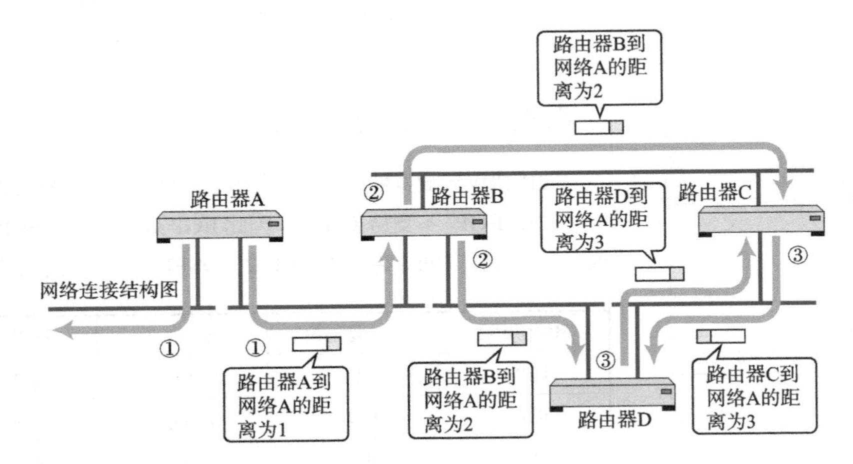

7.4.2 根据距离向量数据库确定路由控制表

RIP 基于距离向量算法衡量到达目标地址的路由距离。距离（Metrics）的单位为“跳数”。跳数是指经过的路由器的个数。RIP 希望尽可能少的通过路由器将数据包转发到目标 IP 地址，如图 7.7 所示。路由器根据距离向量算法生成距离向量数据库，再从中抽出距离较小的路由生成最终的路由控制表。

图 7.7
根据距离向量数据库生成路由控制表

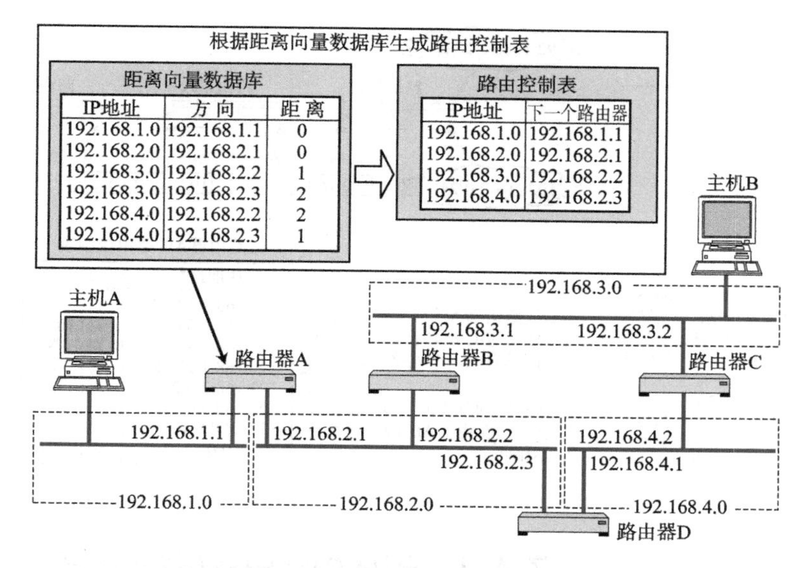

距离向量型路由协议根据网络的距离和方向生成路由控制表。
针对同一个网络如果有两条路径，那么选择距离较短的一条▼

▼如果距离相等，那么会根据路由器的类型选择不同的路由，通常选择一个或轮换使用。

7.4.3 使用子网掩码时的 RIP 处理

RIP 虽然不交换子网掩码信息，但可以用于使用子网掩码的网络环境中。不过，在这种情况下，需要注意以下几点。

- 根据接口的 IP 地址对应的分类确定网络地址后，将其与根据路由控制信息流经此路由器的数据包中的 IP 地址对应的分类确定的网络地址进行比较。如果两者的网络地址相同，那么就以接口的网络地址长度为准。
- 如果两者的网络地址不同，那么以 IP 地址对应的分类所确定的网络地址长度为准。

如图 7.8 所示，路由器 A 左侧的接口地址为 192.168.1.33/27。很显然，这是一个 C 类地址，它的网络地址为 192.168.1.0/24。与 192.168.1.0/24 相符合的 IP 地址，其网络地址长度都被视为 27 位。除此之外的地址，则采用每个地址对应的分类所确定的网络地址长度。

因此，在采用 RIP 进行路由控制时，必须注意两点：一是，IP 地址对应的分类导致产生不同的网络地址时；二是，构造网络地址长度不同的网络环境时。

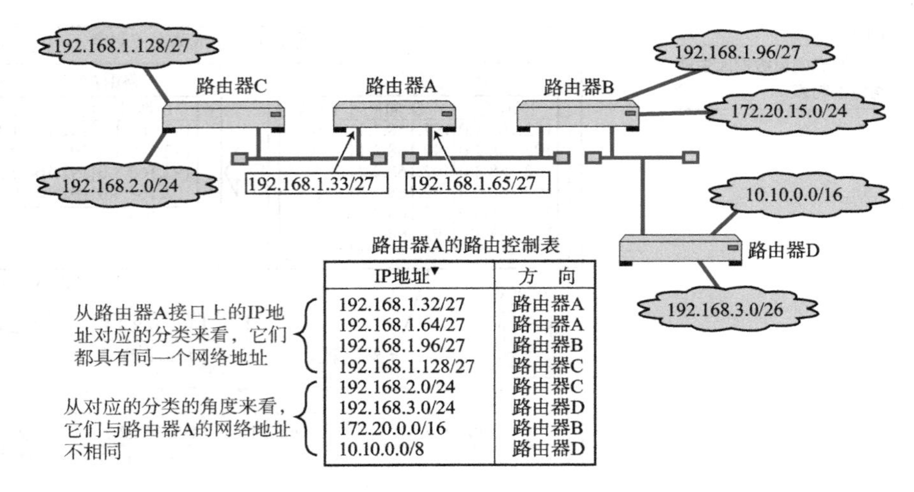

路由器A的路由控制表

IP地址▼	方　向
192.168.1.32/27	路由器A
192.168.1.64/27	路由器A
192.168.1.96/27	路由器B
192.168.1.128/27	路由器C
192.168.2.0/24	路由器C
192.168.3.0/24	路由器D
172.20.0.0/16	路由器B
10.10.0.0/8	路由器D

图 7.8
RIP 与子网掩码

▼当把 IP 地址对应的分类表示的网络地址延长至子网掩码的长度时，所延长的部分如果为 0，称之为 0 子网；如果为 1，称之为 1 子网。需要注意的是 0 子网与 1 子网在 RIP 中都无法使用。（但是它们可以用于 RIP2、OSPF 及静态路由中。）

7.4.4 RIP 中路由变更时的处理

RIP 的基本行为可归纳为以下两点。

- 将自己所知道的路由控制信息定期进行广播。
- 一旦认为网络断开，数据将无法流过此路由器，其他路由器就可以得知网络已经断开。

不过，这两点都存在一些问题。

如图 7.9 所示，路由器 A 将网络 A 的连接信息发送给路由器 B，路由器 B 将自己掌握的路由控制信息在原来的基础上加 1 跳后发送给路由器 A 和路由器 C。假设这时路由器 A 与网络 A 的连接发生了故障。路由器 A 虽然察觉到自己与网络 A 的连接已经断开，无法再将网络 A 的信息发送给路由器 B，但是它会收到路由器 B 曾经获知的如何到达网络 A 的信息。这使得路由器 A 误认为自己发出的信息还可以通过路由器 B 到达网络 A，并错误地更新路由控制信息。

像这样从对方那里收到自己发出去的信息后，又将这些消息再次告知对方，这个问题被称为无限计数（Counting to Infinity）。为了解决这个问题，可以采取以下两种方法。

- 一是最长距离不超过 16▼。由此即使发生无限计数问题，也可以从时间上进行控制。
- 二是规定路由器不再将所收到的路由控制信息原路返还给发送端。这也被称作水平分割（Split Horizon），如图 7.10 所示。

▼“距离为 16”这项信息只会被保留 120 秒。一旦超过这个时间，信息将会被删除，无法发送。这个时间由一个叫作垃圾收集计时器（Garbage - collection Timer）的工具进行管理。

图 7.9
无限计数问题

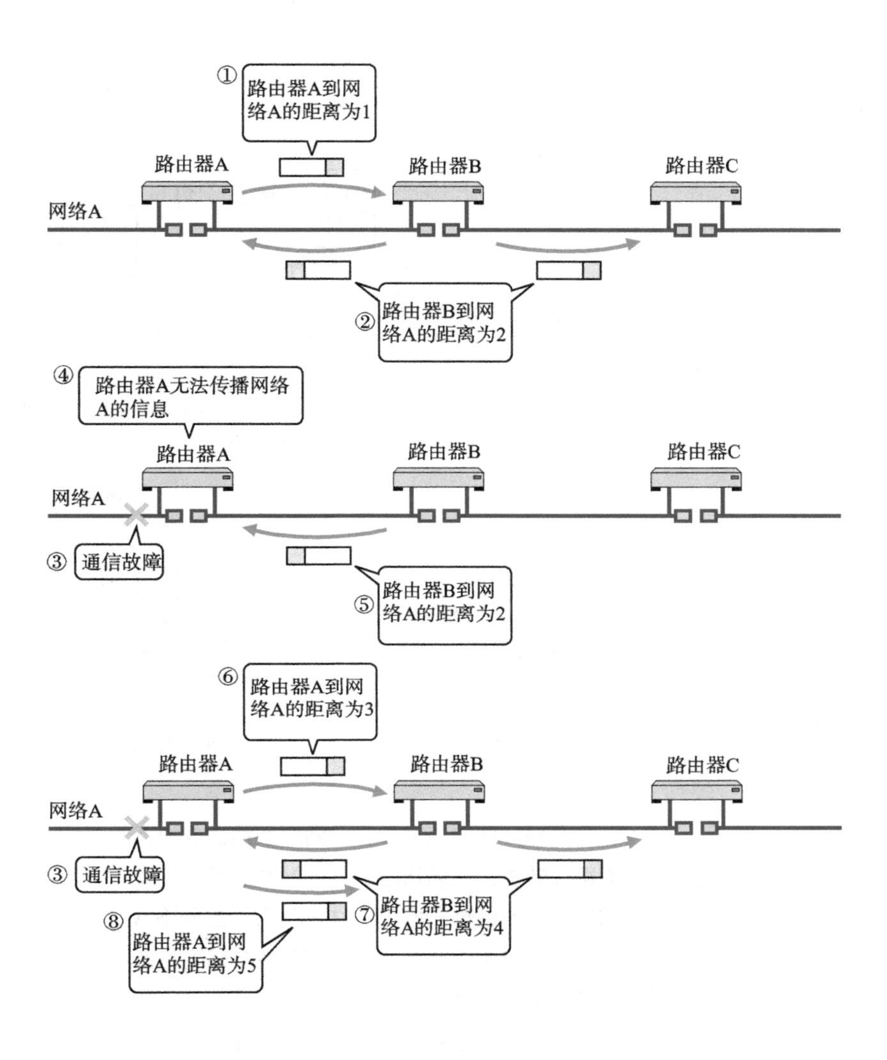

图 7.10
水平分割

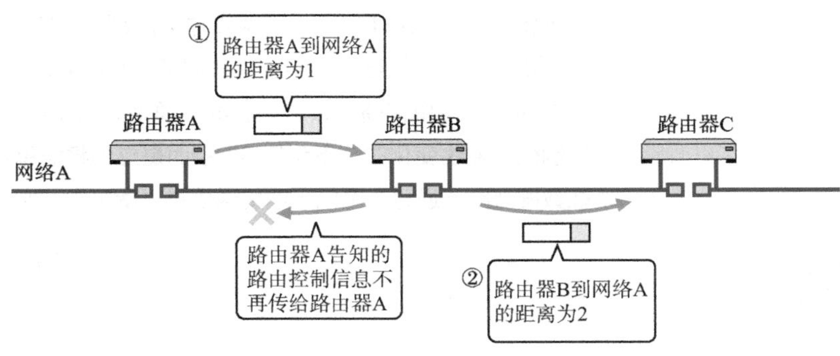

然而，这两种方法对有些网络来说是无法解决问题的。如图 7.11 所示，在网络本身就有环路的情况下。

图 7.11
带有环路的网络

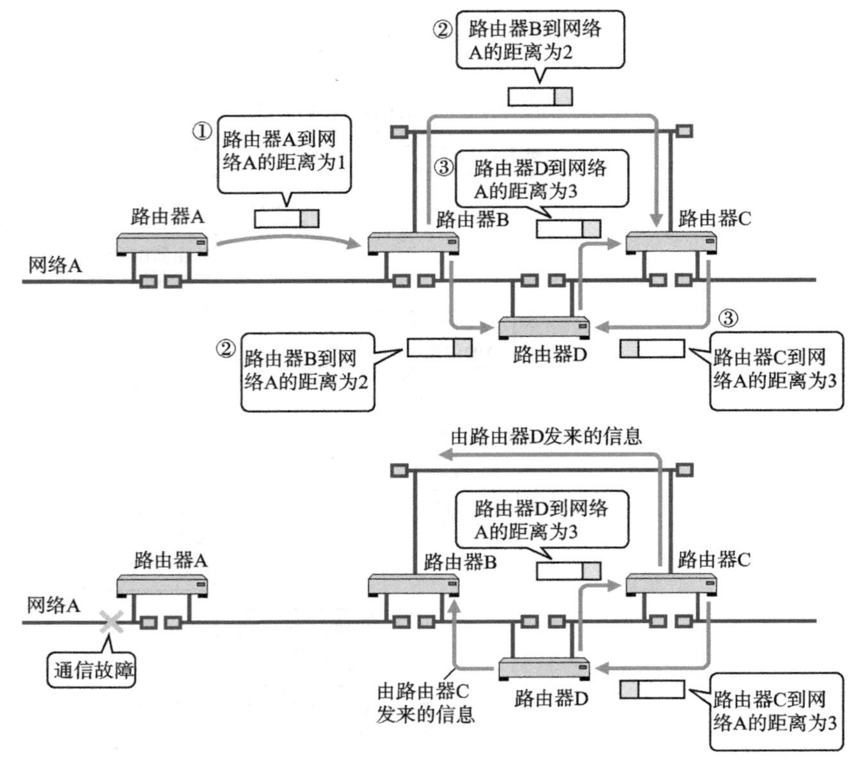

在有环路的情况下，反向的回路会成为迂回路的通道，导致路由控制信息会被循环转发。当环路内部某一处发生通信故障时，通常可以设置一个正确的迂回路通道。但是对于图 7.11 中的情况，当网络 A 的通信发生故障时，将无法传送正确的路由控制信息。尤其是在有多个环路的情况下，需要花费很长时间才能产生正确的路由控制信息。

为了尽可能解决这个问题，人们提出“毒性逆转”（Poisoned Reverse）和“触发更新”（Triggered Update）两种方法，如图 7.12 所示。

毒性逆转是指当网络中发生数据链路被断开时，不是不再发送信息，而是将无法通信的信息传播出去，即发送一项距离为 16 的信息。触发更新是指当路由控制信息发生变化时，不等待 30 秒而是立刻将信息发送出去。有了这两种方法，在数据链路不通时，可以迅速传送信息以使路由控制信息尽快收敛。

图 7.12
毒性逆转和触发更新

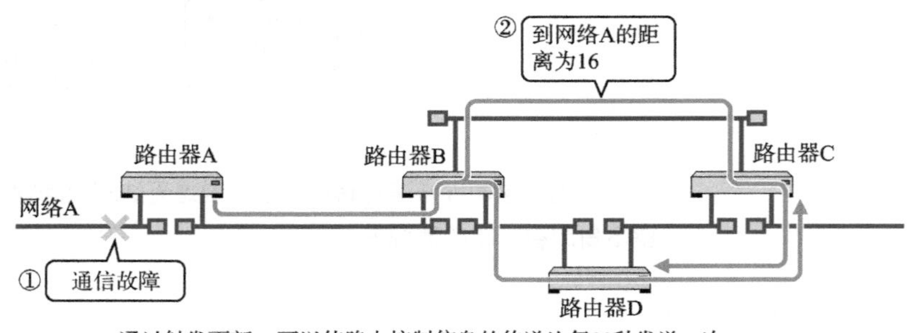

然而，即使使用了到现在为止所介绍的方法，但是在一个具有众多环路的复杂的网络环境中，路由控制信息想达到稳定的状态仍需要花费一段时间。为了解决这个问题，必须明确掌握网络结构，了解究竟哪个数据链路断开后再进行路由控制非常重要。为此，可以采用 OSPF。

7.4.5 RIP2

RIP2 是 RIP 的第二版。它是在 RIP 的使用过程中，总结经验并进行改良后得到的一种协议。第二版与第一版的工作机制基本相同，不过仍有以下几个新的特点▼。

▼RIPng（RFC2080）是适用于 IPv6 的路由协议。

■ 使用多播

在 RIP 中，当路由器之间交换路由控制信息时，采用广播的形式，然而在 RIP2 中，改用了多播。这样不仅减少了网络流量，还减少了对无关主机的影响。

■ 支持子网掩码

RIP 传递不了子网掩码的信息，但 RIP2 支持在其交换的路由控制信息中加入子网掩码信息。因此，RIP2 能够对采用了可变长子网掩码的网络进行路由控制。

■ 路由选择域

与 OSPF 的区域类似，RIP2 在同一个网络中可以使用逻辑上独立的多个 RIP。

■ 外部路由标志

RIP2 通常用于将从 BGP 等获得的路由控制信息通过 RIP 在 AS 内传递。

■ 身份验证密钥

与 OSPF 一样，RIP 数据包中携带密码。只有在自己能够识别密码时，才接收数据，否则忽略这个 RIP 数据包。认证可以防止路由控制信息被伪造或篡改。

7.5 OSPF

▼OSPF的当前版本为OSPFv2（RFC2328、STD54）和支持IPv6的OSPFv3（RFC5340）。

▼Intermediate System to Intermediate System，中间系统到中间系统。

OSPF▼（Open Shortest Path First）是根据OSI的IS-IS▼路由协议提出的一种链路状态型路由协议。由于采用了链路状态类型，因此即使网络中有环路，OSPF也能够进行稳定的路由控制。

另外，OSPF支持子网掩码。因此，和RIP2一样，OSPF能够对采用了可变长子网掩码的网络进行路由控制。

为了减少网络流量，OSPF引入了“区域”这一概念。区域是指将一个自治网络划分为若干个更小的范围。由此，可以减少路由协议之间不必要的交换。

OSPF针对IP首部中的服务类型（TOS）字段，生成多张路由控制表。不过，也会出现已经实现了OSPF功能的路由器无法支持该功能的情况。

7.5.1 OSPF是链路状态型路由协议

OSPF为链路状态型路由协议。路由器之间交换链路状态生成网络拓扑信息，然后再根据网络拓扑信息生成路由控制表，如图7.13所示。

图7.13 由链路状态确定路由

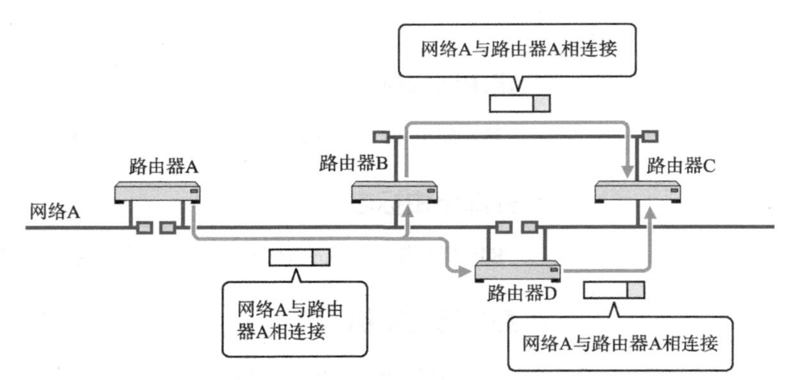

哪个网络与哪个路由器相连的信息要通过接力的方式进行发送

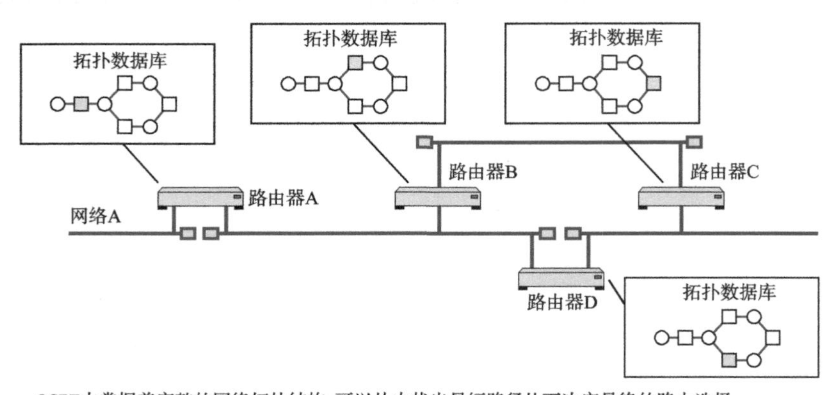

OSPF中掌握着完整的网络拓扑结构，可以从中找出最短路径从而决定最终的路由选择

▼实际上，可以为连接数据链路（子网）的网卡设置代价。代价只用于发送端，接收端不需要考虑。

RIP 的路由选择，要求途中经过的路由器个数越少越好。与之相比，OSPF 给每个数据链路▼赋予权重（也可以叫作代价），并始终选择权重最小的路径作为最终路由。也就是说，OSPF 以每个数据链路上的代价为度量标准，始终选择总代价最小的路径。如图 7.14 所示，RIP 选择路由器个数较少的路径，OSPF 选择总代价较小的路径。

图 7.14

网络权重与路由选择

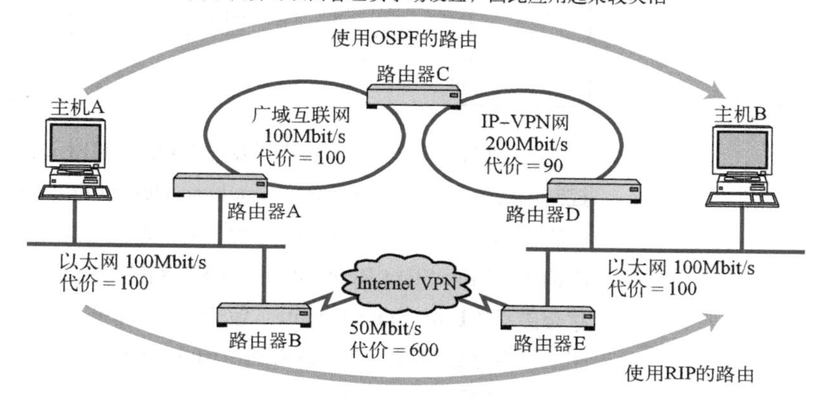

7.5.2 OSPF 基础知识

▼在专线网络中，路由器之间采用 PPP 相连。

▼相邻路由器中相互交换路由控制信息的关系叫作邻接（Adjancency）。

在 OSPF 中，把连接到同一个数据链路的路由器称作相邻路由器（Neighbor Router）。在一个相对简单的网络结构中，例如每个路由器仅跟一个路由器相互连接▼，相邻路由器之间可以交换路由控制信息。但是在一个比较复杂的网络结构中，例如多个路由器连接到同一个数据链路（以太网等），不需要在所有相邻的路由器之间都进行路由控制信息的交换，而是确定一个指定路由器（Designated Router），并以它为中心交换▼路由控制信息即可。

RIP 中数据包的类型只有一种。它利用路由控制信息，一边检查网络的连接状态，一边转发其他网络的信息。但是，这种方式有一个严重的缺点。那就是，网络的个数越多，每次所要交换的路由控制信息就越多。而且当网络处于比较稳定的、没有什么变化的状态时，还要定期交换相同的路由控制信息，这在一定程度上浪费了网络带宽。

而在 OSPF 中，根据作用的不同可以分为 5 种类型的数据包，如表 7.2 所示。

表 7.2
OSPF 包类型

类型	数据包名	功　能
1	问候（HELLO）	确认相邻路由器、确定指定路由器
2	数据库描述（Database Description）	链路状态数据库的摘要信息
3	链路状态请求（Link State Request）	请求从数据库中获取链路状态信息
4	链路状态更新（Link State Update）	更新链路状态数据库中的链路状态信息
5	链路状态确认应答（Link State Acknowledgement）	链路状态信息更新的确认应答

为了确认连接，路由器之间会发送问候（HELLO）包。路由器为了同步路由控制信息，利用数据库描述（Database Description）包相互发送路由摘要信息和版本信息。如果发现对方的版本比较老，较老版本的路由器首先发出一个链路状态请求（Link State Request）包请求最新的路由控制信息，然后对方会使用链路状态更新（Link State Update）包来发送最新的路由控制信息，最后较老版本的路由器会通过链路状态确认应答（Link State Acknowledgement）包通知大家自己已经接收到最新的路由控制信息。

有了这样一种机制以后，OSPF 不仅可以大大地减少网络流量，还可以达到迅速更新路由控制信息的目的。

7.5.3 OSPF 工作原理概述

在 OSPF 中，进行连接确认的协议叫作 HELLO 协议。

局域网中每 10 秒发送一个 HELLO 包。如果在规定时间内没有 HELLO 包到达，则进行连接是否断开的判断▼。具体为，允许空等 3 次，超过 40 秒后仍无任何反馈就认为连接已经断开。之后再进行连接断开或恢复连接操作时，由于链路状态发生了变化，因此路由器会发送一个链路状态更新包（Link State Update Packet）通知其他路由器网络状态的变化。

链路状态更新包所要传达的信息大致分为两类：一类是网络 LSA▼，另一类是路由器 LSA▼。

网络 LSA 是以网络为中心生成的信息，表示网络都与哪些路由器连接。路由器 LSA 是以路由器为中心生成的信息，表示路由器与哪些网络连接。

这两类信息▼主要采用 OSPF 进行发送，每个路由器都可以生成一个表示网络结构的链路状态数据库，如图 7.15 所示。根据这个数据库，路由器可以采用 Dijkstra 算法▼（最短路径优先算法）生成相应的路由控制表。

▼管理员可以自定义 HELLO 包的发送间隔及判断连接断开的时间。只是，在同一个数据链路中的设备，必须配置相同的值。

▼Network Link State Advertisement，网络链路状态通告。

▼Router Link State Advertisement，路由器链路状态通告。

▼除了这两类信息，还有网络汇总 LSA（Network Summary LSA）信息和自治系统外部 LSA（AS External LSA）信息。

▼Dijkstra 算法由提出结构化程序设计的 E.W.Dijkstra 发明。该算法用来获取最短路径。

图 7.15
OSPF 中根据链路状态生成路由控制表

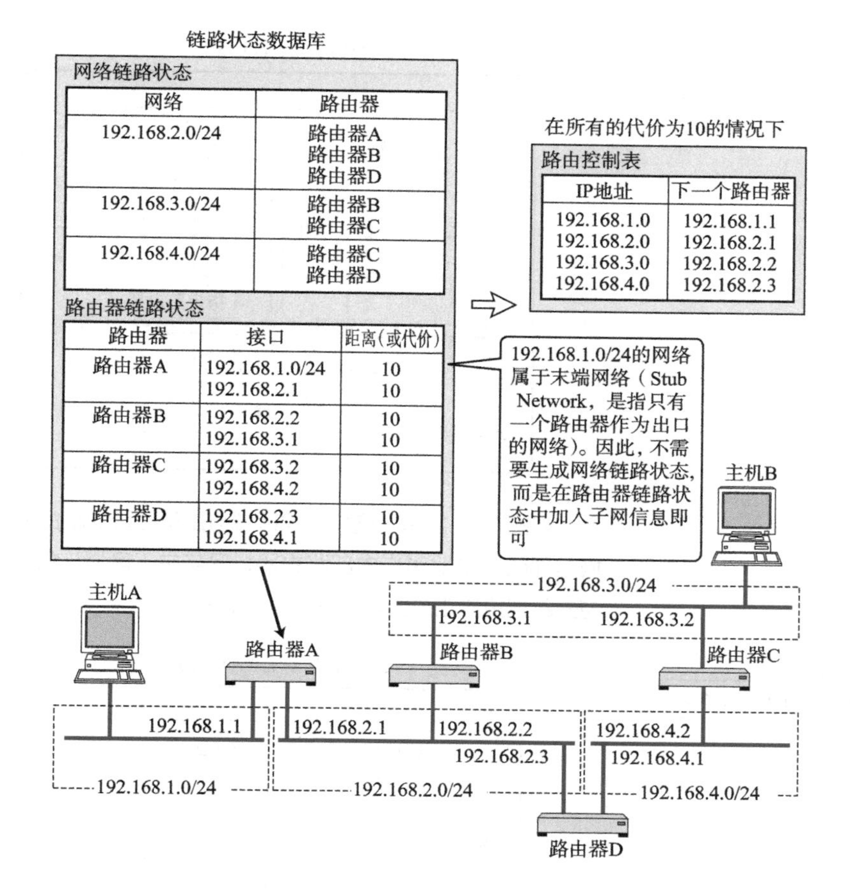

相比距离向量，由上述过程生成的路由控制表更清晰，不容易混淆，还可以有效地降低路由循环问题的发生概率。不过，当网络规模逐渐变大时，最短路径优先算法的处理时间会变长，对 CPU 和内存的消耗也就越大。

7.5.4 将区域分层化进行细分管理

链路状态型路由协议的潜在问题在于，当网络规模越来越大时，表示链路状态的拓扑数据库变得越来越大，路由控制信息的计算越来越困难。OSPF 为了减少计算负荷，引入了区域的概念。

区域是指将连接在一起的网络和主机划分成若干个小组，使一个自治系统（AS）内可以拥有多个区域，如图 7.16 所示。不过，具有多个区域的自治系统必须有一个主干区域▼（Backbone Area），并且所有其他区域必须都与主干区域相连▼。

▼ 主干区域的 ID 为 0。逻辑上只允许有一个主干区域，可实际在物理上可以划分为多个。

▼ 当网络的实际物理结构与此说明不符时，需要采用 OSPF 的虚拟链路功能设置虚拟的主干区域。

图 7.16
AS 与区域

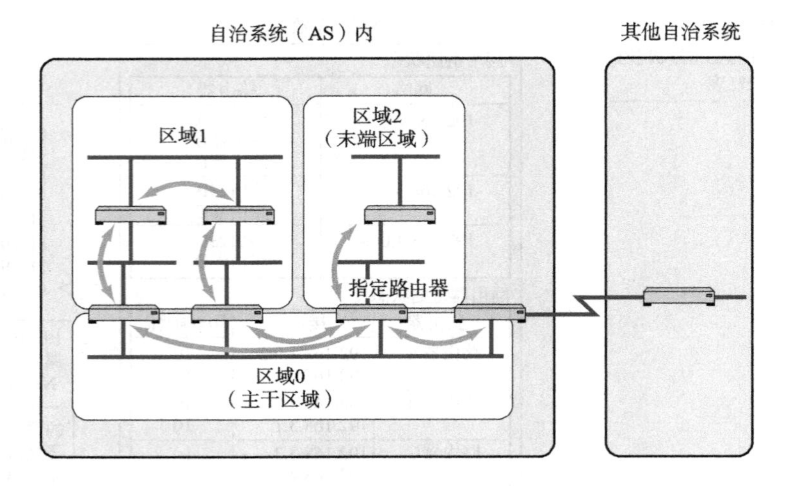

如图 7.17 所示，连接其他区域与主干区域的路由器称作区域边界路由器；区域内部的路由器叫作内部路由器；只与主干区域连接的路由器叫作主干路由器；与外部连接的路由器叫作 AS 边界路由器。

图 7.17
OSPF 的路由器种类

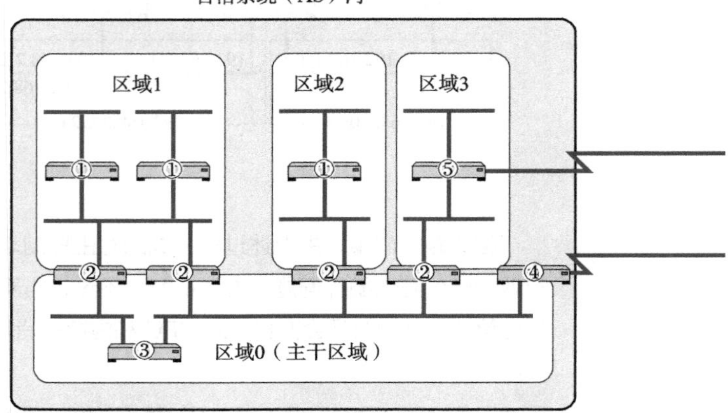

① 内部路由器。
② 区域边界路由器。
③ 主干路由器。
④ AS边界路由器兼主干路由器。
⑤ AS边界路由器兼内部路由器。

每个区域内的路由器都持有本区域网络拓扑的数据库。然而，关于区域之外的路由控制信息，路由器只能从区域边界路由器那里获知它们的距离。区域边界路由器不会将区域内的链路状态信息全部原样发送给其他区域，只会发送其到达这些路由器的距离信息。这样一来，内部路由器所持有的网络拓扑数据库会明显变小。

换句话说，内部路由器只了解区域内部的链路状态信息，并在该信息的基础上计算出路由控制表。这种机制不仅可以有效地减少路由控制信息，还能减轻处理的负担。

此外，作为区域出口的区域边界路由器若只有一个的话叫作末端区域（图 7.18 中的区域 2）。末端区域内不需要发送区域外的路由控制信息。它的区域边界路由器（图 7.18 中的路由器 E）将成为默认路径传送路由控制信息。由于不需要了解到达其他网络的距离，因此它可以减少一定数量的路由控制信息。

图 7.18
区域内的路由控制和区域之间的路由控制

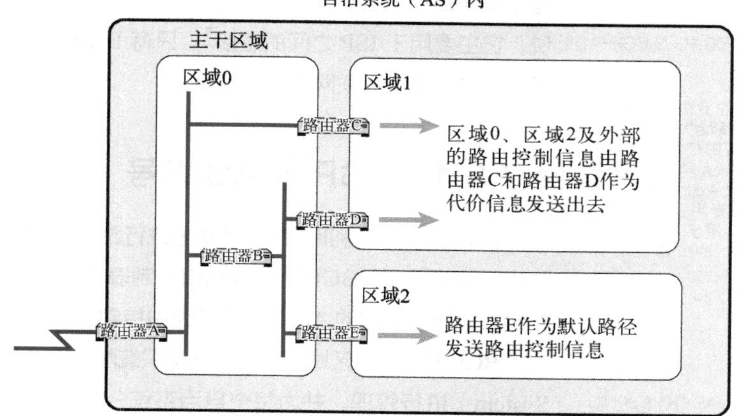

要想利用 OSPF 构造一个稳定的网络，物理设计和区域设计同样重要。如果区域设计不合理，有可能无法充分发挥 OSPF 的优势。

7.6 BGP

▼目前使用的是定义在RFC4271中的BGP-4和支持IPv6等众多协议的MP-BGP。MP-8GP定义在RFC4760中，是BGP-4的扩展版。

▼最近，企业在与公有云建立专用连接时也会使用BGP来交换路由控制信息。例如，Express Route用于与Microsoft Azure或Office 365建立专用连线，Direct Connect用于与Amazon Web Services建立专用连接。

BGP（Border Gateway Protocol）▼，边界网关协议是一种连接不同组织机构（或连接不同自治系统）的协议。因此，它属于外部网关协议（EGP）。具体来说，它主要用于ISP之间的连接▼。只有BGP、RIP和OSPF共同进行路由控制，才能够进行整个互联网的路由控制。

7.6.1 BGP与AS编号

RIP和OSPF利用IP地址部分进行路由控制，然而BGP需要放眼整个互联网进行路由控制。BGP的最终路由控制表由网络地址和下一跳路由器组成，不过它会根据所要经过的AS个数进行路由控制。

▼在日本，AS编号由JPNIC管理。

BGP将ISP、区域网络等网络组织编配成一个个自治系统（AS：Autonomous System）进行管理，并为每个自治系统分配一个16位的AS编号▼。BGP根据AS编号进行相应的路由控制。

▼也叫对接（Peering）。

有了AS编号的组织，相当于有了自己独立的“国家”。AS的代表可以决定AS内部的网络运营和相关决策。在与其他AS相连时，AS可以像“外交官”一样先签署合约再进行连接▼。正是有了不同地区的AS通过签约的方式相互连接，才有了今天全球范围内的互联网。

▼也叫转接（Transit）。

▼如果进行中转，那么意味着网络负荷的加重及成本的增加。因此，这种中转合约通常会涉及中转费用。

如图7.19所示，为了使AS1与AS3之间能够进行通信，要么通过AS2要么通过AS4与AS5组合起来进行数据中转▼才能够实现。这两者之间是否中转则由它们自己，即AS2或AS4与AS5决定▼。如果两者都不愿意中转，那么只能在AS1与AS3之间建立专用连接才能实现通信。

图7.19 BGP使用AS编号管理网络信息

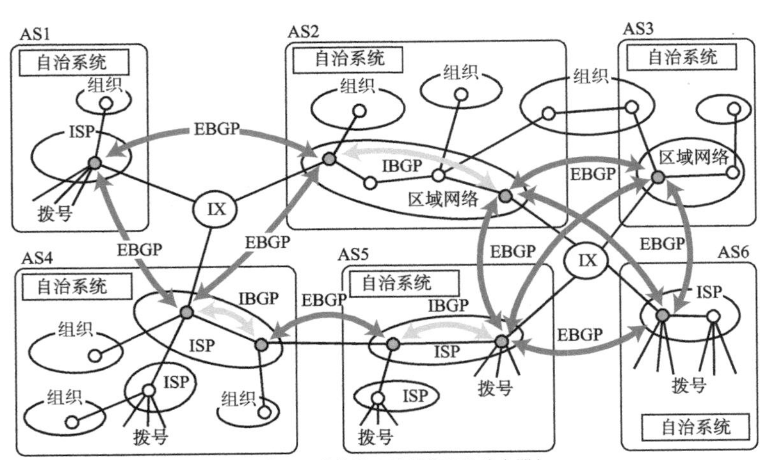

以下，我们假设 AS2 或 AS4 与 AS5 都允许中转，详细介绍 BGP。

7.6.2 BGP 是路径向量型协议

根据 BGP 交换路由控制信息的路由器叫作 BGP 扬声器。BGP 扬声器为了在 AS 之间交换 BGP 信息，必须与所有的 AS 建立对等的 BGP 连接。此外，图 7.20 中的自治系统 AS2、AS4、AS5，它们内部都有多个 BGP 扬声器。在这种情况下，为了使 AS 内部可以交换 BGP 信息，同样需要建立 BGP 连接▼。

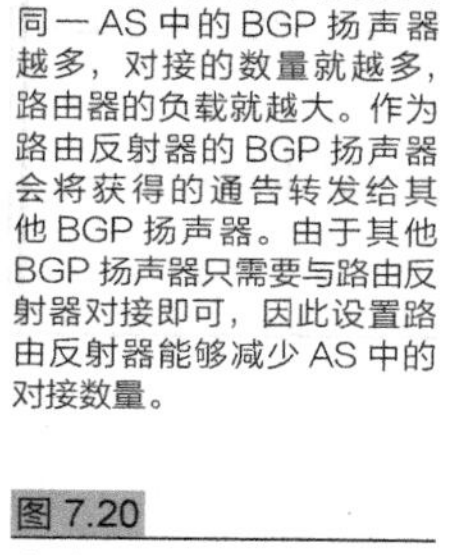

▼可以采用路由反射器减少 BGP 连接（对接）的数量。同一 AS 中的 BGP 扬声器越多，对接的数量就越多，路由器的负载就越大。作为路由反射器的 BGP 扬声器会将获得的通告转发给其他 BGP 扬声器。由于其他 BGP 扬声器只需要与路由反射器对接即可，因此设置路由反射器能够减少 AS 中的对接数量。

在 BGP 中，当数据包到达目标网络时，会生成一张中途经过所有 AS 的编号列表。这张表格也叫作 AS 路径信息访问列表（AS Path Information Access List）。如果针对同一个目标地址出现多条路径，BGP 会从 AS 路径信息访问列表中选择一条较短的路径。

图 7.20

生成路由控制表要用到 AS 路径信息访问列表

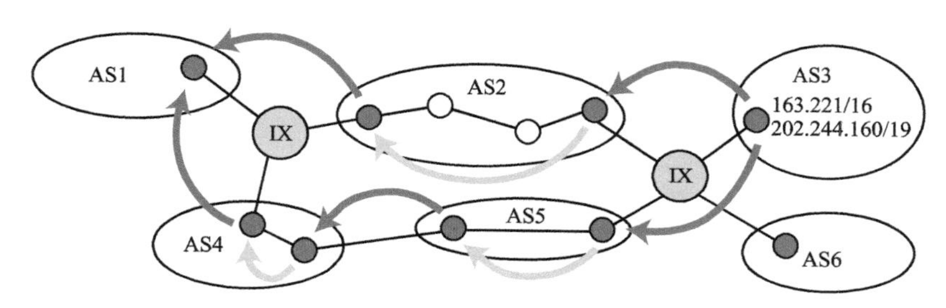

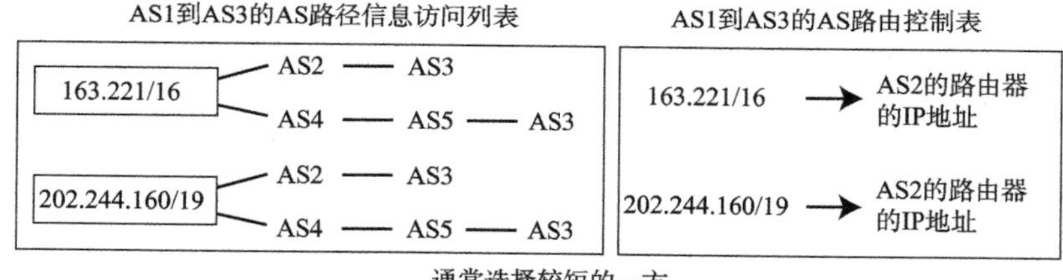

在做路由选择时，RIP 使用的代价是“跳数”，OSPF 中使用的代价是链路开销，BGP 中使用的代价是路径属性。RIP 和 OSPF 以提高转发效率为目的，考虑到网络的跳数和网络的带宽。BGP 则基于 AS 之间的合约进行数据包的转发。BGP 一般选择 AS 数最少的路径，不过，BGP 要遵循各个 AS 之间签约的细节进行更细粒度的路由选择。

在 AS 路径信息访问列表中，不仅包含转发方向和距离，还涵盖了途经所有 AS 的编号。但是，它不是距离向量型协议。此外，BGP 不使用一元化表示网络构造，因此它也不属于链路状态型协议。像 BGP 这种根据所经过的 AS 路径信息访问列表进行路由控制的协议属于路径向量（Path Vector）型协议。作为距离向量型协议的 RIP，因为无法检测出环路，所以可能发生无限计数的问题▼。而路径

▼路由进入稳定状态需要一定时间、网络跳数不可超过 15 等限制，导致 RIP 无法应用于大型网络等问题中。

▼策略路由是指在发送数据包时，可以选择或指定所要通过的AS。

向量型协议由于能够检测出环路，避免了无限计数的问题，因此使网络更容易进入稳定的状态。同时，它在一定程度上支持策略路由▼。

■ 路由控制是跨越整个互联网的分布式系统

分布式系统是多个系统协同完成一个特定任务的系统。

互联网中的路由控制，以网络内所有路由器都持有正确的路由控制信息为基础。使路由器的信息保持准确的协议是路由协议。没有路由协议协同工作，就无法进行互联网上正确的路由控制。

总之，路由协议散布于互联网的各个角落，是支撑互联网正常运行的一个巨大的分布式系统。

7.7 MPLS

现如今，在转发 IP 包的过程中除了使用路由技术，还需要使用标记交换技术。路由技术基于 IP 地址最长匹配原则进行转发，标记交换技术则对每个 IP 包都设定一个叫作“标记”的值，然后根据这个“标记”再进行转发。标记交换技术中最具代表性的当属多协议标记交换，即 MPLS（Multi Protocol Label Switching），如图 7.21 所示。

图 7.21
MPLS 网络

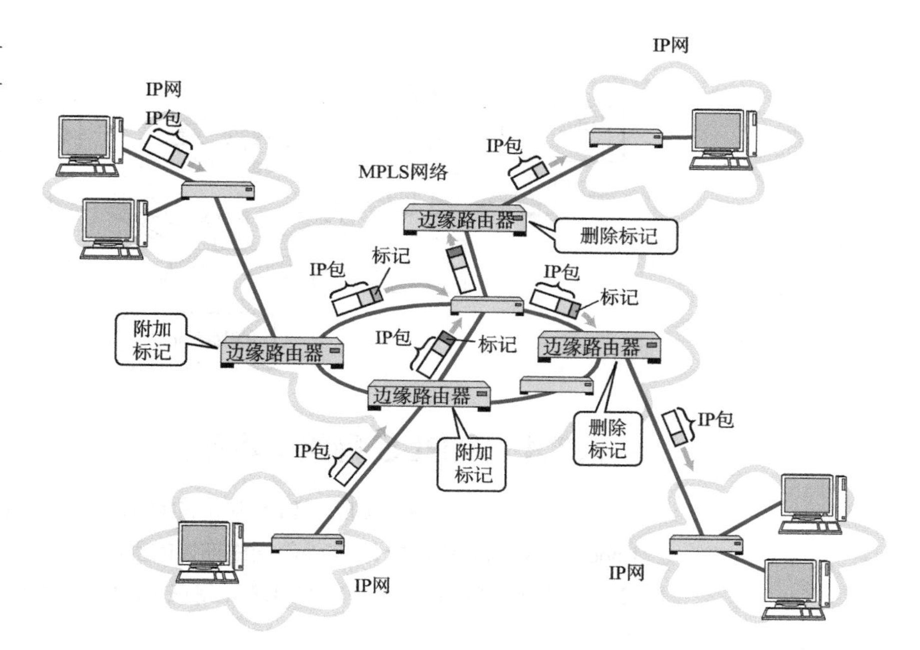

MPLS 的标记不像 MAC 地址直接对应到硬件设备。因此，MPLS 不需要具备以太网或 ATM 等数据链路层协议的作用，而只需要关注它与下一层 IP 层之间的功能和协议即可。

由于基于标记的转发通常无法在路由器上进行，因此 MPLS 无法被整个互联网采用。如图 7.22 所示，它的转发处理方式甚至与“IP 网”有所不同。

图 7.22
IP 网与 MPLS 转发的基本行为对比

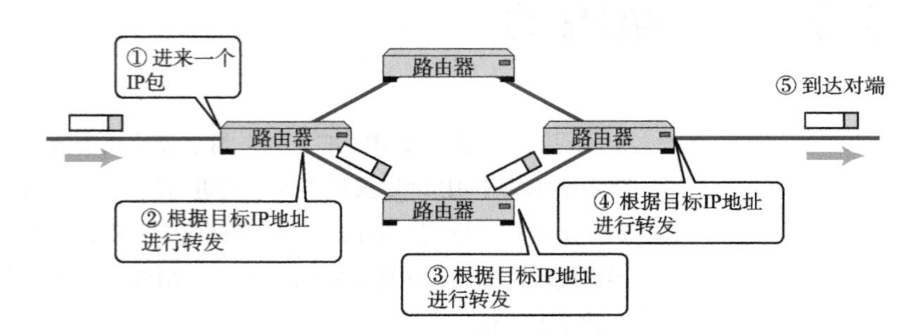

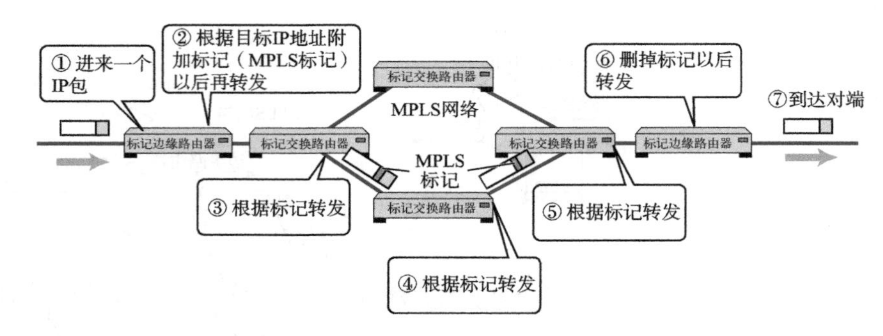

7.7.1 MPLS 网络基本动作

在 MPLS 网络中，实现 MPLS 功能的路由器叫作标记交换路由器（LSR，Label Switching Router）。与外部网络连接的那部分 LSR 叫作标记边缘路由器（LER，Label Edge Router）。MPLS 正是在 LER 上对数据包进行附加标记和删除标记的操作。

在一个数据包上附加标记是一个极其简单的动作。如果数据链路本来就有相当于标记的信息，那么可以直接进行映射。如果数据链路中没有携带任何相当于标记的信息（最典型的就是以太网），那么就需要附加一个全新的垫片首部（Shim Header）。这个垫片首部中包含标记信息▼。

▼垫片首部像个楔子一样介于 IP 首部与数据链路首部之间。

图 7.23 展示了数据从以太网之上的“IP 网”开始，经过 MPLS 网络再发送给其他“IP 网”的整个转发过程。数据包在进入 MPLS 网络时，在其 IP 首部的右侧会附加 32 位的垫片首部（其中包含 20 位的标记值）▼。在 MPLS 网络内，LSR 根据垫片首部中的标记值进行进一步转发。当数据包离开 MPLS 网络时，垫片首部被去除。在此，我们称附加标记转发的动作为 Push，替换标记转发的动作为 Swap，去除标记转发的动作为 Pop。

▼有时也可能会被附加多个垫片首部。

在 MPLS 网络中，目标地址和处理方式相同的数据包▼都要通过由标记决定的同一条路径，这条路径叫作标记交换路径（LSP，Label Switch Path）。LSP 可以分为一对一连接的点对点 LSP 和一对多绑定的合并 LSP 两类。

▼它们被称作 FEC（Forwarding Equivalence Class），是指具有相同特性的报文。

图 7.23
使用 Push、Swap 和 Pop 进行转发

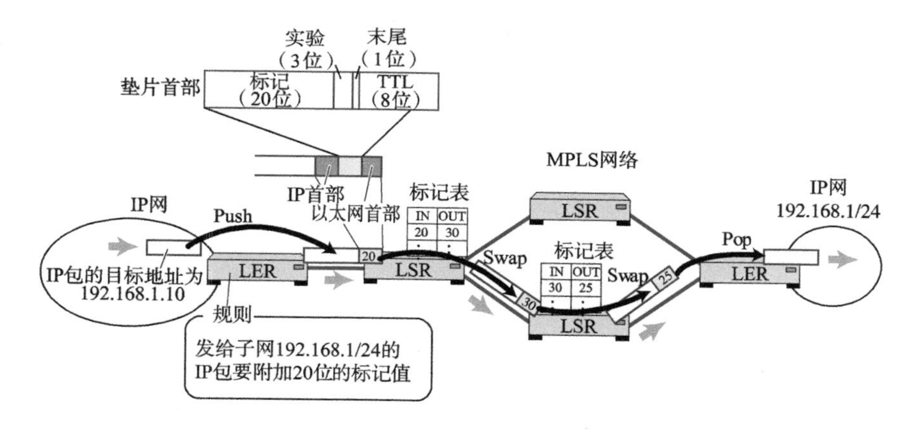

LSP 的生成有两种方式：一种是通过各个 LSR 向自己相邻的 LSR 分配 MPLS 标记（如图 7.24 所示）；另一种是由路由协议携带标记信息进行交互。LSP 属于单方向通道，如果需要双向通信则需要两个 LSP。

图 7.24
根据 MPLS 标记信息的分配情况设置 LSP

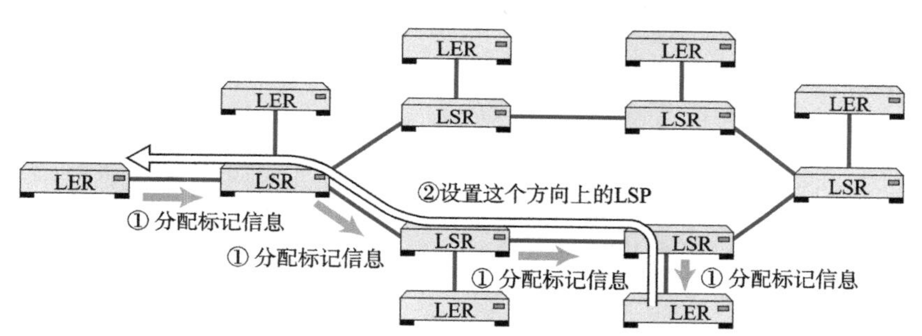

·LSR之间在进行标记信息交换时，有两种方法：一种是采用标记分配协议（LDP，Label Distribution Protocol），另一种是通过路由协议捎带信息。本图展示了每个LSR独立生成标记表并将这张表传给上游LSR，然后再进行分配的过程。

7.7.2 MPLS 的优势

MPLS 的优势可以归纳为两点。第一点是转发速率快。通常，在路由器转发 IP 包时，首先要对目标地址和路由控制表中可变长的网络地址进行比较，然后从中选出最长匹配的路径进行转发。MPLS 则不然。它使用固定长度的标记信息，使得处理更简单，可以通过高速的硬件实现转发▼。此外，相比互联网中的主干路由器需要保存大量路由控制表才能进行处理的现状，MPLS 只需要设置必要的几项信息即可，所要处理的数据量大幅减少。而且除了 IPv4、IPv6，针对其他协议，MPLS 仍然可以实现高速转发。

▼ 现在的路由器更趋向于硬件化。

第二点在于 MPLS 可以利用标记生成虚拟路径，并在它的上面实现 IP 等数据包的通信。基于这些特点，被称为“尽力服务”（Best-Effort▼）的“IP 网”也可以提供基于 MPLS 的通信质量控制、带宽保证和 VPN 等功能。

▼ “尽力服务”是尽自己最大努力提供服务的意思。具体请参考 4.2.4 节的最后部分。

第8章

应用层协议

一般情况下，人们不会太在意网络应用程序实际上是按照何种机制正常运行的。本章旨在介绍 TCP/IP 中所使用的几个主要的应用层协议，它们多处于 OSI 参考模型的第 5 层及以上。

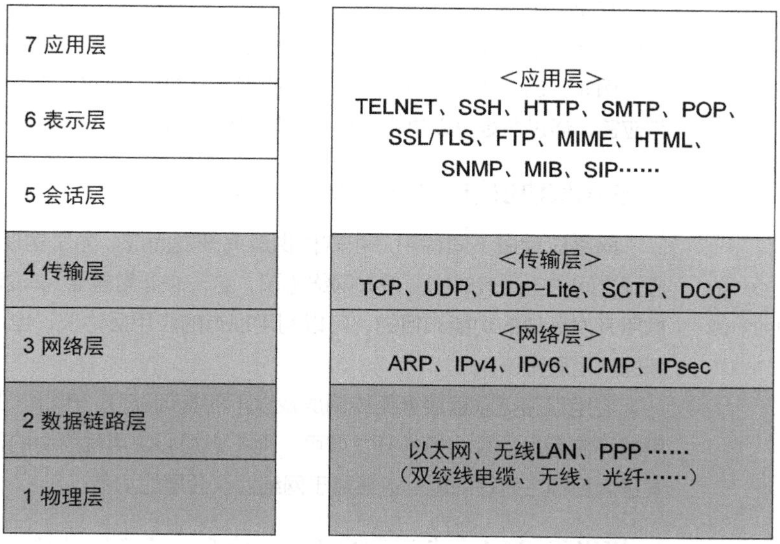

OSI 参考模型	TCP/IP
7 应用层	＜应用层＞ TELNET、SSH、HTTP、SMTP、POP、SSL/TLS、FTP、MIME、HTML、SNMP、MIB、SIP……
6 表示层	
5 会话层	
4 传输层	＜传输层＞ TCP、UDP、UDP-Lite、SCTP、DCCP
3 网络层	＜网络层＞ ARP、IPv4、IPv6、ICMP、IPsec
2 数据链路层	以太网、无线LAN、PPP …… （双绞线电缆、无线、光纤……）
1 物理层	

8.1 应用层协议概要

IP、TCP 及 UDP 是通信最基本的部分，它们属于 OSI 参考模型的下半部分。本章所介绍的应用层协议主要是 OSI 参考模型中第 5 层、第 6 层、第 7 层的协议，如图 8.1 所示。

图 8.1
OSI 参考模型与 TCP/IP 的应用层

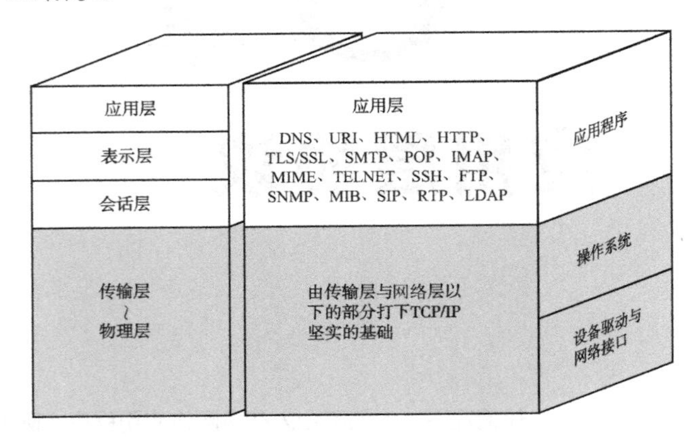

■ 应用层协议的定义

利用网络的应用程序有很多，包括 Web 浏览器、电子邮件、远程登录、文件传输、网络管理等。手机上也有很多应用程序需要利用网络。能够让这些应用程序进行特定通信处理的正是应用层协议。

TCP、IP 等下层协议是不依赖上层应用类型，适用性非常广的协议。应用层协议则是为了实现某种应用而设计和创造的协议。

例如，远程登录等应用程序经常使用 TELNET 协议，它支持基于文字的命令与应答，通过命令可以执行各种各样的其他应用。

■ 应用层协议与协议的分层

网络应用由不同的用户和软件供应商开发而成。为了实现网络应用的功能，应用之间进行通信时需要遵守网络协议，这一点非常重要▼。设计师和开发人员根据所开发模块的功能和目的，可以利用现有的应用层协议，也可以自己定义一个新的应用层协议。

▼应用之间交互的信息叫作消息。应用层协议定义消息的格式，以及如何使用消息进行控制或操作。

应用程序可以直接享用传输层及以下的基础部分。因此，开发者只需关心选用哪种应用层协议、如何开发即可，而不必担心应用程序中的数据该以何种方式发送到目标主机等问题。这得益于网络协议分层的功劳。

■ 相当于 OSI 参考模型中第 5、第 6、第 7 层的协议

TCP/IP 的应用层涵盖了 OSI 参考模型中第 5、第 6、第 7 层的所有功能，不仅包括管理通信连接的会话层功能、转换数据格式的表示层功能，还包括与对端主机交互的应用层功能。

从下一节开始，我们将逐一介绍几款经典的应用层协议。

8.2 远程登录

▼TSS（Time Sharing System），分时系统。具体请参考第 1 章。

如图 8.2 所示，远程登录是实现 TSS▼环境，将主机和终端应用到计算机网络上的一个结果。TSS 中通常有一台处理能力非常强的主机，围绕这台主机的是处理能力没有那么强的多个终端。这些终端通过专线与主机相连。

图 8.2
远程登录

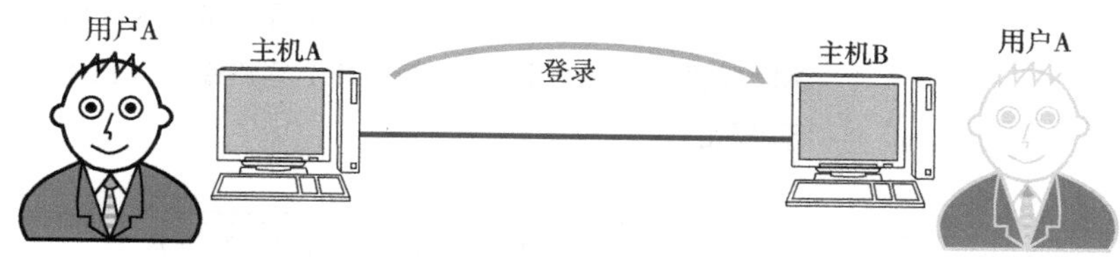

▼Secure SHell。

类似地，实现从本地计算机登录到网络另一端计算机功能的应用叫作远程登录。远程登录到通用计算机或 UNIX 工作站以后，用户不仅可以直接使用计算机上的应用，还可以对计算机进行参数设置。远程登录主要使用 TELNET 和 SSH▼这两种协议。

8.2.1 TELNET

▼Shell 是操作系统提供给用户的、便于使用系统中各种功能的一种用户接口。它可以解释用户从键盘或鼠标输入的内容，并让操作系统执行。UNIX 中的 sh、csh、bash 和 Windows 中的 Expolorer 及 macOS 中的 Finder 等都属于这一范畴。

TELNET 利用一条 TCP 连接，通过这条连接向主机发送文字命令并在主机上执行，如图 8.3 所示。本地用户好像直接与远程主机内部的 Shell▼相连似的，可以直接在本地主机进行操作。

TELNET 提供两类基本服务：一是终端仿真功能，二是协商选项机制。

图 8.3
TELNET 中输入命令、运行、展示结果的过程

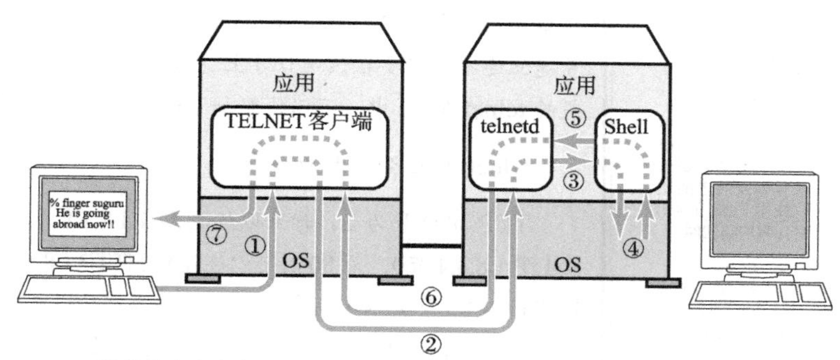

① 输入文字命令。
② 进行行模式或透明模式处理后，将前一步中的命令传送给telnetd守护进程。
③ 向Shell发送文字命令（严格来说这一步要经过操作系统内部）。
④ 解释从Shell收到的命令、执行的程序、获取的结果。
⑤ 获取从Shell返回的结果（严格来说这一步要经过操作系统内部）。
⑥ 进行行模式或透明模式等处理后，将结果返回给TELNET客户端。
⑦ 根据网络虚拟终端的设置回显在屏幕上。

TELNET 经常用于登录路由器或高性能交换机等网络设备，并进行相应的设置▼。通过 TELNET 登录交换机或路由器等网络设备时，需要将自己的登录用户名和密码注册到服务端。

▼由于路由器和交换机一般不配备键盘和显示器，因此对它们进行设置时可以通过串行线与计算机相连，也可以使用 TELNET、HTTP、SNMP 等方法通过网络相连。

■ 选项

TELNET 除了处理用户输入的文字，还提供选项的交互和协商功能。例如，实现网络虚拟终端（NVT，Network Virtual Terminal）所用到的界面控制信息就是通过选项功能发送出去的。而且，如图 8.4 所示，TELNET 中的行模式或透明模式的设置，是通过 TELNET 客户端与 TELNET 服务端之间的选项功能进行设置的。

图 8.4
行模式与透明模式

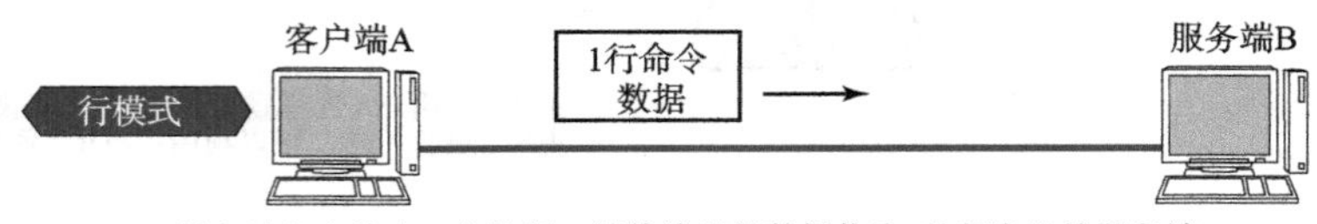
客户端A
服务端B
1行命令
数据
行模式
每在键盘上输入一个换行，就将该行的数据作为1整行发送给服务端B

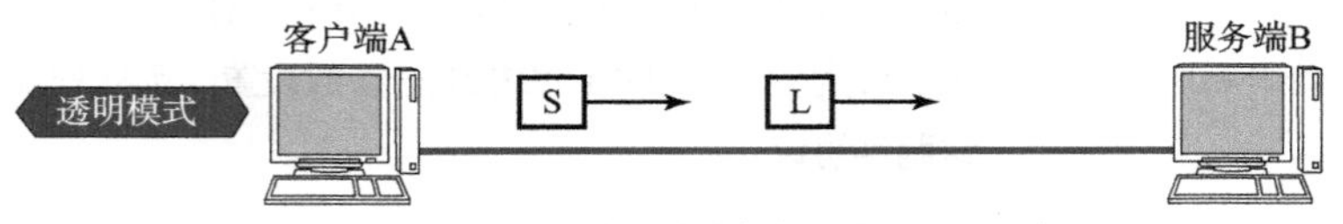
客户端A
服务端B
透明模式
S
L
客户端A输入的每一个字符都要发送给服务端B

■ TELNET 客户端

所谓 TELNET 客户端是指利用 TELNET 协议实现远程登录的客户端程序。在很多情况下，它的程序名是 telnet 命令▼。

TELNET 客户端通常与目标主机的 23 号端口建立连接，并与监听这个端口号的服务端程序 telnetd 进行交互。当然，它也可以与其他的 TCP 端口号建立连接，只要在该端口号上有监听程序能够处理 telnet 请求即可。在一般的 telnet 命令▼中，可以按照如下格式指定端口号▼：

telnet 主机名 TCP 端口号

TCP 端口号为 21 时可以连接到 FTP（8.3 节），为 25 时可以连接到 SMTP（8.4.4 节），为 80 时可以连接到 HTTP（8.5 节），为 110 时可以连接到 POP3（8.4.5 节）。如此看来，每台服务器都有相应的端口号在等待连接。

因此，以下两个命令可以被认为是相同的。

ftp 主机名
telnet 主机名 21

由于 FTP、SMTP、HTTP、POP3 等协议的命令和应答都是字符串，因此通过 TELNET 客户端连接以后可以直接输入这些协议的具体命令。TELNET 客户端也可用于跟踪 TCP/IP 应用开发阶段的问题诊断。

▼现在的操作系统出于安全考虑，默认都不再内置 telnet 命令，使用前需要另行安装。

▼在 Windows 的命令行里输入 telnet 命令后，用户可以通过输入 telnet 以后，在 telnet 命令行里再输入“open 主机名 端口号”的方式进行连接。但是，从 Windows Vista 系统以后命令行的 telnet 功能默认是关闭的，需要单独安装才能使用，也可以使用 Tera Term 等 telnet/ssh 客户端软件。

▼在使用 GUI 客户端的情况下，可以通过设置菜单等命令修改所要连接的端口号。

8.2.2 SSH

SSH 是加密的远程登录系统。TELNET 登录时发送的密码未经过加密，一旦通信内容被窃听，系统就会面临非法入侵的风险。使用 SSH 可以加密通信内容。即使信息被窃听也无法破解所发送的密码、具体命令及命令返回的结果是什么。

SSH 包括很多非常方便的功能。

- 可以使用更强的认证机制。
- 可以转发文件▼。
- 可以使用端口转发功能▼。

▼ UNIX 中可以使用 scp、sftp 等命令。

▼可以通过 X Window System 串口展现。

端口转发是一种将特定端口号所收到的消息转发到特定的 IP 地址和端口号的机制，如图 8.5 所示。由于经过 SSH 连接的内容被加密，因此确保了信息安全，提供了更灵活的通信▼。

▼可以实现虚拟专用网络（VPN，Virtual Private Network）。

图 8.5
SSH 的端口转发

在使用端口转发的情况下，SSH客户端程序和SSH服务端程序都充当网关的作用。图中展示了连接到客户端的TCP端口号为10 000及连接到POP3服务端的端口号为110的情况

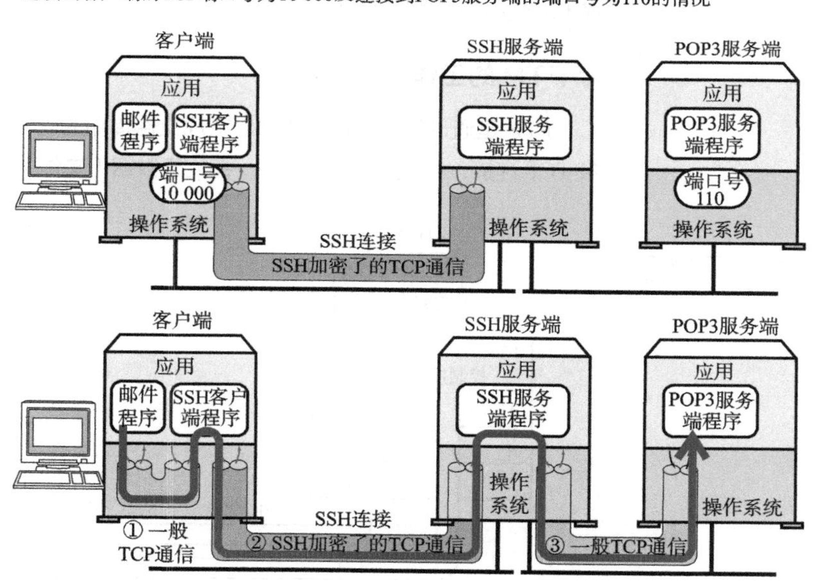

邮件程序使用“一般TCP通信”连接SSH客户端程序。
SSH客户端程序通过“SSH加密了的TCP通信”连接SSH服务端程序。
SSH服务端程序使用“一般TCP通信”连接POP3服务端程序。
就这样，通过建立3条TCP连接进行整个通信。

SSH 分为版本 1 和版本 2。由于版本 1 易受攻击，因此建议使用版本 2。

除了普通的密码认证，SSH 还支持公钥认证和一次性密码认证。使用公钥认证前，需要先生成公钥和私钥，并将公钥传递给目标 SSH 服务端。因为无须在网络上传输密码，所以公钥认证比普通的密码认证更安全。

8.3 文件传输

如图 8.6 所示，FTP 是在两台相连的计算机之间进行文件传输时使用的协议。在 8.2 节中，我们已经讲过“远程登录”的概念，在使用 FTP 时，也需要先登录到对方的计算机，然后再进行相应的操作。

图 8.6
文件传输

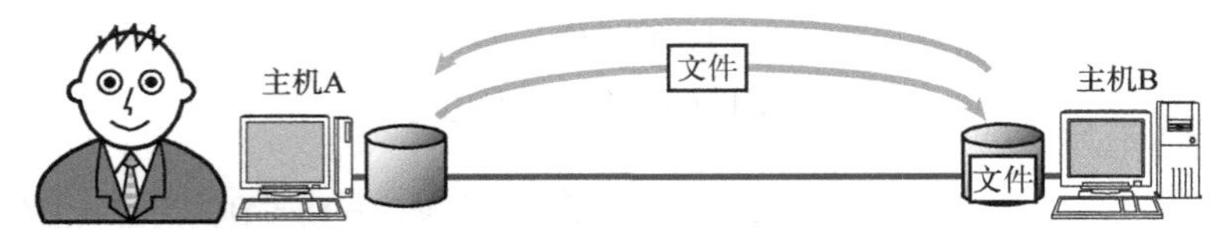

网络上相连的两台主机之间可以进行文件传输

互联网上有一种 FTP 服务器是允许任何人访问的，这种服务器叫作匿名 FTP 服务器（Anonymous FTP）。在登录这种服务器时，用户使用匿名（anonymous）或 ftp 作为用户名即可▼。

▼ 习惯上，用户的密码为电子邮件地址的情况居多。

■ FTP 的工作机制概要

FTP 是通过怎样的机制才得以实现文件传输的呢？如图 8.7 所示，它使用两条 TCP 连接：一条用于控制，另一条用于数据（文件）的传输。

图 8.7
FTP 使用两条 TCP 连接

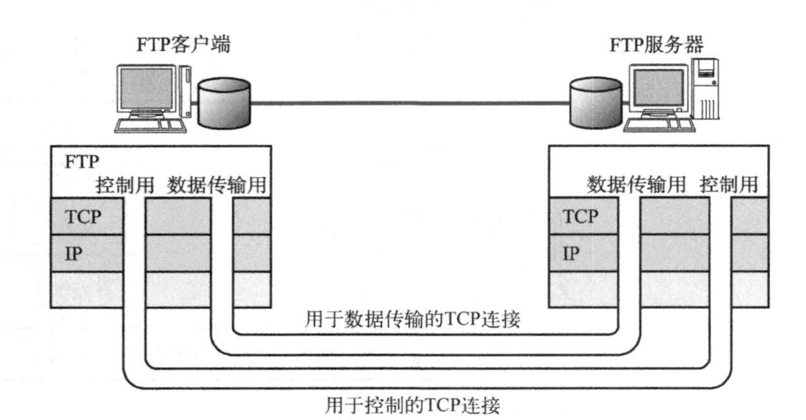

用于控制的 TCP 连接主要在 FTP 的控制部分使用。例如，登录用户名和密码的验证、发送文件的名称、发送方式的设置。利用这条连接，可以通过 ASCII 码字符串发送请求和接收应答（如表 8.1、表 8.2 所示）。在这条连接上无法发送数据，数据需要使用另一条专门的 TCP 连接。

用于 FTP 控制的连接使用的是 TCP21 号端口。在 TCP21 号端口上进行文件下载（RETR）、上传（STOR）及文件一览表（LIST）等操作时，每次都会建立一条用于数据传输的 TCP 连接。数据的传输和文件一览表的传输正是在这条新建的连接上进行的。当数据传输完毕后，传输数据的这条连接会被断开，然后会在用于控制的连接上继续进行命令或应答的处理。

通常，用于数据传输的 TCP 连接是按照与用于控制的 TCP 连接相反的方向建立的。因此，FTP 客户端在通过 NAT 连接外部 FTP 服务器时，无法直接建立用于传输数据的 TCP 连接。此时，必须使用 PASV 命令修改建立连接的方向才行。

用于控制的连接，在用户要求断开之前会一直保持连接状态。不过，绝大多数 FTP 服务器会断开长时间没有任何新命令输入的用户的连接▼。

▼FTP 服务器在文件传输过程中不会断开连接，而是在文件已经传输完成，且一段时间内没有任何其他命令的输入时才断开连接。

用于数据传输的连接通常使用 TCP20 号端口。不过，可以用 PORT 命令修改为其他的值。最近，出于安全考虑，普遍在用于数据传输的端口号中使用随机数进行分配。

■ 通过 ASCII 码字符串进行交互处理

FTP 的请求命令中使用“RETR”等 ASCII▼码字符串。针对命令的应答则使用如“200”等 3 位数的 ASCII 码字符串。在 TCP/IP 的应用层协议中，有很多使用 ASCII 码字符串的协议。

▼American Standard Code for Information Interchange 的缩写，是一种长度为 7 位的字符编码，能够表示英文字母、数字及“!”“@”等标点符号。

对于使用 ASCII 码字符串的协议来说，换行具有重要意义。在很多情况下，一行字符串表示一个命令或一个应答，空白则用来标识与参数之间的分割符，即命令的消息和应答的消息通过换行区分，参数用空格区分。换行由“CR”（十进制数的 ASCII 码为 13）和“LF”（十进制数的 ASCII 码为 10）这两个控制符组成。

表 8.1 列出了 FTP 的主要命令，表 8.2 汇总了 FTP 的应答信息。

表 8.1
FTP 的主要命令

访问控制命令	
USER 用户名	输入用户名
PASS 密码	输入密码（PASSWORD）
CWD 目录名	修改工作目录（CHANGE WORKING DIRECTORY）
QUIT	正常结束

设置传输参数的命令	
PORT h1，h2，h3，h4，p1，p2	指定数据传输时使用的 IP 地址和端口号
PASV	不是从服务器向客户端建立连接，而是由客户端开始向服务器建立数据传输用的连接（PASSIVE）
TYPE 类型名	设置发送和接收的数据类型
STRU	指定文件结构（FILE STRUCTURE）

（续）

FTP 服务命令	
RETR 文件名	从 FTP 服务器下载文件（RETRIEVE）
STOR 文件名	向服务器上传文件（STORE）
STOU 文件名	向服务器发送文件。当存在同名文件时，为了避免冲突，适当地修改当前文件名后再上传（STORE UNIQUE）
APPE 文件名	向服务器发送文件。当存在同名文件时，将当前文件内容追加到已有文件（APPEND）
RNFR 文件名	指定 RNTO 之前要修改名称的文件（RENAME FROM）
RNTO 文件名	修改由 RNFR 指定文件的文件名（RENAME TO）
ABOR	处理中断，异常退出（ABORT）
DELE 文件名	从服务器上删除指定文件（DELETE）
RMD 目录名	删除目录（REMOVE DIRECTORY）
MKD 目录名	创建目录（MAKE DIRECTORY）
PWD	列出当前目录位置（PRINT WORKING DIRECTORY）
LIST	文件一览表的请求（包括文件名、大小、更新日期等信息）
NLST	文件名一览表请求（NAME LIST）
SITE 字符串	执行服务器提供的特殊命令
SYST	获取服务器操作系统的信息（SYSTEM）
STAT	显示服务器 FTP 的状态（STATUS）
HELP	命令帮助（HELP）
NOOP	无操作（NO OPERATION）

表 8.2
FTP 的应答消息

提供信息	
120	Service ready in *nnn* minutes
125	Data connection already open；transfer starting
150	File status okay；about to open data connection

连接管理相关应答	
200	Command okay
202	Command not implemented，superfluous at this site
211	System status or system help reply
212	Directory status
213	File status
214	Help message
215	NAME system type，where NAME is an official system name from the list in the Assigned Numbers document
220	Service ready for new user
221	Service closing control connection. Logged out if appropriate

（续）

连接管理相关应答	
225	Data connection open；no transfer in progress
226	Closing data connection. Requested file action successful
227	Entering Passive Mode（h1，h2，h3，h4，p1，p2）
230	User logged in，proceed
250	Requested file action okay，completed
257	“PATHNAME” created

验证与用户相关应答	
331	User name okay，need password
332	Need account for login
350	Requested file action，pending further information

不固定的错误	
421	Service not available，closing control connection. This may be a reply to any command if the service knows it must shut down
425	Can’t open data connection
426	Connection closed；transfer aborted
450	Requested file action not taken. File unavailable
451	Requested action aborted. Local error in processing
452	Requested action not taken. Insufficient storage space in system

文件系统相关应答	
500	Syntax error，command unrecognized
501	Syntax error in parameters or arguments
502	Command not implemented
503	Bad sequence of commands
504	Command not implemented for that parameter
530	Not logged in
532	Need account for storing files
550	Requested action not taken. File unavailable
551	Requested action aborted：page type unknown
552	Requested file action aborted. Exceeded storage allocation
553	Requested action not taken. File name not allowed

8.4 电子邮件

顾名思义，电子邮件是指网络上的邮政。通过电子邮件人们可以发送文字内容、数码相片，还可以发送各种报表计算得出的数据及所有计算机可以存储的信息。

电子邮件的发送距离不受限制，可以在全世界的互联网之间进行收发，如图 **8.8** 所示。如果没有电子邮件，那么出差时就无法接收最新的邮件信息。电子邮件可以提供邮件组服务。邮件组服务是指向邮件组中的所有用户同时发送邮件。邮件组现在被广泛用于公司或学校下达通知、不同国家的人们讨论共同的话题等场景。出于以上这些优点，电子邮件已经成为当前人们普遍使用的一种服务。

图 8.8
电子邮件（E-mail）

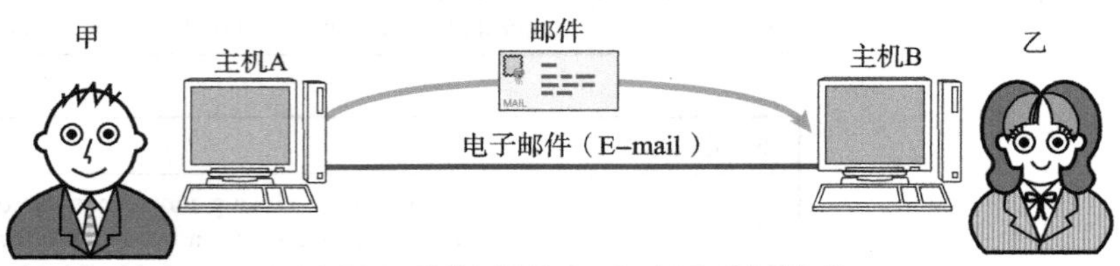

只要连着网，即使相隔很远，也可以发送电子邮件

8.4.1 电子邮件的工作机制

提供电子邮件服务的协议叫作 SMTP（Simple Mail Transfer Protocol）。SMTP 为了实现高效发送邮件内容，在传输层使用了 TCP。

早期的电子邮件是在发送端主机与接收端主机之间直接建立 TCP 连接进行邮件发送，如图 **8.9** 所示。发送人编写好邮件以后，其内容会保存在发送端主机的硬盘中。然后发送端主机与接收端主机建立 TCP 连接，将邮件发送到接收端主机的硬盘中。当发送正常结束后，从发送端主机的硬盘中删除邮件。而在发送过程中，一旦发现接收端主机因没有插电等原因导致没有收到邮件时，发送端主机将等待一定时间后重发。

这一机制在提高电子邮件的可靠性传输上非常有效。但是，互联网应用变得越来越复杂，这种机制已经无法正常工作了。例如，在使用者的计算机时而关机时而开机的情况下，只有发送端主机和接收端主机都处于插电且开机的状态时，才可能实现电子邮件的收发。日本属于东九时区，和美国之间存在时差。日本的白天相当于美国的夜晚。如果大家都只在白天开机，那么日本跟美国之间根本无法实现收发邮件。由于互联网是一个连接全世界所有人的网络，因此这种时差问题不得不考虑在内。

图 8.9
早期的电子邮件发送过程

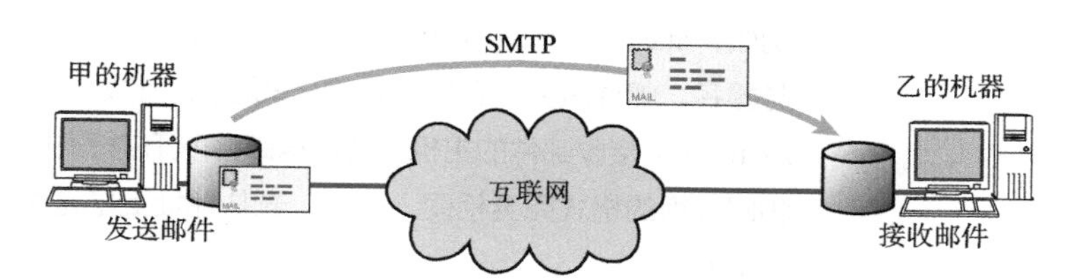

早期的电子邮件，发送端主机与接收端主机之间会先建立一条直接的TCP连接，再进行邮件的收发。然而，这种方法要求两端主机都必须插电，且一直处于连网的状态才行，否则可能会收不到邮件

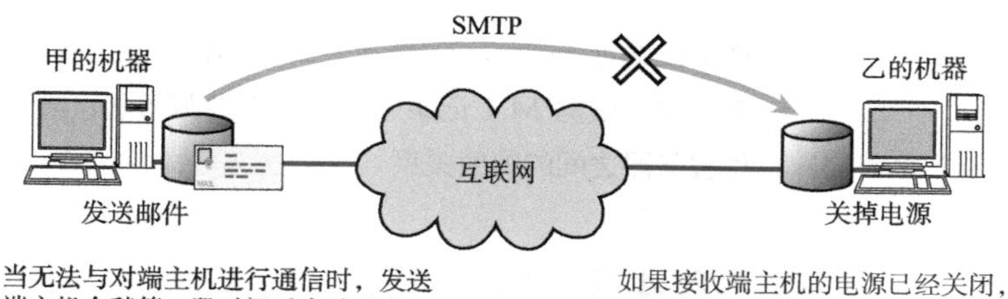

当无法与对端主机进行通信时，发送端主机会稍等一段时间后尝试重发。然而，如果发送端主机已经拔掉电源，那么在它再次插电之前邮件将无法发送出去

如果接收端主机的电源已经关闭，那么将无法接收邮件。接收端主机如果没有连接互联网，也无法接收邮件

为此，现在互联网中的电子邮件改变了以往直接在发送端主机与接收端主机之间建立 TCP 连接的机制，引进了一直会连接电源的邮件服务器▼，如图 8.10 所示。发送端主机和接收端主机通过邮件服务器进行邮件收发。接收端主机从邮件服务器接收邮件时使用 POP3（Post Office Protocol-Version 3）。

▼由于在传输层及其上的应用层中对通信进行转播，因此邮件服务器相当于 1.9.7 节介绍的网关。

图 8.10
现在互联网中电子邮件的发送过程

经过邮件服务器发送邮件，有些组织会部署多层邮件服务器

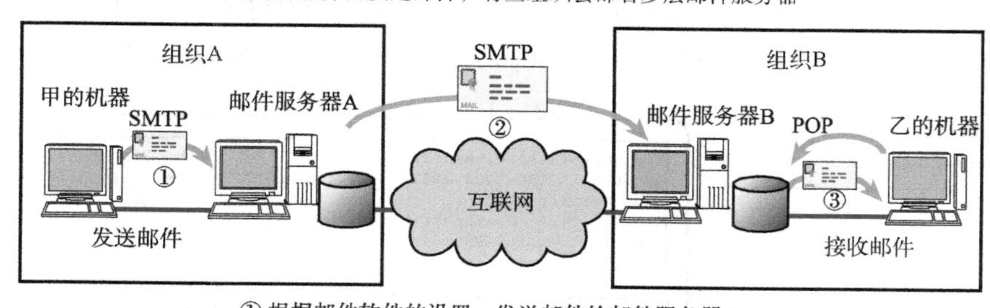

① 根据邮件软件的设置，发送邮件给邮件服务器A。
② 参考DNS的MX记录，发送邮件给邮件服务器B。
③ 根据邮件软件的设置、从邮件服务器B接收邮件。

电子邮件的工作机制由三部分组成，它们分别是邮件地址、数据格式及发送协议。

8.4.2 邮件地址

在使用电子邮件时，需要拥有的地址叫作邮件地址。它相当于通信地址和姓名。互联网中电子邮件地址的格式如下：

用户名 @ 邮件服务器名

例如，master@ tcpip.kusa.ac.jp 中的 master 为用户名，tcpip.kusa.ac.jp 为邮件服务器名。邮件服务器名和域名的格式相同。此处，kusa.ac.jp 表示域名，tcpip 表示 master 接收邮件的主机名或发送邮件所用的子域名。现在，个人电子邮件地址和邮件组的格式完全相同，因此，光从地址上是无法区分个人电子邮件地址和邮件组的。

现在，电子邮件的发送地址由 DNS 进行管理。DNS 中注册了邮件地址，以及该邮件地址作为发送地址时对应的邮件服务器名。映射信息被称作 MX 记录。例如，kusa.ac.jp 的 MX▼记录中指定了 mailserver.kusa.ac.jp，于是任何发送给以地址 kusa.ac.jp 结尾的邮件都将被发送到 mailserver.kusa.ac.jp 服务器。就这样，根据 MX 记录中指定的邮件服务器，可以管理不同邮件地址与特定邮件服务器之间的映射关系。

▼Mail Exchanger。

8.4.3 MIME

很长一段时间里，互联网中的电子邮件只能处理文本格式的▼邮件。不过现在，电子邮件所能发送的数据类型已扩展到 MIME▼，可以发送静态图像、视频、声音、程序等各种形式的数据。由于 MIME 规定了应用消息的格式，因此在 OSI 参考模型中它相当于第 6 层——表示层。

▼由文字组成的信息。过去的电子邮件，就日本来说人们只能发送 7 位 JIS 编码的信息。

▼Multipurpose Internet Mail Extensions，广泛用于互联网并极大地扩展了数据格式，还可以用于 WWW 和 NetNews。

如图 8.11 所示，MIME 基本上由首部和正文（数据）两部分组成。首部不能包含空行，因为一旦出现空行，其后的部分将被视为正文（数据）。如果 MIME 首部的“Content-Type”中指定了“Multipart/Mixed”，并以“boundary = ”后面的字符串作为分隔符▼，那么可以将多个 MIME 消息组合成一个 MIME 消息。这就叫作 Multipart，即各个部分都由 MIME 首部和正文（数据）组成。

▼每个分隔符（boundary = 后面的字符串）都要以“- -”开头，最后一个分隔符还要以“- -”结尾。

图 8.11

MIME 举例

```
To: master@tcpip.kusa.ac.jp                              ← 收件地址
Subject: =?ISO-2022-JP?B?GyRCO3c0aTMoGyhC?=              ← 邮件标题用的是ISO-2022-jp的
                                                            B编码（base64化）
Mime-Version: 1.0
Content-Type: Multipart/Mixed; boundary=Sample-Boundary  ← 设置多部分消息，并定义分割字
                                                            符串为“Simple-Boundary”
Content-Transfer-Encoding: 7bit
From: yukio-m@udpip.kusa.ac.jp
                                                         ← MIME的首部和正文之间必须有空行
--Sample-Boundary                                        ← 多部分的分割字符串（在最前端追加 --）
Content-Type: Text/Plain; charset=iso-2022-jp            ← 正文是编码格式为ISO-2022-jp的纯文本
Content-Transfer-Encoding: 7bit
                                                         ← MIME的首部和正文之间必须有空行
稍后我将发送肖像画。                                        ⎫ 邮件正文
// 此致　村山                                              ⎭

--Sample-Boundary                                        ← 多部分的分割字符串（在最前端追加 --）
Content-Type: Image/Gif ;name="face.gif"                 ← 正文是格式为base64编码的GIF图像
Content-Transfer-Encoding: base64
                                                         ← MIME的首部和正文之间必须有空行
R0lGODlhHQAfAPECAAAAAAwMDAwMDAAAACH5BAECAAIALAAAAAAdAB8AwQAAAAwMDAwMD
AAAAAL+lChRokSJEiUCBChRIECJEiUKBAgQIECJEgUCBAgQoESJAAEKhChRIkCJECVKlC
gRokSJECUCBAhRokCJEiFKlChRokSBAAECBAgQIECAACFKFAgQIECIEiVKFAgQIECBACV
KBChRokCJEgUClChQokSJEiVKlCgQIECAACVKlChRokSJEiVKBAgQIECAAAFClChRokSA
AAECBAgQIECAAAFKlCgQIECAACVKlAgQIECAECUKBAgQokCBEiUCBAhQokSJECUKBChRo   base64编码化
kSJECVKBAhRoESJAiVKlChRIkSJECVClChRokSJAiVKlChRokSBEiVKlChRokSJEiVKlC   的GIF图像
j9UaJEiRIlSpQoUaJEiQABAgQIEKBEiRIlSpQoECBAgAABAgQIEKJEiRIlAgQIECBAgAA
BAgQIUaJEgQABAgQIECBAgAABApQoUSBAgAABQpQoESBAgAAhShQIECBAiBIlShQIECBA
gBIlAgQIEKJAiRIlAgQIUaJEiAIBApQIUaBEgBABSpQoUSJEgBIhSoQoUaJEiBIlSpQIU
aJAiAIBQpQoUSJEgQABSpQoESBAgBIlSoQoUKJAiRIlSpQIUaJEgAAlSoQoEaJEiRIlSo
QoUaJEgAAlSoQoUaJEiRIlCoQoUaJEiQAlSpQoUaJEiRIlSpQoUaJEiRIlSpSoAgA7

--Sample-Boundary--                                      ← 最后由“--”表示多部分的终结
```

“Content-Type”定义了紧随首部信息的数据类型。它相当于 IP 首部中的协议字段。表 8.3 列出了具有代表性的“Content-Type”。

表 8.3
MIME 中具有代表性的 Content-Type

Content-Type	内　容
text/plain	纯文本
message/rfc822	MIME 与正文
multipart/mixed	多部分消息
application/postscript	PostScript
application/octet-stream	二进制数据
image/gif	GIF 图像
image/jpeg	JPEG 图像
audio/basic	AU 格式的音频文件
video/mpeg	MPEG 动画
message/external-body	包含外部消息

8.4.4 SMTP

SMTP 是发送电子邮件的协议，它使用的是 TCP25 号端口。SMTP 建立一条 TCP 连接以后，在这条连接上进行由命令、应答和数据构成的消息的发送。客户端以文本的形式发出命令，服务端返回一个 3 位数的应答。SMTP 的主要命令如表 8.4 所示。

如图 8.12 所示，每个命令和应答的最后都必须追加换行指令（CR、LF）。

表 8.4
SMTP 的主要命令

HELO <domain>	开始通信
EHLO <domain>	开始通信（扩展 HELO）
MAIL FROM:<reverse-path>	发送人
RCPT TO:<forward-path>	接收人（Receipt to）
DATA	发送电子邮件的正文
RSET	初始化
VRFY <string>	确认用户名
EXPN <string>	将邮件组扩展为邮件地址列表
NOOP	请求应答（NO Operation）
QUIT	关闭

图 8.12
SMTP

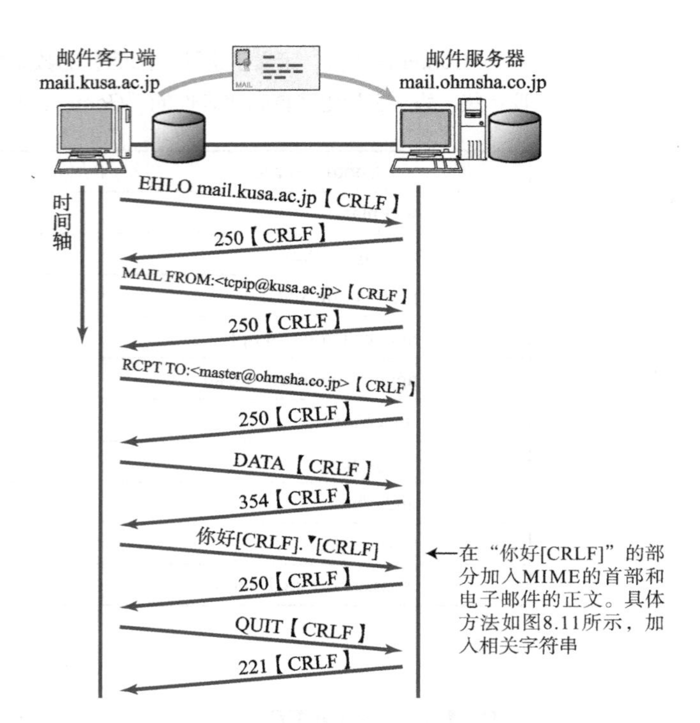

▼ SMTP 以仅包含一个“.”的一行文本表示邮件正文的结束，即使正文本身含有这样的文本行，SMTP 也能做出识别。具体处理方法为，如果邮件正文的行首有“.”，SMTP 会在其后面紧接着再追加一个“.”。接收邮件时如果行首出现两个“.”，则删除其中一个。

随着电子邮件的普及，大量的广告邮件和包含钓鱼链接的垃圾邮件成为日益严重的问题。由于 SMTP 本身没有验证发送者的功能，因此人们无法避免这类邮件到达自己的邮件服务器。于是，近些年出现了各种各样的垃圾邮件应对措施。

■ 试用 SMTP 命令

当允许使用 TELNET 登录 SMPT 服务器时，可通过下面的命令登录▼ SMTP 服务器，然后输入表 8.4 中的命令。

telnet 服务器名或 IP 地址 25

假设自己是 SMTP 客户端，那么在执行 SMTP 相关命令以后可以收到表 8.5 所示的应答信息。通过这样的尝试可以加深对 SMTP 中各个动作的理解。

▼关于 telnet 命令的使用方式，可以参考 8.2.1 节的最后部分。

表 8.5
SMTP 应答

针对请求进行确认应答	
211	系统状态或求助回答
214	求助信息
220 <domain>	服务就绪
221 <domain>	服务结束
250	完成请求命令
251	非本地用户，报文将被转发

（续）

数据输入	
354	开始邮件输入。以仅包含一个“.”的一行文本结束输入

发送错误消息	
421 <domain>	服务不可用，关闭连接
450	邮箱不可用
451	命令异常终止：本地差错
452	命令异常终止：存储容量不足

无法继续处理的错误应答	
500	语法错误，不能识别命令
501	语法错误，不能识别参数或变量
502	命令未实现
503	命令序列不正确
504	命令参数暂时未实现
550	邮箱不可用，请求未实现
551	非本地用户，不接受请求
552	存储容量不足，请求异常终止
553	邮箱不可用，请求异常终止
554	其他错误

■ 预防垃圾邮件的措施

SMTP 是发送电子邮件的协议，由于其简单的协议规范，使得它广泛应用于互联网上的邮件发送，但身份认证机制的缺失导致该协议更容易被滥用，如用户恶意冒充邮件的发件人，将垃圾邮件硬塞给他人。为此，人们采取了如下措施来预防垃圾邮件。

- 验证邮件的发件人

  POP before SMTP 是一种在发送邮件前通过 POP 来验证发件人身份的机制。如果能够通过身份认证，那么邮件接收服务器将在一段时间内接收来自（发件人所使用的）客户端 IP 地址的 SMTP 通信。SMTP 身份认证是发送邮件时在 SMTP 服务器上进行发件人身份认证的机制，属于 SMTP 的扩展规范。

- 验证发送方域

  SPF（Sender Policy Framework）是一种用于检查邮件的发送方是否被伪造的机制。邮件发送服务器的 IP 地址需要注册到 DNS 服务器上，而邮件接收服务器收到邮件后，通过对比邮件的 IP 地址与邮件发送服务器的 IP 地址即可验证发送方域。

DKIM（DomainKeys Identified Mail）是另一种用于检查电子邮件的发送方是否被伪造的机制。邮件发送服务器会生成邮件的数字签名，并将用于验证签名的公钥注册到 DNS 服务器上。邮件接收服务器则需要从 DNS 服务器上获取该公钥，并用它来验证签名，签名一致则说明发送方真实有效。

DMARC（Domain-based Message Authentication, Reporting and Conformance）是一种由发送方来决定如何处理未通过认证的邮件的机制。当采用 SPF 或 DKIM 等机制对发送方域进行认证时，发送方会在 DNS 服务器上注册并公布邮件处理策略。邮件接收服务器可以根据发送方的策略决定如何处理邮件，也可以通知发送方认证失败。

- 其他措施

OP25B（Outbound Port 25 Blocking）是互联网服务提供商等为阻止 TCP 25 号端口上的 SMTP 通信而采取的措施，以达到恶意用户无法直接发送垃圾邮件和病毒邮件的目的。此措施可能会导致正常用户无法发送电子邮件，因此，为了能够顺利发送电子邮件，往往需要使用 SMTP 验证、用户身份认证及互联网服务提供商指定的专用发送端口号。

8.4.5 POP

前一节提到的 SMTP 是发送邮件的协议，即 SMTP 是一种要发送邮件的计算机向接收邮件的计算机发送电子邮件的协议。在以 UNIX 工作站为主的互联网初期，这种机制没有什么问题。但是，在个人计算机连接互联网的环境中，这种机制出现了很多不便之处。

个人计算机不可能长时间处于开机状态，只有用户在使用时才会开机。在这种情况下，人们希望一开机就能接收到邮件，然而 SMTP 没有这种处理机制。SMTP 的一个不利之处在于，它支持的是发送端主机的行为，而不是根据接收端的请求发送邮件。

如图 8.13 所示，为了解决这个问题，引入了 POP。如图 8.14 所示，该协议是一种用于接收电子邮件的协议。发送端的邮件根据 SMTP 被转发给一直处于插电状态的 POP 服务器。客户端再根据 POP 从 POP 服务器接收对方发来的邮件。在这个过程中，为了防止他人盗窃邮件内容，需要进行用户验证。

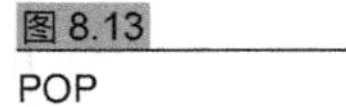

图 8.13 POP

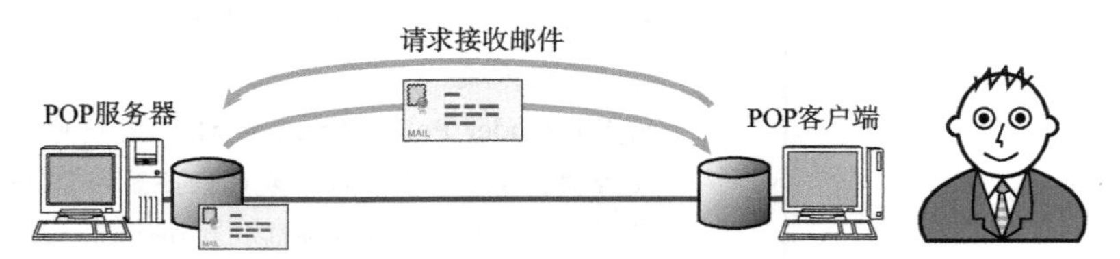

图 8.14

POP 的工作机制

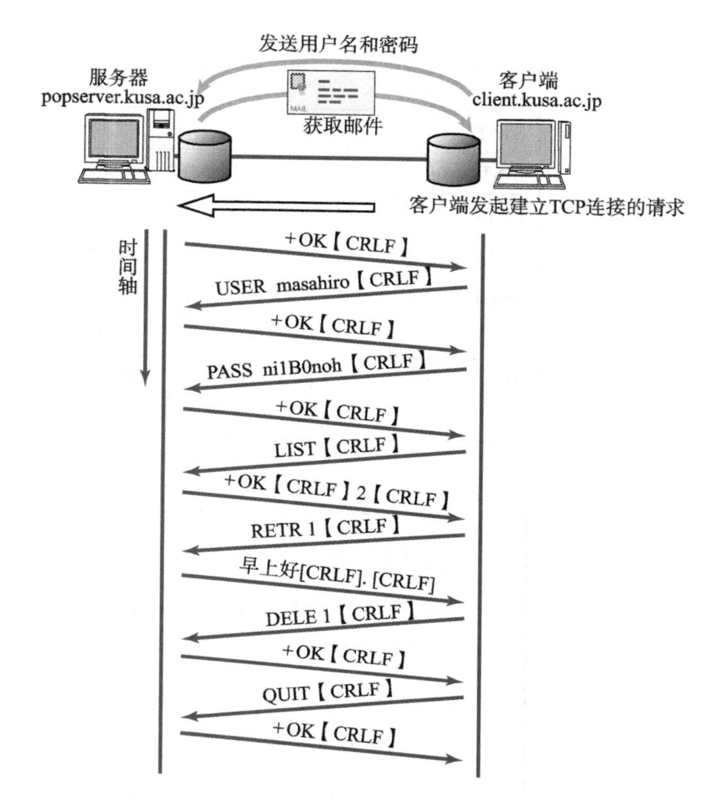

POP 与 SMTP 一样，也是在客户端与服务器之间通过建立一条 TCP 连接完成相应的操作。POP 的具体命令和相关应答代码如表 **8.6** 所示。它的命令都是较短的 ASCII 码字符串，应答更是极其简单，只有两种。正常的情况下为“+ OK”，发生错误或异常的情况下为“- ERR”。

表 8.6

POP 的主要命令

认证时的有效命令	
USER 用户名	发送用户名
PASS 密码	发送密码
QUIT	通信结束
APOP name digest	认证

应答	
+ OK	正常时
– ERR	发生错误时

（续）

事务状态命令	
STAT	状态通知
LIST [msg]	确认指定邮件大小（获取一览表）
RETR msg	取得邮件信息
DELE msg	删除服务器中保存的邮件（QUIT 命令执行时才真正删除）
RSET	撤销所有的 DELE 命令，通信结束
QUIT	执行 DELE 命令，终止通信
TOP msg n	只要邮件的前 *n* 行内容
UIDL [msg]	获得该邮件的唯一标识

▼关于 telnet 命令的使用方式，可以参考 8.2.1 节的最后部分。

■ 试用 POP 命令

当允许使用 TELNET 登录 POP 服务器时，以如下形式登录▼POP 服务器后，可以手动执行表 8.6 所列的命令。

telnet 服务器名或 IP 地址 110

与前一节的 SMTP 一样，假设自己是 POP 客户端，那么在执行 POP 相关命令以后可以收到相应的应答信息。

8.4.6 IMAP

▼Internet Message Access Protocol。

IMAP▼与 POP 类似，也是接收电子邮件的协议。在 POP 中，邮件由客户端进行管理，在 IMAP 中，邮件则由服务器进行管理。

在使用 IMAP 时，用户不必从服务器上下载所有的邮件来阅读。由于 IMAP 是在服务端处理 MIME 信息的，因此它可以实现当某一封邮件含有 10 个附件时，“只下载其中的第 7 个附件”的功能▼。这在带宽较窄的线路上起着非常重要的作用。而且 IMAP 在服务器上对“已读 / 未读”信息和邮件分类进行管理，因此，即使在不同的计算机上打开邮件，也能保持信息的同步，使用起来非常方便▼。如此一来，使用 IMAP 在服务器上保存和管理邮件信息，就如同在本地客户端的某个闪存中管理自己的信息一样简单。

▼在 POP 中，无法下载某个特定的附件。因此想确认附件时，不得不下载邮件中所有的附件。

▼POP 虽然支持在多台计算机中下载邮件内容，但是未读信息和邮件分类只能在每台计算机的软件中各自进行管理。

有了 IMAP，人们可以将个人计算机、公司的计算机、笔记本计算机及智能手机等设备连接到 IMAP 服务器，然后进行邮件收发。由此，在公司下载的电子邮件就不必在笔记本计算机和智能手机上转来转去▼。IMAP 确实为使用多种异构终端的人们提供了非常便利的环境。

▼不过，笔记本计算机和智能手机必须能够连上 IMAP 服务器才行。

8.5 WWW

8.5.1 互联网的蓬勃发展

▼超文本将关键词和文档之间建立关联。

▼Web 浏览器（Web Browser），有时简称浏览器。

万维网（WWW，World Wide Web）是将互联网中的信息以超文本▼形式展现的系统，如图 8.15 所示。通过在文档中插入指向其他文档的链接，就可以在文档之间建立关联，方便查阅相关信息。该系统被称为万维网，是因为它仿佛一张巨大的蜘蛛网将散落在世界各地的文档连接在了一起。该系统也叫作 Web。可以显示 WWW 信息的客户端软件叫作 Web 浏览器▼。目前人们常用的 Web 浏览器包括微软的 Microsoft Edge、Mozilla 基金会的 Firefox、Google 公司的 Google Chrome、Opera 软件公司的 Opera 及 Apple 公司的 Safari 等。

借助浏览器，人们不需要考虑信息保存在哪个服务器，只需要轻轻点击鼠标就可以访问页面上的链接，并打开相关信息。随着浏览器的发展，浏览器不仅能显示文本，还可以显示图像和播放视频。搜索引擎的出现，使人们可以轻松查阅互联网上的海量信息。这两种现象正是推动互联网蓬勃发展的动力。

图 8.15 WWW

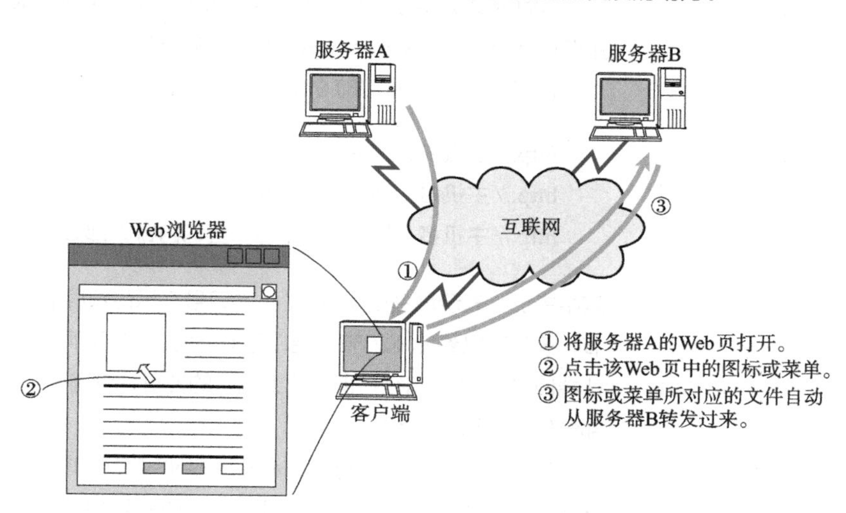
服务器A
服务器B
互联网
Web浏览器
①
②
③
客户端
① 将服务器A的Web页打开。
② 点击该Web页中的图标或菜单。
③ 图标或菜单所对应的文件自动从服务器B转发过来。

通过浏览器进行访问后回显在浏览器中的内容叫作“Web 页”(或 WWW 页)。无论是公司、学校等组织的网站，还是个人的网站，都有一个称作主页的 Web 页。很多公司的主页地址形式如下：

http://www. 公司名称 .co.cn/

这类主页当中通常会发布公司概况、产品信息、招贤纳士等内容。人们通过点击标题的图标或链接跳转到对应的页面上。页面上所提供的信息不仅仅是文字内容，还有图片、视频、声音或其他程序等各式各样的信息。此外，人们不仅可以通过 Web 页获取信息，还可以通过自己制作 Web 页向全世界发布信息。

8.5.2 WWW 的基本概念

WWW 定义了三个重要的概念，它们分别是统一资源标识符（URI，Uniform Resource Identifier）、超文本标记语言（HTML，HyperText Markup Language）及超文本传输协议（HTTP，HyperText Transfer Protocol）。

8.5.3 URI

URI 是 Uniform Resource Identifier 的缩写，用于标识资源。URI 是一种用于 WWW 之外的通用的识别码，它被用于主页地址、电子邮件、电话号码等各种场景中。

URL（Uniform Resource Locator）常被人们用来表示万维网资源（文件）的具体位置。但是 URI 不局限于标识万维网资源，它可以作为所有资源的识别码。现在，在有效的 RFC 文档中，已经不再使用 URL，而是使用 URI▼。相比 URL 狭义的概念，URI 则是一个广义的概念。因此，URI 可以用于除了 WWW 之外的其他应用层协议中。

▼它们之间好比比特跟字节的关系。协议定义中经常使用字节，但是在日常生活中使用比特的情况较多。

URI 所表示的组合叫方案（Scheme）▼。在众多 URI 的 Scheme 中，WWW 主要用 http 和 https 表示 Web 页的位置和访问 Web 页的方法。

▼Scheme 是指具有体系的计划或方案。

使用 http 方案的 URI 的具体格式如下：

http:// 主机名 / 路径
http:// 主机名：端口号 / 路径
http:// 主机名：端口号 / 路径？查询内容 # 部分信息

其中主机名表示域名或 IP 地址，端口号表示传输层端口号。关于端口号的更多细节，读者可以参考 6.2 节。端口号省略时，则采用默认端口号，如 http 方案的默认端口号是 80。路径是指主机上信息的位置，查询内容表示要传给 CGI▼的信息，部分信息表示页面当中的位置。

▼关于CGI，请参考8.5.6节。

这种表示方法可以唯一地标识互联网中特定的数据。不过，由于用 http 方案展现的数据随时可能发生变化，因此即使将自己喜欢的页面的 URI（URL）记住，也不能保证下次是否还能够访问到该页面。

表 8.7 列出了主要的 URI 方案。

表 8.7
主要的 URI 方案

方 案 名	内 容
acap	Application Configuration Access Protocol
cid	Content Identifier
dav	WebDAV
fax	Fax
file	Host-specific File Names

（续）

方案名	内容
ftp	File Transfer Protocol
gopher	The Gopher Protocol
http	Hypertext Transfer Protocol
https	Hypertext Transfer Protocol Secure
im	Instant Messaging
imap	Internet Message Access Protocol
ipp	Internet Printing Protocol
ldap	Lightweight Directory Access Protocol
mailto	Electronic Mail Address
mid	Message Identifier
news	USENET news
nfs	Network File System Protocol
nntp	USENET news using NNTP access
rtsp	Real Time Streaming Protocol
service	Service Location
sip	Session Initiation Protocol
sips	Secure Session Initiation Protocol
snmp	Simple Network Management Protocol
tel	Telephone
telnet	The Network Virtual Terminal Emulation Protocol
tftp	Trivial File Transfer Protocol
urn	Uniform Resource Names
z39.50r	Z39.50 Retrieval
z39.50s	Z39.50 Session

8.5.4 HTML

HTML 是记述 Web 页的一种语言。它可以指定浏览器中显示的文字、文字的大小、位置和颜色。此外，它不仅可以指定在页面的什么位置嵌入图像或视频，还可以控制如何播放音频。

HTML 具有超文本功能。在页面中，它不仅可以为文字或图像附加链接，当用户点击链接时，它还可以呈现该链接所指示的内容。因此，通过该功能可以将整个互联网中任意一台 WWW 服务器中的信息以链接的方式展现。绝大多数互联网中的 Web 页，含有指向关联信息的链接。逐一点开链接就可以了解全世界的信息。

HTML 可以说是 WWW 通用的数据表现协议。即使是在异构的计算机上，只要是可以用 HTML 展现的数据，效果基本上是一致的。如果把它对应到 OSI 参考模型，那么可以认为 HTML 属于 WWW 的表示层▼。不过，鉴于现代计算机网络的表示层尚未完全准备就绪，根据操作系统和所用软件的不同，最终表现出来的效果可能会出现细微差别。

▼HTML 不仅用于 WWW，有时还用于电子邮件。

图 8.16 展示了一段 HTML 的示例。如果将其用浏览器（如 Firefox）打开，效果如图 8.17 所示。

图 8.16
HTML 举例

```
<!DOCTYPE HTML PUBLIC "-//W3C//DTD HTML 4.01 Transitional//EN"
  "http://www.w3.org/TR/html4/loose.dtd">
<html lang="zh">
<head>
  <meta http-equiv="Content-Type" content="text/html; charset=UTF-8">
  <title>Mastering TCP/IP</title>
</head>
<body>
<h1>《图解TCP/IP（第5版）》简介</h1>
<img src="cover.jpg" alt=图解TCP/IP（第5版）封面图片>
<p>本页旨在介绍《图解TCP/IP（第5版）》一书。</p>
<ul>
  <li><a href="feature.html">本书的特点</a></li>
  <li><a href="feature.html">适用读者群</a></li>
  <li><a href="feature.html">规格/页数/价格</a></li>
  <li><a href="feature.html">作者简介</a></li>
</ul>
</body>
</html>
```

图 8.17
用浏览器读取图 8.16 的 HTML 后呈现的内容

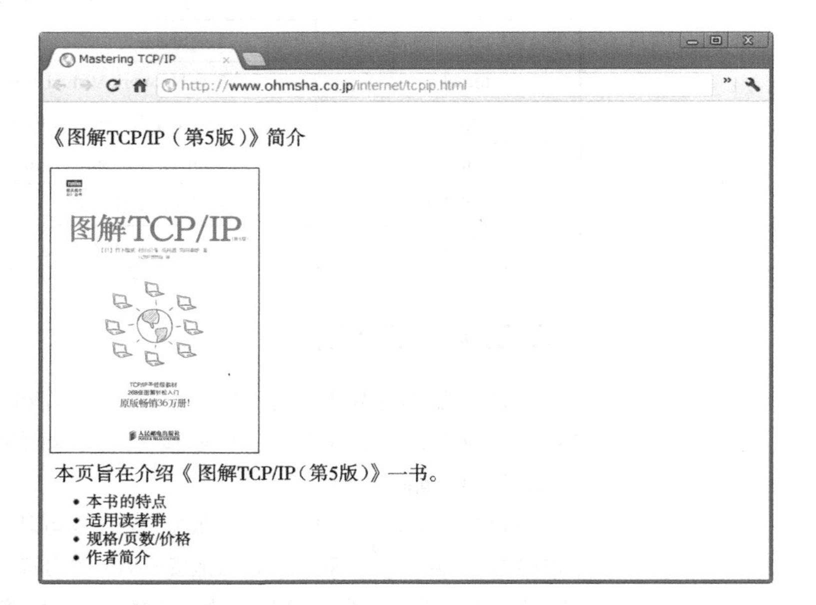

▼Standard Generalized Markup Language。

■ XML 与 Java

在 WWW 中，将数据存入文件或在应用程序之间进行交互时，经常使用 XML（Extensible Markup Language）。XML 是一种从 SGML▼中衍生出来的语言。与 HTML 类似，XML 也需要在每个数据的前后加入标签以表达具体含义。一般来说，从 <标签名> 到 </ 标签名> 表示一份数据。

开发人员经常结合 Java 与 XML 进行程序开发。原 SUN Microsystems 公司发明的 Java 是一种与平台无关的开发语言。XML 是不依赖任何软件供应商的数据格式。

可以认为 Java 和 XML 都相当于 OSI 参考模型中的第 6 层——表示层。这两者一结合，不论接入网络的是何种系统，其应用程序上的动作效果都能够保持一致。

■ HTML5 和 CSS3

早期的 Web 浏览器只能展示简单的文本和图像，需要安装插件扩展浏览器的功能后，才能播放音频和视频，实现多媒体的展示。尽管非标准插件的应用非常广泛，构筑起了丰富的 Web 应用程序平台，但安全措施上的滞后等问题使它们饱受批评。于是，人们将如何在标准的 HTML 上搭建 Web 应用程序平台提上了日程。

在此背景下，HTML5 诞生了，HTML5 支持音频和视频的播放，简化了满是各种 API 的 Web 应用程序的开发过程。另外，HTML5 修订了 HTML4 及早期标准中复杂的元素和属性，使文档结构更清晰。

CSS（Cascading Style Sheets，层叠样式表）是一种控制 HTML 元素展示样式的语言，可在主流的 Web 浏览器上使用。CSS3 目前是 CSS 的最新标准，提供了众多视觉效果。例如，在传统的网页设计中，为了使按钮更美观，往往使用小图片充当按钮，而使用 CSS3 后，只需几行代码即可绘制出精美的按钮。

HTML5 和 CSS3 的结合将文档结构和页面样式相互分离，简化了设计工作。过去，为了适应个人计算机、智能手机等不同屏幕尺寸的终端，往往需要设计多个网站。而使用 HTML5 和 CSS3 以后，只需切换用于显示的 CSS，即可让同一网站适配各种终端。这种设计方法被称为响应式网站设计。

8.5.5 HTTP

HTTP 是一种用于传输 HTML 文档、图像、声音和视频等内容的协议。它使用 TCP 作为传输层协议。

在 HTTP 中，客户端为了获取信息会向 HTTP 服务器（Web 服务器）发送请求，HTTP 服务器会响应该请求，将信息发送给客户端。另外，HTTP 服务器不维护客户端的状态（无状态）。

当用户在浏览器的地址栏里输入所要访问 Web 页的 URI 以后，HTTP 的处理即会开始。HTTP 默认使用 80 号端口。如图 8.18 所示，HTTP 的工作机制如下：首先，客户端向服务器的 80 号端口建立一条 TCP 连接。然后，客户端和服务器通过这条 TCP 连接进行请求、响应及数据报文的传输。

图 8.18

HTTP 的工作机制

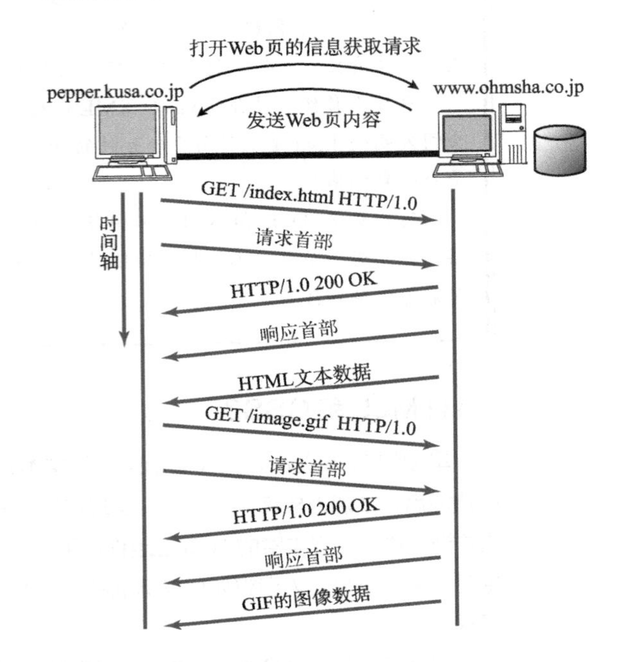

HTTP 常用的版本有两种：一种是 HTTP1.0，另一种是 HTTP1.1。在 HTTP1.1 以前，每一个请求和响应都会触发一次 TCP 连接的建立和断开。而从 HTTP1.1 开始，允许在一条 TCP 连接上发送多个请求和响应▼。由此，大量地减少了 TCP 连接的建立和断开操作，从而提高了效率。HTTP 的主要请求和响应报文如表 8.8 所示。

▼这种方式也叫保持连接（keep-alive）。

表 8.8

HTTP 的主要请求和响应报文

HTTP 的主要请求	
OPTIONS	设置选项
GET	获取指定 URL 的数据
HEAD	仅获取文档首部
POST	请求服务器接收 URI 指定文档作为可执行的信息
PUT	请求服务器保存客户端传送的数据到 URI 指定文档
DELETE	请求服务器删除 URI 指定页面
TRACE	请求消息返回客户端

信息提供	
100	Continue
101	Switching Protocols

（续）

肯定响应	
200	OK
201	Created
202	Accepted
203	Non-Authoritative Information
204	No Content
205	Reset Content
206	Partial Content

重定向请求	
300	Multiple Choices
301	Moved Permanently
302	Found
303	See Other
304	Not Modified
305	Use Proxy

客户端请求内容出现错误	
400	Bad Request
401	Unauthorized
402	Payment Required
403	Forbidden
404	Not Found
405	Method Not Allowed
406	Not Acceptable
407	Proxy Authentication Required
408	Request Time-out
409	Conflict
410	Gone
411	Length Required
412	Precondition Failed
413	Request Entity Too Large
414	Request-URI Too Large
415	Unsupported Media Type

服务器错误	
500	Internal Server Error
501	Not Implemented
502	Bad Gateway
503	Service Unavailable
504	Gateway Time-out
505	HTTP Version Not Supported

■ HTTP 认证

HTTP 提供了 Basic 认证和 Digest 认证两种认证方法。HTTP 服务器通过对客户端进行身份验证来拒绝来历不明的客户端的访问，仅向通过身份验证的客户端返回内容。

Basic 认证虽然采用了 base64 编码，但用户 ID 和密码还是以明文的形式在网络上传输，因此该认证方法并不安全，建议结合 HTTPS 加密通信使用。

Digest 认证弥补了 Basic 认证以明文形式传输敏感信息的缺点，传输的是经过 MD5 散列后的用户 ID 和密码。散列后的密码即使被窃听也很难破解，但近年来，MD5 已经被证明是一种可破解的哈希算法，存在安全隐患。

还有一种通过 HTML 制成的表单进行身份验证的方法，例如，网站的登录页面。虽然这种方法不同于 HTTP 提供的认证方法，但常用于验证网站用户的身份。

无论采用哪种认证方法，都应该使用 HTTPS 进行加密通信，以防止密码以明文形式在网络上传输。

■ 创建速率更快、体验更好的 Web（HTTP/2 和 HTTP/3）

近年来，在加载网页时，浏览器需要下载的资源越来越多。为了流畅地加载含有大量图片和视频内容的网页，浏览器不得不使用多条连接，进而导致了网络拥堵。

为了充分利用网络资源，2015 年 5 月发布的 HTTP 的升级版，即 HTTP/2（RFC7540）引入了众多新技术，如在一条连接上进行并发处理、使用二进制数来减少收发的数据量、首部压缩、服务器推送等。

如果 Web 服务器和 Web 浏览器都支持 HTTP/2，那么双方将自动使用 HTTP/2 进行通信，用户无须进行任何设置。

为了支持更多的客户端连接，进一步提升网页的加载速率，互联网草案 HTTP-over-QUIC（使用 UDP 取代 TCP 3 次握手）于 2013 发布，该草案随后于 2018 年 12 月更名为 HTTP/3。

不难想象，Web 将随着 HTTP/3 的普及变得更便捷。

▼关于 telnet 命令的使用方式，可以参考 8.2.1 节的最后部分。

■ 试用 HTTP 命令

当允许 HTTP 服务器和 TELNET 连接时，可以以如下形式登录▼ HTTP 服务器后，再以手动形式执行表 8.8 所列的命令。

telnet 服务器名或 IP 地址 80

假设自己是 HTTP 客户端，输入 ASCII 码字符串的请求，并确认表 8.8 中的响应结果。

8.5.6 Web 应用程序

早期的 Web 只能呈现静态的图像和文本，但现在，人们不仅可以在 Web 浏览器中查看动态生成的内容，还可以使用五花八门的应用程序。这一进步离不开接下来要讲解的 CGI 和 JavaScript。前者是一种在服务器上执行应用程序并将执行结果展示在 Web 浏览器上的机制，后者是一种可以在 Web 浏览器上执行应用程序的编程语言。可以在 Web 浏览器中使用的应用程序称为 Web 应用程序。

■ JavaScript

Web 的基本要素为 URI、HTML 和 HTTP。然而仅有这些还无法根据条件动态地改变显示的内容。为此，通过在浏览器端和服务器端执行特定的应用程序进而实现更精彩、多样的内容。例如，实现网络购物或搜索功能。

我们称 Web 浏览器端执行的应用程序为客户端应用程序，在服务器端执行的应用程序为服务端应用程序。

JavaScript 是一种嵌入在 HTML 中的编程语言，客户端应用程序可以运行于多种类型的浏览器中。浏览器将嵌入 JavaScript 的 HTML 下载后，JavaScript 应用程序就可以在客户端得到执行▼。JavaScript 应用程序用于验证客户端输入字符串是否过长、是否填写或选择了页面中的必须选项等功能▼。JavaScript 可以用于操作 HTML 或 XML 的逻辑结构（DOM，Document Object Model）及动态显示 Web 页的内容和页面风格。最近，更是盛行不需要从服务端读取整个页面，而是通过 JavaScript 操作 DOM 来实现更生动的 Web 页面的技术。这就是 Ajax（Asynchronous JavaScript and XML）技术。

▼JavaScript 本是一种运行在浏览器上的脚本语言，但近年来出现了能够使该语言运行在服务器上的机制，这一机制被称为服务器端 JavaScript。

▼如果将用户输入正确与否的验证都放在服务端执行，会给服务器带来太大的负荷。因此，只要能在客户端进行检查，就在客户端执行，这样可以保证效率。

传统的网页是由便于人类阅读的内容构成的，而随着能够动态改变网页内容的技术的诞生，通过编程来简化数据交换的机制越发流行。这种机制就是 Web API。各个网站为了方便他人使用自己的数据，纷纷通过 Web API 对外提供数据。程序员可以通过 Web API 整合所需的数据，创建新的系统。

例如，通过 Web API 可以轻松获取电商网站上的热门商品信息或天气预报网站上的天气信息等。

■ CGI

CGI▼是 Web 服务器调用外部应用程序时所使用的一种服务端应用程序的规范（如图 8.19 所示）。

▼Common Gateway Interface。

在一般的 Web 通信中，只要按照客户端请求将保存在 Web 服务器硬盘中的数据转发即可。在这种情况下，客户端每次收到的信息都是同样（静态）的内容。而引入 CGI 以后，客户端请求会触发 Web 服务器端运行另一个应用程序，客户端输入的数据会传给这个外部应用程序。该应用程序运行结束后会将生成的 HTML 及其他数据再返回给客户端▼。

▼外部应用程序并不仅局限于使用 CGI 启动，有些外部应用程序嵌入在 Web 服务器内部，可以直接运行。例如，某些语言的解释器程序（用于解释并执行用解释型语言编写的程序）就会嵌入在 Web 服务器中。

通过 CGI，外部应用程序可以根据用户的操作向客户端返回各种各样（动态）的信息。论坛和网上购物系统中经常使用 CGI 调用外部应用程序或访问数据库。

图 8.19
JavaScript、CGI 的处理流程

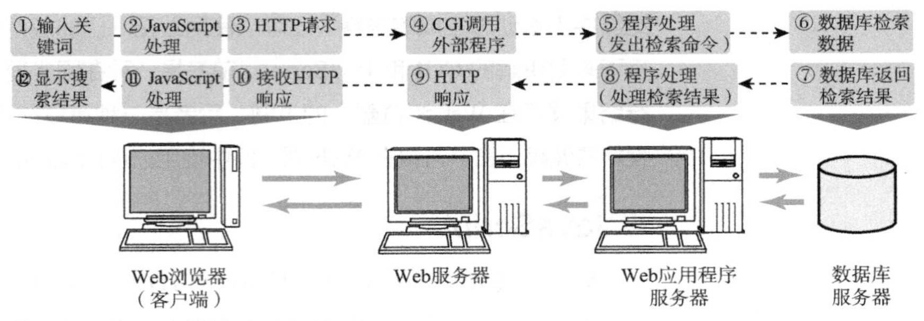

① 用户在 Web 浏览器中输入搜索关键词。
② 执行 JavaScript 程序（如显示候选项等）。
③ 将 HTTP 请求消息发送给 Web 服务器。
④ 解析 HTTP 请求，必要时使用 CGI 调用外部程序。
⑤ Web 应用程序服务器上的程序向数据库服务器发出数据检索命令。
⑥ 数据库服务器开始检索数据。
⑦ 数据库服务器将检索结果返回给程序。
⑧ 程序根据检索结果创建 HTML 文档。
⑨ Web 服务器向浏览器（客户端）发送内含 HTML 文档的 HTTP 响应。
⑩ 浏览器接收含有 HTML 文档的 HTTP 响应。
⑪ 使用 JavaScript 在浏览器端进行处理（如为搜索结果添加动态效果等）。
⑫ 将搜索结果显示在浏览器的界面中。

■ Cookie

Web 应用程序为了获取用户信息使用一种叫作 Cookie 的机制。Web 服务器使用 Cookie 在客户端保存信息▼（多为“用户名”或“登录名”等信息）。Cookie 常被用于保存登录信息或网络购物中放入购物车的商品信息。

▼还可以设置 Cookie 的有效期。

通过检查 Cookie，Web 服务器可以确认是否为同一对端的通信。这样，存放于购物车中的商品信息就不必再保存到服务器中了。

■ WebSocket

WebSocket 在 HTTP 的基础上实现了客户端和服务端之间的双向通信，常用于聊天和游戏等应用程序。HTTP 最初是为单向通信设计的协议，无法满足现代各类应用程序双向实时通信的需求，WebSocket 正是在此背景下诞生的。

WebSocket 应用程序的通信过程如下：客户端和服务端之间先进行 HTTP 通信，通过 HTTP 升级请求（带有 Upgrade: websocket 首部和 Connection: Upgrade 首部）及对应的响应建立起 WebSocket 的通信路径。随后，双方在此之上进行双向通信。WebSocket 定义在 RFC6455 中，现已成为互联网标准之一。

此外，W3C 规范了用于 WebSocket 的 API，促进了遵循 WebSocket API 规范的 JavaScript 框架的开发和推广。

8.6 网络管理

8.6.1 SNMP

以前，网络管理凭借管理员的记忆和直觉进行。然而，随着网络规模变得越来越大，个人的记忆、经验或直觉已经无法与之匹配，一个严密的管理工具或方法显得格外重要。如图 8.20 所示，在 TCP/IP 的网络管理中，可以使用 SNMP（Simple Network Management Protocol）收集必要的信息。它是一种基于 UDP/IP 的协议。

图 8.20
网络管理

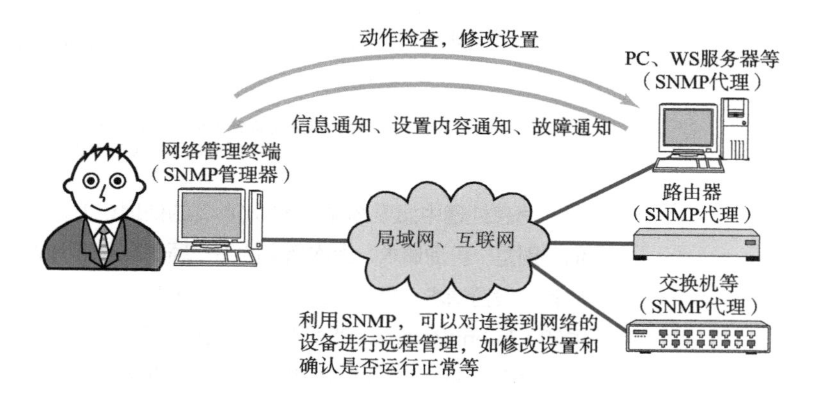

在 SNMP 中，管理端叫作管理器（Manager，网络管理终端），被管理端叫作代理（路由器、交换机等）▼。决定管理器与代理之间进行信息交互的正是 SNMP。SNMP 的工作机制如图 8.21 所示。网络管理员可以利用 SNMP 查看并更新 MIB▼数据库（存放着代理所管理的信息）中的值。

▼在 SNMPv3 中，管理器和代理都叫作实体（Entity）。

▼关于 MIB（Management Information Base），请参考 8.6.2 节。

起初，SNMP 的安全机制并不完备。虽然在 SNMPv2 标准中，有人提出过安全方面的建议，但是由于最终意见未能达成一致，因此支持基于团体认证方式的 SNMPv2c 成为了当时的标准。不过，该标准并没有采用安全机制。

后来的 SNMPv3，并没有将所有必备功能都集中到一种版本中实现，而是将这些功能定义为独立组件，通过多种版本的组合实现。

在 SNMPv3 中，将“消息处理”“用户安全”和“访问控制”三部分分开考虑，可以为每一个部分选择各自必要的机制。

例如，在消息处理中，除了有 SNMPv3 所定义的处理模型，还有 SNMPv1 和 SNMPv2 的处理模型可供选择。实际上，在 SNMPv3 中，选用 SNMPv2 的消息处理模型进行通信的情况居多。

图 8.21
SNMP 的工作机制

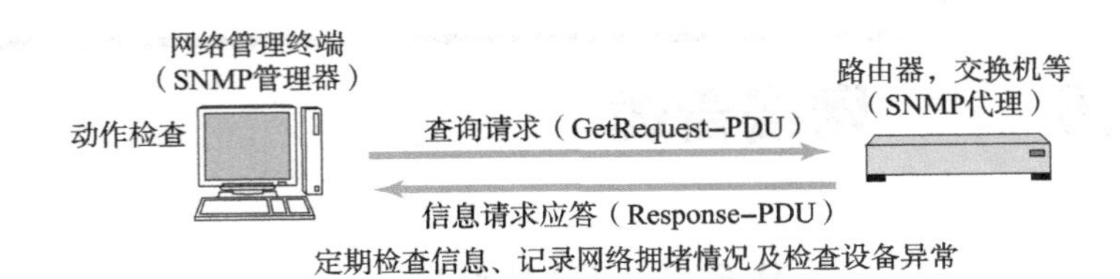
网络管理终端
（SNMP管理器）
动作检查
查询请求（GetRequest-PDU）
路由器，交换机等
（SNMP代理）
信息请求应答（Response-PDU）
定期检查信息、记录网络拥堵情况及检查设备异常

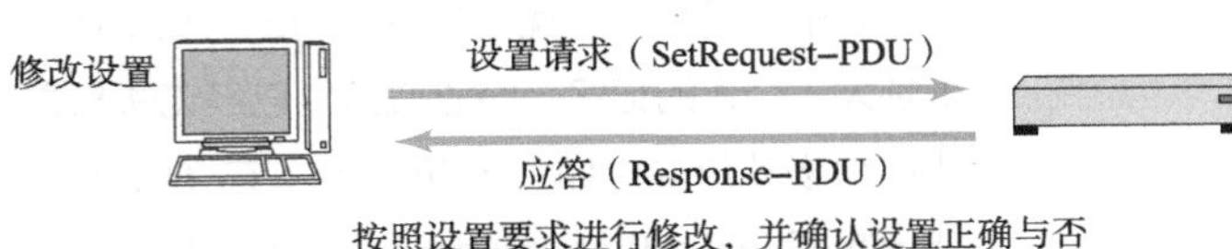
修改设置
设置请求（SetRequest-PDU）
应答（Response-PDU）
按照设置要求进行修改，并确认设置正确与否
（由于SNMP是基于UDP的协议，因此可能存在丢包的情况）

事件通知
事件通知（SNMPv2-Trap▼）
当遇到某些特殊情况时，可以设置为从代理端主动通知
（届时会通过SetRequest进行设置）

▼SNMP 的 Trap 有陷阱的意思。

消息处理中如果选择了 SNMPv2 的处理模型，那么会进行以下 8 种操作。它们分别是：查询请求，上次请求的下一项信息的查询请求（GetNextRequest-PDU）、应答、设置请求、批量查询请求（GetBulkRequest-PDU）、向其他管理器发送信息通知（InformRequest-PDU）、事件通知、管理系统定义的命令（Report-PDU）。

通常，根据查询请求和应答可以定期检查设备的运行状况，根据设置请求可以修改设备的参数。SNMP 的处理过程分为从设备读取数据和向设备写入数据两种。它们分别使用 Fetch 模式和 Store 模式。这些操作类似于计算中的输入输出等基本操作▼。

▼计算机可以向内存中特定的地址写入信息，也可以读取内存中特定地址中的内容，据此进行键盘输入、屏幕显示、磁盘存取等操作。这些过程叫作内存映射 I/O，是 Fetch/Store 模式的典型代表。SNMP 将这些操作应用到了网络上。

如果出于某种原因网络设备的状况发生变化，在将发生的变化通知给 SNMP 管理器时可以使用 Trap。有了 Trap，即使没有管理器到代理的请求，也能在设备发生变化时收到从代理发来的通知。

8.6.2 MIB

SNMP 中交互的信息是 MIB（Management Information Base）。如图 8.22 所示，MIB 是一种在树形结构的数据库中为每个项目附加编号的信息结构。

SNMP 访问 MIB 信息时使用数字序列。序列中的数字都有易于理解的名字。MIB 分为标准 MIB▼（MIB、MIB-II、FDDI-MIB 等）和各个供应商提供的扩展 MIB。两种 MIB 都由通过 SMI（Structure of Management Information）定义的文法描述，其中 SMI 使用 ISO 提出的 ASN.1▼方法。

▼有时也叫私有 MIB。

▼ASN.1（Abstract Syntax Notation 1）是抽象语法标记法。它是为标记 OSI 参考模型中表示层协议而开发的一种语言。利用 ASN.1 标记的数据可以在网络上传输。

MIB 相当于 SNMP 的表示层，它是一种能够在网络上传输的结构。SNMP 可以将值写入代理的 MIB，也可以从代理的 MIB 中读取值。通过这些操作可以收集冲突的次数和流量统计等信息，可以修改接口的 IP 地址，还可以进行路由器的启动和关闭、设备的启动和关闭等处理。

图 8.22
MIB 树举例（Cisco Systems 相关）

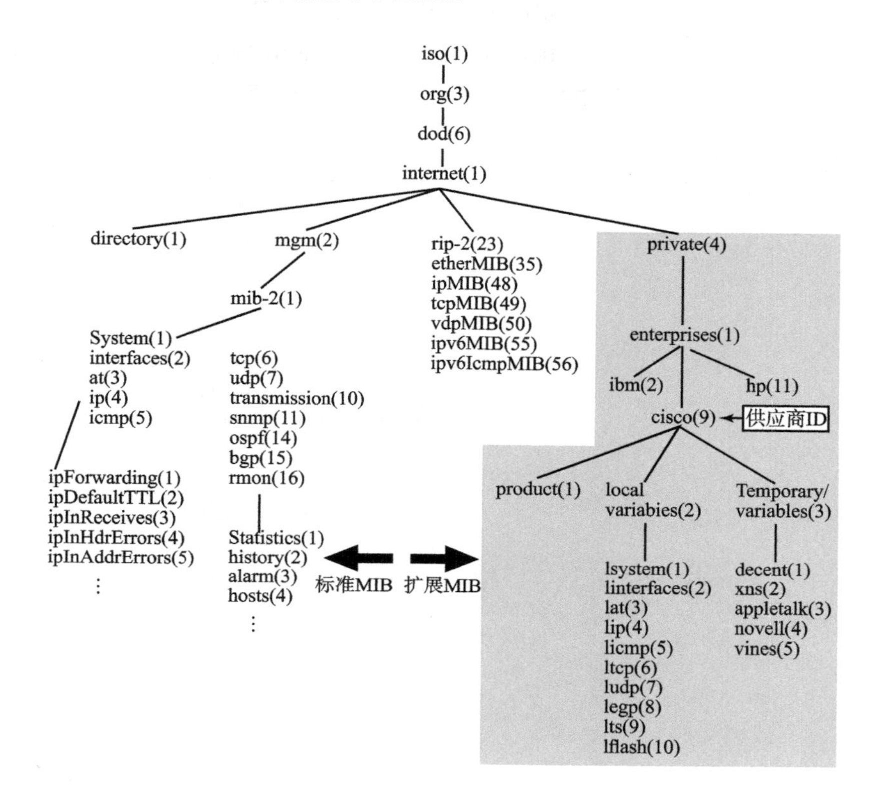

8.6.3 RMON

RMON 是 Remote Monitoring 的缩写。MIB 由监控网络中设备接口（某个点）的众多参数构成。相比之下，RMON 则由监控网络中线路的众多参数构成。

在 RMON 中，可监控的信息范围从一个点扩展到了一条线上，这样可以更高效地监控网络。同时，可监控的内容也增加了很多从用户角度来看极为有意义的信息，如网络流量统计等。

通过 RMON 可以监控某台特定的主机通过什么样的协议正在与位于何处的哪台主机进行通信，从而更详细地了解网络上成为负荷的主体并进行后续分析。

在 RMON 中，从当前使用状况到通信方向性，可以以终端为单位也可以以协议为单位进行监控。此外，它不仅可以用于网络监控，还可以用于收集网络扩展和变更时更有意义的数据。尤其是通过 WAN 线路或服务器段部分的网络流量信息，RMON 可以统计网络利用率，还可以定位负载较大的主机及其协议相关信息。因此，RMON 是判断当前网络是否被充分利用的重要依据。

8.6.4 SNMP 应用举例

下面举一个使用 SNMP 的例子。

MRTG（Multi Router Traffic Grapher）是一种利用 RMON 定期收集网络中路由器的网络流量信息，并以图表形式呈现的工具，如图 8.23 所示。

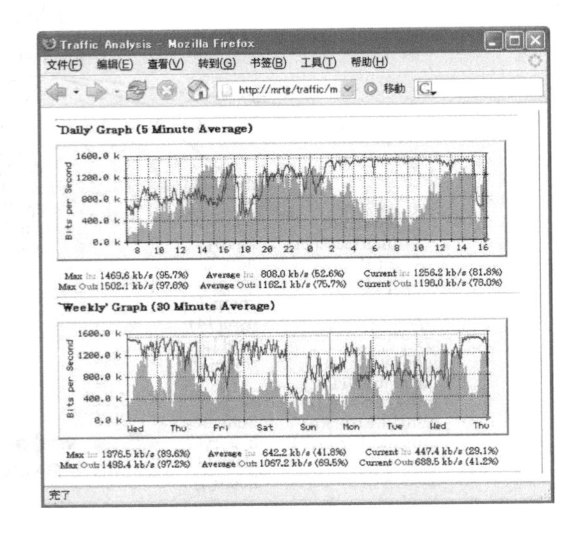

图 8.23
MRTG 可以图像化显示网络流量

8.7 其他应用层协议

互联网作为数据通信网络得到了蓬勃的发展。它不仅被用于实时收发音频、图像、视频等多媒体数据领域，还被用于电话和电视会议、现场转播等即时性、双向性的领域。

8.7.1 多媒体通信实现技术

由于 TCP 具有流量控制、拥塞控制、重发机制等功能，因此有时应用程序所发出去的数据可能无法迅速到达对端目标主机。然而在互联网电话（使用 VoIP▼）和电视会议中，即使有少许丢包，也希望系统延时少一些，非常注重系统的即时性。因此，在实时多媒体通信中，通常采用 UDP。

▼Voice over Internet Protocol 的缩写。

然而，只使用 UDP 不足以达到实时多媒体通信的目的。例如，在互联网电话和电视会议中，需要提供查询对方号码、模拟电话的拨号及以什么形式交互数据等功能。因此，“呼叫控制”是互联网电话和电视会议的必要支持。呼叫控制主要采用 H.323 与 SIP。此外，呼叫控制还需要 RTP（一种结合多媒体数据本身的特性进行传输的协议）和压缩技术（在网络上传输音频、视频等大型多媒体数据时，进行压缩）的支持。

结合上述众多技术才能够真正实现实时多媒体通信。此外，互联网电话和电视会议对实时性的要求远远高于到目前为止的任何一个数据通信领域。因此，在搭建网络环境时，有必要考虑 QoS、线路容量和线路质量等方面的要求。

H.323

H.323 是由 ITU 开发的，用于在“IP 网”上传输音频、视频的协议栈，如图 8.24 所示。起初，它主要是作为接入 ISDN 网和“IP 网”的电话网的一种规范而被提出的。

H.323 定义了 4 个组件。它们分别是终端（用户终端）、网关（用户数据压缩程序的不一致性）、网闸（电话本管理、呼叫管理）及多点控制单元（允许多个终端同时使用）。

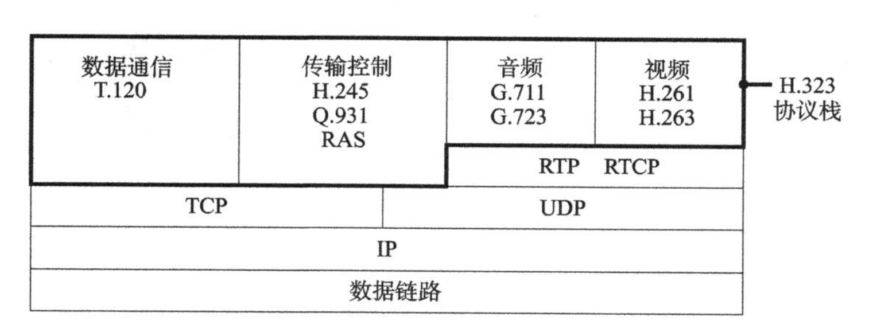

图 8.24
H.323 的基本构成

■ SIP

SIP 的提出要晚于 H.323，但是被普遍认为更适用于互联网。H.323 的规范内容较多，处理起来比较复杂，SIP 的构成则简单了许多，如图 8.25 所示。

图 8.25
SIP 的基本构成

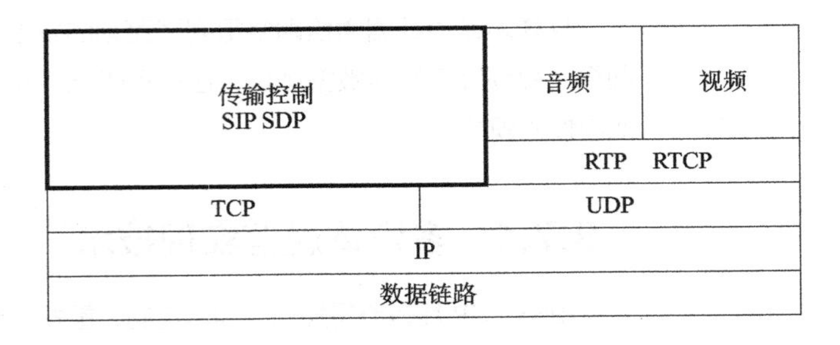

在进行多媒体通信时，终端设备需要具备事先解析对方地址、呼出对方号码并对所要传输的媒体信息▼进行协商等功能。此外，终端设备还需要具备中断会话和数据转发的功能。这些功能（呼叫控制与信令）被统一于 SIP 中。它相当于 OSI 参考模型中的会话层。

▼包括压缩方式、采样率、通道数等。

通过终端设备收发消息，SIP 可以实现呼叫控制并为多媒体通信做必要的准备（如图 8.26 所示）。不过，仅凭 SIP 对数据收发的准备工作还不足以进行多媒体数据的传输。终端之间通常会直接交换 SIP 消息，但偶尔也会通过服务器中转。SIP 的工作机制与 HTTP 的工作机制▼相似，不仅在 VoIP，在其他应用程序中也被广泛使用。

▼HTTP 和 SIP 都采用由 ASCII 字符构成的请求命令和包含 3 位数的响应消息。主要的 SIP 消息如表 8.9 所示，主要的 SIP 响应消息如表 8.10 所示。

图 8.26
通过 SIP 服务器的呼叫控制的顺序

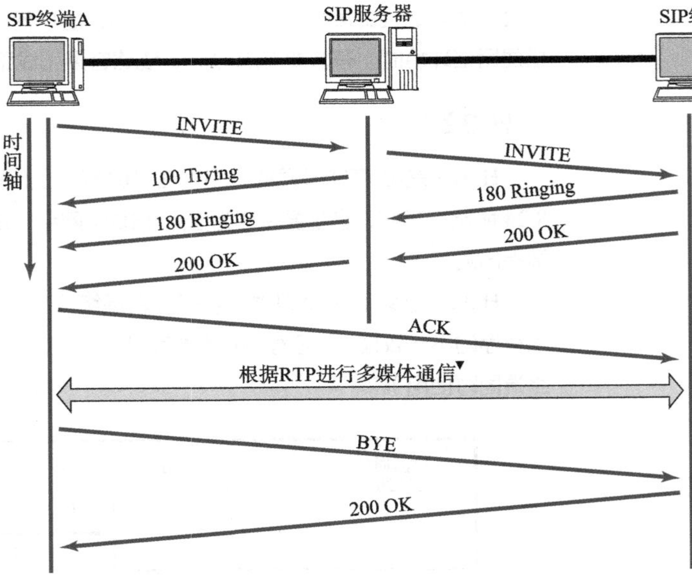

▼RTP 通信可以不必经过 SIP 服务器，直接在 SIP 终端之间进行。

表 8.9
主要的 SIP 消息

报　文	内　容
INVITE	开始会话
ACK	针对 INVITE 的确认应答
BYE	结束会话
CANCEL	取消会话
RESISTER	注册用户 URI

表 8.10
主要的 SIP 响应消息

报　文	内　容
100 系列	临时应答
100	Trying 正在处理
180	Ringing 振铃
200 系列	会话成功
200	OK 会话成功
300 系列	重定向
400 系列	客户端错误
500 系列	服务器错误
600 系列	其他错误

■ RTP

UDP 是一种不可靠的传输层协议。数据在传输过程中有可能发生丢包或乱序等现象。因此，采用 UDP 实现实时的多媒体通信需要附加一个表示数据包顺序的序列号字段，还需要对数据包发送时间进行管理。这些正是 RTP（Real-time Transport Protocol）的主要职责。RTP 和 QUIC 一样，都是基于 UDP 的传输层协议。

如图 8.27 所示，RTP 为每个数据包附加时间戳和序列号。接收数据包的应用程序，根据时间戳决定数据重构的时机。序列号会根据每发出一次数据包加一的原则进行累加。RTP 使用序列号对同一时间戳的数据▼进行排序，掌握是否有丢包的情况发生。

▼尤其是视频数据。视频中一个帧的数据往往超过一个数据包，然而它们发送的时间戳一致。此时可以使用同一时间戳不同的序列号加以区分。

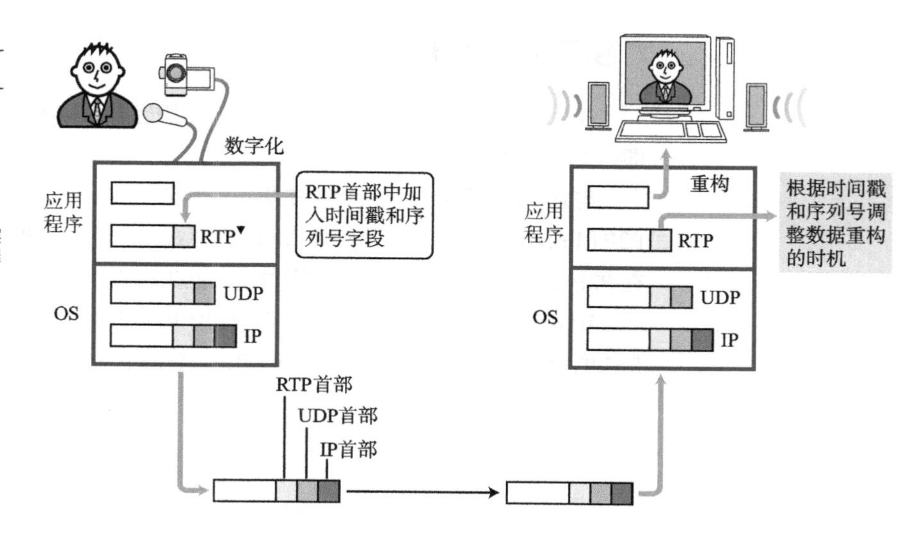

图 8.27
RTP 通信

▼虽然 RTP 应该属于传输层协议，但其功能是由应用程序而非操作系统来实现的。

RTCP（RTP Control Protocol）是一种辅助 RTP 的协议。RTCP 通过丢包率等线路质量的管理，对 RTP 的数据传输率进行控制。

■ 数字压缩技术

数字压缩技术通过有效的压缩可以大量减少音频数据和视频数据的大小。在有限的网络资源中，进行多媒体数据的传输，压缩技术成为必要的手段。

MPEG（Moving Picture Experts Group）是决定数字压缩规范的 ISO/IEC 工作组。所制定的规范叫作 MPEG。在 MPEG 的众多规范中，MPEG2 主要用于 DVD 和数字电视播放领域。连音乐压缩的 MP3▼ 也属于 MPEG 的规范。

▼ 正式的名称为 MPEG-1 Audio Layer III。

此外，还有由 ITU-T 的 H.323 所制定的 H.261 和 H.263，以及 ITU-T 与 MPEG 共同制定的 H.264 和 H.265/HEVC 等数字压缩规范。除此之外，还有微软公司自己的规范。

这些都属于数字压缩技术的范畴。由于它们注重数据格式上的处理，因此它们相当于 OSI 参考模型的表示层。

■ 基于 HTTP 的流式传输

多媒体应用程序可以采用前面介绍的 SIP、H.323 和 RTP 等协议播放视频和音频，但在互联网上进行通信时，NAT 或防火墙等因素可能会影响通信。

于是，人们设计出了一种基于 HTTP 的流式传输方法。最初的方案是先通过 HTTP 下载视频内容，然后在客户端播放。随后，称为伪流式传输的方法得到了普及，该方法能够在全部视频内容下载完成之前先播放已下载的部分。

近年来，面向个人计算机和智能手机等设备的自适应比特率流（adaptive bitrate streaming）已成为主流，该技术可根据播放环境和网络条件分发视频内容。

基于 HTTP 的流式传输技术在发展过程中经历过缺乏标准、实现方案取决于软件供应商的阶段，今后具有较高通用性且已成为标准化技术的 MPEG-DASH 将得到普及。

8.7.2 P2P

在互联网上，电子邮件等通信采用一台服务器对应多个客户端的 C/S 模式，即一对 N 的通信。

与之不同，网络上的终端或主机不经服务器直接一对一相互通信的情况叫作 P2P（Peer To Peer），如图 8.28 所示。这就好比使用无线收发器进行一对一通话。在 P2P 中，主机具备客户端和服务端两方面的功能，以对等的关系提供服务。

IP 电话中也有使用 P2P 的例子。使用 P2P 以后，可以分散音频数据给网络带来的负荷，实现更高效的应用。例如，互联网电话 Skype 就采用了 P2P。

除了 IP 电话，其他实现互联网的文件传输应用，如 BitTorrent 协议或一部分群组软件等，也用到了 P2P 的技术。

图 8.28
集中型与 P2P 型

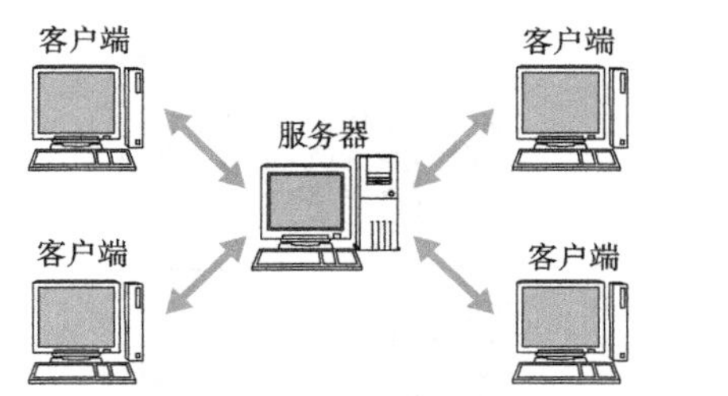

一台服务器连接 N 台客户端的集中型

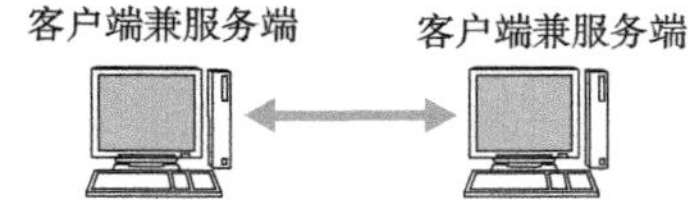

每台主机兼客户端与服务端进行一对一通信的P2P型

不过，也有不支持 P2P 的环境。例如，在服务器与客户端分离的环境中，服务器要在一个可以由互联网访问的地方，而客户端即使是在 NAT 内侧也不会有问题。然而，在 P2P 中，这个结构却行不通。它必须具备从互联网越过 NAT 使双方终端都能够访问的功能。

8.7.3 LDAP

LDAP（Lightweight Directory Access Protocol）是一种目录访问协议，也叫轻量级目录访问协议。

大型公司或教育机构往往需要管理数量庞大的用户、设备及应用程序。例如，员工要使用公司的计算机访问企业门户网站或查收电子邮件，就需要使用用户名和密码进行一系列登录操作，如登录计算机、登录企业门户网站、登录邮件服务器等。

为此，管理员需要事先在计算机、企业门户网站和邮件服务器上分别为每个员工设置用户名和密码。如果员工数量众多，设置起来就非常麻烦。

但如果有一种机制能够将认证所需的信息，如每台设备和每个应用程序上的用户名和密码，都集中管理起来并能随时查询，就会方便很多。

目录服务正是用于集中管理（认证管理和资源管理）这些信息的机制。

所谓“目录服务”是指网络上存在的一种提供相关资源的数据库的服务。这里的目录有地址簿的意思。可以认为目录服务就是管理网络上资源的一种服务。

LDAP 用于访问目录服务。目录服务的规范作为 X. 500▼于 1988 年由 ISO（国际标准化组织）制定。LDAP 在 TCP/IP 上实现了 X.500 中的一部分功能。就像 DNS 为了更简单地对网络上的各台主机进行管理一样，LDAP 是为了更简单地管理网络上的各种资源。

▼ISO 于 1998 年制定了标准目录访问协议（DAP，Directory Access Protocol）。

LDAP 本身并没有定义目录树的结构、数据格式、命名规则、目录访问顺序和安全认证。这些内容通常是由特定的目录服务或系统定义的。图 8.29 列出了 LDAP 设置的一般结构▼。图 8.30 则为单纯目录树的例子。

▼LDIF（LDAP Data Interchange Format：LDAP 数据交换格式）。

图 8.29
LDIF 文件

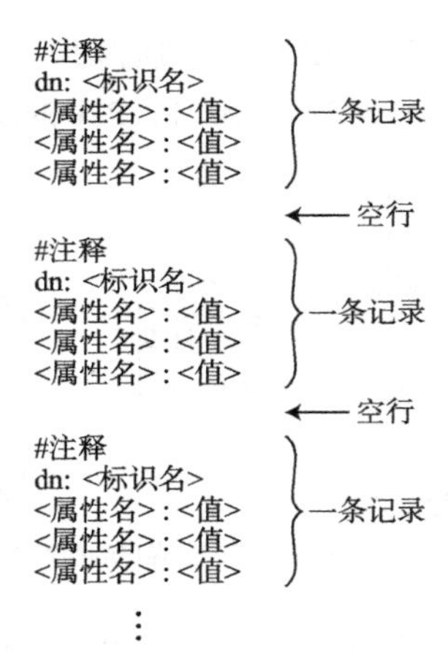

图 8.30
LDAP 目录树（DIT）

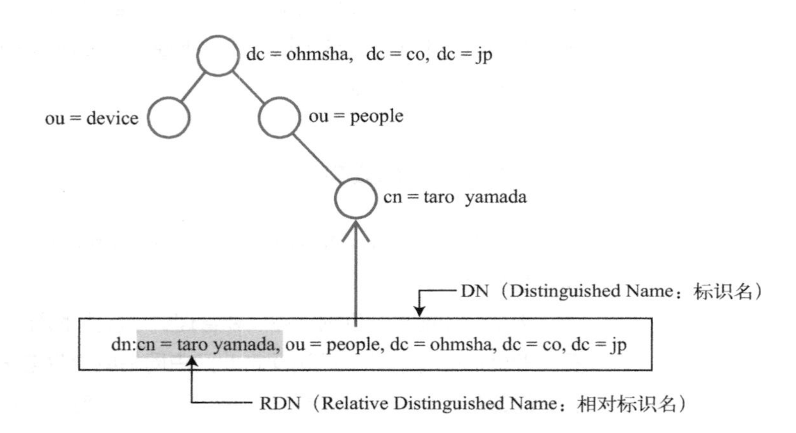

8.7.4 NTP

NTP（Network Time Protocol，网络时间协议）是用于同步联网设备上时间的应用层协议。

联网设备上的时间不一致（不同步）可能会产生问题。例如，设备上的日志有助于调查故障原因，但如果路由器或服务器等设备上的日志的时间是错乱的，在按时间顺序排查故障时，就难以准确把握什么时间发生了什么事情。

因此，保持联网设备上的时间一致是网络运维的关键所在。

为此诞生了一种称作 NTP 的机制。NTP 属于客户端 - 服务器型的应用程序，由请求时间信息的客户端和提供时间信息的服务器组成，二者使用 UDP123 号端口进行通信。NTP 客户端从 NTP 服务器获取时间信息后，会根据获取的时间校正自己的时间。

NTP 服务器只有先确保自己的时间信息是准确的，才能提供准确的时间。因此，NTP 采用称为 Stratum 的层次结构，形成了将位于最高层 Stratum0 的 GPS 卫星和原子钟的准确时间信息（参考时钟）经由 NTP 服务器逐层向下传递的机制，如图 8.31 所示。在日本，由产生日本标准时间的 NICT（信息通信研究机构）负责运维位于 Stratum1 的 NTP 服务器（ntp.nict.jp）。

在配置 NTP 服务器时，需要指定上层 NTP 服务器，而且应该使用主机名而不是 IP 地址指定。这样即使上层 NTP 服务器的 IP 地址发生了变化它也不受影响。

图 8.31

NTP 服务器和称为 Stratum 的层次结构

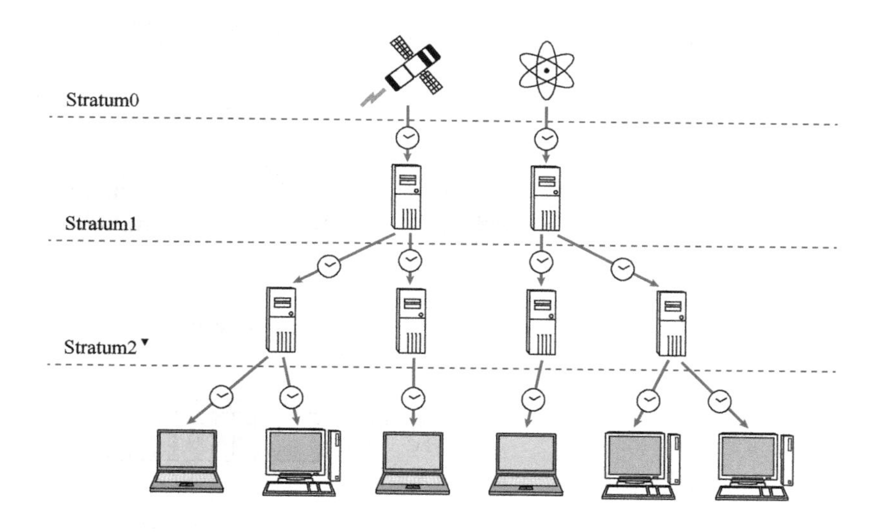

▼在 Stratum 的层次结构中，层级越低层次越大，最底层是 16 层。位于 Stratum2 层级的 NTP 服务器会引用上一层 Stratum1 中的 NTP 服务器的时间信息，并向下层的 NTP 客户端提供时间信息。客户端应访问哪台 NTP 服务器取决于环境和配置。例如，出于安全考虑，有些客户端无法直接访问外部的 NTP 服务器。此时，需要将客户端配置为从部署在组织内的 NTP 服务器获取时间信息。图中 Stratum2 层级中的服务器即为组织内运维的 NTP 服务器。

8.7.5 控制系统的协议

控制系统，又称为 OT（Operational Technology，操作技术）或 ICS（Industrial Control Systems，工业控制系统），是一种用于监控设备和装置的系统。控制系统还可应用于 PID 控制（Proportional-Integral-Differential Controller，比例积分微分控制器）等控制领域。从发电厂对发电量和燃料注入量的监控，自来水厂对沉淀池水位、水泵和水闸的监控，工厂对机器人和传送带的监控，到铁路运行管理（如列车的位置信息、信号控制、转辙器控制和铁路道口控制），乃至对办公楼内的空调、照明、门禁及火灾报警器的监控等，都属于控制系统的应用场景。这些系统早期使用串行通信或专有的通信方式，但现在开始慢慢使用以太网和 TCP/IP 了。

如图 8.32 所示，控制系统主要由操作员工作站和 HMI（Human Machine Interface，人机界面）组成，它们是供操作员操作的终端。控制系统还包括用于控制设备的 PLC（Programmable Logic Controller，可编程逻辑控制器）和 DCS（Distributed Control System，分布式控制系统）等控制器，以及作为控制对象的现场设备（传感器▼、执行器▼）。此外，用于对控制器编程的 EWS（Engineering Work Station，工程工作站），以及用于记录控制信息和日志的历史数据库也是控制系统的组成部分。

▼传感器是一种用电信号来表示测量到的物理量（如温度、与物体的距离等）的设备。

▼执行器是将电信号转换为物理现象的装置（如电机）。

图 8.32
控制系统的示例

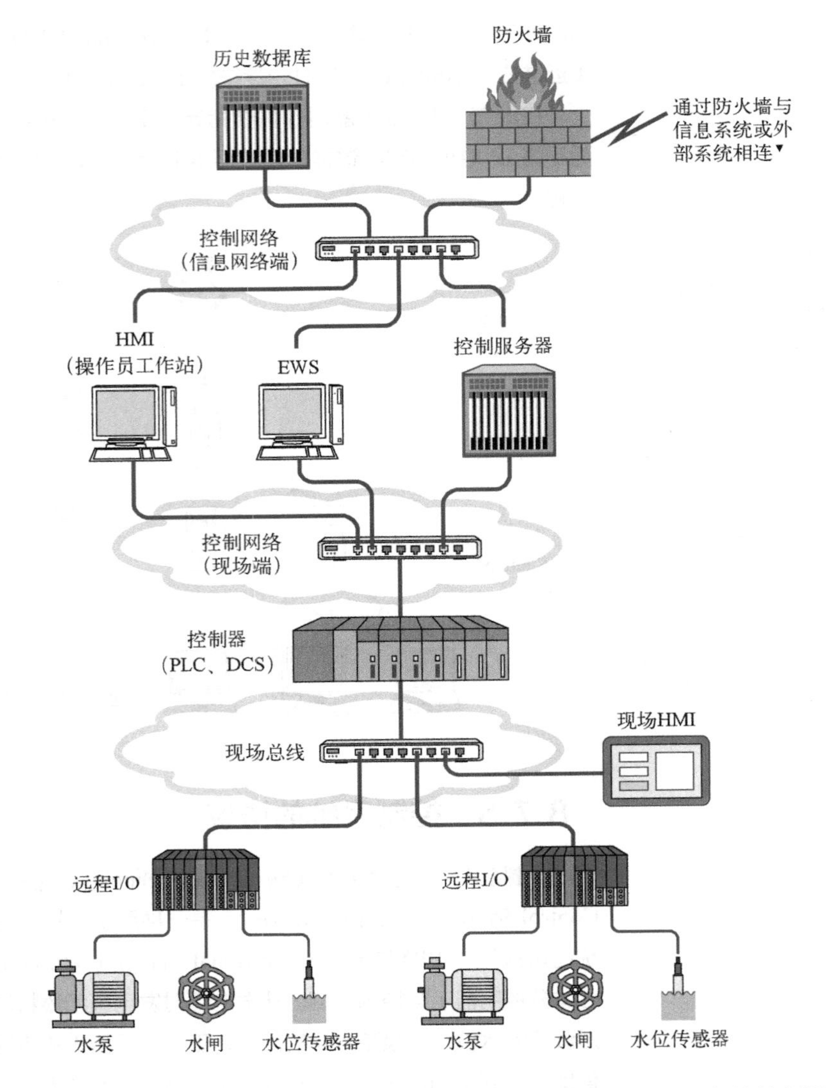

▼早期的控制系统出于安全考虑，没有与外部系统相连。然而，为了提高便利性和生产力，近年来接入互联网的控制系统有所增加。例如，在智能手机上查到的铁路列车位置信息是由铁路运营管理系统通过互联网发布的。但是，与铁路运营管理系统相连的设备一旦感染了病毒，可能对列车的安全运营造成威胁。因此，控制系统的安全措施直接关系人们的生命健康，是不容忽视的问题。

这些组件是通过以太网等网络相连的，HMI、控制器和现场设备的控制器在通信时使用了控制系统的协议。在众多控制系统的协议中，有些是供应商私有的协议，而有些协议绕过了 IP 直接使用以太网▼。下面介绍几种使用了 IP 并广泛用于控制系统行业的协议▼。

▼如 EtherCAT 协议，RO-FINET 协议时而使用 IP 时而直接使用以太网。

▼此外，还有各公司开发的私有协议，如由西门子开发的著名的 STCommunication。

- ECHONET Lite

  ECHONET Lite 是由日本 ECHONET 协会制定的协议，现已成为符合 ISO/IEC 国际标准的协议。该协议用于显示和管理家庭所生产和使用的能源，以达到节约能源的目的。管理能源生产和使用的 HEMS（Home Energy Management System，家庭能源管理系统）就是使用该协议与智能电表、太阳能发电系统、热水器及各种家用电器进行通信的。该协议使用 TCP 或 UDP 作为传输层协议。

- DNP3.0

  DNP3.0（分布式网络协议 3.0）是符合 IEC 国际标准的协议，常用于电力公司或水利设施中的过程控制领域。该协议使用 TCP 或 UDP 作为传输层协议。

- FL-net

  FL-net 是由日本电气制造商协会（JEMA）制定的协议。该协议旨在构建涉及多家供应商的工厂自动化环境。该协议可用于控制工厂的机器人，主要使用 UDP（也可以使用 TCP）作为传输层协议。

- BACnet

  BACnet（Building Automation and Control networks，楼宇自动化与控制网络）是符合 ISO、ANSI 等国际标准的，用于控制楼宇设施的协议。该协议使用 UDP 作为传输层协议，可统一控制空调、照明、火灾报警器等设施。

- LonTalk

  LonWorks（Local Operating Network）是一种用于楼宇设施和工厂等现场总线的网络平台，LonTalk 是这类网络平台使用的协议。该协议符合 ISO 和 ANSI 国际标准，使用 UDP 作为传输层协议。

- Modbus/TCP

  Modbus 是一种串行通信协议，Modbus/TCP 是工作在 TCP 上的 Modbus。该协议由 Modicon 公司创建，最初只是一种用于控制自家 PLC 的协议，但该协议的开放性使其得到了广泛应用，并最终成为了现场总线的事实标准。

▼系统一旦未在最后期限前完成任务就会引发问题。

控制系统的关键是实时性▼和可靠性。因此，控制系统不能接入信息网络，而要使用专用的网络，并且需要由带冗余的、具备高可用性的设备和线缆来构建。

第9章

网络安全

本章旨在介绍互联网中网络安全的重要性及其相关的实现技术。

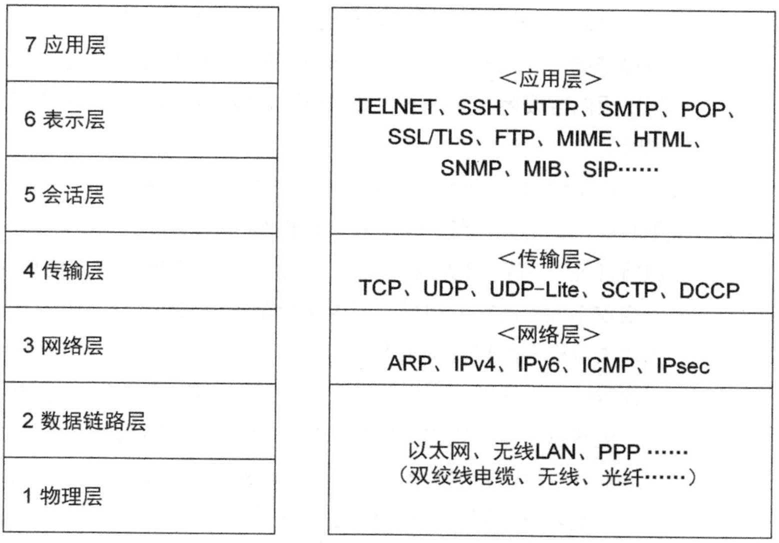

<table>
<tr><td>7 应用层</td><td rowspan="3">＜应用层＞
TELNET、SSH、HTTP、SMTP、POP、
SSL/TLS、FTP、MIME、HTML、
SNMP、MIB、SIP……</td></tr>
<tr><td>6 表示层</td></tr>
<tr><td>5 会话层</td></tr>
<tr><td>4 传输层</td><td>＜传输层＞
TCP、UDP、UDP-Lite、SCTP、DCCP</td></tr>
<tr><td>3 网络层</td><td>＜网络层＞
ARP、IPv4、IPv6、ICMP、IPsec</td></tr>
<tr><td>2 数据链路层</td><td rowspan="2">以太网、无线LAN、PPP ……
（双绞线电缆、无线、光纤……）</td></tr>
<tr><td>1 物理层</td></tr>
</table>

9.1 网络安全的重要性

9.1.1 TCP/IP 与网络安全

▼并非面向大众，而是在一个特定的用户群范围内。

起初，TCP/IP 只用于相对封闭▼的环境，之后才发展为并无太多限制、可以从远程访问更多资源的形式。因此，“安全”这个概念起初并没有引起人们太多的关注。然而，随着互联网的日益普及，出现了非法访问、恶意攻击等问题，着实影响了企业和个人的利益。由此，网络安全问题已经成为一个不可忽视的重要问题。

互联网给人们提供了很多便利的服务。为了让人们能够更好、更安全地利用互联网，不得不牺牲一些便利性来确保网络安全。因此，“便利性”和“安全性”作为两个特性兼容并存，产生了很多新的技术。随着恶意使用网络的技术不断翻新，确保网络安全的技术在不断进步。今后，除了基本的网络技术，正确理解安全相关的技术、制定合理的安全策略▼、按照制定的策略进行网络管理及运维也成为一个重要的课题。

▼安全策略是指在公司等组织内部，针对信息处理明文规定的统一标准和方法。

9.1.2 网络安全

▼请参考中华人民共和国网络安全法。

网络安全▼的目标是确保信息系统和通信网络安全可靠，防止信息泄露给无关的第三方，为此必须采取必要的措施，妥善地运维网络。

若未能采取有效的网络安全措施，计算机可能会遭到网络入侵，导致机密信息被窃取，服务器会因被攻击或被关闭而无法继续提供服务。此外，还会面临主页内容或重要文件的内容被篡改，以及沦为恶意用户攻击其他系统的跳板等风险。

窃取信息、关停服务和篡改内容等行为统称网络攻击。网络攻击的手段正在不断进化。例如，有一种称为勒索软件的网络攻击，其攻击手段是对系统或文件进行加密，将它们变成“人质”，以此来要挟受害者支付用于解密的“赎金”。网络攻击没有固定的目标，不仅是特定的组织或企业，就连个人或公众也可能成为攻击目标。而且，攻击者的动机因人而异，有些是为了金钱，而有些只是为了寻找乐趣。也就是说，我们无法预测什么人会出于什么目的发起网络攻击。

近年来，网络攻击的发起者已经由个人演变为组织。网络犯罪分子利用称为“暗网”的组织建立招募团伙的市场，相互勾结实施复杂而狡猾的网络攻击。据说，有些网络犯罪分子会为了金钱而受雇参与网络攻击、窃取机密信息或恶意关停服务。

有一种复杂而狡猾的网络攻击方法被称为针对性攻击（Targeted Attack）。这种网络攻击的目标不是普通大众，而是特定组织内的机密信息。在针对性攻击中，称为 APT（Advanced Persistent Threat，高级持续性威胁）攻击的持续性攻击方法正在不断演进，这种攻击方法利用恶意软件（病毒也是一种恶意软件）入侵内部网络，几个月后恶意软件开始活动，实施信息窃取。

Lockheed Martin 公司提出一个用于描述针对性攻击的 Cyber Kill Chain 模型。该模型将攻击分为 7 个阶段。首先，为了收集目标组织内部的信息，攻击者会通过调查员工的 SNS 等网络信息来探索人际关系。其次，攻击者会将带有恶意软件的电子邮件伪装成工作邮件投递给目标用户，入侵他们的计算机。这种恶意软件称为下载器，开始运行后就会下载各种恶意软件以感染系统。恶意软件会在内部网络中扩散，入侵有漏洞的系统，并不断寻找具有更高访问权限的计算机。一旦恶意软件找到了机密信息，就会将机密信息发送给攻击者，并从日志中删除自己的活动痕迹。

因此，重点在于在针对性攻击的各阶段均要采取应对措施并加以整合，使其协同工作。

现在，网络安全已经成为公司或组织业务中的业务风险之一。因此，越来越多的企业开始完善风险管理系统，并建立安全运营中心▼和计算机安全事件应急响应小组▼。除此以外，网络安全措施还包括培训员工以提升安全意识、制定安全对策，以及通过建立通信联络系统尽可能降低安全事件带来的损失等。

应对安全事件的关键在于及早发现和及时调查。安全事件发生后，只有准确收集可作为证据的数据（保存证据）才能找到原因和确定危害范围。收集证据涉及数字取证，数字取证指对保留在硬盘、USB 存储器和智能手机等设备上的可作为证据的电子数据进行收集、检查、分析和报告。寻找原因和确定危害范围有助于落实和改进安全措施。

对个人而言，计算机或智能手机被间谍软件▼入侵后也会带来损害，例如，未经授权的 ID 被使用、SNS 的账号被盗用、个人信息被泄露甚至被侵犯隐私。网络安全不仅仅是公司和组织需要关注的问题，所有互联网用户都应该意识到网络安全的重要性。

▼安全运营中心（SOC，Security Operation Center）：负责监控网络和计算机等终端的部门或专业组织，只要检测到针对企业的网络攻击，就会展开分析并研讨对策。它的工作重心在于安全事件检测。

▼计算机安全事件应急响应小组（CSIRT，Computer Security Incident Response Team）：负责处理网络或计算机安全问题的团队。与 SOC 相比，CSIRT 的工作重心在于事件发生后的应对。

▼间谍软件是在用户同意的情况下，安装到计算机或智能手机中的，虽然没有入侵性，但会像间谍一样收集用户和设备的信息。在安装某些免费软件时，若没有仔细阅读许可协议就同意安装，则可能会在不经意间引入间谍软件。

9.2 网络安全构成要素

随着互联网的发展，对网络的依赖程度越高就越应该重视网络安全。尤其是现在，对系统的攻击手段愈加多样化，某种技术远不足以确保一个系统的安全。网络安全最基本的要素是要有预备方案，即不是在遇到问题时才去处理，而是通过对可能发生的问题进行预测，在最大的可行范围内为系统制定安保对策，进行日常运维，这才是重中之重。

▼除了图中所示的功能和产品，还有能同时提供多种安全功能的 UTM（Unified Threat Management，统一威胁管理）等。

TCP/IP 相关的安全要素如图 9.1 所示▼。在此，我们针对每一个要素进行介绍。

图 9.1 构造安全系统的要素

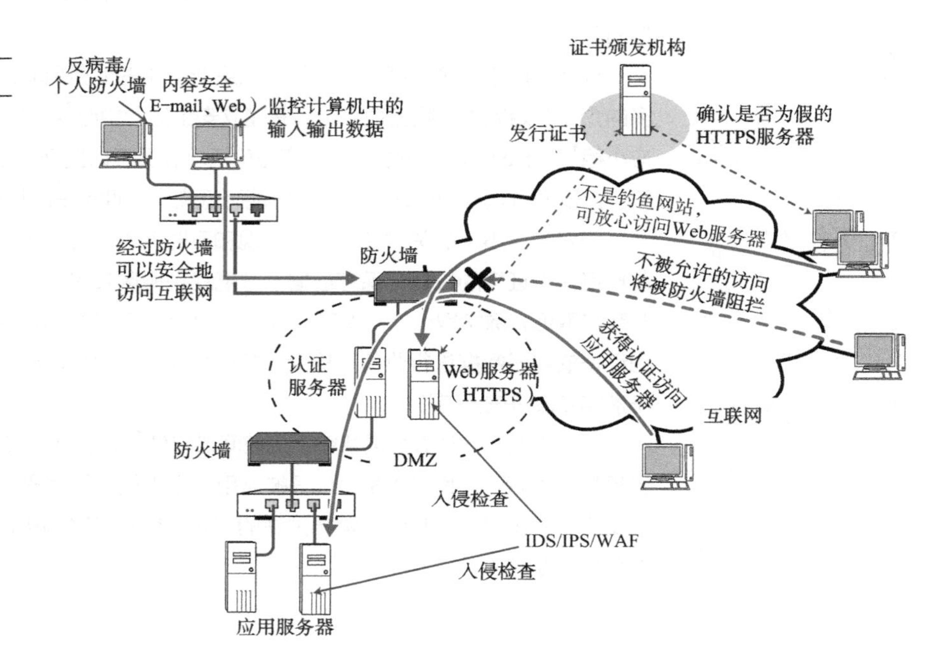

9.2.1 防火墙

组织内部的网络与互联网相连时，为了避免组织内部受到非法访问的威胁，往往会设置防火墙▼。

▼在使用 NAT（NAPT）的情况下，由于限定了可以从外部访问的地址，因此能起到防火墙的作用。

防火墙的种类和形态有很多种。例如，专门过滤（仅放行）特定数据包的包过滤防火墙、数据到达应用程序以后由应用程序处理并拒绝非法访问的应用网关防火墙。这些防火墙都有相同的设计思路，那就是“暴露危险的主机和路由器的个数要有限”。

▼具体请参考 9.2.2 节后面的 DMZ。

如果网络中有 1000 台主机，若为每一台主机都设置非法访问的对策，那将是非常烦琐的工作。如果仅在防火墙处进行访问设置，则可以限制从互联网访问的主机台数▼。将安全的主机和暴露危险的主机加以区分，我们可以只针对后者集中实施安全防护。

如图 9.2 所示，这是一个设置防火墙的例子。图中，对路由器进行了设置，只允许其转发带有特定地址和端口号的数据包，即设置了一个包过滤防火墙。

图 9.2
防火墙举例

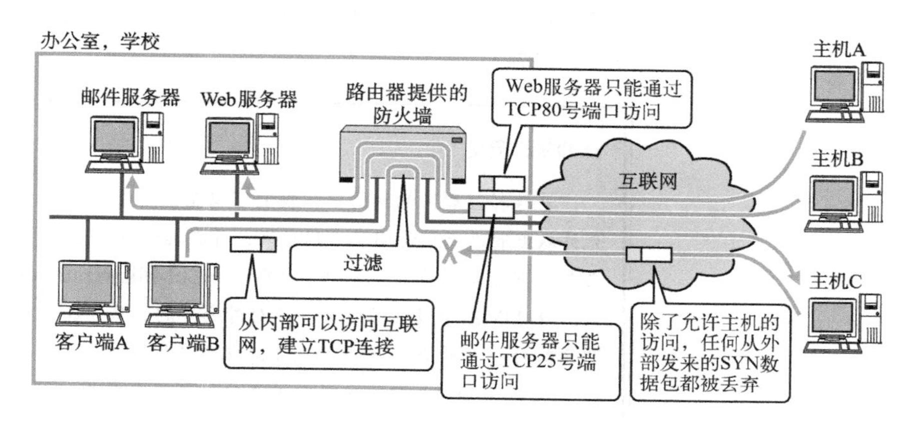

▼实际上还有一些 DNS 等其他不得不让通过的数据包。

当从外部过来 TCP 连接请求时，只允许对 Web 服务器的 TCP80 号端口和邮件服务器的 TCP25 号端口的访问。其他所有类型的数据包全部丢弃▼。

除了上述来自外部的 TCP 连接请求，剩余的 TCP 连接请求只允许从内网发起。关于这一点，防火墙可以通过监控 TCP 数据包首部中的 SYN 标志位和 ACK 标志位来实现。具体为，废弃所有来自互联网的 SYN = 1、ACK = 0 的 TCP 数据包。有了这样的设置以后，只能从内网向外建立连接，而不能从外网直接连接内网。

应用网关防火墙可在应用层执行过滤。这类防火墙能够先替代内网计算机与外部主机进行通信，再将通信内容传回内网。避免直接与外部进行通信，能够保护内网中的计算机免受来自外部的攻击。这类防火墙甚至能够通过检查数据包中的数据部分来实现精准的访问控制，但缺点是处理速率较慢。

9.2.2 IDS / IPS

数据包符合安全策略，防火墙就让其通过，即只要与策略相符，就无法判断当前访问是否为非法访问，因而全部允许通过。

IDS（入侵检测系统）正是检查这种已经侵入内网进行非法访问的情况，并及时通知给网络管理员的系统。

IDS 提供了适用于不同用途的多种功能。从设置形式上看，有些 IDS 被设置在防火墙和 DMZ 等边界外，用于对边界进行监控和检测；有些则部署在企业内网中，用于监控整个内网和有特定用途的服务器。

从功能上看，IDS 有定期采集日志、长期监控、通知异常等功能。它可以监控网络上流动的所有数据包。为了确保不同系统的安全，IDS 与防火墙相辅相成，实现更安全的网络环境。

除了 IDS 的长期监控和通知异常功能，IPS（Intrusion Prevention System，入侵防御系统）还具备防御非法入侵的功能。IPS 可以阻止检测到的非法访问。当发现不符合访问规则的通信时，IPS 不仅可以通知管理员，还可以主动采取相应的对策。因此，相对于收到异常通知后才做出响应的 IDS，IPS 能够更迅速地应对安全威胁。

■ DMZ 定义

在连接互联网的网络中，我们可以在已接入互联网的网络中，划分出一个允许从互联网直接访问的专用子网，并在其中设置服务器。这种既与外网隔离又与内网隔离的专用子网叫作 DMZ（DeMilitarized Zone，非军事化区）。

在 DMZ 中设置的服务器是对外公开的，从而排除外部过来的非法访问。即便对外公开的服务器遇到侵袭，也不会波及内网。

设置在 DMZ 中的主机必须充分实施安全策略才得以应对外来入侵。

■ WAF（Web Application Firewall，Web 应用程序防火墙）

WAF 是一种安全策略，可以防止恶意用户利用 Web 应用程序中的漏洞进行攻击。只需将它部署在运行 Web 应用程序的 Web 服务器之前，即可检测并防御多种针对应用层的攻击，如防火墙或 IDS/IPS 难以检测出的“SQL 注入”“跨站点脚本”和“参数篡改”等。

9.2.3 反病毒 / 个人防火墙

反病毒和个人防火墙是继 IDS/IPS 和防火墙之后的另外两种安全策略，它们往往是在用户使用的计算机或服务器上运行的软件。它们既可以监控计算机中进出的所有数据包、数据和文件，又可以防止对计算机的异常操作和病毒入侵。

企业通常会保护自己内网所有的 PC 客户端。这样可以防范防火墙未能拦截的攻击。

近年来，网络上的攻击形式日趋复杂，其方法的演化真可谓“用心良苦”。有些黑客发送带有病毒或蠕虫的邮件感染系统，还有些直接攻击操作系统本身的弱点。这些黑客甚至通过时间差或复杂的传染路径等方式隐藏攻击源，行为极其恶劣，严重影响了人们正常的工作和生活。

反病毒 / 个人防火墙正是一种防范上述威胁、保护 PC 客户端的方法。这种方法不仅可以达到防范病毒的目的，而且一旦某台机器发生病毒感染，还可以通过消除病毒，尽量避免因病毒的扩散而产生更严重的后果。

此外，一般的反病毒 / 个人防火墙产品提供多种功能，如防止垃圾邮件的接收、阻止广告弹出、阻止访问受禁止的网站，以及 URL 过滤等。有了这些功能可以防止一些潜在的威胁及避免降低生产力。还有些产品提供面向管理员的功能，支持管理员通过监控客户端计算机的进程，掌握潜在恶意软件的攻击迹象和攻击进度。此类既具有防御恶意软件的功能，又能反病毒的综合安全措施统称端点安全。

9.2.4 内容安全（电子邮件、Web）

为了向组织内部投递恶意软件，针对性攻击所采用的方法包括诱导用户接收攻击者精心设计的电子邮件、引导用户浏览包含恶意软件的网页或从恶意网站下载软件▼等。

▼该方法也被称为水坑攻击（Watering Hole Attack）。

既然收发电子邮件或浏览网页等行为会遭受攻击，那就需要想办法检测出通信路径上的攻击，并采取应对措施。例如，在服务器和客户端之间部署含有内容安全策略的 SMTP 服务器或代理服务器并进行安全检查。

SMTP 服务器上的邮件安全策略包括通过检查发送方的 IP 地址或验证发件人身份来阻止恶意邮件、通过诊断附件来隔离问题邮件、替换邮件正文中的可疑 URL（防止直接访问恶意网站）及检查邮件正文是否符合安全策略等。

代理服务器上的 Web 安全策略包括阻止对可疑站点的访问、对与业务无关站点进行访问控制（URL 过滤）及通过检查下载内容来阻止恶意软件的下载等。

9.3 加密技术基础

随着互联网的广泛应用，交流信息、购买商品和预订门票等都可以在网上进行了，但在享受便利性的同时，由于互联网早期机制的缺陷，因此网页、电子邮件等互联网上的数据不会被加密。另外，互联网上的数据经由哪些路径传输也不是使用者可以预知的内容。因此，通常无法避免这些信息会泄露给第三方。

为了防止这些信息的泄露、实现数据的传输，出现了各种各样的加密技术（如表9.1所示）。加密技术的分布与OSI参考模型的各个分层一样，相互协同保证通信（如图9.3所示）。

表9.1
加密技术的分层

▼Privacy Enhanced Telnet。

分　　层	加密技术
应用层	SSH、SSL-Telnet、PET▼等远程登录、PGP、S/MIME等加密邮件
会话层、传输层	SSL/TLS、SOCKS V5加密
网络层	IPsec
数据链路层	Ethernet、WAN加密装置、PPTP（PPP）

图9.3
各层加密应用举例

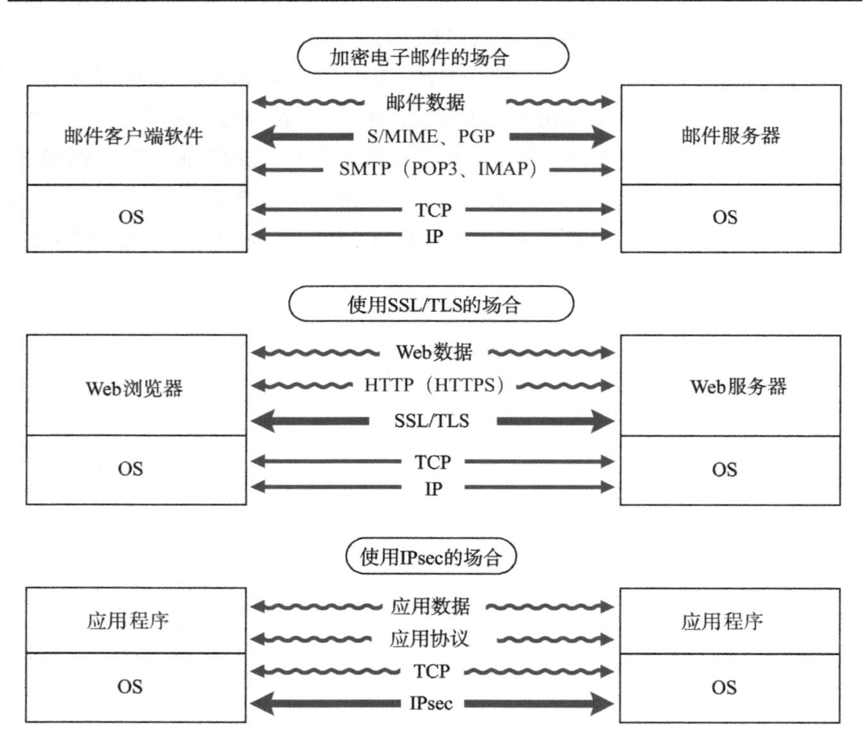

9.3.1 对称加密方式与公钥加密方式

如图 9.4 所示，加密是指利用某个值（密钥）通过一定的算法将明文的数据变换成密文数据的过程。它的逆反过程叫作解密。

图 9.4
加密过程

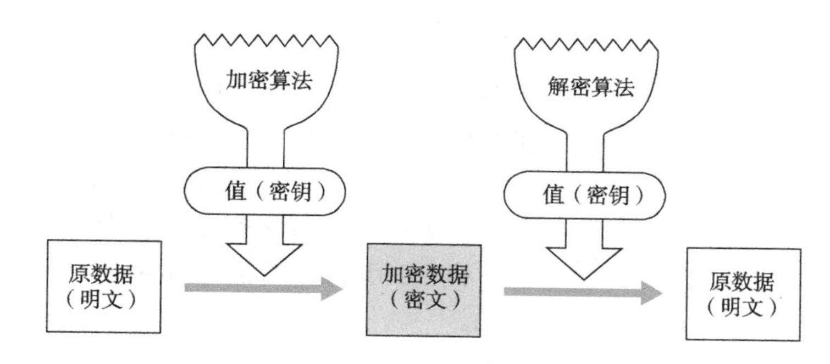

如图 9.5 所示，加密和解密使用相同的密钥叫作对称加密方式。反之，如果在加密和解密过程中，分别使用不同的密钥（公钥和私钥）则叫作公钥加密方式。在对称加密方式中，最大的挑战就是如何安全地传递密钥。而在公钥加密方式中，仅有一方的密钥是无法完成解密的，只有在严格管理私钥的基础上，通过邮件发送、Web 发布或 PKI▼分配等方式传递公钥，才得以在网络上安全地交换密钥。不过，相比对称加密方式，公钥加密方式在加密和解密上需要花费的时间较长，在对较长的数据进行加密时，往往采用两者结合的方式▼。

▼关于 PKI，请参考 9.3.2 节的最后部分。

▼参考 9.4.2 节。

对称加密方式包括 AES（Advanced Encryption Standard）、DES（Data Encryption Standard）等加密标准。公钥加密方式包括 RSA、DH（Diffie-Hellman）、椭圆曲线等加密算法。

图 9.5
对称加密方式与公钥加密方式

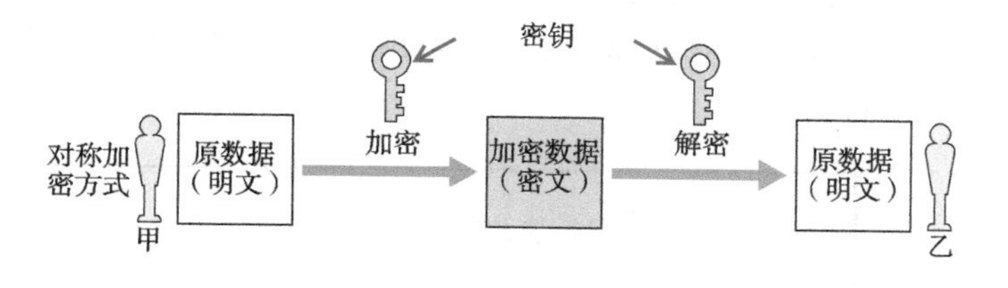

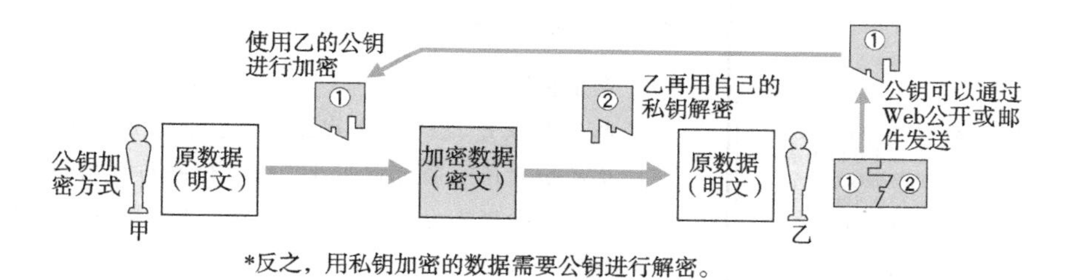

*反之，用私钥加密的数据需要公钥进行解密。

9.3.2 身份认证技术

在实施安全策略时，有必要验证使用者的真实性。如果不是正当的使用者要拒绝其访问。因此，数据加密的同时还需要有认证技术。

认证分为如下几类。

- 根据所知道的信息进行认证
  指使用密码或私有代码（私有识别码）的方式。为了不让密码丢失或不被轻易推测出来，用户自己需要多加防范。使用公钥加密方式进行的数字认证，就需要验证是否持有私钥，其中一种方法是使用一次性密码。此外，使用公钥加密方式进行的数字认证是通过是否拥有私钥来进行身份认证的。
- 根据所拥有的信息进行认证
  指利用 ID 卡、密钥、电子证书、电话号码等信息的方式。在移动互联网中，利用手机号码或终端信息进行身份认证。
- 根据独一无二的体态特征进行认证
  指根据指纹、视网膜等个人特有的生物特征进行认证的方式。

从认证级别和成本效益的角度考虑，综合上述 3 种方式的情况更普遍。

此外，一种名为身份管理（Identity Management）的技术备受瞩目，该技术旨在统一管理各种终端、服务器和应用程序的认证和授权，并支持单点登录，使得用户只需完成一次身份认证，就可以访问多个应用程序和系统。

▼身份联合的标准包括 OAuth、SAML 和 OpenID Connect 等。

随着云服务的广泛普及，身份联合（Identity Federation）▼的出现简化了身份管理。例如，如果系统支持云服务和内部系统之间的身份联合，那么用户只需通过内部系统的认证即可使用云服务，不再需要使用不同的用户名和密码分别进行认证。

■ 防止电子信息被篡改的机制

公钥加密方式提供了一种证明电子信息（网站内容、电子邮件内容、电子文档内容等）未被篡改的机制。

- 电子指纹
  电子指纹是指使用哈希函数▼对要交换的电子信息进行计算后产生的哈希值。通过重新计算哈希值并与原始的哈希值进行对比，即可根据哈希值（电子指纹）的异同判断数据是否被篡改。
- 数字签名
  数字签名技术不但能够证明电子信息未被篡改，还能证明电子信息确实来自真正的发送者，这是通过以公钥加密的方式交换电子指纹来实现的。发送者发送数据时会附带上经过私钥加密的数据的电子指纹，接收者则需使用公钥对经过加密的电子指纹进行解密，然后

▼无论输入的消息有多长，哈希函数总会输出长度固定的哈希值。哈希函数的一个特征是只要输入的消息相同，输出的哈希值就相同（确定性）。另一个特征是无法从输出的哈希值还原出原始的输入消息（单向性）。常用的哈希函数有 MD5、SHA-1 和 SHA-256 等。虽然输入的消息不同，但输出的哈希值是相同的，这称为哈希冲突。常用的哈希函数会采用尽量避免哈希冲突的算法。

重新计算数据的电子指纹，最后通过对比电子指纹是否相同，即可判断数据是否被篡改及是否来自真正的发送者。

- 时间戳

  时间戳是一种证明电子数据产生于某个时刻且自此以后从未被篡改过的技术。对于官方文档等不能修改的数据（即使是数据的创建者也不能修改），通过在数据上加时间戳，即可证明数据产生于何时且从未被篡改过。具体流程是，发送者先将需要证明完整性的数据的电子指纹发送给时间认证机构。时间认证机构接收到电子指纹后，会将电子指纹与时间信息合在一起生成时间戳令牌，然后将使用私钥加密过的时间戳令牌交给发送者。接收者则需要使用时间认证机构的公钥解密后的时间戳令牌，获取电子指纹和时间信息，然后重新计算数据的电子指纹，若两个指纹一致则可证明数据确实产生于时间戳表示的时刻且从未被篡改过。

■ PKI（公钥基础设施）

PKI（Public Key Infrastructure，公钥基础设施）是一种通过可信赖的第三方检查通信对方是否真实并进行验证的机制。这里提到的可信赖的第三方在 PKI 中称作证书颁发机构（CA：Certificate Authority）。用户可以利用 CA 颁发的“数字证书”验证通信对方的真实性。

该数字证书包含用户身份信息、用户公钥信息▼及证书颁发机构对该证书的数字签名信息，其中证书颁发机构的数字签名可以确保用户身份信息和用户公钥信息的真实合法性。用户公钥信息可以用于加密数据或验证对应私钥的签名。使用用户公钥信息加密后的数据，只能由持有数字证书的一方读取，这在使用信用卡等对于安全要求较高的场合极为重要。

PKI 还用于加密电子邮件和 Web 服务器的 HTTPS▼通信中。

▼用户公钥信息用于加密数据。持有数字证书的一方若想使用公钥加密的数据，只有用自己持有的私钥进行解密后才能使用。关于公钥、私钥的更多细节，请参考图 9.5。

▼关于 HTTPS 的更多细节，请参考 9.4.2 节。

9.4 安全协议

9.4.1 IPsec 与 VPN

以前，为了防止信息泄露，对数据的传输一般不使用互联网等公共网络（Public Network），而是使用由专线连接的私有网络（Private Network），从而在物理上杜绝了窃取和篡改数据的可能。然而，专线的造价是一个不可回避的问题。为了解决此类问题，人们提出在互联网上构造一个虚拟的私有网络（如图 9.6 所示），即 VPN（Virtual Private Network，虚拟私有网络）▼。人们采用加密和认证技术来增强互联网的安全性，从而达到"即使读取到数据也无法读懂""只要数据被篡改就能够检测到"等效果。VPN 正是利用这两种技术打造的网络。

▼关于 VPN，更多细节请参考 3.7.7 节。

图 9.6

互联网上的 VPN

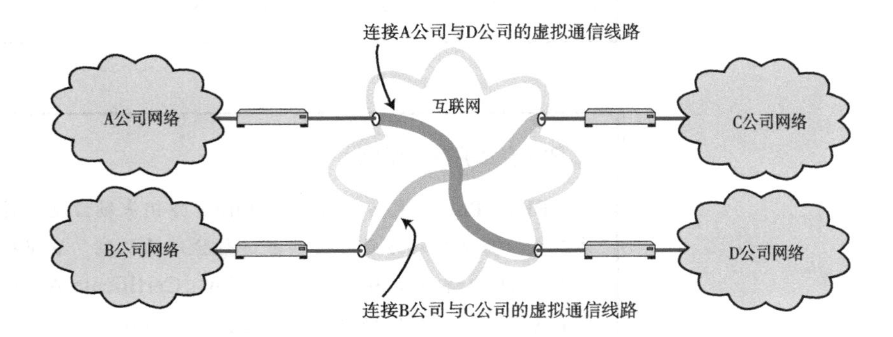

在构建 VPN 时，最常使用的是 IPsec。如图 9.7 所示，它是指在 IP 首部的后面附加"封装安全负载"▼或"ESP 认证"，从而对 TCP 和数据进行加密，避免被盗取者轻易破解。

▼ESP（Encapsulating Security Payload）。

图 9.7

通过 IPsec 加密 IP 包

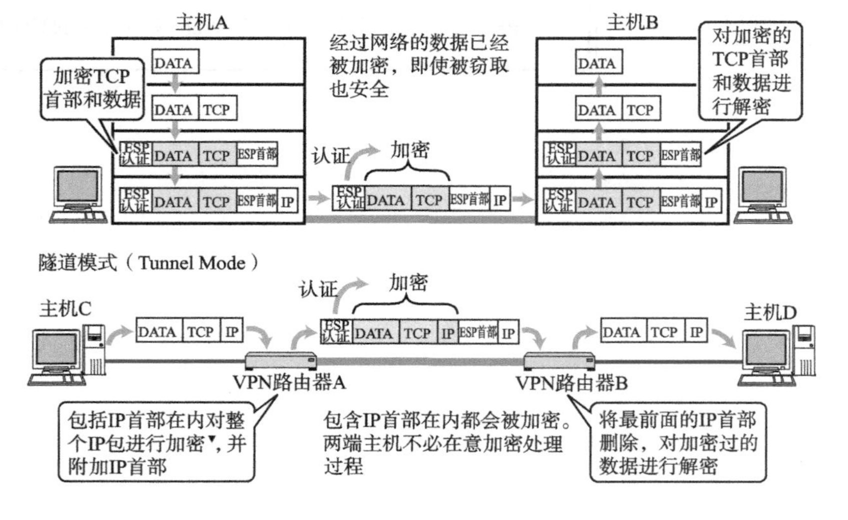

▼大多数加密方式要求待加密的数据长度必须是特定字节数的整数倍（如 8 字节的整数倍）。因此，在图 9.7 中，在数据包的"DATA"部分和"ESP 认证"部分之间实际上还有一个称为"ESP 尾部"（ESP Trailer）的填充物，用于调整数据包的长度。

在发送数据包时，附加上述两个首部，可以在接收数据包时根据首部对数据进行解密，恢复成原始数据。由此，加密后的数据不再被轻易破解，即使在途中被篡改，也能够被及时检测到。

基于这些功能，VPN 的使用者就可以在不知不觉中使用安全的网络环境。

■ IPsec

IPsec 是定义在 RFC4301 “Security Architecture for the Internet Protocol” 中的网络层协议，提供了 IP 包级别的加密和认证功能。由于该协议是在网络层实现的，因此上层的应用程序无须进行特别的修改即可使用安全功能。

IPsec 作为针对 IP 的安全体系结构，由 ESP（封装安全负载）、AH（认证首部）▼和 IKE（Internet Key Exchange，互联网密钥交换）三部分构成。

▼AH（Authentication Header）。

ESP 是有关数据包加密的扩展首部（协议编号 50）。AH 是有关认证的扩展首部，用于确保数据包未被篡改（协议编号 51）。IKE 使用 UDP500 号端口，规定了 ESP 和 AH 所需的公钥。

使用 IPsec 相互通信的设备具有对等的关系，IPsec 会在对等体之间建立称为 SA（Security Association，安全关联）的单向连接（如图 9.8 所示）。可以将 SA 理解为 IPsec 通信所需参数的集合，其中包括安全协议、通信方式及加密方式等。若是双向的 IPsec 通信，则需要建立两个 SA。

图 9.8
基于 IKEv1 的 IPsec 通信过程

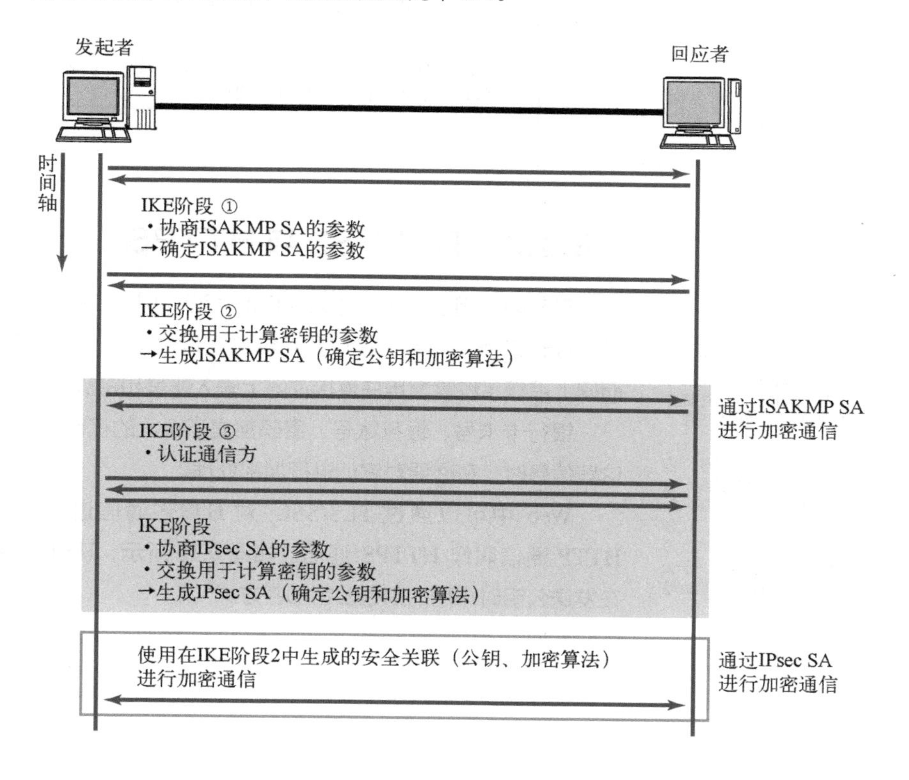

▼生成公钥的参数使用Diffie-Hellman（DH）算法，即使被窃听也能确保安全。

如图9.9所示，IPsec的加密通信过程是通信双方先通过IKE交换用于生成公钥的参数▼，待双方都生成公钥后再建立ISAKMP SA（IKEv2中的IKE_SA），并进行对等体认证。接下来，通过由ISAKMP SA（IKEv2中的IKE_SA）提供的加密通信交换用于建立IPsec SA（IKEv2中的CHILD_SA）的参数，待IPsec SA（IKEv2中的CHILD_SA）建立后，就可以根据其中的安全协议、通信方式及加密方式等进行加密通信了。接收端收到数据包后需先解密再进行认证，然后才能将数据包传递给上层协议。

图9.9
基于IKEv2的IPsec通信过程

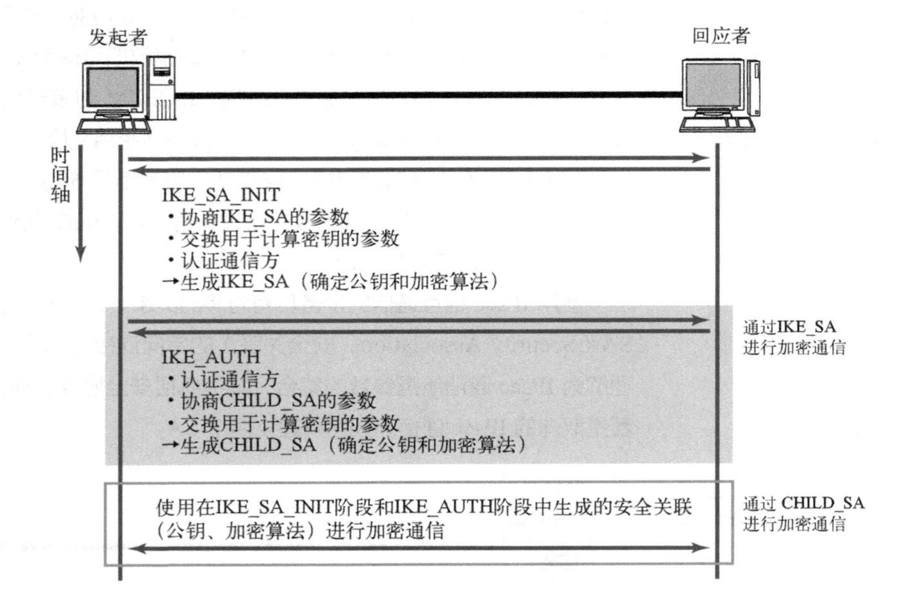

9.4.2 TLS/SSL与HTTPS

▼Transport Layer Security/Secure Sockets Layer。由美国网景公司最早提出的名称叫SSL，标准化以后被称作TLS。有时两者统称为SSL。

▼对称加密虽然速率快，但是密钥管理是巨大的挑战。公钥加密密钥管理相对简单，但是处理速率非常慢。TLS/SSL取长补短，使得加密过程达到了极好的效果。由于公钥可以发送给任何人，因此密钥管理更简单。

互联网应用已经逐渐进入人们的生活。例如，网上购物、网上订车票、订飞机票或预订演出票等。在这些系统的支付过程中，经常会涉及银行卡网上支付，而网上银行系统需要用户直接在网上输入账号和密码。

银行卡卡号、银行账号、密码都属于个人的机密信息。因此，在网络上传输这些信息时，有必要对它们进行加密处理。

Web中可以通过TLS/SSL▼对HTTP通信进行加密。使用TLS/SSL的HTTP通信叫作HTTPS通信。如图9.10所示，HTTPS中采用对称加密方式。在发送公钥时采用的则是公钥加密方式▼。

图 9.10
HTTPS

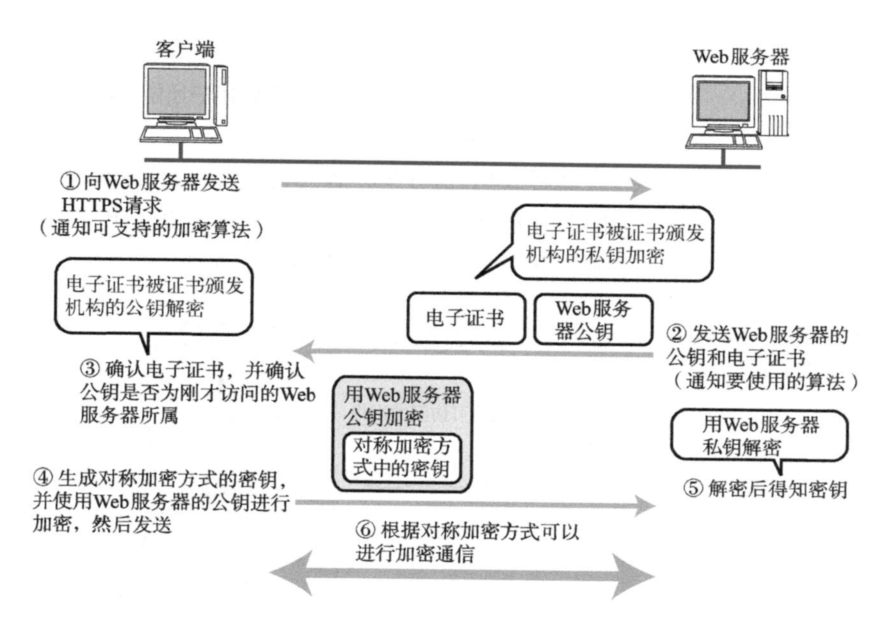

▼ Certificate Authority。

确认公钥是否正确主要使用证书颁发机构（CA▼）颁发的数字证书，而主要的证书颁发机构的信息已经嵌入浏览器的出厂设置中。如果 Web 浏览器中尚未加入某个证书颁发机构，那么会在页面上提示警告信息。此时，判断证书颁发机构合法与否就要由用户自己决定了。

▼截至 2018 年 8 月，TLS1.2 是最新的实现版本。

▼另外，为了支持广泛的客户端，还需要考虑兼容性。

网站需要实现 TLS/SSL 机制才能通过 HTTPS 实现安全通信。自 SSL2.0 于 1995 年诞生以来，许多网站在使用 TLS/SSL，为了弥补协议和加密方法中的漏洞，TLS/SSL 仍在不断升级▼。随着计算机性能的提升，曾经安全的加密方法可能被破解，因此建议使用 TLS/SSL 的最新版本，以提升加密方法的强度▼。在未来快速普及的 TLS1.3 中，将进一步提升安全性和性能。

SSL-VPN 是一种基于 TLS/SSL 的远程访问 VPN。用户可以使用该机制从外部终端经由互联网接入组织内的 VPN 设备，通过加密通信实现 VPN 连接。

远程访问 VPN 有两种类型：一种基于 IPsec，另一种基于 TLS/SSL（SSL-VPN）。前者在网络层实现加密通信，后者工作在会话层，因此我们需要根据用途来考虑应该使用哪种类型。

9.4.3 IEEE802.1X

IEEE802.1X 是为了能够接入局域网交换机和无线 LAN 接入点而对用户进行认证的技术，并且它只允许被认证的设备访问网络。虽然它是一个提供数据链路层控制的规范，但是与 TCP/IP 关系紧密。一般来说，它由客户端终端、AP（无线基站）或 2 层交换机及认证服务器▼组成。

▼在企业网络中，经常使用 PADIUS 服务器作为认证服务器。

在 IEEE802.1X 中，当有一个尚未经过认证的终端连接 AP（如图 9.11 中的 ①）时，起初会无条件地让其连接到用于连接确认的 VLAN，获取临时的 IP 地址。然而此时终端只能连接认证服务器（如图 9.11 中的 ②）。

连接认证服务器后，用户被要求输入用户名和密码（如图 9.11 中的 ③）。认证服务器验证用户身份以后，将该用户所能访问的网络信息通知给 AP 和终端（如图 9.11 中的 ④）。

随后 AP 会进行 VLAN 号码（该终端连接网络所必需的信息）的切换（如图 9.11 中的 ⑤）。终端由于 VLAN 的切换进行 IP 地址重置（如图 9.11 中的 ⑥），最后才得以连接网络（如图 9.11 中的 ⑦）。

图 9.11
IEEE802.1X

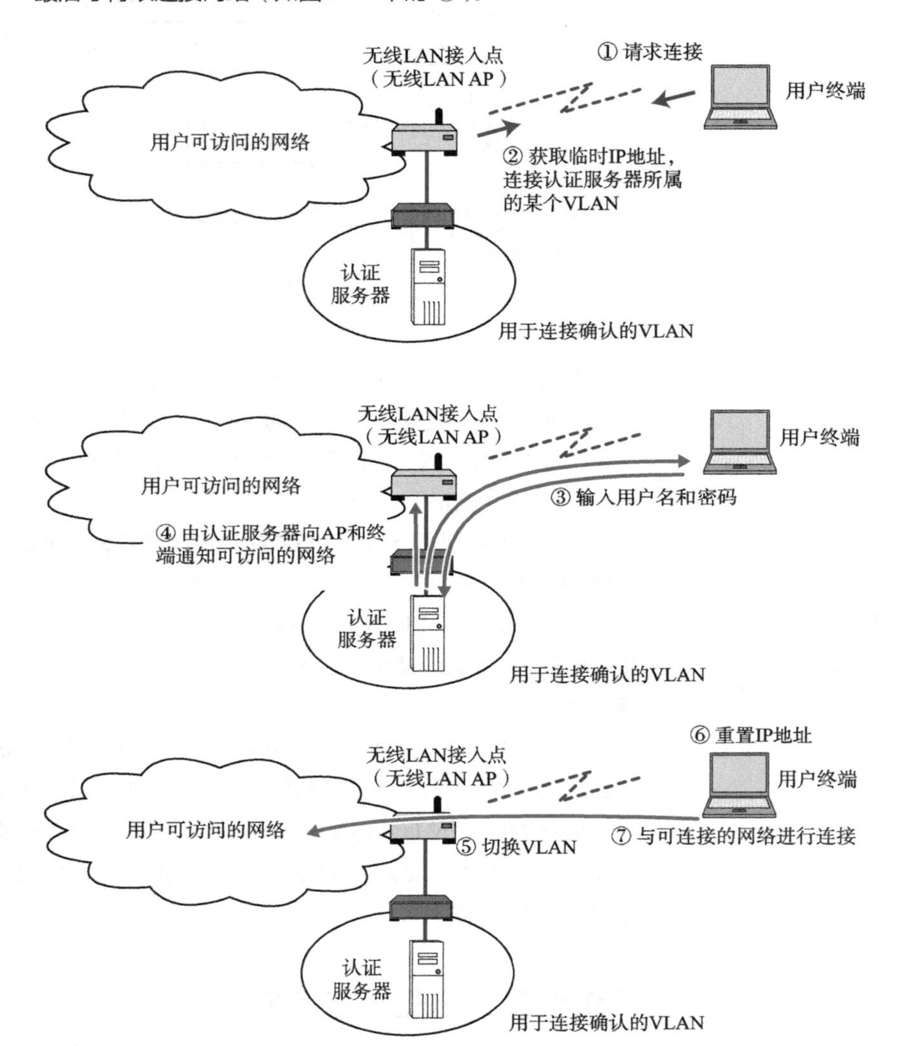

公共无线 LAN 中，一般会进行用户名和密码的加密及认证。不过，也可以通过 IC 卡或证书、MAC 地址确认等第三方信息进行更为严格的认证。

IEEE802.1X 中使用 EAP▼。EAP 由 RFC3748 及 RFC5247 定义。IEEE802.1X 认证技术不仅用于无线 LAN（3.4.8 节），还可用于有线通信。

▼Extensible Authentication Protocol，可扩展认证协议。

附　　录

附录1 IP 地址分类（A 类、B 类、C 类）相关基础知识

本书针对传统的 IP 地址分类进行详细介绍，主要包括 A 类、B 类和 C 类 IP 地址相关信息。

附录 1.1 A 类

A 类 IP 地址的网络地址占 8 位，主机地址占 24 位，如附图 1 所示。

附图 1
A 类

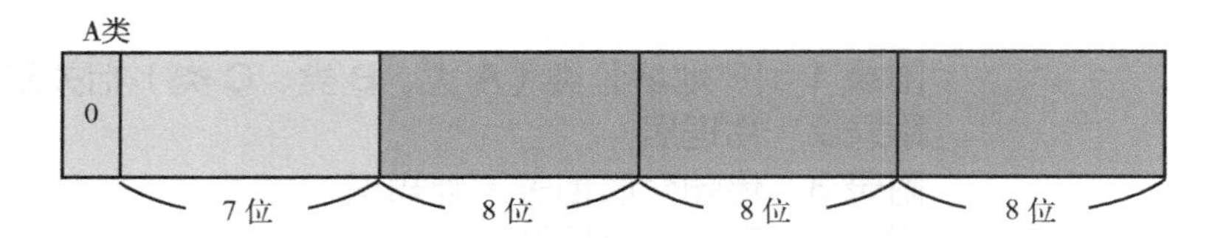

IP 地址第一位的值为 0 时属于 A 类 IP 地址，其网络地址分布为：

| 00000000（0）| → | 01111111（127）|

在 0 到 127 总共 128 个网络地址中，0 和 127 被保留，因此只有 128 − 2 = 126 个可用的网络地址。

00000000.00000000.00000000.00000000（0.0.0.0）	保留
00000001.00000000.00000000.00000000（1.0.0.0）	可用
↓	
01111110.00000000.00000000.00000000（126.0.0.0）	可用
01111111.00000000.00000000.00000000（127.0.0.0）	保留

由于主机地址在网络地址之后，因此它是从第 9 位开始到第 32 位的 24 位数。主机地址的分布为：

| 00000000.00000000.00000000 | → | 11111111.11111111.11111111 |

相当于 2^{24} = 16 777 216 个地址，其中全部为 0 和全部为 1 的地址已经是保留地址。因此 A 类 IP 地址的一个网络地址可以分配 16 777 214 个主机地址。

附录 1.2 B 类

B 类 IP 地址的网络地址占 16 位，主机地址占 16 位，如附图 2 所示。

附图 2
B 类

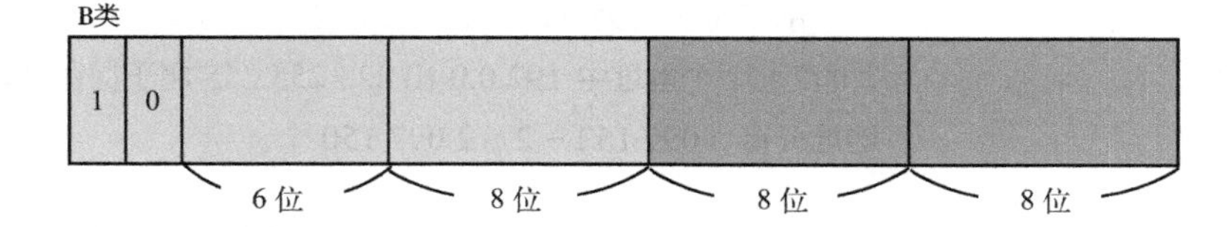

IP 地址前两位的值为 10 时属于 B 类 IP 地址，其网络地址分布为：

| 10000000.00000000（128.0）| → | 10111111.11111111（191.255）|

前两位固定为 10，后面 14 位可以有 2^{14} = 16 384 个组合。由于在这 16 384 个地址中 128.0 和 191.255 属于保留地址，因此实际的 B 类网络地址只有 16 382 个。

10000000.00000000.00000000.00000000（128.0.0.0）	保留
10000000.00000001.00000000.00000000（128.1.0.0）	可用
↓	
10111111.11111110.00000000.00000000（191.254.0.0）	可用
10111111.11111111.00000000.00000000（191.255.0.0）	保留

由于主机地址在网络地址之后，因此它是从第 17 位开始到第 32 位的 16 位数。主机地址的分布为：

| 00000000.00000000 | → | 11111111.11111111 |

相当于 2^{16} = 65 536 个地址，其中全部为 0 和全部为 1 的地址已经是保留地址。因此 B 类 IP 地址的一个网络地址可以分配 65 534 个主机地址。

附录 1.3　C 类

C 类 IP 地址的网络地址占 24 位，主机地址占 8 位，如附图 3 所示。

附图 3
C 类

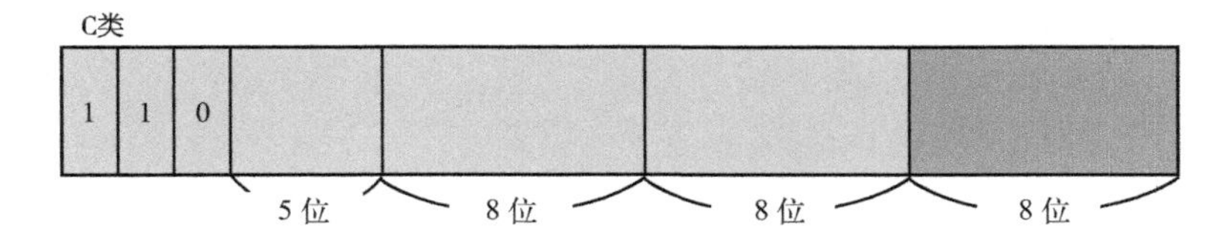

IP 地址前三位的值为 110 时属于 C 类 IP 地址，其网络地址分布为：

11000000.00000000.00000000（192.0.0）
↓
11011111.11111111.11111111（223.255.255）

前三位固定为 110，后面 21 位可以有 2^{21} = 2 097 152 个组合。由于在这 2 097 152 个地址中 192.0.0 和 223.255.255 属于保留地址，因此实际的 C 类网络地址只有 2 097 152 − 2 = 2 097 150 个。

11000000.00000000.00000000.00000000 （192.0.0.0）	保留
11000000.00000001.00000001.00000000 （192.0.1.0）	可用
↓	
11011111.11111111.11111110.00000000 （223.255.254.0）	可用
11011111.11111111.11111111.00000000 （223.255.255.0）	保留

因为主机地址在网络地址之后，所以它是从第 25 位开始到第 32 位的 8 位数。主机地址的分布为：

| 00000000 | → | 11111111 |

相当于 2^8 = 256 个地址，其中全部为 0 和全部为 1 的地址是保留地址。因此 C 类 IP 地址的一个网络地址可以分配 254 个主机地址。

附录2　物理层

附录 2.1　物理层相关基础知识

通信最终通过物理层实现传输。本书提及的从数据链路层到应用层的数据包，在发送时都要通过物理层才能送达目标地址。

物理层通过把上层的比特流（0、1 的二进制流）转换为电压的高低、灯光的闪灭等物理信号，将数据传输出去。接收端收到物理信号以后将电压的高低、灯光的闪灭等恢复为比特流（0、1 的二进制流）。因此，物理层的规范中包括比特流转换规则、缆线结构和质量、接口形状等。

公司或家庭内部的网络一般由以太网或无线 LAN 构成。网络连接到互联网时得向通信运营商或互联网提供商提出申请。这些服务提供商可以提供模拟电话、移动电话、PHS、ADSL、FTTH、有线电视及专线等线路服务。

上述众多通信线路在传输方式上，大体可以分为模拟▼方式和数字▼方式两种，其中，模拟方式中传感器采集得到的是连续变化的值，而在数字方式中，传输的是将模拟数据量化（0、1）后得到的离散的值。由于计算机采用二进制表示数值，因此采用的是数字方式。

▼ Analog。通过连续变化的量表示某个量的方法。例如，带指针的手表中通过指针的转动表示具体的时刻。

▼ Digital。通过除了 0、1 没有其他中间值的离散数值表示某个量的方法。例如，电子手表中用数表示具体的时刻，但是对于秒与秒之间的信息没有任何值可以表示。

在计算机网络广泛普及之前，模拟电话曾一度盛行▼。虽然模拟信号力图模拟存在于自然界的事物现象，但是对于计算机来说，进行直接处理是一件非常困难的事情。由于模拟信号连续变化，因此它的值有一定的模糊性。同时，在远距离传输中，它的值容易发生变化，所以，在计算机之间的通信中，基本未能得到广泛使用▼。

▼ 以前的模拟电话中通过连续的气压的震动表示声音，并将其转换成连续的电压变化进行传输。

▼ 使用调制解调器（MODEM：Modulator-Demodulator）。调制解调器可以将数字信号在模拟线路上进行传输，也可以把从模拟线路上收到的信号恢复成数字信号。

现如今，数字通信方式已经得到普及。数字通信中没有含糊不清的值，即使在较长距离之间传递，数据的值也不易发生变化▼，更适用于计算机之间的通信。在 TCP/IP 中，全部使用数字通信方式。

▼ 由于距离限制，因此必须通过中继器进行延长。此外，如果再有噪声干扰，可能会破坏正在发送的数据，此时需要在上一层进行 FCS 或使用校验和进行错误检查。

数字化已不再局限于通信行业，在人们的日常生活中，几乎所有事物都朝着数字化方向发展。例如，CD、DVD、MP3 播放器、数码相机、地面数字播放等。以前一直使用模拟方式传输音频和视频，现已逐渐转为数字方式。这一切与 TCP/IP 的发展息息相关。

附录 2.2　0/1 编码

物理层最重要的作用是将计算机中的比特流与电压的高低、灯光的闪灭进行转换。发送端将 0、1 比特流转换为电压的高低、灯光的闪灭。接收端与之相反，需要将电压的高低、灯光的闪灭转换为 0、1 比特流。附图 4 展示了这种转换方式。不过，像 MTL-3 这种信息在电气系统中可以实现，但在灯光的闪灭中无法实现。

使用 100BASE-FX 等电缆的 NRZI 中，如果出现连续的 0 将无法区分不同的比特流▼。为了避免这种问题的发生，使用 4B/5B 技术将连续的 0 转换、发送。它是指每 4 比特数据插入一个附加比特将其置换成一个 5 比特的比特流以后再进行发送处理。在这个 5 比特的比特流中必定有一位为 1，从而避免出现连续 4 比特以上为 0 的情况。这种转换使得 100BASE-FX 虽然在数据链路层的传输速率为 100Mbit/s，但在物理层为 125Mbit/s。除了 4B/5B 转换，类似地还有 8B/6T、5B6B 及 8B10B 等转换方法。

▼例如，接收端无法区分 0 是持续了 999 比特，还是 1000 比特。

附图 4

主要编码方式

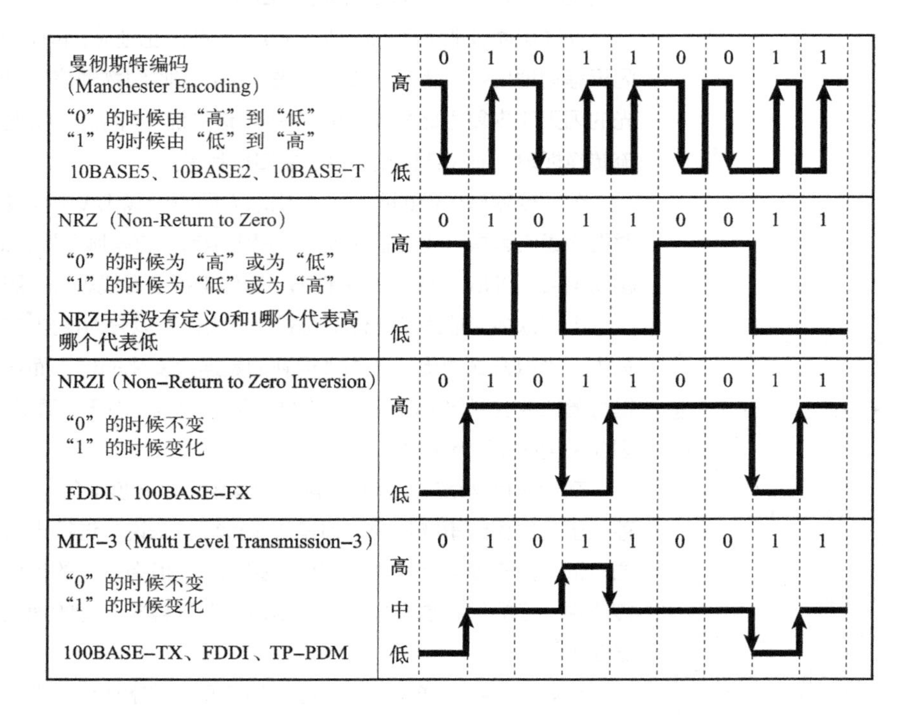

附录3 传输介质相关基础知识

计算机联网时总是需要一种物理介质。这种物理介质不仅包括同轴电缆、双绞线、光纤等有线传输介质，还包括电磁波、红外线等无线传输介质。

附录 3.1 同轴电缆

以太网或 IEEE802.3 中使用同轴电缆。同轴电缆的两端为 50Ω 的终端电阻。以太网电缆有两种规格，分别为 10BASE5 和 10BASE2，这两种规格的以太网电缆都保持 10Mbit/s▼的传输速率。

▼Mbit/s 是 Million Bits Per Second 的缩写。它是 1 秒可传输 10 的 6 次方比特数据的单位。

两者的区别在于 10BASE5▼叫作粗缆（如附图 5 所示），10BASE2▼叫作细缆。如附图 6 所示，在连接方式上，粗缆必须安装接收器，在不影响设备使用的情况下可以增设接收器。接收器与计算机的 NIC 之间通过接收器电缆连接。

▼10BASE5 以前也叫粗缆以太网。

▼10BASE2 以前也叫细缆以太网。

附图 5

以太网电缆（10BASE5）

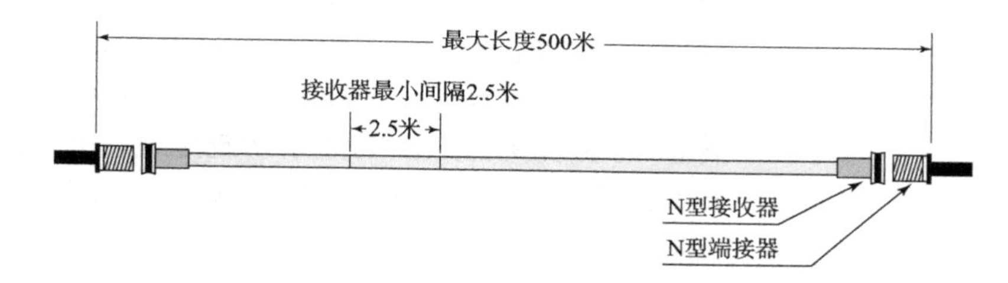

附图 6

10BASE5 与 10BASE2 的网络构成

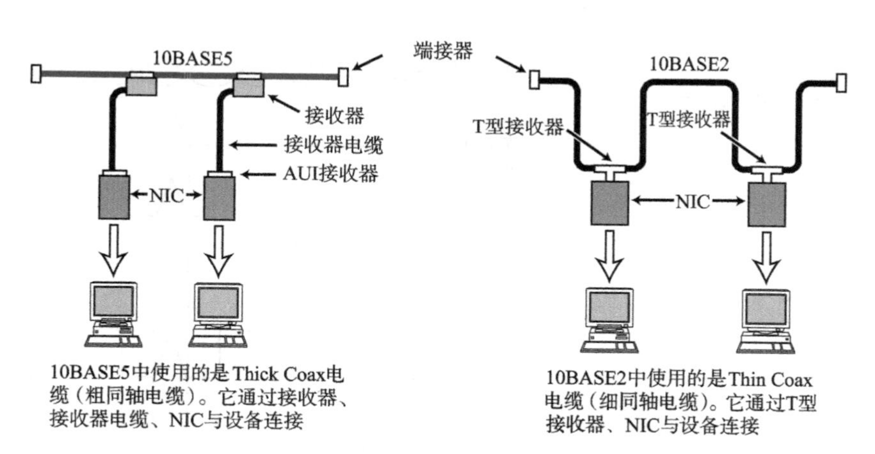

与之相比，10BASE2 通过 BNC（也叫 T 型接收器）与设备连接，但是新增接收器时需要切断电缆。

附录 3.2 双绞线

双绞线电缆▼（如附图 7 所示）是将成对的导线封装在一个绝缘外套中而形成的一种传输介质。与一般导线相比，它可以减少噪声干扰、抑制缆线内数据

▼双绞线电缆（Twisted Pair Cable）也叫双绞线。

流动信号的衰减。它分为多种类型，是以太网（10BASE-T、100BASE-TX、1000BASE-T）最常用的一种布线材料。

附图 7
双绞线构造

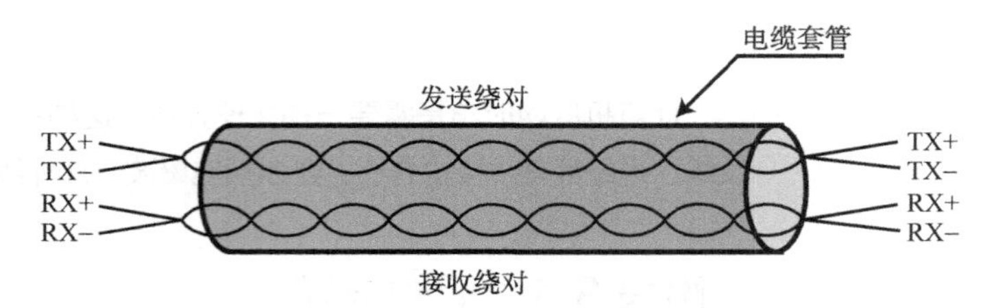

通过发送绕对（Transmit Pair）和接收绕对 (Receive Pair) 进行通信。
此处，TX表示发送，TX+表示发送数据+，TX-表示发送数据-。
RX表示接收

■ 信号传输方式

用双绞线传输信号有两种方式。一种是以 RS-232C 为代表的，单端信号传输。它是指相对于地信号（0 伏）将二进制流对应的电压变化通过一根线进行传输。另一种是以 RS-422 为代表的，差分信号传输。它不需接地信号，而是将原来的单端信号进行差分变化。变化后是一个与原信号相同（发送数据 +）、一个与原信号相反（发送数据 -）的两组信号。将这两组信号通过一对线缆（一个绕对）传输，可以将信号的变化相互抵消，从而提高抗干扰能力。此外，由于不使用接地信号，而是通过发送数据 + 与发送数据 - 之间的电位差进行信号变化的判断，因此可以提高来自外界电场干扰（噪声）的耐性。使用双绞线的以太网即第二种差分信号传输方式（如附图 8 所示）。

附图 8
双绞线的信号传输方式

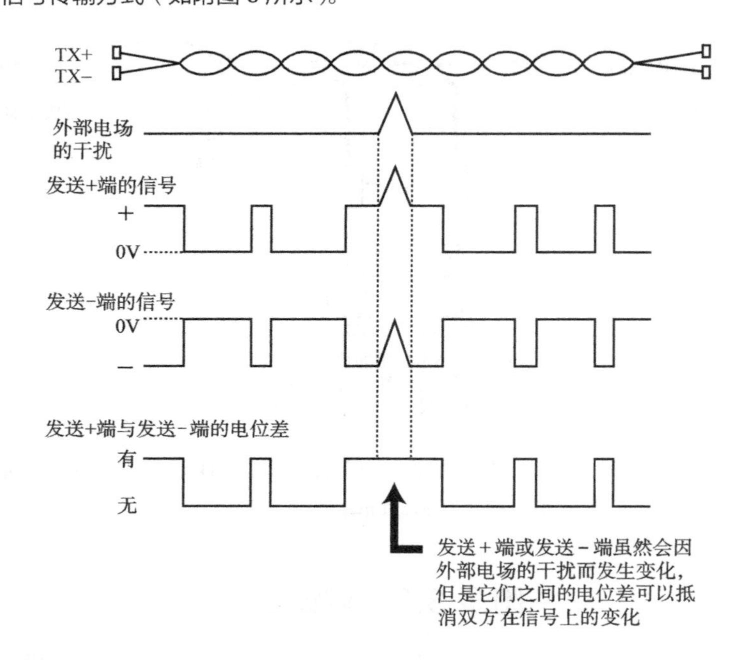

■ 双绞线的种类

双绞线分为屏蔽双绞线（Shielded Twisted Pair，STP）和非屏蔽双绞线（Unshielded Twisted Pair，UTP）。UTP 的电缆套管内是由一对对线缆构成的一种数据传输线。STP 在电缆套管与一对对线缆之间增加了一个绝缘的金属屏蔽层，金属屏蔽层通过一端或两端接地防止电磁干扰或辐射▼。

▼在控制系统中（8.7.5 节），使用 UTP 可能会出现问题，最好使用 STP 或光纤（附录 3.3）。

STP 虽然比 UTP 抗干扰能力更强，但是布线复杂和价格昂贵是它的缺点。

根据网络的不同种类，可以选择不同类型的双绞线。双纹线类型包括 1000BASE-TX、FDDI、ATM 等希望传输速率达到 100Mbit/s 的网络中使用的 CAT▼5，以及 1000BASE-T 中使用的增强型 CAT5 或 CAT6、用于 10GBASE-T 的 CAT6A 等。具有代表性的双绞线类型如附表 1 所示。

▼Category 的首 3 位字母。这是由 TIA/EIA（Telecommunications Industry Association/Electronic Industries Association，美国通信工业协会 / 美国电子工业协会）制定的双绞线规格。CAT 值越高，传输速率越快。

附表 1
具有代表性的双绞线类型

CAT 类型	传输速率	所被使用的数据链路
CAT3	~ 10Mbit/s	10BASE-T
CAT4	~ 16Mbit/s	令牌环
CAT5	~ 100Mbit/s/150Mbit/s	100BASE-TX、ATM（OC-3）、FDDI
增强型 CAT5	~ 1000Mbit/s	1000BASE-T
CAT6	~ 1000Mbit/s	1000BASE-T
CAT6A	~ 10Gbit/s	10GBASE-T

■ 双绞线的绕对组合

通常，两条铜线组成一个绕对，再以 4 个绕对（8 条铜线）为一组用套管包成一条电缆成为一根双绞线。线缆两端的接收器可以插入交换机、集线器和配线器连接通信设备。如前面所介绍的，双绞线采用差分信号传输方式时可以发挥较好的效果。因此，线缆连接接收器时哪个绕对连接哪个连接点至关重要。

线缆的绕对跟连接点之间的连接方式有很多种规格。以太网中使用 EIA/TIA568B▼（AT&T-258A）的连接方式，实际的连接方式如附图 9 所示。

▼EIA/TIA568B 是楼宇中配线的规格。CATn 也是以此规格定义的。

附图 9
双绞线绕对的组合方式

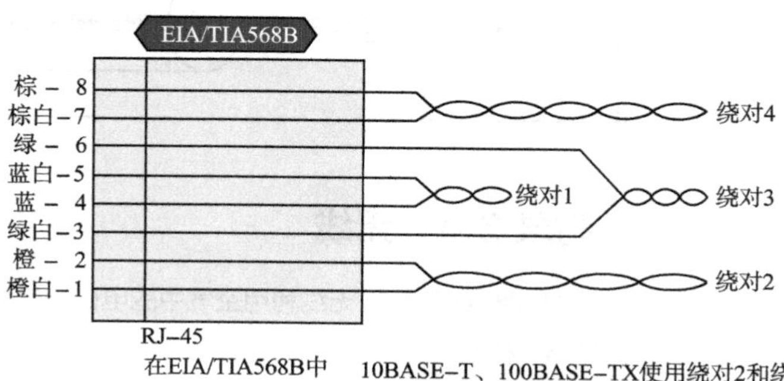

附录 3.3 光纤电缆

光纤主要用于以下几种场景：实现使用同轴电缆和双绞线电缆无法实现的数千米远距离连接；防止噪声等电磁干扰；实现高速传输▼。

▼在以太网中使用 UTP 时，允许交换机到设备之间的电缆最长为 100 米。而且 UTP 和 STP 的导线有时会受到雷电影响。但是使用光纤就不会存在这些问题。

通常，实现 100Mbit/s 左右的通信可以采用多模光纤。如果要实现更高的传输速率可以使用单模光纤。前者的光纤芯径由 50 微米到 100 多微米不等，后者的光纤芯径仅为数微米，对制造工艺的要求相当高。

光纤相比其他传输介质，连接方法相对复杂，需要专门的技术和设备。当然，价格不菲也是它的特点。因此，在采用光纤搭建网络时，应该充分考虑搭建网络时所用到的连接介质、铺设线路数目及未来的设备增加和可扩展性。

光纤不仅用于 ATM、千兆以太网、FTTH 等网络中，随着 WDM▼等技术的出现，它作为支撑未来网络的传输介质而崭露头脚。

▼WDM（Wavelength Division Multiplexing）是波分复用的意思。

WDM（波分复用）是将不同波长的光载波信号汇合到同一根光纤中进行传输的技术。根据这个技术，未来网络可以从 Gbit/s 一跃达到 Tbit/s 的传输速率。WDM 网络中没有使用转换为电子信号的路由器或交换机，而是使用原封不动发光信号的光交换机。

■ 多模光纤与单模光纤

如附图 10 所示，多模光纤将 LED 等光源的光折射到光纤中心进行传输，单模光纤利用激光直接在纤细的光纤上进行传输。多模光纤的芯径粗，易于制作，可以降低施工成本。不过，单模光纤可以进行更远距离的高速传输。

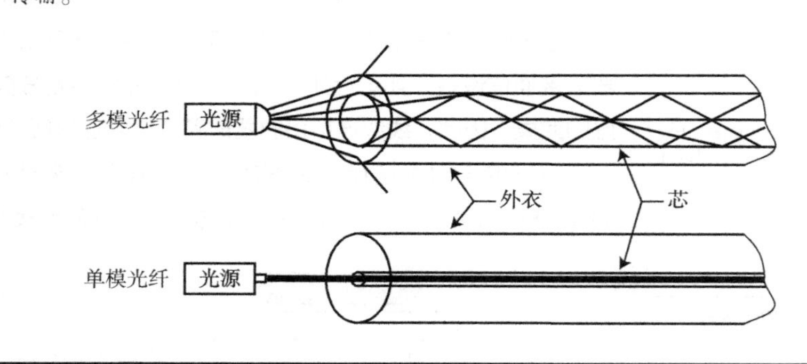

附图 10
多模光纤与单模光纤

附录 3.4 无线

如附图 11 所示，无线利用空气中的电磁波传输数据，与移动电话、电视机的遥控器一样不需要任何线缆。

电磁波随其波长的不同，性质会发生变化。从短到长可以排列为伽马射线、X 射线、紫外线、可见光、红外线、远红外线、微波、短波、中波、长波等不同用途的电磁波。微波以上的电磁波统称为无线电波。

在计算机网络的无线通信中，经常使用的电磁波是微波。红外线常用于个人计算机之间或智能手机与个人计算机之间进行 IrDA（Infrared Data Association，红外数据组织）等通信中，不过它只能用于近距离传输。

微波比短波的波长还要短，指向性更强。因此，微波多用于两点之间的通信线路或轨道卫星的连接。这种无线通信技术通过在无法使用实体线缆的孤岛或山峰上架设天线即可实现通信。因此，在近几年对它的应用有所上升。

在无线 LAN 中，利用 2.4GHz 的超短波频段进行通信。因为无线电波传播范围较广，所以当频段相近时容易发生干扰，影响正常通信。因此，在使用无线电波进行传输时，必须谨慎管理好频段。由于发送相同频段的无线电波会使得通信无法正常进行，因此有时需要限制其输出和使用环境，甚至还要求具有相应的许可证或通知文件▼才可发送。

▼无线 LAN 使用的 2.4GHz 不需要许可证。

有一些长距离的无线通信，不需要许可证。例如，使用激光这种可见光就不需要。激光的安全性高而且易于处理，但是由于它的指向性相对较高，因此应该时刻防止设备被强风等改变位置。

附图 11

无线连接

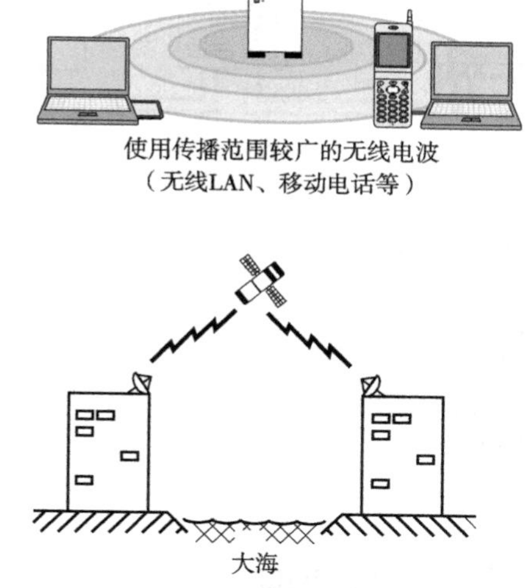

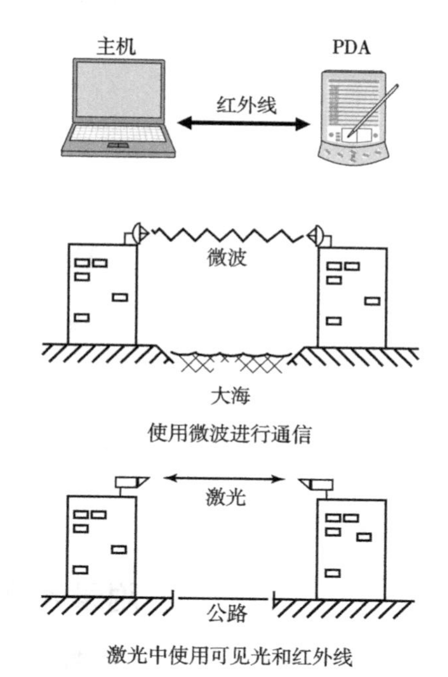

附录4 现已不常用的数据链路

附录 4.1 FDDI

FDDI（Fiber Distributed Data Interface）叫作光纤分布式数据接口。曾几何时，人们为了用光纤和双绞线实现 100Mbit/s 的传输速率，在主干网或计算机之间的高速连接上广泛使用 FDDI。后来高速 LAN 提供了 Gbit/s 级的传输速率，FDDI 逐渐淡出了应用领域。

FDDI 采用令牌环的访问方式。令牌传递访问方式在网络拥堵的情况下具有抗拥塞的特点。

FDDI 中的每个站通过光纤连接形成环，如附图 12 所示。FDDI 为了防止环在某处断开时导致整个通信的中断，采用双环的结构。双环中的站叫作 DAS▼，单环中的站叫作 SAS▼。

▼Dual Attachment Station，双连站。

▼Single Attachment Station，单连站。

附图 12

FDDI 网络

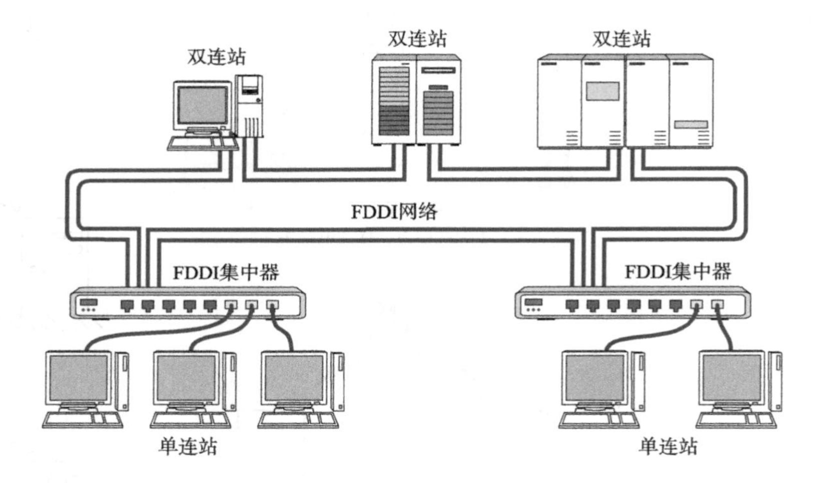

附录 4.2 Token Ring

令牌环（Token Ring）源自 IBM 开发的令牌环 LAN 技术，可以实现 4Mbit/s 或 16Mbit/s 传输速率。前面提到的 FDDI 实际上是 Token Ring 的扩展产物。

由于令牌环的价格一直居高不下，且支持该技术的提供商逐渐较少，因此除了在 IBM 环境中，它始终未能得到普及。随着以太网的广泛使用，人们已经不再采用令牌环技术。

附录 4.3　100VG-AnyLAN

100VG-AnyLAN 是由 IEEE802.12 规范定义的一种网络协议。VG 为 Voice Grade 的缩写，指语音级。它以语音级的 CAT3 UTP 电缆实现 100Mbit/s 的传输速率。它的数据帧格式既能应对以太网又能应对令牌环。在传输方式上，它采用扩展了令牌传递方式的需求优先▼访问方式。在这种方式中，交换机负责控制发送权。鉴于 100Mbit/s 以太网（100BASE-TX）的普及，100VG-AnyLAN 几乎不再使用。

▼Demand Priority。在数据帧里附加了优先级的信息，使得数据包可以按照优先级发送给对端。

附录 4.4　HIPPI

HIPPI 用于连接超大型计算机，传输速率为 800Mbit/s 或 1.6Gbit/s。铜缆的实际传输距离在 25 米以内，使用光纤作为传输介质时，可以延长到数千米。

版权声明